AF501565

BIBLIOTHÈQUE
DU CHIMISTE,

PUBLIÉE

PAR M. LONGCHAMP.

Contenant les Ouvrages ou les Mémoires qui ont été publiés sur la doctrine chimique, et particulièrement les travaux de BAYEN, BECHER, BERTHOLLET, BERZELIUS, CAVENDISH, DALTON, D'ARCET, DAVY, DULONG, FOURCROY, GAY-LUSSAC, GLAUBER, KUNCKEL, LAPLACE, LAVOISIER, MAYOW, MONGE, MEUSNIER, PETIT, PRIESTLEY, PROUST, JEAN REY, DE SAUSSURE, SCHEELE, SÉGUIN, STAHL, THENARD, VAUQUELIN, VOLTA, etc. etc.

Première Livraison.

PARIS,
J.-B. BAILLIÈRE, LIBRAIRE,
RUE DE L'ÉCOLE-DE-MÉDECINE, N. 13 BIS.
A LONDRES, MÊME MAISON,
219 REGENT-STREET.

1834.

Sligo

BIBLIOTHÈQUE DU CHIMISTE,

PUBLIÉE PAR M. LONGCHAMP.

LETTRE DE M. ARAGO A M. LONGCHAMP.

Monsieur,

Veuillez comprendre mon nom parmi ceux des Souscripteurs à l'ouvrage intitulé : *Bibliothèque du Chimiste,* que vous vous proposez de publier. Je désire bien vivement que votre honorable entreprise reçoive du public tous les encouragemens qu'elle mérite. Je désire surtout qu'elle fasse comprendre à nos jeunes chimistes le besoin de recourir sans cesse aux sources originales. Vous trouverez que j'avais déjà consigné le même vœu dans l'Eloge de Volta, dont j'ai l'honneur de vous adresser un exemplaire (1).

Agréez, Monsieur, l'expression de mes sentimens les plus distingués.

F. ARAGO.

Paris, 8 *juillet* 1833.

(1) Voici la fin du paragraphe indiqué dans la lettre de M. Arago. Il semblerait que ces réflexions ont été écrites pour provoquer la publication de la *Bibliothèque du Chimiste.* « A une époque où, sauf quelques honorables exceptions, la publication d'un livre « est une opération purement mercantile ; où chaque auteur néglige bien scrupuleusement « toutes les expériences, toutes les théories, tous les instrumens que son prédécesseur « immédiat a oubliés ou méconnus, *on accomplit*, je crois, *un devoir en dirigeant l'attention des commençans vers les sources originales. C'est là, et là seulement qu'ils puiseront d'importans sujets de recherches ; c'est là qu'ils trouveront l'histoire fidèle des « découvertes, qu'ils apprendront à distinguer clairement le vrai de l'incertain*, à se défier, enfin, des théories hasardées que les compilateurs sans discernement adoptent « avec une aveugle confiance. »

LETTRE DE M. LONGCHAMP A M. ARAGO.

Monsieur,

Le respect que vous portez au nom de Lavoisier, l'estime que vous faites de ses travaux, votre ardent amour pour toutes les gloires nationales, et enfin votre admiration pour toutes les productions du génie dans quelque siècle qu'il se soit montré et chez quelque nation qu'il ait paru, vous ont porté à vous faire inscrire au nombre des souscripteurs de la *Bibliothèque du Chimiste*. L'exemple que vous donnez est puissant; il l'est par votre nom, Monsieur, il l'est encore plus par les motifs qui vous ont déterminé; mais je me trouve ainsi privé du plaisir que je me faisais de vous offrir un exemplaire de cette collection comme témoignage de ma reconnaissance de l'intérêt que vous portez à une publication que vous regardez comme importante pour les progrès futurs de la science. En effet, elle a pour but de rappeler des travaux de doctrine trop ignorés, et qui se trouvent confondus dans des collections volumineuses que peu de personnes possèdent, qu'un plus petit nombre lit, et dans lesquelles vous avez trouvé, Monsieur, une science que j'y cherche avec moins de bonheur que vous.

Les souscriptions que l'on reçoit journellement, parmi lesquelles se trouve celle qui est prise au nom de la Bibliothèque de l'Académie des Sciences, prouvent assez que je satisfais un besoin de la science en mettant entre les mains des chimistes les travaux des hommes qui ont fondé les doctrines chimiques. Cependant, quelques personnes, qui ne connaissent de ces travaux que les noms des auteurs, et qui croient que l'on ne trouve que du fatras chez les savans qui nous ont précédés, s'épouvantent d'avoir à placer sur les rayons de leur bibliothèque les trois volumes qui composeront l'époque chrysopéique. Il semblerait, Monsieur, que ces trois volumes vont remplir cette galerie du Louvre pour laquelle on nous demandait dix-huit millions, et dont, fort heureusement pour nos bourses, vos argumens lucides ont arrêté le mauvais emploi; mais, il faut le dire, au fond de cette guerre qu'on fait à Glauber, Becher, et Kunkel, il y a autre chose que ce qu'on avoue : le fait est que Lavoisier, Cavendish, et leurs savans contemporains ne sont pas plus goûtés que nos anciens auteurs, et que quelques personnes pensent que ce sont des travaux surannés, dont la connaissance nous est inutile, puisque les résultats matériels se trouvent, du moins en partie, consignés dans nos traités de chimie. Ce sentiment ne justifie-t-il pas la logique d'Omar faisant brûler la bibliothèque d'Alexandrie? «Si tous ces livres contiennent autre chose que le Koran, nous n'en avons pas besoin; s'ils ne contiennent que ce qui est dans le Koran, ils sont inutiles.» Ainsi, nouveaux Omars, ils trouvent toute la science dans un traité de chimie en quelques volumes! S'il en est ainsi, pourquoi conserver nos anciennes collections, pourquoi même cette collection des *Annales de Chimie et de Physique* si justement prisée? pourquoi, enfin, rassembler à si grands frais ces bibliothèques publiques? car si toute la chimie est substanciée dans nos traités, il doit en être de même de toutes les autres sciences, et par conséquent nous n'avons qu'un auto-da-fé général à faire des œuvres des grands hommes qui nous ont précédés, et à puiser toute notre science dans quelques volumes qui renferment toutes les connaissances humaines!

Cependant, ces anciens si dépréciés savaient quelque chose, pour qui veut les lire; et vous l'avez prouvé, Monsieur, en exhumant quelques-uns de ces livres que la paresse des hommes laisse ronger aux vers, et que leur dédain revêt de l'épithète de bouquins; c'est donc dans un *bouquin* que vous avez trouvé indiquées la plupart des applications de la vapeur comme force motrice, et que vous avez pu réclamer pour la gloire des savans français la première idée des machines à vapeur, des bateaux à vapeur, etc., que nos voisins d'outre-mer voulaient attribuer à leurs savans compatriotes. Il y a donc des trésors enfouis dans nos anciens auteurs; mais toutefois je m'arrête à ceux qui ont cherché à lier les faits sous une doctrine; et pour savoir ce que cette doctrine valait dans son temps, il faut nécessairement connaître les travaux sur lesquels elle était basée. Ce n'est pas là de l'érudition, dont à la rigueur on peut se passer; mais c'est de l'instruction, et l'instruction de l'état qu'on professe est rigoureusement nécessaire.

C'est un besoin pour tout esprit élevé que de rendre un culte aux hommes de génie; mais le seul culte qu'on puisse leur rendre, c'est d'étudier leurs travaux afin de marcher, autant qu'il est en nous, sur leurs traces. Que m'importe de savoir que c'est Lavoisier qui a découvert l'azote ou tout autre corps? la plus grande découverte peut être faite par le moins habile, et Priestley, qui était à une distance immense de Lavoisier, a cependant découvert trois ou quatre fois plus de corps gazeux que lui. Mais ce que je veux savoir, ce qui éclairera mon esprit, ce qui me servira de guide dans les travaux que j'entreprendrai, c'est de connaître la marche d'investigation que suivait l'homme de génie. Et l'ame n'est-elle pas péniblement affectée lorsqu'on réfléchit que Lavoisier, un des plus grands hommes des temps modernes, n'est connu que de nom des personnes livrées à l'étude de la chimie? Mais ses travaux, combien compterait-on de nos contemporains qui pourraient affirmer, la main sur la conscience, les avoir tous lus au milieu de ces collections dans lesquelles ils se trouvent pour ainsi dire perdus? Cet abandon du culte du fondateur de la chimie moderne cessera bientôt, je l'espère, et, de même que le campagnard un peu lettré rougirait de ne pas montrer sur les rayons de son humble demeure les œuvres de notre divin Racine, de même aussi le pharmacien de nos plus obscurs cantons pourra présenter les mémoires d'un grand homme dont jusqu'à présent il n'a connu que le nom. Ces mémoires auront d'ailleurs l'attrait de la nouveauté, ainsi que les travaux des autres contemporains de Lavoisier qui composeront la *Bibliothèque du Chimiste*, puisque personne ne les a lus; et par conséquent ce recueil sera attendu pendant les quatre années que durera sa publication, avec autant de curiosité qu'on attend un numéro de nos recueils mensuels.

Stahl, Kunkel, Becher, étaient aussi des hommes remarquables, quoiqu'à une distance immense, même pour leur temps, du savant qui le premier a joint la science du raisonnement à la science de l'expérimentation; aussi la *Bibliothèque du Chimiste* ne contiendra-t-elle précisément que les travaux sur lesquels ils ont établi leurs doctrines. Ainsi notre collection remplira complètement son titre, et tous les hommes livrés à l'étude de la science trouveront dans quinze volumes la réunion des travaux qui ont marqué les différentes phases de la chimie depuis qu'elle s'est élevée au rang des sciences.

J'avais à justifier auprès de quelques personnes l'utilité dont est pour nous la connaissance des anciens travaux, et je ne pouvais pas à ce sujet invoquer, Monsieur, un témoignage plus puissant que le vôtre, car vous connaissez mieux que personne toutes les richesses qu'ils renferment.

J'ai l'honneur d'être, Monsieur,

Votre très-humble et très-obéissant serviteur,

LONGCHAMP.

Paris, 10 *juillet* 1833.

Le premier volume de la collection que nous allons publier doit présenter, sous le titre de *Liste des souscripteurs-fondateurs de la Bibliothèque du Chimiste*, les noms des Souscripteurs; mais les libraires des départemens prennent les souscriptions en leur nom, et par conséquent il nous serait impossible de comprendre dans cette liste tous les noms des savans qui, par leur souscription, nous auront secondé dans cette entreprise. Nous prévenons donc MM. les Souscripteurs qu'ils doivent exiger de leurs libraires qu'ils leur représentent l'extrait de l'inscription prise en leur nom. La liste des *Souscripteurs-Fondateurs* ne comprendra que les noms des personnes dont la souscription aura été faite avant la mise en vente de la première livraison. La première livraison paraîtra le 15 septembre prochain.

Les personnes qui n'habitent pas les chefs-lieux de département éprouvent souvent des difficultés pour faire faire leurs souscriptions à Paris, et aussi pour recevoir les ouvrages auxquels elles ont souscrit. Nous prévenons donc toute personne qui adressera directement sa demande de souscription à M. Baillière, et qui voudra ajouter 1 fr. au prix du volume, ce qui le portera à 9 fr., qu'on lui expédiera chaque volume franc de port par la poste aussitôt qu'il paraîtra. Toute demande de souscription devra être envoyée franche de port.

CONDITIONS DE LA SOUSCRIPTION.

Le prix de chaque volume, composé de six à sept cents pages et renfermant toutes les planches des mémoires rapportés, sera de 8 francs ; par conséquent la collection entière coûtera 120 francs, qui se paieront en quatre années, et seulement en acquittant le prix de chaque volume quand il paraîtra. On délivrera *gratis* tout ce qui dépasserait le nombre de quinze volumes annoncé.

Pour ne point rendre cette publication trop onéreuse aux souscripteurs, il ne paraîtra que quatre volumes par an ; mais comme ce mode de publication reculerait trop loin la possession des Mémoires de Lavoisier, et que d'ailleurs les quatre premiers volumes sont à traduire, on publiera d'abord le 7e et le 8e volume, puis le 4e, formant le premier de l'époque phlogistique, et enfin le 1er de la collection, qui formera aussi le premier de l'époque chrysopéique. On fera paraître ainsi successivement deux volumes de l'époque pneumatique, un volume de l'époque phlogistique, et un volume de l'époque chrysopéique. De cette sorte, les souscripteurs seront en jouissance de tous les Mémoires de Lavoisier avant dix-huit mois.

ON SOUSCRIT, SANS RIEN PAYER D'AVANCE, CHEZ

J.-B. BAILLIÈRE,

LIBRAIRE DE L'ACADÉMIE ROYALE DE MÉDECINE,

RUE DE L'ÉCOLE DE MÉDECINE, N° 13 BIS;

A LONDRES, MÊME MAISON, 219 REGENT STREET ;

Et chez les principaux libraires de France et de l'étranger.

Paris. — Imprimerie de H. FOURNIER, rue de Seine, n. 14.

BIBLIOTHÈQUE

DU CHIMISTE.

TOME VII.

ÉPOQUE PNEUMATIQUE.

IMPRIMERIE DE H. FOURNIER,
RUE DE SEINE, N. 14.

BIBLIOTHÈQUE
DU CHIMISTE,

PUBLIÉE

PAR M. LONGCHAMP.

TOME SEPTIÈME.

PARIS,
J. B. BAILLIERE, LIBRAIRE,
RUE DE L'ÉCOLE-DE-MÉDECINE, N° 13 BIS;
LONDRES, MÊME MAISON,
219 REGENT-STREET.

M DCCC XXXIV.

AVANT-PROPOS.

Nous commençons avec ce volume la troisième poque qui compose la *Bibliothèque du Chimiste.* lette époque contiendra tous les travaux de doctrine ui ont été publiés par Lavoisier et ses contempoains, ainsi que par les savans qui leur ont succédé.

Il y avait deux voies à suivre dans l'ordre à donner ux mémoires: par la première, on aurait rapporté à a suite les uns des autres tous les travaux d'un auəur; mais on n'aurait présenté ainsi qu'une suite de tecueils particuliers, sans liaison entre eux; dans autre, et c'est celle que nous avons suivie, on préente dans un même cadre tous les travaux qui ont été aits par divers savans sur un même sujet, en sorte que e lecteur, avec un peu d'attention, suit les progrès uccincts de la science; et qu'enfin, dans un simple ecueil de mémoires, il trouve une histoire philosohique de cette science.

Toute classification est incomplète; il y a toujours des doubles emplois ou des cas anomaux qui ne rentrent dans aucune des classes qu'on a déterminées. Cela nous arrivera aussi dans notre *Bibliothèque du Chimiste.* Ainsi, il y a des mémoires qui peuvent être rapportés dans deux classes, et peut-être plus : nous citerons en exemple le mémoire de Lavoisier, trop méconnu, comme le reste de ses travaux, et qui a pour titre: *Expériences sur la combinaison de l'alun avec la matière charbonneuse, et sur les altérations qui arrivent à l'air dans lequel on fait brûler du pyrophore.* Dans ce mémoire, Lavoisier prouve la composition de l'air atmosphérique; il prouve de plus, par deux résultats différens, que l'acide sulfurique est formé de soufre et d'oxigène. Ainsi, le mémoire sur le pyrophore s'il est d'abord classé parmi ceux dans lesquels on prouve la composition de l'air, se trouverait en double emploi si on le rapportait dans la série de ceux qui ont spécialement pour objet de prouver la composition de l'acide sulfurique; aussi nous ne le rapporterons pas dans ce second cas, et nous nous contenterons d'indiquer la place qu'il devrait y tenir, et dans quelle autre partie du Recueil on le trouvera. Quant aux mémoires qui traitent de sujets isolés, nous les rapporterons dans un des derniers volumes, en observant seulement entre eux l'ordre des dates.

Nous donnerons toujours le texte pur et primitif des auteurs; car il ne s'agit pas ici d'établir que tel savant n'a jamais erré, que la capacité de son génie a tout vu, tout coordonné avant que d'avoir rien produit, et que l'ensemble d'une doctrine est sorti d'un seul jet de son cerveau. L'admiration est due aux productions du génie, mais l'admiration n'est pas de l'idolâtrie. Il s'agit moins ici de faire honorer les morts que d'instruire les vivans; il faut donc montrer à ceux-ci la marche graduelle de la science, ce qu'une doctrine a dû faire pour se substituer à une autre; et enfin comment elle s'est graduellement affermie par une suite de travaux qui avaient pour but de la consolider. Nous irons donc chercher la première publication des mémoires, et pour cela nous prendrons le texte dans le Recueil qui les a publiés dans l'origine.

Lorsque l'échafaud a enlevé Lavoisier à la science, il travaillait à réunir ses mémoires, dont quelques-uns se trouvent légèrement modifiés; d'autres sont seulement rapportés en extrait. On conçoit facilement un plan qui admettrait de la part de l'auteur une pareille réforme, mais ce qui ne doit entrer dans aucune méthode d'exposer ses travaux, c'est de changer l'aspect qu'ils présentaient dans leur origine; et c'est cependant ce que Lavoisier a fait, en donnant un nouveau costume à ses idées. Il ôte aux corps qu'il examine, aux produits qu'ils donnent, les noms qu'ils portaient en 1772, lorsqu'il faisait ses travaux, pour leur imposer en 1793 ceux que la nouvelle nomenclature leur avait assignés; enfin, il fait disparaître les traces de la doctrine de 1772, pour ne plus nous montrer que la doctrine qui lui a succédé. Il résulte de là que, dans l'exposition de ses travaux, il ne nous présente plus ce cachet des anciens temps, vers lesquels cependant notre esprit aime à se reporter; enfin, nous ne trouvons plus ces traces qui nous permettent de remonter des temps présens aux temps passés, et de voir la marche successive de la science. Nous nous sommes donc bien gardé de suivre l'exemple de

.avoisier, et nous transcrivons les mémoires tels ju'ils ont été écrits.

Nous consignons soigneusement la date de chaque ublication, afin de faire voir la marche des idées, omment elles se sont d'abord présentées, comment lles se sont successivement modifiées ou réformées.

Le travail que nous avons entrepris est laborieux, uisqu'il faut chercher dans des collections volumieuses les matériaux qui doivent entrer dans la composition de l'ouvrage. Il a fallu tout lire, afin de ordonner tous les mémoires; aussi nous n'aurions mais songé à une pareille publication, si depuis ombre d'années nous ne nous y étions préparé par ne lecture assidue des anciens travaux; en sorte que ous n'avons qu'à chercher dans notre mémoire tout , qui se rattache à un même sujet. La *Bibliothèque u Chimiste* aura certainement une influence immense r les progrès futurs de la science : tous les bons prits y trouveront un sujet de méditations philophiques; et nous aurons complètement rempli tre but, si la chimie, aujourd'hui matérialisée sous e foule de faits insignifians, se spiritualise par l'éde des travaux de doctrine qui font la base de la 'ience.

NOTICE

SUR BAYEN.

Pierre Bayen naquit à Châlons, département de la Marne, en 1725, d'une famille honnête, et dans une médiocrité qui ne dispense pas d'embrasser une profession, mais qui permet de la choisir.

Jeune encore, il perdit les auteurs de ses jours, et resta sous la surveillance d'une sœur, plus âgée que lui de douze ans. Elle fit l'éducation de son enfance, et le plaça à neuf ans au collège de Troyes.

Parvenu à l'âge où il faut se choisir une profession et travailler aux besoins de la vie, Bayen ne fut pas longtemps indécis, et il embrassa la pharmacie. Il entra chez Faciot, qui jouissait à Reims d'une assez grande réputation. Faciot était un autre Paracelse; il en avait au moins la présomption, la fougue, quelques-unes des connaissances et les défauts. Avide de tout ce qui lui paraissait rare, merveilleux et extraordinaire, Faciot ne cultivait, dans son jardin, que des plantes exotiques; son cabinet était rempli de toute espèce de curiosités.

Le caractère du personnage, autant que ses collections, attiraient chez lui la foule et de la ville et du voisinage. Bayen acquit auprès de Faciot, non-seulement la connaissance d'une foule de productions de la nature et de l'art, mais encore celle des hommes de toute trempe; il y vit quelques vrais savans, un grand nombre d'amateurs, et des légions de charlatans.

En moins de deux ans, Bayen avait épuisé tout ce qu'il

pouvait apprendre dans le laboratoire, dans le cabinet et le jardin de Faciot. Impatient de paraître sur un théâtre plus digne de son émulation, il vint à Paris en 1749, et entra dans la pharmacie de Charas. Il accepta ensuite la proposition que lui fit Chamousset de diriger sa pharmacie, et il profita des momens de loisir que lui laissait son emploi pour suivre les cours de Rouelle. Il ne tarda pas d'être admis dans l'intimité de cet illustre chimiste, dont l'inspiration, presque divine, créa, outre Bayen, Macquer, Lavoisier, Proust, Berthollet, Bucquet, et une suite pour ainsi dire infinie de chimistes très-distingués.

Bayen, conjointement avec Venel, son condisciple à l'école de Rouelle, fut chargé d'analyser toutes les eaux minérales du royaume; travail de la plus haute importance, non-seulement sous le rapport de la science, mais encore sous celui de la richesse publique; car les eaux minérales, lorsqu'on possède un climat comme celui de la France, une aménité de mœurs qui est recherchée des étrangers, doivent être un moyen puissant de les attirer dans le pays, où ils laisseront leur or, et où ils perdront les préjugés qui peuvent éloigner les autres nations des Français. Mais l'incurie de l'administration ou le mauvais vouloir d'un ministre, comme on le voit de notre temps, fait perdre à la France un élément de richesse que la nature lui a prodigué.

Bayen fut nommé, en 1755, pharmacien en chef de l'expédition de l'île de Minorque, où ses connaissances le mirent à même de rendre des services importans à l'armée, soit en lui procurant une eau potable, soit en fournissant à l'artillerie le salpêtre dont elle avait un pressant besoin.

Après la campagne de Minorque, Bayen passa, avec le même titre, à l'armée d'Allemagne, pendant la guerre de Sept Ans. A la paix de 1763, il vint recueillir, non des pensions et des distinctions, mais une récompense plus conforme à ses goûts et à son caractère; il fut nommé pharmacien en chef des camps et armées, avec un médiocre traitement, dont il ne sollicita jamais l'augmentation.

Bayen avait atteint sa quarantième année sans avoir rien publié, lorsqu'il fit paraître son beau travail sur les eaux de Luchon. Il avait pour les Pyrénées une sorte de prédilection; jamais il ne parlait de cette chaîne de montagnes sans enthousiasme, et il y retourna en 1765 avec un véritable empressement. Au nombre des réactifs qu'il employa dans l'analyse des eaux de Luchon, se trouvent les précipités de mercure; et c'est en les préparant qu'il fut conduit à reconnaître le néant de la doctrine de Stahl, qui exigeait la présence du phlogistique pour la réduction des oxides métalliques. Il fit voir que le précipité *per se* se réduit, par la chaleur, sans l'addition d'aucun corps, et que le poids du métal et celui du fluide élastique recueilli répondent au poids de l'oxide employé.

C'est au mois d'avril 1774 que Bayen a renoncé au phlogistique : « *Je ne tiendrai plus le langage des disciples de* « *Stahl*, qui seront forcés de restreindre leur doctrine sur « le phlogistique, ou d'avouer que les précipités mercu- « riels dont je parle ne sont pas des chaux métalliques, « quoique quelques-uns de leurs plus célèbres chimistes « l'aient cru; ou enfin qu'il y a des chaux qui peuvent se « réduire sans le concours du phlogistique. » Ce n'est que le 5 septembre 1777 que Lavoisier a, de son côté, enfin renoncé au phlogistique : « Je hasarde de proposer aujour- « d'hui à l'Académie une théorie nouvelle de la combus- « tion, ou plutôt, pour parler avec la réserve dont je me « suis imposé la loi, une hypothèse, à l'aide de laquelle « on explique d'une manière très-satisfaisante tous les « phénomènes de la combustion, de la calcination, et

« même en partie ceux qui accompagnent la respiration « des animaux. J'ai déjà jeté les premiers fondemens de « cette hypothèse, pages 279 et 280 du premier tome de « mes *Opuscules physiques et chimiques*, mais j'avoue que, « peu confiant dans mes propres lumières, *je n'osais pas « alors mettre en avant une opinion qui pouvait paraître sin« gulière, et qui était directement contraire à la théorie de « Stahl.* »

Je cite le texte, car dans une chose d'aussi haute importance, les inductions ne pourraient être admises : ainsi il est incontestable, d'après les textes, que Bayen, partant des résultats qu'il publiait, a renoncé au philogistique trois ans et demi avant Lavoisier. Les hommes qui ont vécu dans l'intimité de Bayen, disent qu'il avait renoncé à la doctrine du philogistique, long-temps avant la publication de ses mémoires sur les précipités de mercure (Eloge par Parmentier); mais en nous tenant seulement à des textes que l'on retrouve, l'un, dans le Journal de physique, année 1774, page 278, l'autre, dans les Mémoires de l'Académie des Sciences, année 1777, page 592, il est incontestable que le premier chimiste qui, en Europe, a renoncé au philogistique, c'est Bayen, le second, c'est Lavoisier; et ce n'est que dix ans après l'abandon fait par ces deux grands hommes d'une doctrine incomplète, que leurs contemporains ont successivement renoncé au philogistique.

Cependant jamais Bayen ne fut admis dans l'Académie des Sciences, et il vit passer devant lui Sage ! Dira-t-on que dans le meilleur état des choses on ne peut pas éviter une fois par hasard l'influence de la faveur? Ce n'est point ici une fois par hasard; cinq autres chimistes : Berthollet, Darcet, Cornette, Fourcroy, Vauquelin, sont successivement entrés à l'Académie, et Bayen est toujours resté en dehors. Certes, Sage ne peut pas entrer en comparaison avec le moindre des cinq chimistes que je viens de nommer ; mais le plus illustre d'entre eux, Berthollet, ne devait pas plus que les autres ouvrir une porte qu'il fermait à Bayen, car en 1774 il n'avait pas encore apparu dans le monde scientifique, et ce n'est qu'en 1780 que nous trouvons son nom pour la première fois dans le Recueil de l'Académie des Sciences. Enfin il fallut une révolution politique, il fallut la destruction de l'Académie des Sciences pour voir Bayen partager les honneurs académiques ! Il fut appelé à faire partie de l'Institut, créé le 6 décembre 1795.

Quelques hommes diront que la postérité venge l'homme des injustices qu'il a souffertes. La postérité rend-elle la vie aux cendres des morts? Et quand l'homme a rendu à la terre ce qu'il en a reçu, tout est fini pour lui : il est sorti de ce monde après avoir été accablé par le sort pendant sa vie ; et les honneurs que vous rendez à sa mémoire sont les vains efforts d'une justice qui n'a plus d'effet.

Bayen analyse les eaux minérales de Luchon, et son travail est un modèle d'analyse ; il examine les précipités de mercure, et il découvre la cause de la fulmination, de l'oxidation, et de l'augmentation de pesanteur des métaux convertis en oxides ; il trouve dans les schistes la magnésie en abondance, et il propose de la faire servir en France à des fabriques de sel d'Epsom que nous tirons de l'étranger ; il jette le coup-d'œil du génie sur les alunières, et il annonce que l'alun a besoin du concours de l'alcali pour cristalliser ; il rapporte d'Allemagne un échantillon de mine de fer, il l'essaie, et les chimistes comptent un minéralisateur de plus, le gaz acide carbonique, auquel il reconnaît la propriété de faire cristalliser la potasse ; il examine la composition des différens marbres, et il procure aux naturalistes la faculté de les désigner, de les classer conformément à leur nature, en même temps qu'il donne des leçons utiles aux architectes chargés d'élever des monumens publics ; enfin il soumet l'étain à l'analyse, et son travail est un chef-d'œuvre de docimasie.

Bayen consacra les dernières années de sa vie à l'exercice de ses fonctions d'inspecteur-général du service de santé, et il termina sa carrière, aussi laborieuse qu'illustre, le 27 pluviôse an VI (1798), âgé de 73 ans.

LONGCHAMP.

ESSAI

D'EXPÉRIENCES CHIMIQUES

FAITES SUR QUELQUES PRÉCIPITÉS DE MERCURE DANS LA VUE DE DÉCOUVRIR LEUR NATURE;

PAR BAYEN,

APOTHICAIRE MAJOR DES CAMPS ET ARMÉES DU ROI.

(Extrait du *Journal de Physique*, février 1774.)

PREMIÈRE PARTIE.

On trouve, dans le second volume du *Recueil des Observations de Médecine* des hôpitaux militaires, par M. Richard, inspecteur-général de ces mêmes hôpitaux, une analyse des eaux minérales de Bagnères-de-Luchon, dans laquelle on lit l'expérience suivante :

« Nous avons mêlé par une trituration de quelques « instans, 12 grains de fleurs de soufre avec 1 gros de « mercure, précipité de la dissolution du mercure dans « l'acide nitreux, par l'alkali fixe.

« Le mélange fut mis dans une petite retorte de verre, « et placé dans un bain de sable disposé pour recevoir « un assez grand feu; le récipient qu'on y adapta ne fut « point luté; la matière était à peine échauffée, qu'il se « fit une explosion pareille à celle d'un coup de fusil : « la cornue n'ayant pu résister à la détonation, fut brisée

« en morceaux, dont quelques-uns furent poussés à sept « ou huit pieds du fourneau.

« Instruit par le danger auquel on s'expose en sou-« mettant au feu un pareil mélange dans des vaisseaux « fermés, nous avons trituré de nouveau un dragme de « notre précipité avec 12 grains de fleurs de soufre, et « nous les avons exposés au feu dans une cuiller de fer; « bientôt il s'en éleva une petite fumée, et sur-le-champ « la matière fulmina, mais avec peu d'éclat. Il resta dans « la cuiller une poudre de couleur pourpre, tirant sur « le noir. Nous répétâmes quatre fois le même procédé, « pour nous procurer une quantité suffisante de cette « poudre, que nous lavâmes à plusieurs reprises dans « l'eau distillée.

« Cette poudre étant séchée, fut mise au poids d'un « gros dans une petite retorte : exposée à l'action du feu, « elle se sublima en fort beau cinabre.

« Il résulte de cette expérience, que le mercure dis-« sous dans l'acide nitreux, et précipité par un alkali, « est propre à s'unir au soufre, et en se combinant avec « lui, a formé du cinabre. »

Et au bas de la page on lit cette note:

« Le précipité, par un alkali fixe, d'une dissolution de « sublimé corrosif, traité de la même manière, fulmine « et donne également du cinabre. »

Tel est le compte très-succinct que je rendis alors de cette expérience. Il était en effet hors du sujet de s'étendre davantage sur un procédé qui n'avait été imaginé et employé que dans la vue de constater la possibilité de faire subir la combinaison cinabarine à du soufre et à une chaux de mercure; mais je me proposai de suivre ce travail, et surtout de constater, par des expériences réitérées, divers phénomènes chimiques concernant les précipités du nitre mercuriel et du sublimé corrosif, par différens intermèdes. Ce sont ces expériences que je soumets aujourd'hui au jugement du public.

On connaît en chimie un grand nombre de préparations mercurielles auxquelles on a donné le nom de précipité; dénomination souvent trop étendue, ainsi que feu M. Rouelle, dont les lumières ont fait honneur à la France, ne manquait pas de le faire remarquer à l'égard des deux préparations médicinales, appelées mal à propos, l'une précipité blanc, l'autre précipité rouge.

D'après ce professeur célèbre, on a divisé les préparations dont je parle, en vrais et en faux précipités : mais, pour ranger avec exactitude dans ces deux classes tous les précipités de mercure, les chimistes ont-ils assez examiné les différens changemens qu'on fait subir à ce minéral singulier, lorsque par les alkalis fixes ou volatils on lui fait abandonner les acides qui le tiennent en dissolution? Ce que je dirai de la précipitation du sublimé corrosif par ces mêmes alkalis, prouvera que cet examen a été fort négligé, et qu'en général on a fait peu d'attention à quelques anciennes expériences relatives à la matière que je traite.

Expériences faites sur le précipité de la dissolution mercurielle dans l'acide nitreux, par l'alkali fixe.

J'ai fait dissoudre 4 onces de mercure cru dans une suffisante quantité d'esprit de nitre pur; la dissolution était au point de saturation, ou du moins en approchait fort; je l'ai étendue dans 4 pintes d'eau. Il s'en est séparé une portion de sel mercuriel qui, n'ayant pas assez d'acide, était devenu insoluble dans l'eau; mais, par l'addition d'une ou de deux dragmes au plus de mon acide nitreux, je rendis la dissolution claire et limpide.

J'ai versé dessus peu à peu une quantité suffisante de liqueur de sel de tartre fort étendue d'eau distillée; il s'est fait un coagulum rouge, qui bientôt a gagné le fond du vase de verre dans lequel je faisais l'opération. Après m'être assuré que tout le mercure avait été précipité, j'ai décanté l'eau surnageante, et par des lavages multipliés, tant à chaud qu'à froid, j'ai édulcoré, autant que je l'ai pu, le mercure qui était sous la forme d'une poudre rouge qui, séchée, a pesé 4 onces 39 grains.

Combinaison de ce précipité avec le soufre, et ses produits.

Ire. Expérience. J'ai fait, par une trituration de quelques instans, un mélange de 6 grains de fleurs de soufre et d'un demi-gros du précipité de mercure, dont je viens de donner le procédé. Je l'ai exposé dans une cuiller de fer, sur un feu modéré, pour l'échauffer peu à peu à la manière de la poudre fulminante; il s'en est élevé une petite fumée, et la matière s'est enflammée subitement, et a détoné avec le même bruit qu'aurait fait une pareille quantité de poudre à canon (1). Il resta dans la cuiller une poudre noire, rare et légère, qui avait perdu plus de la moitié de son poids.

IIe. Expérience. En faisant à plusieurs reprises de semblables détonations avec de très-petites quantités d'un mélange pareil au précédent, pour faire moins de

(1) Il se présentera, dans la suite de ce travail, des occasions où je ne me servirai plus de la comparaison de la poudre à canon, mais de celle de la poudre fulminante. On sait que ces deux compositions diffèrent entre elles par leur manière d'éclater.

perte, je me suis procuré 2 gros et demi de cette poudre noire que j'ai mise dans une petite retorte de verre, et exposée à un degré de feu suffisant pour en opérer la sublimation.

L'acide sulfureux volatil s'est d'abord fait sentir fortement; et il a passé dans le récipient quelques globules de mercure revivifié : l'opération finie et la cornue ayant été cassée, il s'est encore trouvé un grand nombre de pareils globules qui étaient retenus par une matière noire assez peu cohérente, dont une portion mise sur un charbon allumé, s'enflammait en brûlant très-lentement; c'était du cinabre avec excès de soufre, ou si l'on veut, c'était de l'æthiops minéral sublimé: au-dessus de cette couche on en voyait une autre qui avait plus de consistance, mais qui, écrasée sur du papier, lui communiquait une couleur noire; c'était encore du cinabre avec du soufre surabondant: la couche qui était vers le corps de la retorte, avait une belle couleur pourpre; en en écrasant un peu sur du papier, elle devenait d'un rouge vif; c'était enfin du cinabre parfait.

L'eau renfermée dans le récipient, qui, pendant l'opération, était adapté au bec de la cornue, avait une odeur acido-sulfureuse des plus fortes; et non-seulement elle détruisait la couleur du papier bleu, mais encore elle faisait une effervescence sensible lorsqu'on y jetait un peu d'alkali.

Il se trouva dans le fond de la retorte une poudre blanche et fine, qui, quoique très-volumineuse, ne pesait que 3 grains.

Un demi-grain environ de cette matière mis dans de l'acide nitreux, ne s'y est point dissous, et n'y a excité aucun mouvement; le reste ayant été lavé avec 2 onces d'eau distillée, parut lui avoir communiqué quelque chose, puisqu'elle put alors précipiter en jaune la dissolution mercurielle. Je séparai par ce lavage une petite portion de matière noire et pesante qui se trouvait mélangée avec la poudre blanche, ainsi que quelques petits fragmens de verre, dont le poids se trouva être de plus d'un grain et demi; en sorte que la poudre blanche restée dans le fond de la retorte, était à peine d'un grain et un quart. L'origine de cette matière, soit qu'on la regarde comme terreuse, soit qu'on la regarde comme saline, est due sans doute à la partie des sels qui se décompose pendant les combinaisons qu'on leur fait essuyer, aussi bien qu'au soufre qui a agi dessus lors de la détonation.

Calcination du même précipité dans les vaisseaux ouverts, et ses effets.

IIIe. EXPÉRIENCE. J'ai mis 4 gros du même précipité dans un bocal de verre, haut et étroit, que j'ai placé dans un bain de sable qui pouvait recevoir un assez grand degré de chaleur.

La matière, en s'échauffant peu à peu, exhala bientôt des vapeurs acido-nitreuses, qui, augmentant subitement, devinrent très-rouges et très-épaisses; leur durée fut fort courte. Dès qu'elles eurent disparu, il leur succéda une fumée blanche qui annonçait que le mercure commençait à se sublimer, et sur-le-champ le vase fut retiré du feu.

La matière employée à cette opération avait perdu 15 grains, soit en acide nitreux, soit en mercure revivifié; et de couleur de brique obscure qu'elle était avant sa calcination, elle était devenue d'un rouge vif.

Je pouvais regarder l'acide nitreux, qui s'était élevé pendant l'opération, comme la cause de la détonation dont nous avons parlé lors de la première expérience, et soupçonner qu'en faisant perdre cet acide au précipité, je lui avais en même temps ôté la propriété de détoner; mais ayant exposé au feu, selon la méthode que j'ai indiquée, un mélange de demi-gros du précipité calciné et de 6 grains de fleurs de soufre, il s'alluma subitement, et fulmina comme la poudre à canon.

Sublimation du même précipité dans les vaisseaux fermés.

IVe Expérience. J'ai mis une demi-once de notre précipité dans une petite retorte de verre que j'ai placée au feu nu dans un fourneau convenable; le feu a été appliqué peu à peu jusqu'au point de dégager l'acide nitreux qui, en passant sous la forme de vapeurs rouges, s'absorbait dans 8 onces d'eau que contenait le récipient, et la rendit assez acidule pour altérer la couleur du papier bleu.

Le feu ayant été augmenté jusqu'à faire rougir la cornue, et soutenu à ce degré le temps nécessaire, fut supprimé : tout étant refroidi, et la cornue cassée, voici l'ordre des diverses couches qu'avait pris la matière en se sublimant.

La partie inférieure du col de la cornue était, depuis 2 pouces au-dessus du bec, enduite d'une couche mince d'un jaune faible, qui se perdait dans une autre couche de couleur orangée à laquelle en succédait une autre jaune plus foncée, qui, devenant de plus en plus rouge à mesure qu'elle approchait du corps de la cornue, finissait par être vive et brillante comme un rubis : enfin on voyait dans la voûte du même col une autre couche d'un rouge obscur, au milieu de laquelle était un assez grand nombre de globules de mercure revivifié, retenus par une petite quantité de poudre grise qui formait obstacle à leur réunion, et par conséquent à leur descente dans le récipient (1).

Comme il était difficile, pour ne pas dire impossible, de ramasser ces différentes couches chacune séparément, et que je ne pouvais pas espérer de retirer tout le mercure coulant pur et sans mélange, je pris le parti de détacher exactement toute la sublimation, qui se trouva être du poids de 3 gros 14 grains.

Je mis le tout dans un nouet de linge serré, et par une pression forte, j'en fis sortir un gros 46 grains de mercure; ce qui resta dans le nouet était une poudre rouge obscure qui pesait un gros 37 grains.

La calcination faite dans les vaisseaux ouverts, nous a appris qu'une demi-once de notre précipité perdait 10 à 12 grains d'acide nitreux : on peut évaluer à 4 grains au plus, la matière restée le long du col de la retorte, où elle tient assez fortement : enfin ajoutons 2 grains et demi de matière blanche, pulvérulente et volumineuse, qui s'est trouvée au fond de la cornue, sur laquelle les acides n'ont point eu d'action, nous trouverons en total, que le poids de la sublimation a été de 3 gros 30 grains.

J'ai pris trop de précaution dans cette opération, pour évaluer la perte de la matière coercible et connue, à plus de 3 ou 4 grains; ainsi la diminution du poids de 4 gros du précipité employé a été d'environ 38 grains. Si on soupçonnait une plus grande perte (de 12 grains, par exemple, ce que j'accorderais difficilement), la diminution de poids, qui serait alors de 26 grains, n'en serait pas moins sensible, ni moins étonnante.

(1) M. Baumé, qui a distillé ce même précipité, a observé cette revivification du mercure. *Voy.* sa *Chimie*, tom. II, pag. 406.

Vᵉ EXPÉRIENCE. Il ne me restait plus qu'à éprouver si la portion de notre précipité, qui s'était élevée dans le col de la retorte, avait conservé la propriété de détoner avec le soufre; j'en mêlai en conséquence un demi-gros avec 6 grains de fleurs de soufre, et les exposai sur le feu dans une cuiller de fer; la détonation se fit comme à l'ordinaire : d'où l'on peut conclure que le degré de feu qui avait enlevé à ce précipité une assez grande portion d'acide nitreux, et qui avait été assez fort pour le sublimer dans le col de la retorte, ne l'en avait pas tellement privé, qu'il ne lui en restât assez pour produire la détonation, en supposant toutefois qu'elle soit due à cet acide.

Effet du phlogistique sur le même précipité, traité dans les vaisseaux fermés.

VIᵉ EXPÉRIENCE. J'ai mis dans une petite retorte de verre 4 gros de notre précipité, et un gros de charbon en poudre : il a été adapté un récipient dans lequel il y avait 3 onces d'eau, et le feu a été allumé.

Dès que la matière a été chauffée à un certain point, il s'est élevé une vapeur d'acide nitreux : on voyait un peu d'humidité se rassembler sous la forme d'une rosée, dans le col de la retorte; les vapeurs furent absorbées par l'eau du récipient, qu'elles acidulèrent sensiblement.

Dès que j'aperçus les premiers globules de mercure s'attacher au col, je substituai un autre récipient où il y avait également de l'eau; j'augmentai le feu jusqu'à rougir la retorte, que je tins en cet état bien au-delà du temps requis pour achever l'opération.

Dans cette expérience tout le précipité a été décomposé; le mercure s'est revivifié en entier; et je ne vis dans le col absolument rien qui annonçât que la moindre particule de ce même précipité eût échappé à la décomposition.

Le charbon employé pour cette réduction avait perdu 9 grains de son poids; et, en en frottant fortement une pièce d'or, je ne parvins point à la blanchir.

Voilà donc encore une diminution du poids bien marquée : 4 gros de notre précipité, réduits en mercure coulant, n'en ont donné que 3 gros 14 grains, auxquels nous devons ajouter 10 grains d'acide nitreux, d'après la troisième expérience; 2 grains de terre que la quatrième expérience nous apprit être contenus dans le précipité; 2 grains au plus (1) d'humidité par le charbon; ajoutons-y encore, si on veut, 6 grains de perte pendant le travail, ce que je ne peux me persuader; la somme totale de la matière coercible et connue sera de 3 gros 34 grains, et la diminution de poids se trouvera être de 37 grains, ou un huitième de la quantité de matière employée (2).

Je finirai le compte que je viens de rendre de cette sixième expérience, par une courte observation.

Nous venons de voir que le charbon employé avec notre précipité, non-seulement n'a point enflammé le corps auquel tient l'acide nitreux; mais qu'il n'a pas même été un obstacle à la désunion qu'il a éprouvée : ainsi, quel que soit l'état de combinaison du mercure et

(1) Je dis au plus, parce que le charbon dont je me sers pour les réductions, a toujours été tenu embrasé dans les vaisseaux fermés, pendant deux heures au moins, à dessein de lui donner la perfection qu'il a rarement lorsqu'il sort de la main de l'ouvrier.

(2) Il est bon de remarquer que la diminution de poids qu'a essuyée notre précipité dans cette expérience, est à peu de chose près la même que celle qu'il a éprouvée dans la précédente.

de cet acide dans ce précipité, il est constant que le corps qui en résulte n'est pas inflammable avec le charbon, tandis que la première expérience nous a appris qu'on courrait le plus grand danger si on le traitait dans les vaisseaux fermés, avec du soufre qui lui donne la propriété de détoner à la façon de la poudre à canon. Ne serait-ce donc pas à l'acide nitreux que contient le précipité que je traite, qu'est due sa détonation avec le soufre? La suite de mon travail répandra du jour sur ce phénomène.

Expériences faites sur le précipité de la dissolution mercurielle dans l'acide nitreux, par l'alkali volatil.

Deux onces de mercure cru, dissous dans une quantité suffisante d'acide nitreux pur, la dissolution étendue dans cinq ou six livres d'eau, et précipitée par l'alkali volatil de sel ammoniac préparé par l'intermède de l'alkali de tartre, m'ont donné un précipité gris, qui, édulcoré par les lavages multipliés, et séché, a pesé 2 onces 32 grains.

VIIe Expérience. Ce précipité mêlé au poids de demi gros avec 6 grains de fleurs de soufre, et exposé sur le feu, s'est allumé, mais la détonation a été très-faible.

VIIIe Expérience. J'ai mis 4 gros de ce précipité dans un petit bocal de verre, haut et étroit; j'ai placé le tout dans un bain de sable : dès que la chaleur eut pénétré la matière, il s'en éleva une forte odeur d'alkali volatil, la couleur grise disparaissait, et il lui en succédait une jaune-pâle. Je me disposais à agiter le précipité avec un tube de verre, lorsque tout à coup il s'excita dans le vase un mouvement violent, accompagné d'un tourbillon d'acide nitreux qui entraînait une assez grande quantité de matière. Je retirai sur-le-champ le bocal, et tout se calma, quoique l'acide nitreux continuât encore quelques instans à se faire sentir. Une partie du précipité, enlevée par la force du tourbillon, s'était attachée aux parois du vase de verre, sous la forme d'une poudre noire; et on voyait dans le fond le précipité qui avait acquis une couleur jaune, vive et foncée.

J'avais, avant l'opération, pesé exactement le bocal chargé du précipité; l'ayant remis sur la balance, j'en trouvai le poids diminué de 51 grains; perte qu'il faut attribuer à l'exhalation de l'alkali volatil et de l'acide nitreux, ainsi qu'à la portion du précipité enlevée par la force du mouvement qu'essuya la matière exposée à l'action du feu.

Je retirai la poudre jaune avec précaution; son poids fut de 2 gros 35 grains.

Je détachai la poudre noire qui adhérait aux parois du vase de verre; elle pesait 56 grains : ce qui n'a pu être détaché doit être évalué à 2 grains au plus.

IXe Expérience. J'ai fait un mélange de 6 grains de fleurs de soufre et de 36 grains de ce précipité devenu jaune par la calcination; et l'ayant exposé sur le feu, il a détoné avec autant de force et d'éclat qu'aurait fait une même quantité de poudre fulminante. Il ne resta dans la cuiller de fer qu'un enduit assez léger d'une poudre jaunâtre.

Xe Expérience. Ayant mis 2 gros de ce même précipité calciné dans une petite retorte de verre placée dans un fourneau à dôme, il s'est revivifié du mercure qui a passé dans le récipient; on en voyait aussi dans le col une assez grande quantité de globules, arrêtés au milieu d'une couche légère de poudre rouge. Le mercure revivifié s'est trouvé être du poids d'un gros 40 grains et demi; la poudre rouge pesait à peine 5 grains. Il était resté dans le fond de la retorte une poudre jaunâtre, volumineuse et légère, dont le poids n'excéda pas celui d'un grain. Cette poudre n'était point soluble dans les acides, même dans celui de nitre. On peut évaluer la matière restée au col de la retorte à 2 grains au plus, et la perte à 16 grains, si l'on veut.

Voilà donc 2 gros de notre précipité calciné, qui, en se réduisant en mercure coulant, ou en se sublimant, n'ont donné de matière coercible et connue qu'un gros 55 grains; la diminution de poids a été de 17 grains, c'est-à-dire à peu près un huitième de la matière employée.

Mais une chose qui n'est pas moins digne d'être remarquée, c'est que le précipité de mercure fait par l'alkali volatil, et traité dans une retorte sans addition de phlogistique, s'est revivifié presque tout entier: 5 grains seulement ont échappé à la réduction: tandis qu'en traitant de même celui qui a été fait par l'alkali fixe, nous avons vu qu'il s'en réduit à peine la moitié.

Expériences faites sur le précipité de la dissolution mercurielle, par l'alkali caustique.

En versant de l'alkali de tartre, rendu caustique par la plus grande quantité possible de chaux vive, sur une dissolution de mercure étendue de beaucoup d'eau, j'ai obtenu un précipité couleur de soufre qui, ayant été édulcoré et séché, a été soumis aux expériences suivantes (1).

(1) Il se présente dans cette précipitation un accident qui mérite d'être remarqué: c'est qu'au moment où la liqueur alkalino-caustique tombe sur la

XIe Expérience. Si on en mêle un demi-gros avec 6 grains de fleurs de soufre, et qu'on expose ce mélange sur le feu, il se fait une détonation moins éclatante que celle de la poudre à canon.

XIIe Expérience. Une demi-once de ce précipité ayant été exposée à la calcination dans un petit vase de verre, haut et étroit, il s'en est élevé des vapeurs nitreuses, et la demi-once s'est trouvée réduite à 3 gros 45 grains, c'est-à-dire que la perte a été de 27 grains; et le degré de feu qui fait perdre à ce précipité l'acide nitreux qu'il contient, a changé sa couleur jaune de soufre en rouge vif-orangé.

XIIIe Expérience. J'ai trituré un demi-gros de ce précipité calciné, avec 6 grains de fleurs de soufre; j'ai exposé ce mélange sur le feu, et il a détoné avec autant d'éclat que l'aurait fait une même quantité de poudre à canon.

XIVe Expérience. Ayant exposé deux gros de ce précipité calciné à la distillation, sans addition de phlogistique, la plus grande partie du mercure s'est revivifiée; une autre portion s'est sublimée en poudre rouge, et le tout a pesé 1 gros 62 grains. Il est resté dans la retorte 2 grains de terre, sur laquelle les acides n'ont pas paru avoir d'action.

La diminution de poids n'a donc été que de 8 grains au plus; mais aussi tout le mercure ne s'est-il pas revivifié.

dissolution mercurielle, le précipité qui se forme sur-le-champ, est rouge; mais qu'en agitant la liqueur, il prend la couleur de soufre.

Expériences faites sur le précipité de la dissolution mercurielle, par l'eau de chaux.

J'ai versé sur 8 pintes d'eau de chaux récente, une suffisante quantité de dissolution mercurielle, et j'ai obtenu un précipité de couleur olive foncée, qui édulcoré et séché, a pesé une once 6 gros.

XVe Expérience. Un demi-gros de ce précipité mêlé avec 6 grains de fleurs de soufre, et exposé au feu, a détoné avec le plus grand éclat; une pareille quantité de poudre fulminante n'aurait pas produit plus d'effet.

XVIe Expérience. Deux gros de ce même précipité ont été exposés au feu de sable dans un bocal de verre; et il ne s'en est point exhalé d'acide nitreux, quoique le feu ait été poussé jusqu'à commencer à vitrioliser le mercure; mais la couleur a été altérée; d'olive foncée qu'elle était, elle devint jaune-obscur. Le précipité ayant été à l'instant retiré du sable, et mis sur une balance, la perte se trouva être de 5 grains au plus: c'était un peu de mercure qui s'était revivifié et attaché aux parois d'un entonnoir de verre, dont était couvert le bocal pendant l'opération.

XVII Expérience. Ce même précipité mis sur-le-champ dans une retorte de verre, et exposé au feu convenable, je remarquai qu'au moment où le mercure revivifié s'amassa dans le col, le récipient exhala une légère odeur d'acide nitreux; j'en substituai un autre, mais il ne contracta plus cette odeur.

L'opération ayant été poussée à sa fin, tout le précipité se réduisit en mercure coulant, qui, ramassé avec exactitude, pesait un gros 49 grains; si nous y ajoutons les 5 grains qui se sont dissipés pendant la calcination, nous aurons un total d'un gros 54 grains de mercure revivifié. Il était resté au fond de la cornue 2 grains un quart d'une terre jaune d'un volume étonnant (1), qui, jetée sur un peu d'acide nitreux, y excita une vive effervescence, quoique la plus grande partie ne s'y soit point dissoute. En additionnant ces produits, nous voyons que la diminution de poids a été de 16 grains, ou d'environ un huitième.

Quoique je sois entré dans un très-grand détail sur les expériences précédentes, il s'en faut bien cependant que j'aie épuisé la matière; à peine l'ai-je effleurée. J'ai aussi jugé qu'il était inutile de rendre compte du travail que j'ai fait sur les précipités de la dissolution mercurielle par l'alkali de soude et par le borax, aussi bien que sur le précipité rouge pharmaceutique, dont j'avais auparavant enlevé l'acide nitreux. J'ai craint de devenir ennuyeux par des répétitions peut-être déjà trop mul-

(1) J'ai déjà eu tant de fois occasion de remarquer avec étonnement la ténuité, la légèreté, et surtout le grand volume de cette terre qui se trouve toujours au fond de la retorte, dans l'opération dont il s'agit, que je crois devoir donner une raison bien simple, mais juste, de cet accident.

1° Je regarde cette terre comme le produit de la portion des sels qui s'est décomposée par l'action et la réaction qu'ils ont éprouvées en se combinant.

2° Cette terre est d'autant plus divisée, qu'elle s'est formée dans un plus grand volume d'eau.

3° En se séparant, soit des acides, soit des alkalis, elle s'est interposée entre les parties du précipité mercuriel qui était lui-même, à cet instant, dans un état de grande division; en sorte que 2 grains de terre se trouvent étendus également entre toutes les parties d'une demi-once de nos précipités.

4° Quand on expose au feu cette demi-once de précipité, le mercure, soit qu'il se revivifie, soit qu'il se sublime, abandonne tranquillement le fond de la retorte, en y laissant les 2 grains de terre, dont toutes les parties fort éloignées les unes des autres, et ne se touchant, pour ainsi dire, que par un point, la feraient assez bien ressembler à une éponge, si elles cohéraient entre elles.

tipliées. Qu'il suffise donc d'observer que le précipité rouge pharmaceutique, privé, autant qu'il est possible, de tout son acide nitreux, ainsi que ceux qu'on peut préparer par l'alkali de soude et le borax, présentent les mêmes phénomènes que celui fait par l'alkali de tartre.

Les expériences que je viens de présenter, offrent plusieurs objets intéressans; la propriété de détoner qu'acquièrent les précipités, lorsque, mêlés avec du soufre, on les expose sur le feu; leur réduction totale, lorsqu'on les traite avec du phlogistique, et partielle, lorsqu'on les traite sans phlogistique; l'entière réduction, sans le secours de cet intermède, de celui qui a été préparé par l'eau de chaux : mais le phénomène le plus remarquable est sans contredit leur augmentation de poids.

Comme je me suis imposé la loi de ne rien dire ici de conjectural, de systématique, je remets à un autre moment une suite d'expériences que j'ai faites sur cette matière importante, et qui ont beaucoup de rapport avec quelques-unes de celles que M. Lavoisier vient de publier dans un excellent ouvrage sur l'*existence d'un fluide élastique, fixé dans quelques substances.* Je me contenterai donc de faire observer que l'augmentation de poids qu'éprouvent les précipités, est due en partie à leur union avec une portion plus ou moins grande du précipitant et du dissolvant, ainsi qu'il a été prouvé par plusieurs procédés, et sans doute en partie à cette cause jusqu'ici inconnue, dont l'effet est de rendre une chaux métallique plus pesante que le métal n'était avant sa calcination (1).

(1) J'ai fixé la diminution du poids de la chaux mercurielle, réduite en mercure coulant, à un huitième. M. Baumé la fixe à un dixième. Ce chimiste célèbre a opéré par calcination et sans intermède : je procède, au contraire,

Quant à la propriété qu'ont nos précipités de détoner avec le soufre, il paraîtrait tout naturel d'en rapporter la cause à la petite portion d'acide nitreux qui leur est unie; cependant, si on se rappelle que la détonation est d'autant plus forte que les précipités ont été plus dépouillés de cet acide, on hésitera de prononcer: mais quand on saura, comme on va le voir dans un moment, que les précipités du sublimé corrosif, par les alkalis fixes et par l'eau de chaux, détonent aussi bien que ceux qui ont été préparés avec la dissolution de mercure dans l'acide nitreux, on sera, à coup sûr, tenté de ne plus attribuer la cause du phénomène à ce dernier acide. Je suis porté à croire que cette détonation est due au mouvement qui s'excite dans le mercure et le soufre, à l'instant de la combinaison cinabarine: un mélange de 4 onces de soufre et de 16 onces de mercure coulant s'enflamme tout seul, dit M. Baumé dans sa *Chimie*, tome II, page 458.

Expériences faites sur le mercure précipité de l'acide marin, par l'alkali fixe.

J'ai fait dissoudre 4 onces de sublimé corrosif de Hollande dans 7 à 8 livres d'eau chaude; la liqueur, en se refroidissant, devint un peu louche: j'ai versé dessus peu à peu une suffisante quantité d'alkali de tartre dissous; et j'ai obtenu un précipité rouge-obscur qui, lavé et séché, pesait 2 onces 7 gros et quelques grains (1).

par réduction et par intermède; en conséquence, le terme fixé par M. Baumé peut fort bien être plus sûr que celui que j'ai indiqué.

(1) Les lavages occasionent de grandes pertes; ayant souvent répété cette opération, j'ai eu des différences bien sensibles dans le poids. Je n'ai retiré quelquefois de 4 onces de sublimé que 2 onces 5 gros 1 scrupule de précipité.

Ire Expérience. J'ai trituré 1 gros de ce précipité avec 12 grains de fleurs de soufre, et j'ai exposé ce mélange sur le feu : dès qu'il fut échauffé, il détona vivement, et la plus grande partie de la matière fut emportée, sous la forme d'un nuage épais, hors de la cuiller.

IIe Expérience. Je crus devoir répéter cette détonation, en ne faisant que de petites projections du mélange ci-dessus; par ce moyen, j'obtins 1 gros 42 grains d'une poudre brune, qui, mise dans une petite retorte, me donna une sublimation de mercure doux, du poids de 46 grains : une portion de mercure s'était revivifiée, et il se trouva dans le col une légère couche cinabarine. Je ne m'attendais pas à trouver du mercure doux dans cette expérience; et j'étais bien éloigné d'imaginer que le mercure sublimé corrosif n'était décomposé qu'en partie par l'alkali fixe; et c'est cependant ce qui arrive, ainsi qu'on va le voir dans les expériences suivantes.

IIIe Expérience. J'ai exposé, dans une petite retorte de verre, au feu de sublimation 1 once 2 gros 24 grains du précipité ci-dessus; il s'est élevé dans le col 4 gros 16 grains de mercure doux; il s'est revivifié 5 gros 4 grains de mercure coulant; et il est resté dans le fond de la retorte 62 grains d'une poudre rouge-pâle : c'était une chaux mercurielle, qui, faute de phlogistique, avait échappé à la réduction.

Expériences faites sur un pareil précipité fait avec l'alkali de soude.

En précipitant la dissolution de mercure sublimé corrosif par l'alkali de tartre, je m'étais attaché à trouver le point de saturation, je pouvais donc soupçonner qu'en voulant éviter l'excès d'alkali, j'étais peut-être resté en deçà des justes bornes : pour m'en assurer, je fis dissoudre d'une part 4 onces de sublimé corrosif dans 6 livres d'eau, et d'une autre 8 onces de sel de soude effleuri; je confondis subitement, et avec un mouvement violent, les deux solutions : j'obtins un précipité d'un rouge moins obscur que le précédent, qui lavé et séché, a pesé 2 onces 6 gros 22 grains.

IVe Expérience. Ce précipité mélangé, au poids d'un gros, avec 12 grains de fleurs de soufre, a détoné aussi fortement que celui fait avec le sel de tartre.

Ve Expérience. Mis au poids d'une once dans une retorte, et exposé au feu de sublimation, il s'est élevé dans le col 3 gros 60 grains de mercure doux : il s'est revivifié 2 gros 4 grains de mercure coulant, et il est resté dans le fond de la cornue 1 gros 18 grains d'une poudre rouge, sous laquelle il se trouva une couche d'une poudre blanchâtre, légère et volumineuse, qui pesait à peine 2 grains : cette dernière était purement terreuse, et se dissolvait dans les acides; l'autre était une vraie chaux de mercure.

Ce procédé prouve que l'alkali de soude agit sur le sublimé corrosif, comme le fait l'alkali de tartre; que l'un et l'autre ne décomposent ce sel mercuriel qu'en partie, et que dans les précipitations on ne gagne rien en versant sur la dissolution un excès d'alkali; enfin il est démontré par les expériences dont je viens de rendre compte, que les précipités obtenus du mercure sublimé corrosif par le moyen des alkalis, ne peuvent être rangés, ni dans la classe des vrais précipités, ni dans celle des faux précipités; mais que participant de l'un et de l'autre, ils doivent être regardés comme mixtes.

Expériences faites sur le mercure précipité de l'acide marin, par l'alkali volatil.

En versant sur une dissolution de sublimé corrosif étendue de beaucoup d'eau, une suffisante quantité d'alkali volatil de sel ammoniac dégagé par l'alkali fixe, je me suis procuré un précipité blanc que j'ai bien édulcoré et fait sécher.

VIe Expérience. J'en ai mélangé 1 gros avec 12 grains de fleurs de soufre, et je les ai exposés sur le feu : le soufre s'est allumé, mais il n'y a pas eu de détonation.

VIIe Expérience. Ayant mis une once de ce même précipité au feu de sublimation, j'ai obtenu un peu d'alkali volatil, 6 gros 50 grains de mercure doux, 1 gros de mercure revivifié; 2 grains environ de terre sont restés au fond de la cornue : en évaluant l'alkali volatil à 5 ou 6 grains, la perte sera de 14 grains.

Cette expérience prouve que l'alkali volatil décompose bien moins le sublimé corrosif que ne le fait l'alkali fixe : il ne s'est revivifié en mercure qu'un huitième de notre précipité, tandis que les sept huitièmes, à quelques grains près, se sont trouvés être du sublimé doux.

VIIIe Expérience. Si on triture une portion de ce sublimé doux avec un peu d'alkali fixe dissous, il prend une couleur presque noire, et il s'en élève de l'alkali volatil; ce qui prouve la forte adhérence du sel ammoniac au mercure uni à l'acide marin, ainsi que l'a remarqué M. Baumé. Voyez sa *Chimie*, tome II, page 435.

Expériences faites sur le précipité de la dissolution de parties égales de sublimé corrosif et de sel ammoniac, par l'alkali fixe.

En versant de l'alkali fixe sur une dissolution de 2 onces de sel ammoniac, et 2 onces de sublimé corrosif, je me suis procuré un précipité blanc, qui, édulcoré et séché, a pesé une once 6 gros et demi.

IXe Expérience. Un gros de ce précipité, trituré avec 12 grains de fleurs de soufre, et exposé au feu, n'a point détoné; le soufre s'est allumé et consumé à sa manière ordinaire.

Xe Expérience. J'ai mis une once de ce même précipité dans une petite retorte, au feu de sublimation; dès que l'appareil a été échauffé à un certain point, l'alkali volatil s'est fait sentir, et il en est tombé quelques gouttes dans le récipient. L'opération finie, il s'est trouvé 7 gros 21 grains de mercure doux, 10 grains au plus de mercure revivifié. On peut évaluer ce qui est resté aux parois à 6 grains; enfin il s'est trouvé dans le fond de la cornue 2 grains d'une poudre rougeâtre qui imprimait sur la langue un goût salin; je soupçonne qu'elle contenait un peu de sel marin échappé aux lavages.

D'après cette expérience on doit conclure que le faux précipité obtenu par le procédé indiqué est assez semblable à celui qu'on prépare en précipitant le sublimé corrosif par l'alkali volatil, que l'un et l'autre sont, à peu de chose près, de vrai sublimé doux (1). La seule

(1) Lémery n'ignorait pas qu'en sublimant le précipité dont je parle, on en retirerait du sublimé doux. *Voy.* sa *Chimie.*

J'ai jusqu'ici donné le nom de mercure doux au sublimé que j'ai obtenu de la décomposition du sublimé corrosif par les alkalis, sans prétendre pour

différence qui me paraît être en ces deux précipités, c'est que celui qui a été préparé par l'alkali volatil, contient plus de mercure réductible que celui du procédé avec le sel ammoniac.

Examen du précipité de la dissolution de sublimé corrosif par l'eau de chaux.

J'ai versé sur 8 pintes d'eau de chaux nouvelle, et fortement chargée du *principe calcaire*, une quantité de dissolution de sublimé corrosif, suffisante pour une saturation parfaite; et j'ai obtenu 4 gros 43 grains de précipité jaune-orangé, exactement lavé et séché.

XIe EXPÉRIENCE. Un mélange de demi-gros de ce précipité avec 6 grains de fleurs de soufre mis sur le feu, a fulminé fortement.

XIIe EXPÉRIENCE. Trois gros de ce précipité mis dans une retorte, et exposés au feu de sublimation, ont donné 2 gros 17 grains de mercure coulant, 8 grains de mercure doux; il est resté dans le fond de la retorte une poudre rougeâtre, dont le poids était de 23 grains. La légèreté de cette poudre, sa facile dissolution dans les acides, annonçaient assez sa nature: c'était une portion de terre calcaire, précipitée avec le mercure. La perte a été de 24 grains.

Cette expérience prouve, 1° que l'eau de chaux est de tous les précipitans celui qui décompose le mieux le su-

cela qu'on pourrait le substituer à l'*aquila alba*, ou mercure doux pharmaceutique, dont il peut fort bien n'avoir pas toute la perfection; mais il entre dans mon plan de déterminer quelque jour le degré de ressemblance ou de différence qui peut se trouver entre ces deux produits de l'art.

Nota. Cette note est insérée dans le Recueil publié en l'an VI, mais elle n'est pas dans le texte du *Journal de Physique.*

blimé corrosif; 2° que le précipité fait par l'eau de chaux n'a pas besoin d'intermède phlogistique pour se réduire (1).

Examen du précipité de la dissolution de sublimé corrosif par l'alkali caustique.

Ayant fait dissoudre 2 onces de sublimé corrosif dans 3 pintes d'eau, et versé dessus une suffisante quantité d'alkali caustique, j'ai obtenu un précipité rouge, qui, édulcoré et séché, a pesé une once 2 gros.

XIIIe Expérience. Demi-gros de ce précipité et 6 grains de fleurs de soufre, exposés sur le feu, ont fulminé avec assez d'éclat.

XIVe Expérience. Une once de ce précipité mis dans une retorte, et exposé au feu, il s'est sublimé 4 gros 48 grains de mercure doux : il s'est revivifié un gros 47 grains de mercure coulant, et il est resté dans la retorte un gros 13 grains de poudre rouge-orangée. Il y a eu 36 grains de perte, dont une partie doit être attribuée à un peu d'eau qui s'est élevée au commencement de l'opération, et à ce qui est resté de sublimé doux, attaché au col de la retorte.

On voit par cette expérience, que le précipité du sublimé corrosif par l'alkali caustique, ne diffère pas essentiellement de celui fait par l'alkali de tartre ou de soude, qui, l'un et l'autre, ne décomposent qu'imparfaitement le sublimé corrosif.

Il est constant, par les procédés dont je viens de

(1) Nous avons déjà observé cette propriété de la chaux, en parlant du précipité de la dissolution mercurielle par ce même intermède. Le résultat de ce procédé est d'ailleurs conforme à celui qu'a obtenu M. Meyer. *Voy.* ses *Essais*, tom. I, pag. 216.

donner le détail, 1° qu'il n'est pas possible de décomposer entièrement le sublimé corrosif en le traitant par la voie humide avec les alkalis fixes; 2° que ces sels rendus caustiques par la chaux, n'ont pas sur ce sel mercuriel un effet plus marqué; 3° que l'alkali volatil le décompose encore moins que les alkalis fixes; 4° que le précipité obtenu par l'eau de chaux est le seul qui mérite le nom de précipité.

De tous les métaux qui forment avec l'acide marin un sel soluble (1), le mercure est, sans contredit, le seul qui ne peut être entièrement séparé de cet acide par des agens aussi puissans : l'alkali fixe en convertit à la vérité une portion en vrai précipité; mais presque la moitié se trouve être du mercure doux, c'est-à-dire, du mercure qui a perdu la portion d'acide qui le constituait sublimé corrosif. L'effet de l'alkali volatil sur la dissolution du sublimé corrosif et celui de l'alkali fixe sur une dissolution de sublimé et de sel ammoniac, sont encore plus remarquables, puisque dans ces préparations le sublimé corrosif se trouve, à quelque chose près, entièrement changé en sublimé doux.

Pour donner une raison satisfaisante de cette singularité, il faut, je crois, en rapporter la cause à la solubilité du sublimé corrosif et à l'indissolubilité du sublimé doux, deux des caractères distinctifs de ces préparations chimiques. Le sublimé corrosif contient tout l'acide marin auquel le mercure est susceptible de s'unir, ce qui le rend soluble dans l'eau; le sublimé doux, au contraire, n'en contient que le moins possible, et par-là il devient

(1) Je dis soluble, parce que si les métaux cornés, tels que l'argent et le plomb, étaient susceptibles de se dissoudre, comme le sublimé corrosif, ils présenteraient peut-être le même phénomène.

insoluble Si donc on verse sur une dissolution de sublimé corrosif, étendue de beaucoup d'eau, un alkali fixe ou volatil, ces sels s'attachent à la portion d'acide marin qui constitue le mercure sublimé corrosif; et leur action cesse dès que, devenu mercure doux, il a perdu sa solubilité dans l'eau.

Je voudrais bien rendre raison de la décomposition totale (du moins à très-peu de chose près) du sublimé corrosif par l'eau de chaux, mais je sens qu'il me manque des expériences : comme j'ai depuis long-temps commencé un travail par la voie humide sur les mêmes précipités, que j'espère mettre bientôt en état d'être présenté au public, je pourrai alors revenir sur le précipité du mercure sublimé corrosif par l'eau de chaux.

Je ne m'étendrai pas davantage sur les remarques que présentent naturellement mes expériences : les bornes que je me suis prescrites ne le permettent pas; mais je ne peux m'empêcher de dire la raison qui m'a fait adopter pour mon travail le sublimé corrosif du commerce. Mes premiers essais avaient été faits sur du sublimé dans la préparation duquel l'acide nitreux était entré comme intermède. J'appréhendais que la détonation des précipités que j'en avais obtenus, ne prouvât que quelque légère portion de cet acide les avait accompagnés. J'ai donc voulu éviter tout soupçon; et, d'après M. Beaumé (1), qui nous assure que les Hollandais ne font point entrer le nitre ni son acide dans les intermèdes avec lesquels ils préparent en grand le sublimé corrosif, j'ai cru devoir employer celui qu'on nous apporte de Hollande.

(1) *Voy.* sa *Chimie*, tom. II, pag. 415.

SECONDE PARTIE.

(Extrait du *Journal de Physique*, avril 1774.)

Les précipités de la dissolution mercurielle, qui ont fait le sujet de la première partie de mon travail, sont au nombre de quatre : le premier avait été fait par l'alkali fixe; le deuxième, par l'alkali volatil; le troisième, par l'alkali caustique; le quatrième, par l'eau de chaux.

Tous ces précipités se sont trouvés plus pesans que le mercure avant sa dissolution.

Le premier et le troisième, mélangés avec du soufre, soit devant, soit après leur calcination, se sont enflammés et ont détoné lorsque je les ai exposés à un certain degré de feu.

Le deuxième, traité de même, avant sa calcination n'a détoné que faiblement; mais l'ayant exposé au feu pour lui faire perdre l'alkali volatil et l'acide nitreux qu'il contenait, il acquit la propriété de détoner avec autant d'éclat que la poudre fulminante.

Le quatrième a détoné avec le même éclat, sans qu'il ait été nécessaire d'avoir recours à une calcination préliminaire.

En traitant le premier dans des vaisseaux fermés sans addition de phlogistique, il ne s'en est réduit qu'une partie en mercure coulant; le deuxième et le troisième se sont réduits presqu'en entier en les soumettant à la même épreuve; le quatrième s'y est réduit totalement. En ajoutant au premier, au second et au troisième un peu de charbon, la réduction a été complète : enfin ils ont tous donné des preuves non équivoques de leur union avec une petite portion du dissolvant et du précipitant.

Tels sont les principaux phénomènes qu'ont présentés les précipités dont je parle, lorsqu'ils ont été traités suivant la méthode que j'ai indiquée; phénomènes vraiment étonnans, et qui exigent un long et pénible travail de la part du chimiste qui voudra en constater la réalité, et assigner la cause de chacun d'eux en particulier, en s'appuyant sur des expériences. Celui qui se présente le premier, celui qui frappe le plus, est sans contredit l'augmentation de poids qu'éprouve le mercure lorsqu'on le précipite de sa dissolution dans un acide, par un alkali; augmentation qui a toujours fait le sujet de bien des conjectures de la part des chimistes, pour en expliquer la cause; mais comme des conjectures, des analogies, des raisonnemens, dussent-ils quelquefois nous faire deviner la vérité, ne prouvent rien dans une science où tout doit être appuyé sur des expériences, je me suis imposé pour tâche, des recherches sur la cause de l'augmentation de poids qu'a éprouvée le mercure précipité de l'acide nitreux, par l'intermède de l'akali fixe. Je parlerai souvent de réductions dans le compte que je vais rendre de mon travail sur cet objet important, et mes expressions seront encore quelques instans conformes à la doctrine de Stahl sur le phlogistique; mais je leur en substituerai d'autres, aussitôt que mes expériences l'exigeront.

Recherches sur la cause de l'augmentation de poids qu'éprouve le mercure précipité de l'acide nitreux par l'alkali fixe.

Les chimistes conviennent tous qu'en convertissant un métal en chaux, son poids qui paraîtrait naturellement devoir être diminué, ou du moins rester le même, est au contraire augmenté. De cette première vérité il en découle une autre également avouée de tous les gens de l'art : savoir, qu'en réduisant en métal une chaux métallique quelconque, elle éprouve dans son poids une diminution considérable ; et, selon la doctrine de Stahl, cette réduction se fait en rendant au métal le phlogistique qu'il avait perdu en se changeant en chaux métallique ; mais le mercure est-il du nombre de ces substances métalliques auxquelles on peut enlever le phlogistique? Quoique les chimistes ne soient pas d'accord entre eux sur ce sujet, tous conviennent cependant qu'en le convertissant en chaux, soit en le calcinant, soit en le précipitant de sa dissolution dans un acide par les sels alkalis, il éprouve constamment une augmentation de poids. Ainsi les chaux qu'on prépare avec ce minéral singulier, rentrent tout naturellement dans la classe des autres chaux métalliques ; et quelle que soit la cause de leur augmentation de poids, cette cause est probablement la même dans les unes et dans les autres (1). Fixons donc, autant qu'il est possible, l'augmentation de pesanteur qu'ont éprouvée nos précipités, et réduisons-la, si nous pouvons, à sa juste valeur.

Quatre onces de mercure dissoutes dans l'acide nitreux, m'ont donné par l'intermède de l'alkali de tartre un précipité qui, édulcoré et séché, a pesé 4 onces et 39

(1) Je n'ai pas encore poussé mes expériences assez loin pour oser décider que les chaux mercurielles faites par précipitation sont de même nature que celles qu'on obtient par calcination : on doit se souvenir que je n'examine que les premières. *J'ai déjà commencé sur les dernières, c'est-à-dire sur celles faites par calcination, un travail que j'espère finir bientôt, et donner incessamment au public.*

Ce qui est en italique est ajouté au texte du *Journal de Physique*.

grains : il s'en faut bien que ces 39 grains soient précisément toute l'augmentation de poids qu'a subie le mercure en changeant de forme. L'eau de précipitation, le précipitant lui-même, le grand nombre de lavages et de décantations, occasionent des pertes que l'attention la plus scrupuleuse peut bien diminuer, mais non pas entièrement empêcher. Il est cependant un moyen de fixer cette augmentation; et c'est, comme je l'ai fait observer, en séparant du précipité tout ce qui peut lui être étranger, et en le réduisant en mercure coulant. Deux choses concourent donc à augmenter le poids des précipités : la première est la portion du dissolvant et du précipitant qui leur restent attachés : la seconde, dont la cause n'est pas encore bien connue, est celle que l'on sait être la suite de la conversion d'un métal en chaux.

Quant à la première, nous avons vu que demi-once de précipité fait par l'alkali fixe, perdait au feu environ 10 grains d'acide nitreux flegmatique; et qu'après la sublimation il restait dans la retorte 2 ou 3 grains de terre.

Nous avons également remarqué que le précipité fait par l'alkali volatil tenait non-seulement de l'acide nitreux, mais encore une portion très-sensible d'alkali volatil. On en peut dire autant de ceux préparés avec l'eau de chaux et l'alkali caustique, qui tous deux participaient du dissolvant. J'ajouterai encore qu'ils contiennent tous une petite portion d'eau qui leur est intimement unie, et qu'ils n'abandonnent qu'au moment de leur réduction. Voilà donc la première cause de l'augmentation de poids de nos précipités considérés comme précipités.

A l'égard de celle qu'ils ont acquise, considérés comme chaux métallique, je l'ai constatée et même fixée à peu près, en faisant la réduction des précipités calcinés;

expérience de laquelle il résulte que ceux faits par l'alkali fixe, volatil, etc., ont perdu, en se revivifiant, à peu près un huitième de leur poids (1).

Mais s'il est facile de constater l'augmentation de poids dans nos précipités amenés à l'état de chaux métallique pure, s'il est possible d'en fixer le terme, il n'est pas si aisé d'en connaître la cause; aussi les sentimens des chimistes sont-ils très-partagés sur ce sujet.

Lémery, qui était un chimiste exact et bon observateur pour son temps, où la chimie analytique n'était pas connue, croyait que l'augmentation de pesanteur qu'il avait observée dans le précipité de bismuth, était due à une portion d'acide nitreux qui était restée malgré les lotions; il attribuait la cause de l'augmentation de poids, qu'il avait également observée dans les chaux métalliques, aux corpuscules ignés qui se sont unis, disait-il, au métal pendant la calcination; et celle de la diminution qu'elles éprouvent dans la réduction, était, selon lui, la perte ou la dissipation de ces mêmes corpuscules. Charas, autre chimiste recommandable et contemporain de Lémery, rapportait cette cause aux acides du bois, du charbon et des autres matières alimentaires du feu, qui se combinaient avec le métal exposé à la calcination. Le sentiment de Charas eut peu de partisans; celui de Lémery au contraire en eut beaucoup. Enfin le célèbre Hales parut; et sans rejeter absolument les corpuscules ignés, ce physicien chimiste avança, ainsi que le remarque M. Lavoisier, que l'air contribuait à cet effet, et que c'était en partie à lui qu'était due l'augmentation de poids des chaux métalliques.

(1) *Voy.* la note qui est au bas de la page 27 de la première partie de ces Expériences.

Les partisans de M. Meyer, savant chimiste allemand, en rapportent la cause à l'*acidum pingue*, double dénomination qu'on sera peut-être un jour forcé d'adopter; ce qui ferait en quelque sorte triompher le sentiment de Charas et de Lémery.

M. Black, en Angleterre, marchant sur les traces de Hales son compatriote, a soupçonné que l'air fixe qui se dégage de l'alkali, pourrait bien dans les précipitations s'attacher aux précipités, et être la cause de l'augmentation de poids qu'ils éprouvent (1).

Tels sont les différens systèmes par lesquels de célèbres chimistes ont tâché d'expliquer ce phénomène; mais si on y fait bien attention, on verra que ces auteurs ne diffèrent entre eux que par le nom qu'ils ont donné à un être dont ils ont aperçu l'existence, sans en bien connaître la nature; et on conviendra que les corpuscules ignés de Lémery, l'acide des matières alimentaires du feu de Charas, l'*acidum pingue* de M. Meyer, l'air fixe des chimistes anglais; ajoutons-y, si l'on veut, le gaz de Vanhelmont, et l'air artificiel de Boyle; on conviendra,

(1) Venel et de Morveau ont voulu l'un et l'autre expliquer le phénomène de cette augmentation, en privant le phlogistique de pesanteur : le premier avait déjà, il y a plus de vingt ans, l'idée que la présence ou l'absence du phlogistique était la cause du phénomène qui nous étonne : *le phlogistique ne pèse pas vers le centre de la terre, il tend à s'élever; de-là l'augmentation de poids dans les chaux métalliques; de-là la diminution de ce même poids dans leur réduction*, disait souvent Venel, dans la conversation et dans les leçons de chimie qu'il donnait à Montpellier. Le second (M. de Morveau) a donné depuis peu une savante dissertation sur cette matière, dans laquelle il s'efforce d'établir que *la présence ou l'absence du phlogistique est la véritable cause de la diminution ou de l'augmentation de pesanteur des corps susceptibles de se combiner avec lui*. Je fis autrefois bien des objections à Venel, lorsqu'il me communiqua cette idée à laquelle il était cependant peu attaché; on en a fait beaucoup à M. de Morveau, mais il est hors de mon sujet de les répéter.

dis-je, que toutes ces dénominations ne désignent qu'une seule et même substance. Peu importe le nom, pourvu que nous connaissions la chose. Laissant donc toute dispute de mots, je m'attacherai aux expériences qui seules peuvent nous faire connaître la véritable cause de l'augmentation de pesanteur que nous observons dans les chaux métalliques. Mais, comme il est impossible de parler d'un être physique sans le désigner au moins par quelques qualités, d'après M. Lavoisier j'adopterai le terme de fluide élastique, et je l'emploierai toutes les fois qu'il faudra nommer l'air fixe des chimistes anglais, l'*acidum pingue* de M. Meyer, etc.

En travaillant par la voie sèche sur les quatre précipités de mercure dont j'ai parlé, il était tout naturel de diriger mes expériences vers un but qui depuis plusieurs années est celui de presque tous les chimistes de l'Europe. Je venais d'examiner une mine de fer qui contient un tiers de son poids de fluide élastique; je m'étais fait un appareil chimico-pneumatique très-simple et très-commode, avec lequel j'avais déjà fait, en employant avec assez de succès nos petites retortes de verre, des réductions de minium et de litharge qui exigent un assez grand degré de feu; je soupçonnai que les chaux de mercure en exigeraient un bien moindre pour se réduire; je ne me suis pas trompé: ce métal présente aux chimistes des chaux de facile réduction, et par là il devient très-propre aux recherches qu'on voudrait faire sur le fluide élastique. Comme je ne prends point d'autre parti que celui de la vérité, lorsqu'elle m'est bien connue, mon devoir est de donner simplement et avec bonne foi le détail et le résultat de mes expériences; les premières sont imparfaites et dirigées par le préjugé, mais comme elles m'ont insensiblement conduit à celles qui devaient me faire revenir de l'erreur où j'étais, j'ai cru ne pouvoir me dispenser d'en rendre compte.

Ire EXPÉRIENCE. J'ai mis dans une petite retorte de verre non lutée 4 gros de mercure précipité de sa dissolution dans l'acide nitreux, par l'alkali fixe; je l'ai adaptée à mon appareil chimico-pneumatique : le volume d'air que contenaient cette retorte et le tube de verre qui servait de conducteur, était égal à celui de 6 onces 2 gros et demi d'eau.

Le feu ayant été appliqué, l'air des vaisseaux a déplacé un peu plus de 4 onces d'eau : mais quoique la chaleur ait été poussée jusqu'à faire affaisser la cornue, l'eau du récipient pneumatique s'est arrêtée un peu au-dessous du degré de mon échelle qui indiquait 4 onces (1); et ce n'a été qu'après que tout a été refroidi et revenu à la température qui était dans le laboratoire avant l'opération, que la superficie de l'eau a atteint le degré ci-dessus, et s'y est fixée.

Je retirai alors le récipient, et l'ayant posé sur son assiette, je remarquai qu'il ne se fit point de sifflement lorsque j'en ôtai le bouchon; l'air n'était donc point comprimé, mais il était uni à l'acide nitreux qu'avait fourni le précipité, et il s'en exhalait une odeur beaucoup plus forte et beaucoup plus virulente que ne semblait devoir le faire une aussi petite quantité de cet acide, qui d'ailleurs aurait dû s'absorber dans l'eau du récipient, à travers laquelle il avait passé (2).

(1) J'espère donner bientôt au public l'analyse de la mine dont j'ai parlé; j'entrerai alors dans un plus grand détail sur le manuel de cette opération et sur la machine très-simple dont je me sers.

(2) Quelques chimistes, entre autres M. Bucquet, ont remarqué que l'air

Le feu avait été poussé au point non-seulement de faire monter sous la forme de vif-argent tout le mercure qui était réductible par lui-même, mais encore de faire élever une portion de celui que je croyais ne l'être qu'à l'aide du phlogistique; en sorte qu'il se trouva 2 gros 15 grains d'un précipité rouge dans le col de la cornue, et 48 grains dans le fond, qui se seraient sans doute ou sublimés ou revivifiés, si la retorte, qui n'était point lutée et qui commençait à couler, ne m'eût déterminé à supprimer le feu.

IIe Expérience. Mon objet n'étant point rempli, je jugeai que la chaux mercurielle n'ayant pas été réduite, il n'avait pu s'en élever de fluide élastique: je pris en conséquence les 2 gros 15 grains de précipité sublimé, et les 48 grains restés dans la cornue; j'en fis un mélange avec 12 grains de charbon en poudre, et je soumis le tout à la distillation dans mon appareil pneumatique, dans lequel il y avait une couche d'huile.

Le mercure se réduisit entièrement, et il y eut cette fois 17 onces et demie d'eau déplacée; la petite retorte contenait un volume d'air égal à 5 onces 6 gros 24 grains d'eau (1).

Il résulte donc que 2 gros 63 grains de la chaux mercurielle ci-dessus ont fourni, en se réduisant, un vo-

produit par la dissolution des substances métalliques, n'est point susceptible de se combiner avec l'eau. Nous aurons dans la suite occasion de faire encore remarquer cette singularité.

(1) J'ai exposé à un grand feu une retorte vide, adaptée à mon appareil pneumatique, et j'ai observé que l'air qu'elle contenait ne déplaçait, en se raréfiant et en passant dans le récipient, qu'un volume d'eau égal au tiers du sien, ou à peu près, c'est-à-dire, qu'une retorte et son conducteur qui contiendrait six pouces cubiques d'air, ne déplaceraient qu'environ deux pouces cubiques d'eau, l'air du conducteur ne se raréfiant que fort peu.

lume de fluide élastique à peu près égal à 13 onces 6 gros d'eau.

Je n'ai eu que 2 gros 44 grains de mercure revivifié; ce qui fait une diminution de poids dans la chaux mercurielle de 19 grains; le charbon resté dans la retorte avait perdu 4 grains de son poids.

Je ne me dissimule pas que, malgré mes précautions, j'ai pu essuyer une perte de quelques grains; mais il résultera toujours que la quantité de fluide élastique qui s'est dégagée de notre chaux mercurielle, pesait au moins 15 grains, et peut-être même davantage; car si on perd du mercure, on peut, à plus forte raison, perdre du fluide élastique, dont une portion peut s'absorber dans l'eau, malgré l'huile qui la recouvre. Or 15 grains de ce fluide n'ayant déplacé qu'environ 13 onces 6 gros d'eau, il faut que le fluide élastique soit beaucoup plus pesant que l'air de l'atmosphère (1).

IIIe Expérience. Encouragé par le succès de ma seconde expérience, j'ai pris une once de précipité exactement purifié de tout acide nitreux, par une distillation préliminaire; je l'ai mêlée avec 24 grains de charbon qui avait été long-temps tenu embrasé dans les vaisseaux fermés; j'ai mis ce mélange dans une retorte de verre lutée, et j'ai procédé à la revivification du mercure dans mon appareil pneumatique, dont le récipient était rempli d'eau sur laquelle il ne surnageait point d'huile; le volume d'air de la retorte et du conducteur était égal à celui de 6 onces 5 gros; le feu ayant été poussé au point d'opérer la réduction de la chaux mercurielle, l'eau du récipient se déprima, et elle était descendue au degré de

(1) M. Lavoisier le conjecture aussi. *Voy.* ses *Opuscules*, tom. I, pag. 269.

l'échelle qui marque 8 onces, lorsque ayant augmenté un peu le feu, le fluide élastique se dégagea en telle abondance, et passa dans le récipient avec tant de vitesse, qu'en moins d'une minute la superficie de l'eau se trouva vis-à-vis le degré de l'échelle qui indiquait 48 onces moins quelques gros, et s'y arrêta constamment (1); le feu ayant été soutenu assez long-temps sans dégager davantage de fluide élastique, je désappareillai et j'enlevai le fourneau, sans toucher au récipient dans lequel l'eau remonta bientôt; en vingt-cinq minutes elle était déjà au degré qui marque 44 onces; une heure après elle avait atteint celui qui en indique 40, il était huit heures du soir. Le lendemain à 6 heures du matin, elle avait presque atteint le degré qui indique 16 onces; je retirai alors le récipient du vase où il plongeait; j'en goûtai l'eau, elle était aigrelette; il s'en exhalait une odeur approchante de celle du phosphore: enfin elle avait acquis la propriété de dissoudre le fer; j'en ai mis 8 onces dans une bouteille avec quelques grains de limaille de ce métal, et en moins de deux heures, elle put prendre avec la poudre de noix de galle une couleur rouge violette.

Il s'est trouvé dans la boule du conducteur 7 gros et 6 grains de mercure coulant; le charbon resté dans la cornue était à demi converti en cendres, et ne pesait plus que 12 grains. J'ai répété cette expérience, et j'ai eu le même succès; j'ai seulement déplacé une once d'eau de moins que la première fois.

(1) La violence avec laquelle le fluide élastique s'est dégagé, a occasioné une singularité que je dois faire remarquer : le lieu qu'il occupait dans le récipient, parut rempli d'un nuage blanc qui se dissipa fort vite. Je crois que c'était un peu de mercure qui, ayant été entraîné par notre fluide, était tellement divisé, qu'il put s'y soutenir un instant.

IVe Expérience. J'avais dans mon laboratoire un précipité de mercure qui avait été préparé depuis plusieurs années avec de l'acide nitreux du commerce; je n'avais point voulu l'employer dans mes premières expériences, parce que je soupçonnais avec juste raison qu'il contenait du mercure uni à l'acide marin; je le soumis à la distillation qu'il faut nécessairement faire subir aux précipités mercuriels pour les avoir en état de chaux métallique pure; et, par ce moyen, non-seulement il perdit l'acide nitreux qui lui était uni, mais encore il s'en éleva une assez grande quantité de mercure doux, et un gros 5 grains de mercure coulant : ce qui resta dans la retorte pesait une once 5 gros 30 grains. C'était une chaux mercurielle qui ne différait point de celle que j'avais employée jusqu'alors.

J'en mis une once avec 24 grains de charbon dans la retorte qui m'avait servi dans la troisième expérience, et dont j'avais seulement changé le lut; je disposai l'appareil à l'ordinaire, excepté que cette fois j'employai un récipient dans lequel il y avait une couche d'huile.

Le feu ayant été allumé, l'air des vaisseaux passa, et bientôt le fluide élastique se fit apercevoir par la vitesse avec laquelle il déplaçait l'eau du récipient : en réglant le feu, je parvins à modérer la réduction du mercure, et par conséquent la sortie du fluide élastique qui, dans cette expérience, déprima l'eau jusqu'au degré qui indique 46 onces et un peu plus : lorsque je me fus assuré qu'elle y était fixée, je défis la partie de l'appareil qui n'était plus nécessaire; j'enlevai le fourneau sans toucher au récipient, dans lequel l'eau remonta très-lentement; deux heures après l'opération, elle parut s'être élevée de quelques lignes.

Le deuxième jour, elle atteignit le degré qui indique 37 onces; le troisième, elle était à 35, le quatrième à 30; elle monta insensiblement jusqu'à 16, dans l'espace de neuf jours; le dixième elle était à 15, le onzième à 14, le treizième à 12, enfin le dix-septième elle était à 8.

Il y a eu dans cette opération 7 gros 5 grains de mercure revivifié, et les 24 grains de charbon employés se sont trouvés réduits à 10 grains.

D'après les expériences dont on vient de lire le détail, il paraîtrait naturel de croire que le charbon employé jusqu'ici comme réductif, a fourni à la chaux mercurielle le phlogistique si nécessaire, selon les Stahliens, à toute réduction métallique. La première de mes expériences, relative au fluide élastique, est bien propre à confirmer dans cette idée : qu'on se donne la peine de la lire, et on sentira combien il est dangereux de se livrer aux systèmes, quelque accrédités qu'ils soient. J'ai cependant déjà fait observer dans la première partie de ces Essais, que le précipité fait par l'eau de chaux s'était revivifié sans le secours d'une matière charbonneuse; mais on pouvait peut-être imaginer que le mercure, en se précipitant par cet intermède, ne perd pas son phlogistique, sans soupçonner que ceux faits par l'alkali fixe pouvaient bien être dans la même cas, tant le préjugé a de force. Enfin rien n'aurait empêché de croire, ou que le phlogistique était un puissant agent qui contraignait le fluide élastique uni à la chaux mercurielle à lui céder la place, en suivant les lois des affinités, ou que ce phlogistique entrait pour quelque chose dans la composition du fluide élastique.

Les expériences suivantes vont nous détromper; en en rendant compte, je ne tiendrai plus le langage des disciples de Stahl, qui seront forcés de restreindre leur doctrine sur le phlogistique, ou d'avouer que les précipités mercuriels dont je parle ne sont pas des chaux métalliques, quoique quelques-uns de leurs plus célèbres chimistes l'aient cru; ou enfin qu'il y a des chaux qui peuvent se réduire sans le concours du phlogistique.

La tâche que je m'étais imposée relativement au fluide élastique, n'était pas remplie : j'avais à la vérité constaté par des expériences plusieurs fois répétées, ce qu'une once de précipité mercuriel calciné pouvait donner de ce fluide, je m'étais mis par-là en état d'en déterminer le volume, et d'en fixer le poids d'une manière qui ne me paraissait pas éloignée de la vérité. Je pouvais même, au besoin, hasarder des conjectures sur sa nature; mais son origine m'était inconnue. Ce fluide était-il l'ouvrage du chimiste, et devais-je le regarder comme l'air artificiel de Boyle? J'avais réduit le précipité fait par la chaux sans intermède charbonneux; ceux faits par l'alkali volatil et par l'alkali caustique s'étaient également réduits par eux-mêmes presqu'en entier : le seul précipité par l'alkali s'était en partie volatilisé et en partie réduit en mercure coulant, tandis que la plus grande portion était restée dans la cornue sous la forme d'une chaux métallique; mais cette dernière portion pouvait-elle se sublimer entièrement, en l'exposant au plus grand degré de feu que peuvent soutenir les retortes de verre dont je me servais? Et si elle se sublimait, pouvait-elle le faire sans perdre tout ou partie de son fluide élastique? Je n'avais rien fait, si je ne me mettais pas en état de répondre à ces questions; et si je satisfaisais sur la dernière, je répondais à toutes les autres. Il fallait faire de nouvelles expériences, et je m'y déterminai facilement.

Ve EXPÉRIENCE. J'ai pris une retorte de verre lutée qui contenait un volume d'air égal à celui de 3 onces un gros 36 grains d'eau; le conducteur en contenait un égal à 4 onces 4 gros : le volume d'air des vaisseaux égalait donc celui de 7 onces 5 gros et demi d'eau. Je chargeai la retorte de 6 gros de précipité pareil à celui des premières expériences; j'adaptai le tout à un récipient pneumatique dans lequel il n'y avait point de couche d'huile.

La première chaleur raréfia l'air des vaisseaux, qui déplaça un peu moins de 2 onces d'eau du récipient; j'augmentai le feu; l'air qui avait cessé reparut, et l'eau descendit environ une ligne au-dessous du degré de l'échelle qui marque 2 onces : je soutins le feu sans l'augmenter. L'air ne passait plus, la chaleur était cependant telle que le fluide élastique se serait dégagé avec violence si j'eusse ajouté au précipité un peu de matière charbonneuse, comme j'avais fait dans les expériences précédentes. J'étais étonné de voir que l'air de la retorte, ou du moins celui du conducteur, se raréfiât si peu; j'augmentai le feu : la retorte devint rouge, les bulles reparurent dans le récipient, et bientôt elles se succédèrent assez vite les unes aux autres, pour me faire croire qu'il se dégageait du fluide élastique. J'en fus convaincu en voyant du mercure coulant descendre dans la boule du conducteur; déjà l'eau était déprimée jusqu'au degré qui indique 12 onces; bientôt elle toucha celui qui en marquait 15, et en moins de trois minutes elle était à 28; cinq autres minutes après, elle se fixa à celui qui indique 44 onces; alors je délutai la cornue, j'enlevai le conducteur, j'éloignai le fourneau, et je mis un linge mouillé sur le récipient qui était resté en place : en moins de cinq ou six minutes, l'eau était remontée au degré qui marque 41 onces : deux heures et demie après, elle atteignait celui qui indique 36. A ce point je bouchai le récipient, et je l'agitai pour que l'eau absorbât plus vite le fluide élastique ; remis en place, l'eau s'éleva en un instant au degré de l'échelle qui marque 30 onces et demie : je retirai de nouveau le récipient, et le mis sur son assiette; en débouchant, il se fit un sifflement assez fort pour faire conjecturer que l'eau y serait encore rentrée en assez grande quantité.

L'eau du récipient avait l'odeur qui me paraît être propre à tous les fluides élastiques que j'ai tirés des différentes substances, entre autres à ceux que j'ai obtenus du minium et de la litharge en les réduisant, et surtout à celui que m'a donné en si grande quantité la mine de fer dont j'ai déjà parlé. Ne sachant quel nom donner à cette odeur, j'ai pris le parti de la désigner, en la comparant à celle que répand le phosphore, avec laquelle je lui trouve quelque analogie, aussi bien qu'avec celle de la moffette électrique.

Cette eau se faisait encore distinguer par son goût légèrement aigrelet; j'en ai mis 8 onces dans une petite bouteille, j'y ai ajouté quelques grains de limaille de fer, qui lui communiquèrent en peu de temps la propriété de prendre une couleur rouge-violette avec la poudre de noix de galle : enfin cette eau empreinte du fluide élastique dégagé de notre précipité sans addition de matière phlogistique, ne me paraissait différer en rien de celle que j'avais obtenue dans les opérations où le phlogistique avait été employé comme intermède.

Les 6 gros du précipité de mercure, qui ont été le sujet de cette expérience, ont fourni une quantité de fluide élastique suffisante pour déplacer 44 onces d'eau dont nous devons défalquer 5 onces à peu près pour l'air des vaisseaux, et six onces pour l'état de raréfaction où se trouvait le fluide au moment où il venait d'être dégagé.

Nous ne nous éloignerons donc pas de la vérité, si nous comparons le volume de fluide élastique obtenu dans cette expérience, à celui de 33 onces d'eau; quantité d'ailleurs relative à celle que j'ai obtenue dans les expériences antécédentes,

Il s'est trouvé dans la boule du conducteur 4 gros 65 grains de mercure revivifié (1), et il était resté dans la cornue 2 grains et-demie d'une terre blanche, dont le feu commençait à lier les parties les unes aux autres, au point que cette terre qui était dans mes premières expériences, si ténue, si volumineuse, si douce au toucher, paraissait dans celle-ci comme autant de petits grains de sable qui craquaient sous les dents et s'y divisaient avec peine.

Il résultait de ce dernier procédé, 1° que les précipités de mercure étaient réductibles par eux-mêmes; 2° que c'était inutilement que dans les opérations précédentes j'avais fait entrer le charbon comme intermède nécessaire à la revivification du mercure; 3° que les conséquences que j'avais tirées de mes premières expériences où j'avais tâché de faire cadrer de mon mieux la doctrine de

(1) On peut donc réduire cette chaux mercurielle sans le concours du phlogistique; mais je ne peux m'empêcher de faire observer que la matière charbonneuse employée dans les précédentes expériences, accélérait la réduction du mercure qui exigeait alors un plus petit degré de feu, et qu'une portion du charbon se trouvait décomposé : ce qui mérite d'être observé, et peut-être même d'être examiné à fond. (Note ajoutée au texte du *Journal de Physique*.)

l'école de Stahl sur le phlogistique, étaient fausses, relativement à la réduction des précipités en mercure coulant. Je cherchais à tâtons la vérité à travers mille préjugés; je n'ai pas la présomption d'assurer que je l'ai trouvée; mais j'ai beaucoup fait, si, en évitant une erreur, je peux en préserver les autres. Désirant de connaître ce qu'une quantité donnée de précipité contient réellement de mercure, j'avais soumis à la distillation sublimatoire ce précipité, et j'avais observé, 1° qu'il s'en élevait quelques gouttes d'acide nitreux; 2° qu'il s'attachait dans le col de la cornue une matière jaune-pâle, qui devenant de plus en plus foncée en couleur, à mesure qu'elle s'approchait du corps de la retorte, finissait par être d'un beau rouge de rubis; 3° on voyait aussi dans ce même col une quantité plus ou moins grande de globules de mercure, que je regardais comme provenant d'une portion de précipité réductible par elle-même; enfin il restait dans le fond de la retorte une poudre rouge, que je considérais comme un vrai précipité, ou plutôt comme une vraie chaux de mercure (1): telle était la doctrine que j'avais puisée dans les travaux d'autrui; telle était la doctrine que j'allais me rendre propre, si la ferme résolution où j'étais de ne quitter mes expériences qu'après les avoir poussées aussi loin que le besoin le requerrait, n'y eût mis obstacle. Il fallait revenir sur mes pas; j'y revins sans balancer.

(1) Qu'on me passe le terme de chaux que j'emploie, faute d'autre, pour exprimer l'état où se trouve le mercure lorsqu'il a perdu sa forme métallique par calcination ou par précipitation; faut-il donc, pour mériter ce nom, qu'un métal ait absolument perdu tout ou partie de son phlogistique? Les anciens chimistes s'en sont servis sans connaître ce principe, dont la découverte a donné tant de célébrité à Stahl et fait tant d'honneur à la chimie allemande. (Note ajoutée au texte du *Journal de Physique*.)

VIe Expérience. Je chargeai une petite cornue de verre, de six gros de précipité tel que je l'avais obtenu, et qui n'avait reçu d'autre purification que les lavages ordinaires multipliés; enfin il était pareil à celui de la première expérience qui m'avait induit en erreur : cette cornue contenait un volume d'air égal à 4 onces 6 gros d'eau, et le conducteur un égal à 4 onces 4 gros. Tout ayant été adapté à l'appareil pneumatique, le feu fut allumé à sept heures un quart du matin, et l'opération était finie un peu avant huit et demie; en sorte qu'elle dura à peine cinq quarts d'heure. L'eau du récipient était alors descendue au degré de mon échelle qui marque 43 onces. Lorsque je me fus assuré qu'elle y était fixée, je désappareillai, en laissant le récipient plongé dans l'eau du vase qui lui servait de support.

J'étais impatient de savoir ce qui s'était passé dans la cornue, et je me proposais d'apporter tous mes soins pour examiner à fond les matières qui s'étaient élevées et attachées dans son col.

J'avais observé pendant l'opération, qu'au moment où le fluide élastique commençait à déplacer avec vitesse l'eau du récipient, il avait paru dans le col de la retorte un nuage rougeâtre qui s'était attaché insensiblement aux parois qu'il colorait en jaune-orangé, et bientôt après j'avais vu des globules de mercure descendre le long du conducteur dans la petite boule qui en fait partie; mais c'était tout ce que mon appareil m'avait permis d'apercevoir.

Lorsque je séparai la retorte du conducteur, je le fis avec précaution, et j'en fermai l'orifice, pour ne perdre aucun des globules de mercure, qui dans ce procédé restent attachés dans le col où ils sont fixés par la portion du précipité qui se sublime. Tout étant refroidi, je retirai la cornue du fourneau, et par de petites secousses j'en fis tomber 1 gros 9 grains de mercure coulant, et environ 6 grains de sublimé coloré, partie en jaune-pâle, et partie en jaune-safrané.

Le bec de la retorte exhalait une forte odeur d'acide nitreux, et on voyait à son orifice une couche mince d'une matière blanche qui, se prolongeant d'environ 2 pouces, se perdait dans une autre couche jaune; celle-ci devenait plus foncée, et finissait, en s'épaississant, par être d'un beau rouge de rubis; enfin cette sublimation était absolument la même que celle que j'avais obtenue dans la quatrième des expériences que j'ai publiées au mois de février dernier.

Je détachai le plus que je pus de la portion blanche; elle était soluble dans l'eau, à laquelle elle communiqua toutes les propriétés de la dissolution mercurielle ordinaire; j'en mis un peu sur le feu, l'acide nitreux s'exhala; et cette matière blanche devint rouge. C'était enfin du vrai nitre mercuriel qui avait non-seulement la portion d'acide propre au précipité, mais encore une portion de celui que nous savons s'être exhalé pendant l'opération. La couche jaune-orangée était aussi du nitre mercuriel qui avait moins d'acide que la précédente; celle qui était couleur de safran en contenait encore moins; enfin celle qui était couleur de rubis, en avait le moins possible. C'était un précipité semblable en tous points à celui qui est connu dans les pharmacies sous la dénomination de précipité rouge : on sait que dans la préparation de ce dernier, le nitre mercuriel, en perdant peu à peu son acide, passe par toutes les nuances qui sont le jaune-faible et le rouge éclatant. Voilà exactement ce qui est arrivé dans mon opération. Il est de l'essence des précipités dont je parle, de retenir une portion d'acide nitreux qu'ils ne quittent que quand on les expose à un certain degré de feu; alors ils essuient un mouvement violent qui fait élever non-seulement l'acide, mais encore une portion du précipité même : tous deux se réunissent dans le col de la retorte, où ils éprouvent un moindre degré de chaleur; ils s'y combinent, ils s'y condensent, en sorte que tout l'acide nitreux qui était répandu dans une once, par exemple, de notre précipité, se trouve combiné avec la portion sublimée, et la remet dans un état approchant du nitre mercuriel; bientôt la chaleur se communique au col de la retorte, et y devient assez forte pour recommencer la calcination : le sublimé qui touche au corps de la cornue perd son acide, ce qui lui fait prendre une belle couleur rouge; celui qui s'en éloigne un peu, en perd moins, sa couleur est safranée; un peu plus bas elle est orangée, et en se dégradant elle finit par être blanche, parce que cette dernière portion, outre l'acide qui lui est propre, en absorbe encore une partie de celui que le feu a chassé des couches supérieures, ce qui la met dans le véritable état de nitre mercuriel.

Mais comment concevoir que, dans la précipitation du mercure, cette portion d'acide ait pu échapper à l'alkali fixe ? Comment concevoir que les lotions multipliées n'ont pu l'enlever ? Le fait n'en n'est pas moins vrai; et je dois ici me référer à ce que j'ai dit dans la première partie de ces Essais, sur la précipitation du sublimé corrosif que l'alkali fixe ne décompose pas entièrement, et dont il change seulement à peu près la moitié en mercure doux; car ces deux opérations, quoique faites sur des sels mercuriels fort différens, ont cependant plus d'analogie que je ne l'avais cru d'abord (1).

Je suis entré dans un détail un peu long sur les produits de ma sixième opération; mais il fallait suppléer à ce qui manque à la quatrième des expériences faites sur le précipité de la dissolution mercurielle par l'alkali fixe (2), et éclaircir ou plutôt rectifier la première de celles que j'ai données, relativement au fluide élastique.

Je reviens au récipient pneumatique que j'ai laissé plongé dans un vase rempli d'eau, et je reprends la suite de mon opération.

Le fluide élastique fourni par les 6 gros de précipité non calciné que je traitais, avait déplacé 42 onces d'eau qui, même long-temps après que la température requise fut rétablie, ne me parut s'être élevée que de deux lignes au plus; en sorte que le seizième jour depuis l'opération, elle était constamment fixée au degré de 41 onces. Ce fluide élastique, dégagé du précipité non calciné, était uni à une petite portion d'acide nitreux; ce qui, comme je l'ai déjà remarqué, empêche l'eau d'en faire l'absorption; tandis qu'au contraire nous avons vu dans la troisième et la cinquième expérience, que celui qui se dégage du même précipité réduit par la calcination à l'état d'une chaux métallique pure, s'unissait à l'eau avec une vitesse surprenante, et que dans la quatrième l'huile même interposée ne faisait que retarder cette union.

Les 6 gros de précipité ont aussi fourni en se réduisant, 4 gros 25 grains de mercure, dont une partie était restée dans le col de la retorte, et une autre partie était

(1) *Voy.* première partie, pag. 28 et 36.

(2) *Ibid.* pag. 16.

descendue dans la boule du conducteur; il s'est sublimé 66 grains de précipité combiné avec plus ou moins d'acide nitreux; enfin il est resté dans le fond de la retorte 2 grains et demi de terre dont la chaleur avait commencé à lier les parties : on peut évaluer à 8 grains ce qui est resté attaché au col de la cornue, et ce qui a pu se perdre.

Ce dernier procédé confirme de plus en plus les connaissances que nous avons déjà acquises sur la nature du précipité qui en fait le sujet; et il est en même temps une preuve certaine que c'était avec raison que, dans les expériences précédentes, j'appuyais si fortement sur la nécessité de purifier les précipités qui doivent être employés dans les recherches sur le fluide élastique.

Je pourrais donner plusieurs autres expériences faites sur ce sujet; mais, comme elles ne diffèrent point des précédentes dont elles ne sont, pour ainsi dire, que les doubles, j'ai cru qu'il était inutile d'en charger ce mémoire, peut-être déjà trop long. Je finirai donc en présentant au lecteur une courte récapitulation.

Le fluide élastique que fournit notre précipité, avant d'être purifié de tout acide nitreux, n'est pas susceptible de s'unir à l'eau; celui qu'on en retire après la calcination ou distillation préliminaire, s'y unit au contraire avec beaucoup de vitesse. Il est donc essentiel, en soumettant ce dernier à la *distillation pneumatique*, de mettre dans le récipient un demi-travers de doigt d'huile qui, sans empêcher absolument l'absorption du fluide, donne cependant, par le retardement qu'elle y apporte, la facilité de calculer assez exactement la quantité d'eau qu'il déplace, quantité que j'ai fixée à 40 onces par chaque once de la chaux mercurielle que j'ai employée (1). Mais à quoi se réduit le poids d'un corps aussi volumineux? Ce tableau pourra nous en donner une idée qui ne sera pas très-éloignée de la vérité.

Une once de chaux mercurielle préparée comme il a été dit, a donné, en se réduisant sans intermède charbonneux, quelques gouttes d'eau qui se sont amassées dans le col de la retorte, et que j'évalue à trois grains, ci. . . . . 3 grains.

Sept gros 4 grains de mercure revivifié, ci. . . . . 7 gros 4 grains.

Trois grains de terre restée au fond de la retorte, ci. . . . . 3 grains.

J'évalue la perte qu'on peut faire sur le mercure, à 4 grains au plus, ci . . . . 4 grains.

TOTAL. . . . . . . 7 gros 14 grains.

La diminution de poids qu'a essuyée la chaux mercurielle, en se réduisant, a donc été de 58 grains. Je n'ose assurer que ces 58 grains sont le poids vrai du fluide

(1) J'ai fixé l'eau déplacée par le fluide élastique que donne une once de chaux mercurielle, à 40 onces; mais je crains d'avoir porté l'air que fournissent les vaisseaux à une quantité trop forte : j'ai en effet observé que l'air se raréfiait peu dans le conducteur, qui s'échauffe d'autant moins qu'il est uni à la cornue par deux jointures, et qu'il se trouve entièrement plongé dans l'eau; et quoiqu'il soit très-probable que le fluide élastique, en se dégageant, pousse l'air du conducteur dans le récipient, on n'en peut cependant rien inférer, sinon qu'il reste dans le conducteur un volume de fluide élastique pareil à celui de l'air, et par conséquent, que tout est égal. Mais, comme je n'ai pas la présomption de croire que j'ai atteint sur ce point la précision géométrique, je laisse à des chimistes plus savans le soin de déterminer au juste l'espace que peut occuper une quantité donnée de fluide élastique; la matière est si importante, que je verrai perfectionner mes expériences avec plaisir.

élastique qui a été dégagé d'une once de cette chaux; mais enfin tout porte à le croire, puisque ce mixte (car je regarde celui que j'ai obtenu comme un mixte, et même un mixte salin) (1), peut fort bien peser une et deux fois plus que l'air de l'atmosphère, sans que nous ayons droit de nous étonner.

J'ai dit au commencement de cette partie de mes Essais, que deux causes concouraient à rendre les précipités plus pesans que le métal n'était avant l'opération. L'une les constitue précipités proprement dits, et je crois avoir démontré que l'augmentation qu'ils ont comme tels, est due à la portion du dissolvant qui leur reste intimément uni, et à un peu de terre que fournit la partie des sels qui se décompose dans l'action et la réaction qu'ils ont les uns sur les autres. Je ne sais si je laisse quelque chose à désirer sur la seconde cause, c'est-à-dire sur celle qui convertit le mercure en chaux; mais les expériences que j'ai faites, et auxquelles il ne manque peut-être que d'avoir été mieux présentées, me forcent de conclure que dans la chaux mercurielle dont je parle, le mercure doit son état *calcaire*, non à la perte du phlogistique, qu'il n'a point essuyée, mais à sa combinaison intime avec le fluide élastique, dont le poids ajouté à celui du mercure est la seconde cause de l'augmentation de pesanteur qu'on observe dans les précipités que j'ai soumis à l'examen. (2) La suite de mes expériences m'ap-

(1) Je donne au premier de ces mots toute la restriction, et au second toute l'étendue que leur donnent les chimistes instruits dans la doctrine de Becher et de Stahl. J'ai donc sur le fluide élastique que j'ai obtenu dans mes expériences, une idée fort approchante de celle que M. Meyer avait sur son *acidum pingue*, si peut-être elle n'est la même.

(2) Les précipités d'or doivent probablement leur augmentation de poids

prendra la différence qui peut se trouver entre les chaux faites par précipitation et celles faites par calcination.

TROISIÈME PARTIE.

(Extrait du *Journal de Physique*, février 1775.)

Expériences faites sur le précipité de la dissolution du sublimé corrosif par l'alkali fixe.

Les chimistes du siècle passé, considérant le bas prix du sublimé corrosif préparé en grand par les Vénitiens et les Hollandais, soupçonnèrent celui qui était dans le commerce d'être sophistiqué. Une analogie de volatilité, de couleur, de pesanteur, et surtout de propriété délétère, les portait à croire que l'arsenic était la matière employée à la sophistication.

D'après des expériences insuffisantes, quelques auteurs ayant écrit que l'huile de tartre avait la propriété de teindre en rouge le sublimé lorsqu'il était pur, tandis qu'il faisait prendre une couleur noire à celui qui était impur, on crut alors de bonne foi que l'arsenic entrait dans la composition de celui qui prenait une couleur noire; et cette expérience, toute fausse qu'elle était, fut célébrée par les pharmacologistes, comme une preuve de laquelle on ne pouvait appeler.

Vers la fin de ce même siècle, Barchusen, chimiste allemand, publia un ouvrage dans lequel il assura que

aux mêmes causes. L'or fulminant, dit Lémery, est empreint de quelques esprits qui en font écarter les parties quand on le met sur le feu.

tout sublimé corrosif sophistiqué ou non sophistiqué, arrosé d'huile de tartre par défaillance, jaunissait, puis rougissait, et enfin noircissait quand on l'exposait à l'air; d'où il conclut que l'épreuve qu'on regardait comme sûre, devait être rejetée.

En 1699, Boulduc lut à l'Académie un mémoire sur la même matière, dans lequel, en s'appuyant sur deux expériences, il nia le fait avancé par Barchusen : dans la première, le chimiste français versa de l'huile de tartre sur du sublimé corrosif pur, qui contracta la couleur jaune foncée, sans jamais donner aucune marque de couleur noire; dans la seconde, il soumit à la même expérience un sublimé corrosif composé de 2 onces de sublimé pur et d'une demi-once d'arsenic, il obtint également le changement de couleur; le jaune parut à l'ordinaire, sans qu'il se manifestât rien de noir; d'après quoi Boulduc conclut qu'à la vérité l'épreuve par l'huile de tartre doit être rejetée, mais que les faits avancés par Barchusen sont faux.

Tel était l'état de doute dans lequel flottaient les chimistes, lorsqu'en 1734, Lémery le fils, qui s'occupait depuis long-temps de recherches sur la cause de la couleur que prennent les précipités de mercure (1), présenta à l'Académie un mémoire sur le sublimé corrosif, dans lequel cet académicien venge Barchusen, en démontrant que Boulduc avait été dans l'erreur, parce qu'en répétant l'expérience du chimiste allemand il avait versé son huile de tartre sur du sublimé non dissous, tandis qu'il fallait la verser sur du sublimé en dissolution, tout le succès dépendant de cette circonstance.

(1) On trouve, dans les volumes de l'Académie, années 1712 et 1714, deux mémoires de *Lémery* sur le sujet indiqué.

Les expériences sur lesquelles Lémery s'appuie pour démontrer la vérité découverte par Barchusen, sont sans nombre; mais si ce chimiste ne laisse rien à désirer sur le fait de la couleur noire qui se manifeste dans les précipitations du sublimé corrosif par différens alkalis, il se perd dans les conjectures lorsqu'il veut en expliquer la cause; en lisant son mémoire, on ne voit pas qu'il ait fait la moinde tentative pour séparer la matière colorée en noir, d'avec celle qui l'était en rouge; suivant lui, tantôt c'est au mercure comme mercure, tantôt au sublimé comme sublimé, qu'est due cette couleur; une autre fois, il croit qu'elle est absolument dépendante de l'alkali fixe qu'on a employé, parce que, dit cet auteur, selon la qualité de l'alkali, selon la manière dont il a été préparé, on a plus ou moins de matière noire.

Ne connaissant aucun auteur qui ait écrit sur ce sujet depuis Lémery, je pars du point où ce dernier a laissé la question.

En précipitant différentes solutions de sublimé corrosif, j'ai eu plus d'une fois occasion d'observer la couleur noire que prennent les dernières portions du précipité; le point de la difficulté était d'imaginer un moyen de les séparer; le hasard me servit mieux que n'auraient fait les spéculations. Je venais de précipiter par l'alkali de tartre 8 onces de sublimé corrosif, dissous dans 16 livres d'eau; l'alkali dominait un peu, la poudre rouge était déjà tombée au fond du vase, mais la liqueur était encore un peu louche; et comme mon dessein était de la conserver pour la soumettre à l'examen, je la décantai dans deux cucurbites de verre, qui furent couvertes de leurs chapiteaux.

Sur ces entrefaites je fus obligé de faire un voyage de

deux mois, pendant lesquels les cucurbites et la liqueur qu'elles contenaient furent à l'abri de toute secousse, dont la moindre aurait sans doute troublé une opération qui devait se faire avec la tranquillité et la lenteur qu'emploie la nature dans tout ce qu'elle fait en ce genre.

A mon retour je trouvai la liqueur des deux cucurbites parfaitement claire; on voyait à sa superficie des cristaux noirs et luisans comme des fragmens de jayet; il s'en était aussi précipité un assez grand nombre sur une couche de poudre grise qui couvrait le fond des vases; je retirai les uns et les autres, et par des lotions réitérées, j'enlevai l'eau de précipitation dans laquelle ils avaient été formés, et dont ils auraient pu participer: leur poids était de 4 gros et 21 grains; je retirai aussi la poudre grise dont j'ai parlé: elle fut également édulcorée et séché, elle pesait 26 grains.

Ces cristaux vus au microscope, en perdant un peu de leur couleur noire, acquièrent une demi-transparence; mais il m'a été impossible de discerner exactement leur figure, quoique j'y aie aperçu quelques-uns des caractères qui distinguent les rhomboïdes.

Exposés à l'action des acides de vitriol, de nitre, de sel marin et de vinaigre, ils présentent un phénomène singulier, sur lequel je ne m'étendrai point ici, parce que les expériences de ce genre tiennent au travail que j'ai entrepris sur les précipités en les traitant par la voie humide; qu'il suffise donc de savoir qu'ils sont entièrement solubles dans l'acide nitreux étendu de beaucoup d'eau, qu'ils le sont également dans celui de sel marin et dans le vinaigre distillé, et qu'en les précipitant de nouveau de ces différens acides par l'alkali de tartre, on les remet dans l'état ordinaire au précipité de la solution de sublimé corrosif. Quant à l'acide vitriolique, il en dissout une partie, et la convertit en vitriol mercuriel, tandis que l'autre partie se refuse à son action.

Si on les expose à une chaleur lente, leur couleur s'altère insensiblement, et devient d'un rouge foncé tirant sur le brun : si, au contraire, on les expose brusquement sur le feu, en les jetant, par exemple, dans un test presque rouge, ils décrépitent, répandent bientôt une fumée blanche, et il reste dans le vase une poudre rouge, qui est réduite à peu près à la moitié des cristaux qu'on a employés : enfin, si on reçoit la vapeur blanche au moment qu'elle s'élève du test, en couvrant celui-ci d'un vase conique (un entonnoir de verre, par exemple), elle s'y condense, en s'attachant à ses parois sous la forme d'une poudre blanche, qui est un véritable mercure sublimé doux; or, c'est cette dernière portion que l'acide vitriolique n'a pas attaquée dans l'expérience précédente.

J'ai déjà plusieurs fois fait observer que les eaux de précipitation et d'édulcoration occasionaient des pertes considérables dans la préparation des précipités : une pellicule légère, et nuancée des couleurs de l'iris, qui couvre en peu de temps la surface de ces eaux, m'avait fait entrevoir la solubilité des précipités; j'avais en vain eu recours à la filtration : cette opération séparait, à la vérité, la pellicule formée, mais il en reparaissait bientôt une autre.

En rapprochant cette observation des expériences auxquelles je venais de soumettre les cristaux noirs, je n'eus presque plus de doute sur leur nature, et je les regardai comme une portion de précipité, qui ne différait du précipité ordinaire que par l'arrangement que la cristallisation avait fait prendre à ses parties ; une dernière expérience acheva de m'en convaincre.

Je mis un gros de cristaux noirs dans une très-petite retorte de verre, et les ayant exposés à l'action du feu, il s'en éleva d'abord une légère humidité, il se fit une sublimation de mercure doux, du poids de 27 grains, il se revivifia 19 grains de mercure, et il resta dans la retorte 13 grains de chaux mercurielle d'une belle couleur rouge.

Que l'on compare cette expérience avec celles qu'on a lues dans la première partie, par lesquelles j'ai fait voir que le précipité de la dissolution du sublimé corrosif par l'alkali fixe, contenait presque la moitié de son poids de mercure doux ; qu'on la compare aussi avec celle qui va suivre, et l'on sera convaincu que les cristaux noirs ne sont autre chose qu'une portion de ce même précipité qui, douée de la propriété de dissolution, avait eu, par une suite naturelle, celle de cristallisation (1).

(1) Le sublimé corrosif n'est pas la seule préparation mercurielle qui donne du précipité noir sous forme cristaline. On en obtient également de la précipitation du mercure dissous dans l'acide nitreux, ainsi que dans l'acide vitriolique, et je dois avertir qu'on peut se procurer, en très-peu de temps, les cristaux dont je parle ; en faisant évaporer les différentes eaux de précipitation, on ne tarde pas à voir le fond des vases se couvrir d'une matière noire d'une forme, à la vérité, assez irrégulière, mais qui est cependant absolument la même que celle que l'on obtient par l'évaporation insensible. Ne rien dire sur la cause de la couleur noire qui caractérise les précipités cristallisés, c'est avouer que je ne la connais pas. *Cette couleur noire dépend absolument de l'arrangement des parties. Le plus beau rouge est le cinabre ; cependant la couche qui adhère aux parois du verre où il a été sublimé, est d'un noir foncé.* (Ce qui est en italique est ajouté au texte du *Journal de Physique.*)

Examen de la poudre grise qui s'était amassée au fond des vases qui contenaient l'eau de précipitation.

Ne voulant rien négliger de tout ce qui pouvait contribuer à me faire connaître les précipités que j'examinais, j'avais ramassé avec soin la poudre grise qui couvrait le fond des cucurbites, et sur laquelle j'avais trouvé une partie des cristaux noirs dont je viens de parler. Cette poudre pesait 26 grains : mise dans une très-petite retorte, et exposée à un feu convenable, elle s'est sublimée en un vrai mercure doux, et à peine resta-t-il un grain de poudre rouge dans le fond de la cornue.

On voudra bien me passer le long détail dans lequel je suis entré sur cette partie du précipité devenue susceptible de cristallisation, en faveur des éclaircissemens que je donne sur une matière qui a été l'objet des recherches de plusieurs chimistes. Je reviens au précipité proprement dit.

Expériences faites sur le précipité de la dissolution du mercure sublimé corrosif, par l'alkali fixe, relativement à sa réduction et à son augmentation de poids.

Le précipité obtenu de 8 onces de sublimé corrosif, pesait, étant bien édulcoré et séché, 5 onces 6 gros 22 grains; mis dans une retorte de verre et exposé à une chaleur convenable, il s'en est élevé 2 onces 5 gros 33 grains de mercure doux; il est resté dans la retorte 2 onces 7 gros 41 grains de chaux mercurielle d'un rouge éclatant; il s'est aussi revivifié un peu de mercure, et il a passé dans le commencement de l'opération quelques gouttes d'eau.

Lorsque, par cette distillation préliminaire, j'eus réduit le précipité dont je parle, à un état de pure chaux métallique, je procédai à sa réduction de la manière suivante.

J'en mis une once dans une petite retorte de verre lutée, au bec de laquelle il fut adapté un appareil chimico-pneumatique. Le feu a été poussé aussi fort et aussi long-temps qu'il a été nécessaire; l'eau du récipient s'est déprimée, et après le refroidissement, s'est fixée au degré qui marquait 41 onces; il a passé dans le col de la retorte un peu d'humidité : il s'est revivifié 7 gros 11 grains de mercure, et il n'est resté dans le fond de la cornue que 2 grains au plus de cette terre grise et volumineuse, qui a toujours accompagné les précipités de l'espèce de celui-ci dans leur réduction.

Cette expérience, qui a été répétée avec le même succès, sur de pareils précipités faits en différens temps, et par divers alkalis, prouve que la chaux mercurielle, préparée par l'intermède de l'acide marin et de l'alkali fixe, est réductible par elle-même, aussi bien que celle qui a été préparée par le même alkali et l'acide nitreux, et que l'une et l'autre doivent leur état et leur augmentation de poids au fluide élastique qui a déplacé l'eau du récipient.

Expériences faites sur la préparation mercurielle connue dans la pharmacie sous le nom de précipité rouge.

Cette préparation, qui est mal à propos nommée *précipité*, se fait en enlevant par la voie de la distillation ou de l'évaporation, une partie de l'acide auquel le mercure est uni dans le nitre mercuriel, ce qui fait prendre à ce sel une belle couleur rouge.

PROCÉDÉ.

J'ai fait dissoudre 6 onces et demie de mercure dans une suffisante quantité d'acide nitreux pur, et hors de tout soupçon de mélange avec l'acide marin.

La dissolution a été désséchée suivant la manière indiquée dans la Chimie de Lémery; et par l'évaporation d'une grande partie de l'acide nitreux, j'ai obtenu le précipité rouge, tel que l'art le prépare pour l'usage de la chirurgie.

La matière retirée et mise sur la balance, pesait 7 onces 2 gros 44 grains, quantité qui n'excède que de 10 grains celle indiquée par Lémery, auteur d'un manuel exact, et avec lequel on aime à se trouver d'accord (1). L'augmentation de poids, que nous regarderons pour le moment comme due à la portion d'acide nitreux restée en combinaison avec le mercure, était donc de 6 gros 44 grains.

EXPÉRIENCE PRÉLIMINAIRE.

Le précipité rouge que je venais d'obtenir n'étant pas dans l'état de pureté que requéraient les expériences auxquelles je voulais le soumettre, il fallait le priver entièrement d'acide nitreux; et pour y parvenir, je le mis dans un matras de verre, dont le poids m'était connu, et l'exposant à un degré de chaleur propre à en faire exhaler tranquillement tout l'acide nitreux, je parvins, en augmentant ou en relentissant le feu selon les circonstances, à priver entièrement le précipité de son dissolvant, et dans le moment où j'aperçus les vapeurs rouges

(1) On ne peut cependant fixer cette augmentation; et le pur hasard m'a fait rencontrer, à ces 10 grains près, le point indiqué par l'auteur que je cite.

cesser, et la revivification commencer, je supprimai le feu (1).

Malgré les précautions que j'avais prises pour bien régler le degré de chaleur, il s'était fait une légère sublimation de couleur jaune-pâle dans la partie voisine du col, et d'une couleur rouge dans celle qui en était le plus éloignée; c'était un peu de précipité qui s'était élevé par *trusion*, et qui ayant été frappé par les vapeurs d'acide nitreux, en avait pris suffisamment pour se remettre en état de nitre mercuriel.

Le matras qui, chargé du précipité, pesait, avant la calcination, 8 onces 5 gros 49 grains, ne pesait plus après cette opération que 8 onces 2 gros 39 grains; c'est-à-dire que le précipité, en achevant de perdre le reste de l'acide nitreux qui lui était uni, était réduit de 7 onces 2 gros 44 grains, à 6 onces 7 gros 24 grains; il avait donc perdu 3 gros 20 grains. Mais la quantité de mercure employée n'ayant été que de 6 onces 4 gros, et la chaux mercurielle se trouvant peser 6 onces 7 gros 24 grains, il résulte que celle-ci avait éprouvé une augmentation de poids de 3 gros 24 grains, ou, ce qui est la même chose, que le poids du mercure se trouvait augmenté d'environ un seizième.

(1) Un procédé où j'avais tenté de faire cette calcination dans un petit bocal de verre posé dans un bain de sable trop échauffé, m'avait appris qu'au moment où l'acide nitreux se dégage, la matière, qui est en poudre fort fine, prend un degré d'ébullition qui en enlève une partie; et c'est sans doute ce qui a fait croire que notre précipité était susceptible de sublimation : on ne peut donc, je le répète, procéder trop lentement dans cette opération. *Voy.* ce que j'ai dit à ce sujet dans la première et la seconde partie.

Expérience faite sur le précipité rouge entièrement privé de son acide, relativement à sa réduction et à l'augmentation de sa pesanteur.

J'ai soumis à la distillation pneumatique et sans aucun intermède, une once du précipité ci-dessus, exactement privé de tout acide nitreux.

L'eau du récipient s'est déprimée, et après le refroidissement, s'est fixée au degré qui annonçait 28 onces : la réduction de la chaux mercurielle a été totale ; à peine est-il resté dans le fond de la retorte un grain de matière, et on ne voyait dans son col que quelques atomes de cette poudre grise qui accompagne toujours les revivifications du mercure ; cette poudre, qui n'est, comme on le sait, autre chose que du mercure, était arrêtée par une légère humidité qu'avait fournie le précipité en se réduisant.

Il s'est trouvé dans la boule du conducteur 7 gros 29 grains de vif-argent, et environ 5 grains de la poudre dont je viens de parler ; ajoutons à cela le grain de matière resté dans la cornue, nous aurons un total de 7 gros 35 grains qui, soustraits des 8 gros de chaux employés dans l'opération, nous font apercevoir une diminution de 37 grains, ou de $\frac{1}{15}$ et quelque chose de plus.

Voilà donc une troisième chaux mercurielle qui se trouve réductible sans le concours d'aucune matière propre à fournir du phlogistique, et qui, en reprenant sa forme métallique, laisse échapper une assez grande quantité de ce fluide élastique auquel elle devait son état (1).

(1) On peut remarquer que cette chaux, qui a été préparée par le seul intermède de l'acide nitreux, contient moins de fluide élastique que celles qui

Expérience faite sur le mercure réduit en chaux par la seule calcination, et sans concours d'aucun autre intermède que le feu et l'air.

Je ne dirai rien sur la préparation de cette chaux mercurielle, qui est connue en chimie sous le nom de précipité *per se* : elle est décrite dans tous les livres qui traitent des élémens de l'art; ce n'est pas qu'il n'y eût peut-être de bonnes remarques à faire de la part du chimiste qui aurait assez de patience pour observer ce qui se passe dans cette longue et ennuyeuse mais intéressante opération. Je n'ai pas fait celui que j'ai soumis à l'expérience dont je vais parler. Il m'a été généreusement donné par M. Déyeux : avoir nommé le chimiste de qui je tenais cette préparation, c'est avoir détruit tous les soupçons qu'on aurait pu avoir sur la pureté du précipité *per se* que j'allais employer (1).

La chimie ne doit s'appuyer que sur des faits bien constatés ; mais quelles difficultés n'éprouve-t-on pas dans cet art, lorsqu'il s'agit de constater des faits ? C'est surtout dans les opérations qui se font à l'aide du feu, qu'on est le plus souvent trompé; quelquefois le degré de chaleur n'a pas été assez fort : quelquefois il n'a pas été assez long-temps continué : et dans l'un et l'autre

ont été préparées par la dissolution du mercure dans les acides de nitre et de sel marin, et par la précipitation avec l'alkali fixe. Je présume qu'en faisant évaporer les dernières portions d'acide nitreux, il a pu s'exhaler en même temps une partie du fluide élastique.

(1) On est souvent trompé en chimie, lorsqu'on ne suit pas cette maxime de Boyle : *Ad usum medicum, vel digniora aliqua experimenta, nisi quòd fornaces proprii aut quis alius spectatæ probitatis et peritiæ, mihi suppeditaverint, fermè nulla adhibere ausim.* Boyle. *Lib. de infido experimentorum successu.*

cas, on peut dire que l'opération est manquée, que les conséquences et les résultats sont faux.

En faisant mes premières expériences sur les précipités de mercure, je suis tombé dans cette faute; et d'après des procédés que le préjugé dirigeait, j'ai cru un instant qu'une portion des chaux mercurielles que je traitais, était réductible par elle-même, tandis que l'autre portion ne l'était qu'à l'aide d'une matière contenant du phlogistique; j'ai même regardé cette dernière comme douée de la propriété de se sublimer, et je ne suis revenu de mon erreur, qu'après avoir traité dans les vaisseaux fermés, quatre ou cinq fois de suite, le précipité de la dissolution mercurielle.

Les expériences qu'on a lues dans la seconde partie de mes Essais, et celles dont je viens de rendre compte, confirment de plus en plus la réductibilité des précipités de mercure sans le secours d'aucune matière charbonneuse; et pour complément de preuve, je présente l'expérience suivante :

J'ai mis dans une petite retorte de verre lutée une once de mercure précipité *per se*, tel qu'il était en sortant du matras dont M. Déyeux l'avait retiré en ma présence; il a été adapté au bec de cette retorte un appareil pneumatique, et le feu a été poussé jusqu'à rendre la cornue à peu près aussi rouge que les charbons qui l'entouraient.

L'eau du récipient s'est déprimée, et après le retour de la température qui était dans le laboratoire avant l'opération, elle s'est fixée au degré qui indiquait 45 onces. La réduction a été complète, il n'est absolument rien resté dans la retorte, qui s'était tellement aplatie, que les parois se touchaient presque : il n'y avait rien dans le col, et il s'est trouvé dans la boule du conducteur 7 gros 18 grains de mercure revivifié. La diminution, qui était de 54 grains, faisait à peu près le poids du fluide élastique qui avait déplacé les 43 onces d'eau (1).

CONCLUSION.

Les chaux mercurielles que j'ai traitées, sont au nombre de quatre : les deux premières ont été faites par l'intermède de l'acide nitreux et de l'acide marin, et toutes deux séparées de ces acides par l'alkali fixe : l'acide nitreux seul a été employé dans la préparation de la troisième ; enfin la quatrième a été faite par la simple calcination.

Les procédés ont varié; mais les résultats ont été les mêmes : et ces chaux, lorsqu'elles ont été purgées de toute matière étrangère à leur état, ne diffèrent point essentiellement l'une de l'autre; elles donnent toutes dans leur réduction à peu près les mêmes quantités de fluide élastique; elles se dissolvent toutes dans différens acides sans la moindre effervescence; elles ont toutes la même intensité de couleur rouge, et dans toutes le mercure a perdu la propriété de s'attacher à l'or, etc.

La quatrième de ces chaux qui, par la simplicité du moyen employé pour sa préparation, doit occuper le premier rang, exigerait seule une longue dissertation

(1) On connaissait depuis long-temps la réduction du mercure précipité *per se* sans addition d'aucune matière charbonneuse ; M. *Déyeux* l'avait faite avant moi, et M. *Rouelle* dit positivement que dans la préparation du mercure précipité *per se*, cette substance métallique n'a point perdu son phlogistique, et qu'il se revivifie de lui-même en le poussant au feu, à le faire rougir. *Voy.* ses Procédés, imprimés en 1774, pag. 150.

qu'un simple mémoire ne peut admettre ; je tâcherai donc de rester dans les bornes étroites qui me sont prescrites.

Si on met du mercure dans un matras à fond plat, dont le col assez élevé et étroit soit ouvert de manière à laisser une communication de l'atmosphère avec l'intérieur du vase, et qu'on tienne long-temps le tout dans un bain de sable suffisamment échauffé; ce minéral s'élèvera, et s'attachera aux parois du matras, et là, perdant insensiblement sa fluidité, son éclat métallique, il se convertira en une matière écailleuse, quelquefois cristallisée, mais toujours rouge, et plus pesante que le mercure employé dans l'opération.

Pour rendre raison du changement que cette calcination a fait subir au vif-argent, dirons-nous avec quelques disciples de Stahl, que le feu a fait perdre au minéral un de ses principes constituans, le phlogistique, et qu'il doit à cette perte son état de chaux? Non, sans doute: ce serait dire une chose que l'expérience désavoue. N'est-il pas en effet démontré que, loin d'avoir perdu un de ses principes, le mercure en a acquis un nouveau; qu'il s'est combiné avec un autre corps, et que de cette combinaison seule résulte la métamorphose sous laquelle nous le voyons après la calcination dont je parle; et d'ailleurs, comment concilier l'augmentation de pesanteur avec la perte d'un des principes constituans? Difficulté que depuis long-temps les disciples de Stahl se sont faite à eux-mêmes, sans avoir jamais pu la résoudre.

Croire avec les chimistes du siècle dernier et du commencement du nôtre, qu'on doit rapporter la cause du phénomène que nous examinons, aux corpuscules ignés qu'ils regardaient comme doués de la propriété de passer à travers les pores du verre et de se fixer dans les métaux; c'est à la vérité adopter une opinion spécieuse, qui a été celle du célèbre Boyle, et que de nos jours l'auteur du meilleur traité qui ait été fait sur la chaux, a renouvelée sous une autre dénomination, mais aussi sous un point de vue qui donne le plus grand jour à la question dont il s'agit : cependant, si d'un côté on considère qu'il est impossible de calciner les métaux dans des vaisseaux exactement fermés, ou du moins qu'on éprouve les plus grandes difficultés pour obtenir quelques grains de chaux, en exposant vingt-quatre heures, à l'action du feu, un demi-gros d'étain dans ces mêmes vaisseaux; si, d'un autre côté, on met en opposition la facilité avec laquelle on réduit entièrement les substances métalliques en chaux parfaite, lorsqu'on les traite dans les vaisseaux ouverts; et si d'ailleurs on fait attention à une expérience journalière qui nous apprend que certains métaux exposés à l'air s'y calcinent sans éprouver d'autre degré de chaleur que celui qu'a naturellement l'atmosphère, on sera forcé de convenir qu'on ne peut attribuer la calcination métallique ni au *fluide igné* de Boyle, ni à l'*acidum pingue* de M. Meyer, dans ce sens que ces fluides émanés du feu des charbons ont traversé les vaisseaux et se sont fixés dans le métal : on sera même porté à croire que le feu de nos fourneaux pourrait bien n'être qu'une cause instrumentale, dont l'effet est de disposer le métal et le fluide élastique à la combinaison, ainsi qu'on le remarque dans une infinité d'autres opérations de ce genre (1).

(1) Dans les fourneaux d'affinage, on voit de gros soufflets, dont le vent, dirigé sur la surface des métaux fondus, opère avec une vitesse incroyable la calcination du plomb.

Le feu de nos fourneaux ne pouvant convertir les métaux en chaux sans le concours de l'air, et celui-ci au contraire pouvant le faire sans le concours de ce feu, il paraît qu'il n'y a plus à douter que c'est dans l'atmosphère que nous devons chercher avec le médecin Jean Rey, la cause de l'augmentation de poids qu'a éprouvée le mercure, et qu'éprouvent les autres métaux en se calcinant.

Le fluide dans lequel et par lequel les animaux et les plantes vivent et végètent tout au moins autant que par la nourriture que les uns et les autres empruntent de la terre, ce fluide qui, introduit dans nos corps par la voie des alimens et par celle de la respiration, s'assimile à leurs parties et en fait un des principes constituans; ce fluide qui ne contribue pas moins à alimenter le feu de nos fourneaux, que les charbons dont nous les garnissons; ce fluide enfin qui, de tous les corps, est peut-être le plus élastique, doit être considéré sous deux aspects: sous le premier, c'est un corps simple qui, ainsi que les autres élémens, est doué de la propriété de se combiner, sans laquelle il ne pourrait contribuer à la formation de tous les autres corps où nous le rencontrons; je le mets au nombre des élémens pour me conformer à l'ancien usage, car qui peut connaître les élémens? mais que ce soit un élément, un mixte, ou même un composé, je ne le considère dans ce moment que comme un être séparé de toute matière étrangère à son essence, à sa mixtion ou à sa composition: sous ce point de vue, c'est une masse fluide qui, comme l'eau simple, peut servir et sert en effet d'excipient et de dissolvant à un grand nombre d'autres corps, ou simples, ou mixtes, ou composés.

Si, au contraire, nos réflexions se portent sur ce même fluide remplissant l'espace immense dans lequel l'auteur de la nature a suspendu notre globe, désigné alors sous le nom d'atmosphère, ce n'est plus un corps simple, mais un sur-composé, ou, pour parler le langage de Becher, c'est un sur-décomposé que les anciens chimistes croyaient définir en lui donnant le nom de chaos, et dont quelques-uns ont même voulu faire un quatrième règne de la nature qu'ils ont appelé *chaotique*.

Mais rejetant cette expression, qui semble attribuer à la nature un désordre qu'elle ne connaît pas, la chimie moderne (si elle veut un terme de comparaison) doit regarder l'atmosphère comme un second océan, et voir dans l'un et dans l'autre, un fluide simple, élémentaire, si on veut, qui sert d'excipient et de dissolvant à un grand nombre de corps, dont quelques-uns sont connus, tandis qu'on ne fait qu'entrevoir ou soupçonner les autres.

De ces différens corps combinés et dissous dans leur fluide respectif, il résulte deux masses (l'océan et l'atmosphère), que leur degré de pesanteur tient séparées, mais qui jouissent cependant de la propriété de se dissoudre mutuellement, jusqu'au terme de la saturation.

Dans ces deux fluides vivent et se meuvent des animaux de toute espèce, dont l'organisation est telle qu'ils ne peuvent passer de l'un dans l'autre sans être bientôt suffoqués; les poissons de mer ont même besoin d'un milieu plus dense et plus composé que celui qui convient aux poissons de rivière, ce qui a fait présumer que l'homme ne pourrait vivre dans une atmosphère d'air ou de fluide élastique pur ou moins dense, et moins composé que celui dont il est environné. Enfin, continuant de comparer l'atmosphère avec l'océan, le chimiste aperçoit constamment dans ces deux masses fluides une similitude de propriétés respectives qui peut utilement le diriger dans ses spéculations, et lui fournir de nouvelles vues dans ses recherches.

Des expériences sans nombre démontrent que le corps qui s'unit aux métaux pendant la calcination, est un fluide élastique, et quelques-unes prouvent déjà que ce fluide est fourni par l'atmosphère; celles surtout que M. Lavoisier vient de publier, sont bien propres à dissiper les doutes qu'il est naturel d'avoir sur un fait aussi intéressant, qui n'avait pas, à la vérité, échappé aux spéculations chimiques de Jean Rey, mais qui s'était dérobé jusqu'à ces derniers temps aux recherches de la chimie expérimentale.

De toutes les substances ou connues ou soupçonnées dans l'atmosphère, quelle est celle qui calcine les métaux? Est-ce le fluide élastique pur et simple, ou serait-ce le même fluide déjà combinée de manière à former un mixte du genre des acides? ou bien serait-ce enfin un de ces autres fluides entrevus dans l'air qui nous environne?

Pour répondre à cette question, il nous manque encore bien des faits, il nous reste encore bien des expériences à tenter; mais comme nous ne connaîtrons le fluide élastique qui s'élève des chaux mercurielles au moment de leur réduction, que par les propriétés que nous lui découvrirons (car nous n'avons pas d'autre manière de connaître les corps simples ou peu composés), j'avoue franchement que les connaissances que j'ai acquises sur cet être, sont trop bornées pour que j'ose prononcer sur sa nature (1)

(1) Je ne peux cependant m'empêcher de faire une remarque. *Hales*, en-

La chaux qu'on obtient en privant le nitre mercuriel de tout l'acide qu'il contient, a-t-elle pris immédiatement de l'atmosphère le fluide élastique qui s'en dégage lorsqu'on la réduit en mercure coulant, ou bien le tient-elle de l'acide nitreux? Jetons un instant les yeux sur le procédé de la dissolution mercurielle.

Que l'on mette dans une petite retorte de verre deux onces de mercure, par exemple, et autant d'acide de nitre, qu'on place le tout sur un bain de sable médiocrement échauffé, il s'excitera bientôt une vive effervescence; il s'élèvera une quantité prodigieuse de bulles qui, retenues dans un récipient chimico-pneumatique, en déplaceront de 26 à 30 onces d'eau.

Comme il n'est pas possible d'attribuer ce fluide au métal, il faut de toute nécessité qu'il ait été fourni par l'acide nitreux, dont une portion a été décomposée et réduite en ses principes, par le mouvement excité entre deux corps qui se sont dissous avec autant d'impétuosité (1), et l'on peut présumer que le fluide qui s'est

nous enseignant à retirer ce fluide des végétaux et des animaux, l'appela *air*; Venel a qualifié du même nom celui qu'il a retiré des eaux minérales; les physiciens anglais l'appellent *air fixé*, et nous, nous hésitons sur le choix du mot; ne ressemblerions-nous pas aux chimistes qui, les premiers, soumirent les animaux ou les végétaux à la distillation *per latus?* Ils retirèrent de ces substances une assez grande quantité d'eau; mais empreinte d'huile, d'acide ou d'alkali volatil, ils la méconnurent, et la qualifièrent du beau nom d'*esprit* (nom qui a encore aujourd'hui des charmes pour les personnes à qui la chimie est étrangère); et lorsque enfin on fut forcé de reconnaître que ces *esprits* n'étaient le plus souvent que de l'eau, on eut tant de répugnance à les désigner par le nom qui leur était propre, qu'on leur donna celui de *flegme*, dénomination grecque devenue barbare par l'application qu'on en a faite.

(1) Si jamais cette opinion, qui est celle de plusieurs chimistes, peut devenir une vérité physique, la chimie aura fait une découverte très-avantageuse: elle tiendra enfin un des principes constitutifs de l'acide nitreux, dont elle fait tant d'usage, et dont elle connaît si peu la composition.

dégagé de l'acide, ne s'est pas entièrement exhalé, mais que le mercure en a absorbé une quantité suffisante pour être réduit à l'état de chaux, état dans lequel il se trouve, même pendant son union avec l'acide nitreux; et peut-être qu'un jour on découvrira que les métaux ne sont en dissolution dans les acides, qu'à l'aide du fluide élastique avec lequel ils se sont combinés pendant l'effervescence, comme quelques expériences très-vulgaires semblent déjà le prouver.

Je finis en disant que si les partisans des corpuscules ignés objectent que pour faire la chaux dont je parle, on est obligé d'employer le feu aussi bien que dans la calcination du mercure appelé précipité *per se*, je leur répondrai qu'il est d'autres chaux où il est démontré que le feu n'a eu aucune part, et ces chaux sont celles que l'on obtient en versant de l'alkali fixe sur des dissolutions de mercure dans les acides de nitre et de sel marin.

QUATRIÈME PARTIE.

(Extrait du *Journal de Physique*, décembre 1775.)

SUR LE TURBITH MINÉRAL.

PREMIÈRE SECTION.

Accoutumé, d'après quelques chimistes, et surtout d'après feu Rouelle, à regarder le turbith minéral comme un sel, le nom de précipité jaune, qu'on lui donne souvent, ne me faisait point illusion; il n'entrait donc pas d'abord dans mes vues de le soumettre aux expériences qui m'ont fait découvrir dans les autres précipités mercuriels, des propriétés chimiques qui démontrent jusqu'à l'évidence que ces préparations, de quelque manière qu'elles aient été faites, doivent leur état de chaux, non pas à la perte du phlogistique, ainsi qu'on le supposait, mais à une combinaison nouvelle du mercure avec un autre corps que l'atmosphère fournit à ce minéral lorsqu'on le calcine par lui-même, ou qu'il tire des acides lorsqu'on le calcine par voie de dissolution.

Cependant, contrebalançant l'autorité de Rouelle avec celle de quelques chimistes célèbres, qui soutiennent que le turbith minéral, bien lavé, est une chaux privée de phlogistique, j'ai cru ne devoir prendre d'autre parti que celui du doute. En vain Charas annonçait-il en 1676, *qu'on peut dulcifier le précipité jaune en le sublimant seul après l'avoir bien lavé;* en vain nous asssure-t-il *qu'on peut y réussir encore mieux, si, ayant broyé dans un mortier de verre 4 onces de précipité jaune bien lavé et desséché, et y ayant incorporé autant de mercure coulant qu'il en aura pu absorber, on en fait la sublimation par les voies ordinaires, et si, ayant broyé ce sublimé, on le resublime deux ou trois fois sans aucune addition:* en vain Rouelle avait-il enseigné de vive voix et par écrit, que le turbith n'était pas une chaux; que c'était, au contraire, un sel dans lequel l'acide vitriolique se trouvait combiné avec le mercure, à la moindre quantité possible; enfin, sans prétendre me mettre à côté des deux grands chimistes que je viens de citer, je regardais comme vaine une expérience que j'avais tentée, il y a près de vingt ans, dans la vue de faire du sublimé corrosif avec du turbith minéral et du sel marin décrépité; expérience qui ne produisit point, à la vérité, du sublimé corrosif, mais dont cependant je retirai une belle sublimation de véritable mercure doux. Rien ne put faire cesser mon doute, et m'empêcher de regarder, pour un moment, tout ce qui avait été dit et fait sur le turbith minéral, comme des assertions vagues.

On ne reste communément dans le doute, sur un fait qui intéresse l'art qu'on cultive par goût et par état, qu'autant qu'il est impossible de découvrir la vérité; or, dans la question dont il s'agissait, je n'entrevoyais pas de grandes difficultés, la patience me paraissait seule nécessaire, et il en faut pour répéter des travaux qui ne nous appartiennent pas : l'amour-propre n'y trouve pas son compte; aussi ai-je vu la plupart des chimistes de ma connaissance, n'essuyer dans cette sorte de tâche, que des dégoûts. La critique serait peut-être un excellent aiguillon pour soutenir le chimiste dans des recherches dont l'objet serait de constater des faits annoncés par d'autres, mais elle n'a point de charmes pour moi; ainsi donc, n'envisageant que le plaisir de trouver la vérité, je me suis mis à l'œuvre, avec la résolution de tâcher de tirer tout le parti que je pourrais du sujet que j'allais traiter.

L'acide vitriolique, combiné avec le mercure suivant les précautions indiquées par l'art, forme un sel blanc, ou vitriol mercuriel, dans lequel tous les chimistes conviennent que l'acide surabonde.

Si on tient long-temps ce vitriol mercuriel exposé à un grand feu, il perd, à la vérité, une portion de son acide; mais comme à la fin il se sublime, on a rejeté ce moyen comme incapable de remplir l'objet qu'on se proposerait, en voulant l'employer pour adoucir ce sel qui est fort corrosif. On a donc eu recours aux lotions. En effet, si l'on verse sur cette masse saline une grande quantité d'eau bouillante, et qu'on la broie fort et long-temps, l'acide surabondant s'unit à l'eau, entraînant avec lui une portion de mercure avec lequel il forme une sorte de vitriol très-soluble.

La partie qui ne s'est point dissoute dans l'eau, a perdu sa couleur blanche, et est devenue d'un jaune de citron fort vif; on continue les lavages jusqu'à ce que la poudre jaune et l'eau qu'on en retire paraissent l'une et l'autre insipides.

Cette poudre étant desséchée, est ce qu'on appelle dans les pharmacies turbith minéral (1); et c'est cette même poudre que Rouelle disait être une combinaison d'acide vitriolique et de mercure, l'un et l'autre dans les proportions qui constituent l'état neutre.

Cet homme justement célèbre ne nous présentait pas les expériences sur lesquelles il appuyait son sentiment; M. Rouelle le cadet, qui soutient sur ce point la doctrine de son aîné, paraît aussi en négliger les preuves;

(1) Le turbith minéral est, heureusement pour le bien de l'humanité, banni depuis long-temps de l'usage médicinal. Le dernier charlatan que nous ayons vu en tenir boutique ouverte sur le Pont-Neuf, était le *gros Thomas* : il le faisait prendre à des doses deux et trois fois plus fortes que celles prescrites dans les dispensaires; aussi, de quels ravages n'ai-je pas été témoin, une fois qu'il l'avait donné à une malheureuse fille qu'il avait entrepris de guérir du mal vénérien? La dose de cette violente préparation est de six grains au plus : le charlatan en avait fait prendre dix-huit.

Le turbith n'est pas rejeté au point de ne plus reparaître sur la scène; déjà on le conseille comme une errine puissante et salutaire; il va de pair avec le précipité rouge, et l'un et l'autre se portent dans de jolies petites boîtes pour les faire renifler au besoin. Cette propriété sternutatoire n'était pas inconnue des chimistes. *Boyleus narrat pauculâ turpethi pro ptarmico usurpati dosi, totum corpus mutatum, verè cataractas dissolutas*, dit Boerhaave dans sa *Chimie*.

du moins ne voyons-nous, dans les procédés qu'il a publiés l'année dernière, rien qui vienne à l'appui de l'opinion des deux frères, quoiqu'elle soit vigoureusement contestée par des chimistes qui se sont fait également un grand nom.

Ces derniers ont regardé le turbith minéral, lorsqu'il est bien lavé, comme une vraie chaux métallique, c'est-à-dire, selon eux, comme un mercure privé de son phlogistique, et ils n'ont pas manqué d'appuyer leur sentiment sur des expériences que je me suis fait un devoir de répéter. Je vais rendre compte de mon travail; j'examinerai d'abord le turbith préparé à la manière des pharmaciens, comme le seul qui doit porter ce nom; je passerai à celui qu'on obtient en précipitant les premières lotions par l'alkali fixe; j'examinerai ensuite le vitriol mercuriel, et lorsque je serai parvenu à le réduire à l'état de chaux, j'exposerai le moyen que j'ai employé pour opérer sa réduction.

Expériences faites sur le turbith minéral, préparé selon les règles prescrites par les pharmacologistes.

Pour me procurer ce turbith, j'ai combiné le mercure avec l'acide vitriolique concentré; et ayant eu l'attention de bien triturer la masse saline dans de l'eau distillée et bouillante, j'ai conservé les six premières lotions pour en précipiter le mercure qu'on sait y être uni; enfin j'ai multiplié les lavages toujours faits avec l'eau distillée, jusqu'à ce que cette même eau, et la poudre jaune qu'on obtient par ce procédé, fussent insipides (1); par ce moyen, 8 onces de mercure cru,

(1) Je dois expliquer ce que j'entends ici par ce mot *insipide :* quand on met sur le bout de la langue un peu de turbith bien lavé, on n'y éprouve

et 14 onces de bonne huile de vitriol, m'ont donné 6 onces 3 gros et quelques grains du turbith, couleur de citron.

Ire EXPÉRIENCE. Ayant mis une once de ce turbith dans une petite retorte de verre lutée, et placée dans un fourneau à dôme, propre à recevoir un assez grand feu, il fut adapté à son bec un récipient proportionné, dans lequel il y avait environ 4 onces d'eau.

Le feu ayant été poussé jusqu'à faire rougir les barres et la cornue, l'acide sulfureux se fit sentir; le col de la retorte se couvrit de globules de mercure; bientôt on entendit un sorte de bouillonnement, de frémissement, un bruit enfin pareil à celui qui s'élève d'un vase lorsque l'eau dont il est rempli est au moment de bouillir; le feu fut soutenu à ce degré pendant plus d'une heure et demie, c'est-à-dire un quart-d'heure après la cessation du bruit dont je viens de parler.

Les produits de cette opération, que j'ai répétée plusieurs fois, sont constamment au nombre de cinq: 1° l'acide sulfureux volatil, qui passe en quantité suffisante pour rendre l'eau du récipient très-acide; 2° le fluide élastique, ou l'air, dont il se dégage une quantité remarquable; 3° le mercure qui se revivifie; 4° un sublimé blanc; 5° une poudre grise, qui est un mélange de la portion la plus légère du sublimé blanc, et d'un peu de mercure vif.

En pressant ce dernier produit dans un linge fort et serré, il en est sorti du mercure coulant qui, réuni à

aucune sensation, mais on ne tarde pas à sentir, vers la racine de cet organe, une âcreté fort incommode qui occasione une salive abondante; il faut donc allier ici l'insipidité avec la causticité. L'arsenic est dans le même cas.

celui du récipient, a pesé	4 gros 15 grains.
Le sublimé blanc	2 gros 16 grains.
La poudre grise	34 grains.
Total	6 gros 65 grains.

La perte, qui est de 1 gros 7 grains, est due à quelques gouttelettes d'eau, qui se sont élevées au commencement de l'opération (1), mais principalement à l'acide vitriolique qui a passé sous la forme d'acide sulfureux, et au fluide élastique que fournit la portion de turbith qui se revivifie, ainsi qu'il sera démontré dans la suite.

Il n'est rien resté dans la cornue.

La cornue employée dans la précédente expérience, étant lutée, il m'avait été impossible d'observer ce qui se passait dans son intérieur, par conséquent de deviner la cause du bruit qui s'était fait entendre pendant l'opération : je crus devoir la répéter, et hasarder de la faire dans une retorte non lutée, mais assez épaisse pour soutenir, sans se fondre, le degré de feu qui sublime le turbith ; et voici ce que j'ai observé :

Aussitôt que la cornue a été rouge, l'acide sulfureux s'est fait sentir, la revivification du mercure a commencé, et le bruit s'est fait entendre, alors les bords de la matière parurent entrer en fusion, et bouillonner, ou du moins être en mouvement; or c'était ce mouvement qui occasionait le bruit qui se faisait entendre : pour le faire cesser, il suffisait de ralentir le feu; fermait-on la porte du cendrier? la portion fondue se figeait, et on n'entendait plus rien; l'ouvrait-on? le feu reprenant son

(1) Je ne fais point entrer cette eau dans le calcul, parce qu'elle est en fort petite quantité, et que d'ailleurs elle peut être regardée comme étrangère au turbith, qu'il est difficile d'amener à une dessiccation absolue.

activité, les bords de la matière entraient de nouveau en fusion, et le bruit recommençait, en sorte que je me crois en droit de pouvoir conclure que le turbith ne se sublime qu'après être entré en fusion; que cette fusion ne se fait que successivement, et toujours le long des parois de la cornue, qui est la partie la plus échauffée.

Dès que je fus instruit de la cause du bruit que j'avais entendu, je supprimai le feu, qui était au degré où il pouvait faire couler la retorte; je voulais d'ailleurs savoir dans quel état se trouverait le turbith après avoir essuyé un aussi grand degré de feu : ayant donc, après le refroidissement, coupé la cornue, j'observai qu'il n'avait plus sa forme pulvérulente, mais qu'il était en masse spongieuse assez consistante; sa couleur jaune avait disparu, il était devenu blanc et non pas rouge, comme quelques auteurs l'ont écrit : au reste, on voyait dans le col un commencement de sublimation blanche et du mercure revivifié : la matière restée dans la retorte avait perdu un peu plus de 2 gros.

IIe Expérience. Quoique la présence de l'acide vitriolique dans le turbith fût démontrée par la première expérience, je crus cependant ne devoir pas négliger le procédé dont j'ai parlé au commencement de ce mémoire. Je triturai en conséquence 2 gros 50 grains de mon turbith, et autant de sel marin décrépité; le mélange fut mis dans une retorte de verre lutée et appareillée convenablement.

Dans cette opération, il s'est sublimé 2 gros 6 grains de mercure doux, auquel adhéraient quelques globules de mercure revivifié; la matière saline restée dans la retorte, étant entrée en fusion, il fut impossible de la détacher, et par conséquent de la peser, mais dissoute dans une suffisante quantité d'eau distillée, elle a donné par l'évaporation tout le sel marin qui n'avait pas souffert de décomposition, et sur la fin, la liqueur réduite à 2 gros au plus, ayant été décantée et laissée à l'évaporation spontanée, a donné environ 33 grains de sel de Glauber.

Ce résultat, que tous ceux qui ont tenté de faire du sublimé corrosif par l'intermède du turbith, auraient dû apercevoir, prouve de plus en plus que le turbith minéral, quoique bien lavé, contient encore une quantité très-remarquable d'acide vitriolique, non pas à nu, ou interposé entre les parties du mercure, mais réellement combiné avec ce minéral.

Les produits de la première et seconde expériences, comparés avec ce qui a été publié dans ces derniers temps, me rendirent mon turbith suspect : je me méfiai de ma propre opération ; je pensai donc à m'en procurer d'autre, et voulant mettre le sceau le plus authentique à mon travail, j'en demandai, ou j'en achetai chez quelques-uns des plus célèbres apothicaires de cette ville.

Ces turbiths préparés par différentes mains, ont été soumis aux épreuves précédentes, et ils ont constamment donné les mêmes produits, c'est-à-dire qu'à quelque petite différence près pour les quantités, tous ont fourni du mercure doux et du sel de Glauber, en les traitant suivant la seconde expérience, et tous se sont en partie sublimés, et en partie revivifiés, en les traitant suivant la première (1).

(1) Je dois faire ici une observation essentielle pour ceux qui voudraient vérifier mes expériences. En soumettant mon turbith à la première expérience, il n'est rien resté dans la retorte ; ceux, au contraire, qu'on m'avait donnés, ou que j'avais achetés, y ont constamment laissé une petite quantité de terre

Expériences faites sur le mercure précipité de l'acide vitriolique par l'alkali fixe de soude ou de tartre.

En préparant mon turbith, j'avais conservé les six premières lotions qui, comme je l'ai dit, avaient été faites avec de l'eau distillée. Dès qu'elles furent devenues claires et décantées de dessus la portion du turbith qu'elles avaient entraînée, je procédai à la précipitation du mercure avec l'alkali fixe de soude (1) : cette opération m'a procuré un précipité jaune, qui, édulcoré et séché, pesait 2 onces 4 gros 30 grains.

Si quelque préparation mercurielle peut paraître une vraie et pure chaux, c'est à coup sûr celle dont je viens de parler ; cependant en la traitant, sans intermède, dans les vaisseaux fermés et selon la première expérience, l'acide sulfureux s'est fait sentir fortement ; une portion du mercure s'est revivifiée, et il s'est fait une sublimation blanche; tout, en un mot, s'est passé comme si j'avais opéré sur du turbith ordinaire.

J'ai également soumis ce précipité à la seconde expérience, c'est-à-dire que je l'ai traité avec partie égale de sel marin décrépité, et il en est résulté du mercure doux et du sel de Glauber.

On voit, d'après ces différens produits, qu'il y a entre

qui restait attachée au verre à demi vitrifiée ; le mien avait été préparé avec du mercure retiré du cinabre, et lavé avec de l'eau distillée; les autres pouvaient avoir été faits avec le mercure du commerce, et ils avaient été certainement lavés avec de l'eau ordinaire ; il n'est donc pas étonnant que ceux-ci aient laissé dans la retorte la petite portion de terre dont j'ai parlé.

(1) Je donne la préférence au sel de soude, qui, ainsi que je l'ai éprouvé, ne change rien à la chose, afin d'éviter de faire du tartre vitriolé qui, cristallisant à mesure qu'il se forme, rend les lavages plus longs et plus difficiles, inconvéniens que n'a pas le sel de Glauber.

le vitriol mercuriel et le sublimé corrosif une grande analogie de propriétés chimiques : dans l'une et l'autre de ces deux compositions, l'acide respectif surabonde, ce qui les rend caustiques : tous deux ne sont solubles que par cette surabondance, tous deux ne sont décomposés qu'en partie par les alkalis fixes, le précipité qu'on retire du sublimé corrosif par le sel de soude ou de tartre, contient environ la moitié de son poids de mercure doux; or, nous avons vu il n'y a qu'un instant, que le précipité du vitriol mercuriel par les mêmes intermèdes, n'est également qu'à demi décomposé, et qu'il se trouve seulement changé en vrai turbith minéral. Enfin, je crois que nous sommes assez avancés pour pouvoir conclure que le turbith minéral officinal est au vitriol mercuriel ce que le mercure doux est au sublimé corrosif.

Tentatives faites sur le turbith, pour lui enlever tout ce qu'il peut encore contenir de soluble dans l'eau.

Peut-on enlever, par des lotions faites avec l'eau bouillante et multipliées bien au-delà du terme prescrit par les pharmacologistes, la portion d'acide qui est unie au mercure dans le turbith minéral ? Un chimiste célèbre le prétend : ainsi, quoique je n'y aie pas réussi, je ne conclurai pas que la chose est impossible, je me contenterai seulement d'exposer en peu de mots les observations que j'ai faites sur cet objet.

Ayant trituré une once de mon turbith en différentes fois dans 200 onces d'eau distillée et bouillante, à peine ai-je retiré 6 grains d'une poudre brune, en en faisant la précipitation avec quelques gouttes d'alkali fixe.

Ayant aussi fait bouillir une once de ce même turbith à différentes reprises dans une assez grande quantité d'eau distillée, et ayant fait évaporer 2 livres de la décoction bien clarifiée, il n'est resté dans la capsule de verre que 2 grains environ d'une matière grise dans laquelle on remarquait un arrangement cristallin.

A la vue de cette petite quantité de résidu, j'avoue que la patience m'abandonna; ainsi donc, sans nier la possibilité de décomposer le turbith par le seul intermède de l'eau, je trouvai qu'il était plus convenable de ranger, avec MM. Rouelle, cette préparation dans la classe de ces substances appelées insolubles, à cause de l'immense quantité d'eau qu'on est obligé d'employer pour en dissoudre quelques grains, et je m'en tins là (1).

Au reste, ce turbith lavé et bouilli dans une si grande quantité d'eau, avait encore la propriété de se sublimer en vitriol mercuriel, et de donner du mercure doux en le traitant par le sel marin, en moindre quantité qu'auparavant, sans doute, ce qui devait être.

Il me resterait encore beaucoup de choses à dire, si je voulais rendre compte de toutes les expériences que j'ai faites sur le turbith minéral; mais comme elles ne serviraient qu'à prouver de plus en plus l'état salin de ce même turbith, j'ose croire qu'à cet égard, ce qu'on vient de lire est plus que suffisant pour en convaincre même ceux des chimistes qui, jusqu'ici, ont regardé cette préparation mercurielle comme une pure chaux métallique.

Je n'entrerai donc dans aucun détail sur les expériences que j'ai faites sur le vitriol mercuriel préparé par des cohobations répétées (2) : je ferai seulement remar-

(1) Voy. *Tableau d'Analyse* de M. Rouelle le cadet, pag. 151; *Procédés*, pag. 286.

(2) Les anciens pharmacologistes prescrivaient, dans la préparation du tur-

quer qu'il exige, pour être sublimé, un plus grand feu que celui qui a été préparé à l'ordinaire, et que dès la seconde distillation faite avec de nouvel acide, il ne donne plus d'acide sulfureux.

Passant aussi sous silence un grand nombre d'expériences tentées sur du turbith sublimé jusqu'à quatre fois, je me contenterai de dire, 1° que ce sel perd à chaque sublimation une portion d'acide vitriolique qui passe constamment sous la forme d'acide sulfureux; 3° que de cette perte il résulte la conversion d'une partie du mercure en chaux, qui, en se revivifiant, donne une assez grande quantité de fluide élastique, auquel elle devait son augmentation de poids; 3° que la distillation sublimatoire suffisamment répétée, est un moyen sûr pour décomposer entièrement le vitriol mercuriel et le turbith minéral.

Je ne ferai aussi qu'une simple remarque sur le vitriol mercuriel qu'on obtient en précipitant par l'acide vi-

bith, de cohober plusieurs fois l'acide vitriolique sur la masse saline. J'ai répété cette opération jusqu'à cinq fois, et j'ai remarqué que le mercure, dès qu'il est saturé d'acide, et saturé par surabondance, ne s'en chargeait plus; aussi, dès la première cohobation, le nouvel acide dont je me suis servi, ne contracta-t-il plus l'odeur d'acide sulfureux volatil.

Mon principal objet, en répétant cet ancien procédé, était de tâcher de découvrir ce que *Juncker* avait voulu dire dans ce passage de la page 991 de ses *Tables Chimiques. Si oleum vitrioli bonum a mercurio, sæpius abstrahatur, tum hic in tigillo fusus colorem sanguineum refert, et per diu igni valido resistit.* Mais comme, dans toutes mes expériences, je n'ai rien découvert qui ait pu me servir à expliquer ce passage, et qu'au contraire j'ai constamment éprouvé que les vitriols mercuriels, faits par cohobation ou sans cohobation, se sublimaient également l'un et l'autre, lorsqu'on les exposait, à la vérité, au plus grand feu que puissent supporter nos petites cornues de verre lutées; n'ayant d'ailleurs jamais observé cette couleur de sang, si ce n'est quand les vaisseaux sont eux-mêmes dans l'embrasement; j'avoue que je ne comprends pas ce qu'a voulu dire le célèbre *Juncker*.

triolique la dissolution du mercure dans l'acide nitreux, savoir, qu'il ne diffère de celui qui a été préparé par la voie ordinaire, que par une petite quantité d'acide nitreux qu'il ne perd qu'au moment où il est prêt à se sublimer.

Laissant donc tout ce qui aurait pu inutilement surcharger ce mémoire, je termine cette première section en concluant, 1° que le turbith minéral considéré comme tel, est un sel qui exige une très-grande quantité d'eau pour être dissous; 2° que les lavages ou les ébullitions sont un moyen insuffisant pour amener ce sel à l'état de chaux, ou du moins que ce moyen, en supposant qu'il fût propre à remplir cet objet, ne changerait absolument rien à la thèse posée par feu M. Rouelle; au contraire, il ne ferait que la confirmer, en faisant rentrer cette préparation pharmaceutique dans la classe des autres sels, qui tous sont susceptibles d'être décomposés par des ébullitions, ou par de simples dissolutions plusieurs fois répétées.

SECONDE SECTION.

Expériences chimico-pneumatiques faites sur le vitriol mercuriel et sur le turbith minéral, avec et sans addition de matière charbonneuse.

Ire EXPÉRIENCE. Quatre onces de mercure cru, et 6 onces d'acide vitriolique concentré ayant été exposées, dans un appareil pneumatique, au dégré de feu qui opère la combinaison de ces deux corps, il s'est élevé une quantité de fluide élastique suffisante pour déplacer 33 onces d'eau par laquelle il n'était pas absorbé; le récipient avait une forte odeur d'acide sulfureux, et l'eau était très-acide.

IIe Expérience. Une once de vitriol mercuriel traitée au même appareil, il a été déplacé près de 32 onces d'eau par un fluide qui ne s'absorbait pas; il a passé de l'acide sulfureux; il n'est rien resté dans la cornue; mais il s'est trouvé dans son col 4 gros 60 grains de vitriol mercuriel sublimé, et 58 grains d'un autre sublimé pulvérulent, sali par une portion de mercure revivifié; il a passé 21 grains de ce dernier dans la boule du conducteur; la perte, qui est de 2 gros 5 grains, est due à l'acide vitriolique qui surabonde dans le vitriol mercuriel, ou masse saline, et au fluide qui, en se dégageant, a déplacé les 32 onces d'eau.

IIIe Expérience. Un mélange de 72 grains de poudre de charbon, et d'une once du même vitriol mercuriel, ayant été traité à l'appareil pneumatique, il a été déplacé 58 onces d'eau par un fluide qui s'absorbait fort vite; il s'est formé du soufre qui, uni à un peu de mercure, avait la couleur de l'éthiops minéral; on voyait aussi dans le col de la retorte une couche mince de fort beau cinabre. La réduction ayant été complète, il s'est trouvé dans la boule du conducteur 5 gros 6 grains de mercure revivifié; les 72 grains de charbon étaient réduits à 54; enfin l'eau du récipient répandait l'odeur d'acide sulfureux.

IVe Expérience. Ayant soumis à la même distillation, mais sans addition d'aucune matière charbonneuse, une once de turbith bien lavé, il a été déplacé 35 onces d'eau, qui, en 36 heures, n'a pas paru être remontée d'une ligne; le récipient sentait fortement l'acide sulfureux; il s'est revivifié 3 gros 55 grains de mercure; il s'est sublimé un gros 61 grains de vitriol mercuriel, et 52 grains du même sel, sous forme pulvérulente; il n'est rien resté dans la retorte. La perte en acide, en fluide élastique, et en quelques gouttes d'eau, est d'un gros 48 grains.

Ve Expérience. Un mélange de 24 grains de charbon et d'une once de turbith, ayant été traité au même appareil, il a été déplacé 41 onces d'eau qui absorbait avec vitesse le fluide; il s'est revivifié 5 gros 52 grains de mercure, et comme les 24 grains de charbon employés étaient insuffisans pour décomposer entièrement le turbith, il s'est sublimé environ 40 grains de vitriol mercuriel; on voyait aussi vers le bec de la cornue un peu de soufre et de mercure combiné en éthiops, qui avait la propriété de brûler en le mettant sur un charbon; il était resté dans la retorte 10 grains de cendre grise, produite par la combustion du charbon (1).

VIe Expérience. Un mélange de 48 grains de charbon et d'une once de turbith préparé par un des plus habiles maîtres de Paris, ayant été traité au même appareil, le turbith a été entièrement décomposé; il a été déplacé 50 onces d'eau qui remontait fort vite dans le récipient, en sorte que 6 jours après l'opération, il ne s'en fallait que de 12 onces qu'elle n'atteignît le degré où elle était fixée avant de subir la dépression; il s'est revivifié 6 gros 16 grains de mercure; il s'est aussi formé un peu de soufre; l'eau du récipient avait perdu en 6 jours l'odeur d'acide sulfureux qu'elle avait contractée; le charbon resté dans la retorte ne pesait plus que 27 grains.

Il y aurait sans doute un grand nombre de réflexions

(1) Je dois rappeler au lecteur, que dans les procédés avec addition de charbon, la réduction de mercure se fait fort vite et avec un feu médiocre. *Voy.* la deuxième partie de ces *Essais*.

à faire sur les expériences qu'on vient de lire; mais je n'en ferai qu'une, et encore ne m'y arrêterai-je qu'un instant.

Lorsque l'acide vitriolique s'unit au mercure, il se forme, pendant tout le temps que dure l'effervescence, une grande quantité d'acide sulfureux volatil, qui semblable, par son odeur suffocante, à celui qui s'élève du soufre allumé, en diffère pourtant par je ne sais quelle autre moffette virulente dont l'odorat est fortement frappé, et qu'il distingue facilement de la première: lorsqu'on expose ou du vitriol mercuriel, ou même du turbith proprement dit, à des sublimations répétées, ce sel se décompose, et il s'en sépare à chaque procédé une portion d'acide de vitriol, qui passe toujours en acide sulfureux.

D'où vient cet acide sulfureux? Tous les chimistes répondent unanimement qu'il doit son origine au phlogistique, dont le mercure a été dépouillé en tout ou en partie par l'acide vitriolique; mais peut-on priver une substance métallique de tout ou de partie de son phlogistique, sans en opérer la décomposition totale ou partielle? Non, sans doute, répondent encore les chimistes.

Or il est démontré que le mercure, uni à l'acide vitriolique, n'a souffert aucune altération, et qu'il peut en être retiré sous sa forme fluide, sans addition d'aucune matière charbonneuse, propre à rendre le phlogistique aux substances qu'on suppose l'avoir perdu; car dire que le mercure contient ce principe en si grande abondance qu'il en peut perdre une partie sans être, ou, si l'on veut, sans nous paraître altéré, ce serait éluder les lois de l'art et de la nature pour soutenir son système, et la saine chimie rejette de pareils moyens.

Croire, avec quelques alchimistes, que le mercure contient une certaine onctuosité, ce serait s'appuyer sur un être chimérique; car enfin, il s'en faut bien que cette onctuosité soit démontrée (1).

J'en resterai là, en laissant aux Stahliens le soin de répondre à toutes les difficultés qu'on pourrait faire contre leur doctrine sur la composition de l'acide sulfureux volatil, à propos de celui qui se dégage, soit en préparant, soit en sublimant le vitriol mercuriel, et à propos d'un grand nombre d'autres expériences chimiques qui paraissent contredire le système reçu sur le phlogistique, auquel nous faisons jouer un si grand rôle dans l'art et dans la nature (2).

(1) Il y a long-temps que j'aurais répété le procédé de l'empirique auteur des dragées anti-vénériennes, si j'avais été à portée de le faire; ce qu'il appelle *tête morte de mercure*, méritait bien d'être examiné. Je suis étonné que ce résultat de la trituration du vif-argent avec l'eau, déjà observé par les anciens, n'ait pas frappé quelqu'un de nos chimistes. J'ai eu occasion de voir une fois Kaiser; la chimie lui était absolument étrangère, qu'importe? Il parle aussi d'huile dans la revivification de son éthiops; tout cela, encore un coup, demande à être refait par un homme instruit; qui sait si on ne serait pas dédommagé de ses peines et de sa dépense par quelque découverte heureuse qui détruirait peut-être bientôt mes objections contre le phlogistique mercuriel? Je renvoie au procédé de Kaiser, publié par ordre du gouvernement, et imprimé dans le second volume des *Observ. de Méd. de M. Richard*, au Louvre, en 1772.

Au moment où ce mémoire est sous presse, je reçois le premier volume des Actes de l'académie électorale de Mayence, établie à Erford, et j'y vois que les chimistes allemands nous ont devancés sur ce point, ainsi que sur bien d'autres. M. Mangold a déjà publié quelques expériences sur la matière qui se sépare du mercure en le triturant avec de l'eau de pluie; *sed vix inchoata res.*

(2) Je ne connais aucun chimiste qui ait travaillé sur le turbith avec plus de vues que M. de Morveau. Si quelque Stahlien a des droits pour soutenir que le mercure perd de son phlogistique lorsqu'on le traite avec l'acide vitriolique, c'est, sans contredit, ce savant; ses expériences sont bien faites, ses raisonnemens sont profonds; mais enfin, en dernière analyse, ils se réduisent à ce-

N'ayant pu amener à l'état de chaux parfaite le mercure uni à l'acide vitriolique, soit en précipitant la dissolution du sel qui résulte de cette union par les alkalis fixes, soit en lavant ou faisant bouillir à plusieurs reprises le turbith proprement dit, j'ai cru, pour parvenir à mon but, devoir recourir au procédé suivant, qui m'a réussi parfaitement.

Si on verse sur du turbith bien lavé une quantité d'eau distillée rendue alkaline par le sel de soude ou de tartre, et qu'on tienne le tout en digestion sur le sable chaud, avec la précaution d'agiter de temps en temps la matière, on ne tardera pas à voir la couleur citrine du turbith se changer en rouge, et en quelques heures on obtiendra un vrai précipité de mercure, une vraie chaux métallique, qu'il faut édulcorer avec soin et faire sécher.

Si on soumet à l'évaporation l'eau de digestion, on en retirera ou du tartre vitriolé, ou du sel de Glauber, suivant la nature du précipitant employé; nouvelle preuve de la présence de l'acide vitriolique dans le turbith.

Une once de cette chaux mercurielle, traitée à mon appareil pneumatique et sans addition de charbon, l'eau du récipient s'est déprimée et fixée, après l'opération, au degré de l'échelle qui annonçait qu'il en avait été déplacé 64 onces (1).

lui-ci : *Le mercure, en se changeant en turbith minéral, augmente de poids; donc il a perdu du phlogistique.* Je prie les lecteurs de consulter la dissertation de M. de Morveau sur le phlogistique, article *Turbith minéral;* et d'après les difficultés qu'éprouve l'auteur pour tâcher de concilier la doctrine de Stahl avec les expériences qu'il venait de faire, ils jugeront si j'ai tort de proposer mes doutes sur cette même doctrine.

(1) Un demi-gros de cette chaux, trituré avec 6 grains de fleurs de soufre, et chauffé lentement dans une cuiller de fer, détone à la manière de la poudre

Le fluide qui occupait la place de l'eau, en était très-vite absorbé; son odeur était semblable à celle que j'avais remarquée en traitant les autres chaux de mercure, c'est-à-dire qu'elle était approchante de celle du phosphore; il s'est revivifié 7 gros de mercure, et il n'est resté dans la retorte qu'un demi-grain au plus de terre, dont j'attribue l'origine à l'alkali employé comme précipitant.

CONCLUSION.

En démontrant que la chaux mercurielle obtenue par le procédé que je viens de décrire, est réductible par elle-même, et qu'elle ne doit son état et son augmentation de poids qu'à l'air ou fluide élastique qu'elle tient de l'acide vitriolique, j'ai complété, autant qu'il m'a été possible, un travail qui m'occupe depuis plus de trois ans, et dont on peut voir les premières esquisses dans l'analyse des eaux de Bagnères-de-Luchon, faite en 1766. Je vais donc finir cette quatrième et dernière partie de mes Essais sur les précipités du mercure, en priant ceux des lecteurs qui cultivent la chimie avec zèle, de vouloir bien vérifier celles de mes expériences qui les auront le plus frappés, et en les prévenant qu'ils ne le feront pas sans profit, soit en observant des choses qui m'ont échappé, et il m'en est sans doute échappé un grand nombre, soit en partant du point où je me suis arrêté: le champ est vaste; déjà quelques expériences semblent me prouver que les chaux de plomb se rapprochent de celles de mercure, et que la perte du phlogistique, tant célébrée pour expliquer le phénomène des calcinations métalliques, pourrait bien n'avoir pas plus lieu dans

à canon, aussi bien que le précipité de la dissolution mercurielle fait par l'alkali fixe.

celles de plomb que dans celles de mercure. Que les chimistes qui aiment les progrès de l'art, daignent donc concourir avec moi; et j'ose leur donner ma parole qu'ils ne tarderont pas à me devancer dans la carrière.

LETTRE

Sur la manière de préparer le mercure fulminant.

(Extrait du *Journal de Physique*, mai 1779.)

J'ai reçu la lettre que vous m'avez fait l'honneur de m'écrire, et je vois avec peine que vous n'êtes pas parvenu à vous procurer les précipités de mercure fulminant dont j'ai parlé dans un mémoire publié par la voie du *Journal de Physique*, en février 1774.

Comme vous cultivez la chimie avec zèle, et surtout avec toutes les connaissances pratiques si nécessaires aux progrès de cet art, je ne puis attribuer qu'à moi-même le peu de succès que vous avez eu en répétant mes expériences. Je n'aurai pas été assez clair dans les détails, et j'aurai vérifié le dire d'Horace :

. . . . *Brevis esse laboro.*
Obscurus fio. . . . .

Or, si j'ai été obscur pour vous, je l'aurai été à plus forte raison pour beaucoup d'autres ; je dois donc me hâter de réparer ma faute; et pour le faire plus authentiquement, je me décide à vous adresser ma réponse par la voie du *Journal de Physique*, qui est déjà le dépositaire des quatre mémoires que j'ai publiés sur les précipités de mercure.

Les précipités de mercure qui, mêlés à une très-petite quantité de fleurs de soufre, ont la propriété de fulminer avec le plus grand éclat, sont au nombre de trois.

Le premier est celui qu'on obtient en précipitant avec l'alkali volatil non caustique, le mercure dissous dans l'acide nitreux;

Le deuxième, en précipitant par l'eau de chaux le mercure également dissous dans l'acide nitreux;

Le troisième, en précipitant par l'eau de chaux le sublimé corrosif dissous dans l'eau distillée.

Préparation du premier précipité fulminant.

Vous ferez dissoudre 3 onces, par exemple, de mercure coulant dans une suffisante quantité d'acide nitreux pur.

La dissolution achevée et encore chaude sera versée dans 3 pintes d'eau distillée; si l'acide nitreux ne surabonde pas, il se forme, au moment du mélange, une sorte de précipité jaune, qui n'est autre chose qu'un nitre mercuriel sans excès d'acide; on remédie à cet accident, en ajoutant à la liqueur quelques gouttes d'acide de nitre, qui opère sur-le-champ une dissolution complète.

Tout étant ainsi disposé, la liqueur étant placée dans des vases de verre ou de faïence, vous y verserez peu à peu la quantité d'esprit volatil de sel ammoniac dégagé par l'alkali fixe. Par cette opération, l'acide surabondant se sature, le nitre mercuriel lui-même se décompose, et l'on voit tomber au fond des vases une poudre couleur d'ardoise. Dès qu'en jetant sur la liqueur devenue claire, quelques gouttes d'alkali volatil, vous vous apercevrez qu'il ne se forme plus de précipité, vous verserez par inclinaison l'eau surnageante, et vous lui en substituerez de nouvelle; ce que vous repéterez autant de fois qu'il sera nécessaire pour bien édulcorer le précipité. Arrivé à ce point, vous le verserez sur un entonnoir de verre garni d'un double papier joseph, sur lequel vous ferez passer encore quelques livres d'eau chaude pour enlever ce que le précipité pourrait encore contenir de salin.

Le précipité étant bien égoutté, vous retirerez avec précaution l'entonnoir de papier, et vous le transporterez sur un tamis garni de plusieurs doubles de gros papier gris, qui absorbant une grande partie de l'humidité, hâtera la dessiccation qui doit s'achever à l'air libre et au soleil, s'il est possible, en prenant pourtant la précaution de couvrir le précipité d'une feuille de papier.

Ce précipité étant bien sec, est d'une couleur grise, et n'a pas encore la propriété de fulminer. Il contient de l'acide nitreux que les lavages multipliés n'ont pu enlever, et c'est même cet acide qui le constitue précipité; il faut donc le lui enlever : ce à quoi vous parviendrez par une calcination légère, que vous ferez de la manière suivante.

Vous placerez, dans un bain de sable, une petite capsule de verre où vous aurez mis une once ou une once et demie de votre précipité gris bien pulvérisé; vous chaufferez le bain au point d'exciter dans la matière un mouvement subit et rapide, dont l'effet est de chasser sous la forme de vapeurs rouges tout l'acide nitreux, et de convertir en une poudre d'un jaune éclatant le précipité gris, ou, ce qui est la même chose, de le convertir en une vraie chaux métallique.

Le mouvement dont je parle est d'ailleurs si vif, qu'il se fait avec bruit, et qu'il pousse au dehors une portion de la matière même, laquelle conserve sa couleur grise; mais comme il ne dure qu'un instant, on doit être sur ses gardes, parce qu'au moment où il commence, il faut retirer la capsule du sable; la chaleur qu'elle a acquise, quoique suffisante pour achever l'expulsion de l'acide nitreux, ne l'est pourtant pas assez pour empêcher de la saisir sans risque avec les doigts par la partie supérieure, et de l'élever à la surface du sable, ou mieux encore de la transporter sur un paillasson qu'on aura disposé à cet effet dans le voisinage du fourneau.

Tout étant à demi refroidi, vous agiterez avec un tube de verre le précipité jaune qui occupe le fond de la capsule, et vous le verserez sur un papier, évitant, autant qu'il sera possible, de faire tomber la matière grise qui s'est élevée et fixée aux parois du vaisseau pendant la calcination. Cette poudre jaune sera enfermée dans une bouteille que l'on bouchera exactement; et toutes les fois qu'on voudra la faire fulminer, on en mêlera par une trituration légère, dans un petit mortier, 30 grains avec 3 à 4 grains au plus de fleurs de soufre bien pures: on exposera ce mélange dans une cuiller de fer, sur un petit feu de charbon, ayant la précaution d'arranger la poudre en forme de petit cône, et de ne pas échauffer la cuiller trop brusquement. Ces 30 grains feront une explosion pareille à celle d'un bon coup de fusil.

Préparation du second précipité fulminant.

Faites dissoudre 3 onces de mercure dans une suffisante quantité d'acide nitreux pur, et étendez la dissolution dans 8 onces au plus d'eau distillée, à laquelle vous ajouterez quelques gouttes d'acide nitreux, s'il s'était séparé un peu du nitre mercuriel au moment du mélange. D'un autre côté, ayez une vingtaine de pintes de bonne eau de chaux, récemment préparée, et divisée dans des vaisseaux de verre ou de faïence, propres à l'opération que vous allez faire. Versez alors un peu de dissolution mercurielle sur cette eau de chaux, en l'agitant avec un tube de verre, et par des tâtonnemens répétés tâchez d'arriver au point d'une juste saturation; vous obtiendrez un précipité de couleur jaune-olivâtre, que vous édulcorerez parfaitement, et ferez sécher, comme il a été dit ci-dessus. Trente grains de ce précipité fait avec l'eau de chaux, triturés avec 3 ou 4 grains de fleurs de soufre, fulminent fortement, sans qu'il soit besoin de recourir à une calcination préliminaire, quoique je sois pourtant dans l'usage de mettre ce précipité dans une petite capsule de verre, sur un bain de sable légèrement échauffé, pour en perfectionner la dessiccation, et je trouve qu'alors la fulmination devient plus vive, et le coup plus sec. Si l'on voulait chercher la cause de la détonation de ces deux premiers précipités, quelques chimistes pourraient être tentés de l'attribuer à l'acide nitreux dont ils ont été séparés, soit par l'alkali volatil, soit par l'eau de chaux; mais l'expérience suivante va détruire tous les soupçons qu'on pourrait avoir à cet égard.

Préparation du troisième précipité fulminant.

Vous ferez dissoudre, avec les précautions requises, 3 ou 4 onces de sublimé corrosif, dans une livre d'eau distillée bouillante. Vous aurez, d'un autre côté, disposé des vases de verre, ou même de faïence, dans lesquels vous aurez mis 15 ou 20 pintes d'eau de chaux récente, et vous procéderez à la précipitation de la dissolution du sublimé corrosif, comme il a été dit pour celle du mercure cru dans l'acide nitreux : vous obtiendrez un précipité d'un jaune éclatant, qui bien édulcoré, et séché, autant qu'il sera possible, à l'air libre, sera à la fin mis dans une capsule de verre sur un bain de sable médiocrement échauffé, où il achèvera de perdre le peu d'humidité qu'il pouvait avoir conservée.

Ce précipité mélangé, au poids de 30 grains, avec 3 ou 4 grains de fleurs de soufre, et échauffé comme il a été dit précédemment, détone avec le plus grand bruit. Au reste, ces trois précipités fulminans peuvent se garder dans des flacons, le temps n'altérant point leur propriété.

Je dois, avant de finir, faire une observation importante. Il y a environ un an que, voulant faire fulminer un de ces précipités, je ne sais plus lequel, en présence de plusieurs personnes, j'en avais mis ma dose ordinaire, c'est-à-dire 30 grains et 4 grains de fleurs de soufre, dans un petit mortier de verre : tandis que j'en faisais la trituration, on parlait; et, plus attentif à ce qui se disait qu'à ce que je faisais, je triturai, et trop fort, et trop long-temps sans doute; la matière s'alluma d'elle-même et fusa entre mes mains, à la manière de la poudre à canon; l'accident n'eut aucune suite fâcheuse, mais enfin toujours est-il bon d'en être prévenu. Tels sont les détails que j'ai cru devoir vous faire parvenir, en vous assurant que, si vous prenez le parti de les suivre strictement, vous parviendrez à obtenir des précipités de mercure qui ont la propriété de fulminer avec un très-grand éclat.

Je suis, etc.

LETTRE

De M. Bayen, apothicaire-major des camps et armées du roi, au rédacteur du *Journal de Physique*. (Tom. V, pag. 47. Janvier 1775.)

Monsieur, la cause de l'augmentation de la pesanteur que la calcination fait éprouver à certains métaux, a été de tous les temps un sujet de spéculation et de recherches pour les chimistes et les physiciens. Cardan, Cæsalpin, Libavius et beaucoup d'autres, ont anciennement tâché d'expliquer ce phénomène; mais entre tous on doit, à juste titre, distinguer Jean Rey, médecin périgourdin, qui vivait au commencement du dernier siècle. Son ouvrage, inconnu peut-être de tous les chimistes et physiciens d'aujourd'hui, m'a paru d'autant plus mériter d'être tiré de l'oubli, que la cause qu'il assigne à l'augmentation de poids qu'ont éprouvée les chaux de plomb et d'étain, a un rappport immédiat avec celle qui est sur le point d'être reconnue de tous les chimistes.

Je n'ai, Monsieur, connu le livre de Jean Rey qu'après avoir publié, par la voie de votre Journal, la seconde partie de mes expériences sur les chaux mercurielles. Je ne pouvais donc en parler dans l'énumération très-succincte que je fis alors des différentes opinions sur la cause de l'augmentation de pesanteur des chaux métalliques : ma faute, quelque involontaire qu'elle ait été, doit être réparée; et pour le faire, je me hâte de rendre justice à un auteur qui, par la profondeur de ses spéculations, est parvenu à désigner la véritable cause de cette augmentation.

Voudriez-vous, Monsieur, concourir avec moi à faire connaître l'excellent ouvrage de Jean Rey. Votre Journal se lit dans toute la France; il est répandu dans les pays étrangers; si vous vouliez y insérer la notice ci-jointe, les chimistes de tous les pays sauraient en peu de temps que c'est un Français, qui, par la force de son génie et de ses réflexions, a deviné le premier la cause de l'augmentation de poids qu'éprouvent certains métaux lorsqu'en les exposant à l'action du feu, ils se convertissent en chaux, et que cette cause est précisément la même que celle dont la vérité vient d'être démontrée par les expériences que M. Lavoisier a lues à la dernière séance publique de l'Académie des Sciences.

Extrait de l'ouvrage intitulé: *Essais de Jean Rey*, docteur en médecine, sur la Recherche de la cause pour laquelle l'estain et le plomb augmentent de poids quand on les calcine. A [illegible], [illegible]uillaume Millanges, 1630.

Les pages 13, 14, 15 et 16 contiennent une préface dans laquelle l'auteur expose les motifs qui l'ont déterminé à répondre à la question qui venait de lui être proposée.

Jean Rey a divisé son ouvrage en vingt-huit Essais. Les titres des quinze premiers sont, pour ainsi dire, auautant de théorêmes, dont le seizième est le corollaire: les douze autres contiennent la réfutation des opinions contraires à la sienne.

Je rapporte ci-après l'Essai XVI et partie de l'Essai XXVI.

ESSAY XVI.

Response formelle à la demande pourquoy l'estain et le plomb augmentent de poids quand on les calcine.

« Maintenant ay-je fait les preparatifs, voire ietté les « fondemens de ma response à la demande du sieur *Brun*, « qui est telle, qu'ayant mis deux liures six onces d'estain « fin d'Angleterre dans un vase de fer, et iceluy pressé « sur vn fourneau à grand feu ouuert, l'espace de six « heures, l'agitant continuellement, sans y adiouster « chose aucune, il en a recueilli 2 liures 13 onces de « chaux blanche ; ce qui l'a porté d'abord dans l'admi- « ration, et dans le desir de sçavoir d'où luy sont ve- « nuës les 7 onces de plus. Et pour grossir la difficulté, « ie dis, qu'il ne faut pas s'enquerir seulement, d'où luy « sont venuës ces 7 onces, mais outre icelles, d'où ce « qui a remplacé le dechet du poids qui est arriué ne- « cessairement par l'ampliation du volume de l'estain, « se conuertissant en chaux, et par la perte des vapeurs « et exhalaisons qui se sont escartées. A cette demande « doncques, appuyé sur les fondemens ia posez, ie res- « ponds et soustiens glorieusement : — Que ce surcroît « de poids vient de l'air, qui dans le vase a esté espessi, « appesanti, et rendu aucunement adhesif, par la vehe- « mente et longuement continuée chaleur du fourneau ; « lequel air se mesle auecques la chaux (à ce aydant « l'agitation fréquente), et s'attache à ses plus menuës « parties : non autrement que l'eau appesantit le sable

« que vous iettez et agitez dans icelle, par l'amoitir et « adherer au moindre de ses grains. — I'estime qu'il y a « beaucoup de personnes qui se feussent effarouchées au « seul récit de cette response, si ie l'eusse donnée dés « le commencement, qui la receuront ores volontiers, « estant comme apprivoisées et renduës traittables par « l'éuidente vérité des Essays precedens. Car ceux sans « doute de qui les esprits estaient preoccupez de cette « opinion que l'air estoit leger, eussent bondi à l'en- « contre. Comment (eussent-ils dit) ne tire-on du froid « le chaud, le blanc du noir, la clarté des tenebres, puis « que de l'air, chose legere, on tire tant de pesanteur? « Et ceux qui se feussent rencontrez auoir donné leur « creance à la pesanteur de l'air, n'eussent peü se persua- « der qu'il peut iamais augmenter le poids estant ba- « lancé dans soi-mesme. A cette cause m'a-il fallu faire « voir que l'air auoit de la pesanteur : qu'elle se cog- « noissoit par autre examen que celui de la balance : et « qu'à icelle mesme vne portion, préalablement altérée « et espessie, pouuoit manifester son poids. Ce que i'ai « fait le plus briefuement qu'il m'a esté possible, et sans « avoir rien aduancé qui ne feut très-afferant à cette « matière : pour laquelle esclaircir de tout poinct, il ne « reste qu'à faire une relation et refutation succincte, « des opinions que d'autres ont suiui, ou pourroient « suiure; et à souldre les obiections qu'on pourroit faire « contre ma response. »

ESSAY XXVI.

Pourquoy la chaux n'augmente en poids à l'infini.

« La nature par son inscrutable sagesse, s'est ici mise « des barres qu'elle ne franchit iamais. Meslez de l'eau « auec le sable ou la farine, ils s'en couuriront totale- « ment, iusqu'à la moindre de leurs parcelles : versez-en « dauantage, ils n'en prendront plus : et les retirant de « l'eau, ils n'en porteront que ce qui leur adhere, et qui « suffit à les enceindre iustement. Replongez-les cent « et cent fois, ils n'en sortiront pas mieux chargez : et « les laissant dedans à repos, ils quitteront le superflu, « et iront à fonds par eux-mesmes : tant la nature est « religieuse de s'arreter aux limites qu'elle se prescript « vne fois. Nostre chaux est de cette condition : l'air « espessi s'attache à elle, et va adherant peu à peu ius- « qu'aux plus minces de ses parties : ainsi son poids aug- « mente du commencement iusques à la fin : mais quand « tout en est affublé, elle n'en sauroit prendre davan- « tage. Ne continuez plus vostre calcination soubs cet « espoir ; vous perdriez vostre peine. Au reste que cela « ne vous trouble qui a esté dit en l'Essay vnziesme, « qu'il m'eschappoit de dire cet air, non plus air, ains « vn air desnaturé : car ce sont paroles d'exés, par les- « quelles ie n'entends autre chose, sinon que cet air « a esté despoüillé de cette subtilité liquide, qui faisait « qu'ils n'adherast à chose aucune, et s'est rendu gros- « sier, pesant et adhérable. »

CINQ

TRAITÉS MÉDICO-PHYSIQUES,

DONT LE PREMIER TRAITÈ DU SEL DE NITRE ET DE L'ESPRIT NITRO-AÉRIEN, LE SÉCOND DE LA RESPIRATION, LE TROISIÈME DE LA RESPIRATION DU FOETUS DANS L'UTÉRUS ET DANS L'OEUF, LE QUATRIÈME, ETC. (1).

PAR JEAN MAYOW.

Nous avons cherché inutilement dans plusieurs bibliothèques publiques de Paris, l'ouvrage de Mayow dont nous venons de rapporter le titre; nous ne l'avons trouvé qu'à la Bibliothèque Royale, qui ne possède que l'exemplaire qui nous a été confié. Cet ouvrage est du plus haut intérêt, et nous l'insérerons en entier, ainsi que celui de Jean Rey, en tête du troisième volume, qui sera le premier de l'époque phlogistique. Ni Jean Rey ni Mayow n'appartiennent à l'époque du phlogistique; mais ne possédant l'ouvrage de ce dernier que depuis quelques jours, nous ne pouvons en donner ici la traduction, et nous la présenterons avec les travaux des contemporains de l'auteur. Jean Rey ni Mayow n'ont été connus de Lavoisier, et c'est pour compléter le *Précis historique sur les émanations élastiques*, que nous donnons ici cet extrait, et que nous avons rapporté précédemment la lettre de Bayen. Nous ne parlerons que du premier *Traité*.

(1) L'exemplaire que nous avons sous les yeux est désigné à la Bibliothèque Royale sous le signe T 3158. Le permis d'imprimer du vice-chancelier d'Oxford est du 17 juillet 1673 : l'impression porte la date de 1674. Il y a une autre édition imprimée à La Haye en 1681.

Dans le premier chapitre, intitulé: *Du sel de nitre*, il traite de l'analyse de ce sel, qu'il trouve formé d'acide et d'alkali, ensuite il s'occupe de son mode de génération dans la nature.

Le chapitre deuxième: *De la partie aérienne et ignée de l'esprit de nitre*, a pour objet de rechercher s'il existe tout entier dans l'air. Il n'y existe pas entièrement, mais cependant il en tire sa constitution en partie.

Le chapitre trois traite *de l'esprit de nitre aérien et de sa nature ignée.*

Le chapitre quatre a pour titre: *De l'extraction des liqueurs acides et de la partie terrestre de l'esprit de nitre.*

Chapitre cinq: *De l'esprit de nitre aérien : jusqu'a quel point les fermentations des corps dans leur origine ou le terme de leur existence dépendent de lui.*

Chapitre six: *De l'esprit de nitre aérien: jusqu'à quel point la raideur et la force de se détendre porte les corps; et en passant, de la fracture des gouttes de verre.*

Chapitre sept: *La force élastique de l'air provient de l'esprit de nitre aérien, et de quelle manière l'air est imprégné de nouveau des particules de nitre aérien.*

Les particules nitro-aériennes sont nécessaires pour exciter le feu; elles sont absorbées de l'air atmosphérique par la flamme, et lorsque cet air en est une fois privé, il ne peut plus servir à la combustion. L'air qui a servi à cette combustion, étant renfermé dans une cucurbite de verre renversée sur l'eau, perd un trente-neuvième de son volume.

L'air sortant des poumons des animaux se trouve privé de sa partie nitro-aérienne, et il ne peut plus servir à entretenir la flamme. Une souris ayant respiré dans l'air, celui-ci a diminué d'un quatorzième de son volume.

Lorsqu'on met deux animaux dans un même verre renversé sur l'eau, celui qui est dans la partie supérieure meurt avant celui qui est placé dans la partie inférieure; il en est de même des chandelles.

Chapitre huit: *De l'esprit de nitre aérien: jusqu'à quel point il peut être respiré par les animaux.*

Si on met de l'esprit de nitre dans un petit bocal placé sous une cucurbite de verre renversée sur l'eau, et qu'au moyen d'une ficelle qui passe sur un petit bâton placé en travers de la cucurbite, et qu'on peut ainsi élever ou baisser en la tirant au travers de l'eau, on fait plonger dans l'esprit de nitre du fer suspendu à la ficelle, il se fait un violent mouvement, l'eau est déprimée de trois doigts. Au moyen de la ficelle on retire le fer, bientôt l'eau remonte au-dessus de son premier niveau, en sorte qu'elle occupe environ un quart du volume de l'air que contenait l'appareil.

Les particules nitro-aériennes donnent la couleur rouge au sang; c'est pour cette raison que le sang veineux est noir, et que le sang artériel est d'un rouge éclatant. Ce sont elles aussi qui entretiennent la chaleur par l'action des poumons.

Chapitre neuf: *Si l'air peut être engendré de nouveau.* Il renferme une souris dans une petite cage placée sous une cloche qui repose sur l'eau, il détermine le temps qu'elle peut vivre dans un volume donné d'air. La souris morte, il la remplace par une autre, et au même volume d'air il joint trois ou quatre volume d'air atmosphérique privé d'oxigène par le gaz nitreux, ainsi qu'on l'a vu au chapitre huit. La souris ne vit pas plus dans cette atmosphère, qui est quadruple en volume, que s'il n'y avait eu que le même volume de l'air dans lequel la première souris est morte.

Chapitre dix. *Par quelle cause le feu se propage, et pourquoi la flamme s'élève en pointe.*

Chapitre onze. *Du tourbillon d'air ou de l'élévation de l'eau de la mer, en anglais* A SPOUT.

Chapitre douze. *De la lumière et des couleurs.*

Chapitre treize. *De la foudre.*

Chapitre quatorze. *De la chaleur de la chaux vive.*

Chapitre quinze. *Des eaux de Bath et de l'origine des fontaines.*

NOTICE

SUR LAVOISIER.

Lavoisier (Antoine-Laurent) naquit à Paris le 16 août 1743. Son père, qui avait acquis dans le commerce une fortune assez considérable, donna beaucoup de soins à son éducation. Lavoisier prit très-jeune du goût aux sciences, et au sortir du collège, il s'occupa à approfondir les mathématiques et l'astronomie dans l'observatoire de l'abbé de la Caille, à pratiquer la chimie dans le laboratoire de Rouelle, et à suivre Bernard de Jussieu dans ses herborisations. Il avait à peine vingt ans, lorsqu'un prix proposé par l'Académie des Sciences, en 1763, lui fournit l'occasion de se livrer avec assiduité à des recherches positives sur un sujet important de physique. Il s'agissait de trouver pour la ville de Paris un éclairage plus efficace à la fois et plus économique. Lavoisier voulant remonter, par des expériences délicates, aux principes mêmes de l'art, fit tendre une chambre en noir, et s'y enferma pendant six semaines sans voir le jour, afin de rendre ses yeux plus sensibles aux divers degrés d'intensité de la lumière des lampes. Un tel dévouement méritait d'être heureux, et le fut; l'Académie lui décerna le prix, le 9 avril 1766. A ce premier travail succédèrent des recherches sur la prétendue conversion de l'eau en terre, et une analyse de la pierre à plâtre des environs de Paris.

Il se fit recevoir avocat en 1764, et entra à l'Académie des Sciences, avec le titre d'adjoint, le 1er juin 1768, à l'âge de vingt-cinq ans : il fut reçu dans la classe des associés, le 5 septembre 1772.

En même temps que Lavoisier entrait à l'Académie des Sciences, en 1768, il obtint une place de fermier-général, et en 1775 il fut nommé régisseur des poudres. On pourrait croire que l'amour de l'argent, qui domine tant aujourd'hui les hommes de science, n'était pas tout-à-fait étranger à Lavoisier; mais pour accumuler ces emplois lucratifs, cet homme illustre avait une excuse que tout le monde appréciera. Esprit novateur, il sentait dans son génie la force de changer une doctrine décrépite; mais son excellent jugement lui faisait connaître que l'on n'a d'action sur les hommes que par le respect qu'ils portent ou à la fortune ou à la puissance. Lavoisier pauvre, Lavoisier étranger aux hommes du pouvoir, aurait en vain montré la lumière à ses contemporains, il ne serait jamais parvenu à faire dominer sa doctrine; mais Lavoisier possesseur de soixante ou quatre-vingts mille livres de rente, pouvant disposer d'emplois importans, soit par ses places, soit par son crédit, a pu, après quinze ans de brillans travaux et d'efforts soutenus, jouir enfin du bonheur de créer une science, et de voir ses idées adoptées par les savans les plus illustres de son temps. Que les hommes qui ont le génie de Lavoisier et ses nobles vues, possèdent comme lui les richesses de ce monde, et l'envie seule pourra faire entendre des plaintes; mais vous ne pourrez faire taire la plainte qu'à cette seule condition, que vous ferez tourner au profit de la science toutes les faveurs dont le pouvoir, au mépris d'une justice distributive, vous aura accablé.

Non-seulement Lavoisier n'a jamais vu dans le lucre de ses emplois qu'un moyen de faire dominer sa doctrine chimique, et non une misérable passion des richesses, comme cela n'est que trop commun, mais encore il employait sa fortune à des actes éclairés de philanthropie. Lors des intempéries de 1788, il avança à la ville de Blois une somme de cinquante mille francs pour acheter des blés, et il en dirigea si bien l'emploi, que cette ville échappa, sans qu'il lui en coutât rien, aux effets de la famine qui mirent le désordre et produisirent la sédition en tant de lieux.

Lavoisier ne pouvait pas avoir les vues étroites d'un fermier-général, et par conséquent il avait reconnu combien une fiscalité excessive nuit aux recettes; et en plusieurs occasions il fit supprimer des droits qui, fort onéreux pour le peuple, n'étaient pas très-lucratifs pour l'Etat. La communauté des juifs de Metz lui décerna un témoignage honorable de gratitude pour la décharge qu'il avait obtenue en leur faveur, d'un péage à la fois vexatoire et ignominieux.

Je ne retracerai pas ici les travaux de Lavoisier; ce Recueil a été principalement entrepris dans la vue de les faire connaître, et on les trouvera tous consignés dans ce volume et ceux qui le suivront; mais je dois parler du caractère de ces travaux.

Par une erreur assez commune, on croit que Lavoisier a fait les découvertes les plus brillantes de son temps. On ne connaît pas ses travaux, on ne les lit pas, mais toutefois on rattache ce nom illustre à tout ce qui a été fait de remarquable lors de la révolution chimique. Cependant, si on ne considère que le nombre des découvertes ou leur éclat, Lavoisier serait bien loin d'occuper seul le premier rang. Ainsi, l'accroissement de poids que les métaux acquièrent dans la calcination, était un fait connu de tout le monde : Bayen avait fait voir que la doctrine de Stahl était sans fondement, et que par conséquent un métal ne pouvait pas être le résultat de l'union de son oxide avec le phlogistique, puisque le précipité *per se*, distillé dans une cornue de verre, et sans addition d'aucun corps quelconque, donnait pour produit du mercure : la découverte de l'oxigène appartient à Priestley : la composition de l'eau a été annoncée à la Société royale, le 15 janvier 1783, par Cavendish, qui dans son mémoire prétend même que ses expériences datent de 1781 ; mais pour des travaux de cette importance, on doit toujours rester dans la date des publications ; de son côté, Monge produisait également de l'eau par la combustion de l'hydrogène dans des expériences qu'il faisait à Mézières, au mois de juin 1783, et ce n'est que le 11 novembre de la même année que Lavoisier a lu son mémoire à l'Académie des Sciences : c'est Cavendish qui a trouvé la composition de l'acide nitrique : c'est Priestley qui a trouvé celle de l'ammoniaque, etc., etc. Ainsi l'on voit qu'une partie des plus importantes découvertes faites de 1770 à 1790 n'appartient pas à Lavoisier, qui ne peut réclamer incontestablement que la découverte de l'azote, celle de la composition de l'acide phosphorique, de l'acide sulfurique, et de l'acide carbonique. Il est juste encore de dire que Lavoisier a inventé un grand nombre d'appareils nouveaux; qu'il a apporté dans ses recherches une précision jusqu'à lui inconnue, ce qu'on doit attribuer à ce qu'il était toujours accompagné du poids et de la mesure; qu'enfin, c'était un expérimentateur fécond en expédiens simples, et d'une exactitude parfaite. Mais ce qui place surtout Lavoisier de beaucoup au-dessus de tous les hommes de son temps et de tous ceux qui l'ont suivi, c'est son génie qui voyait dans quelques faits isolés le lien qui embrassait toute une série de faits, qui le portait toujours à faire précisément l'expérience qui devait confirmer ses prévisions et porter la conviction dans tous les esprits bien ordonnés ; enfin, Lavoisier a été un penseur et un logicien non moins profond, qu'un chimiste et un physicien distingué (1). Aussi, voyez quel ordre dans

(1) Tout homme qui ne portera pas à un égal degré l'esprit de méditation et celui d'expérimentation, ne fera jamais marcher la science d'une manière remarquable; voilà pourquoi, dans notre temps, on la matérialise sous une foule de faits insignifians, ainsi que je l'ai dit dans l'*Avant-Propos*. Quelques personnes auront trouvé l'assertion étrange; Lavoisier va la justifier : « Autant

cette tête, voyez avec quelle merveilleuse facilité elle s'appliquait à tout ; et tandis que tant de géomètres, de physiciens, et de chimistes très-habiles sont sortis de leurs cabinets ou de leurs laboratoires, des hommes fort ordinaires, et quelquefois des hommes au-dessous de l'ordinaire, vous voyez Lavoisier chargé par les fermiers-généraux, ses confrères, des affaires les plus difficiles ; vous le voyez, s'appliquant à des recherches d'agriculture et d'économie politique, doubler en neuf ans les produits de sa terre en blé, tandis qu'il quintuple le nombre de ses troupeaux ; vous le voyez faisant un *Traité sur la richesse territoriale de la France*, qui est un modèle de la manière dont on pourrait exposer les faits de l'économie politique ; enfin la révolution le place en 1791 au nombre des commissaires de la trésorerie, et son esprit supérieur, sa méthode, son talent si particulier de découvrir promptement les moyens les plus simples d'arriver à un résultat, ne se firent pas moins remarquer dans cette fonction que dans toutes les autres.

Une gloire si grande pour l'humanité, tant de services, et des services si divers, n'ont point arrêté le fer du bourreau, à cette époque où la France, seule, défendant le sol sacré de la patrie contre l'Europe qui voulait l'envahir et de mauvais citoyens qui voulaient le lui livrer, a eu trop souvent à gémir sur les malheurs des particuliers. Lavoisier périt le 8 mai 1794, à l'âge de cinquante ans, et dans

« l'esprit de système est dangereux dans les sciences physiques, autant il est « à craindre qu'en entassant sans ordre une trop grande multiplicité d'expé- « riences, on n'obscurcisse la science au lieu de l'éclaircir ; qu'on n'en rende « l'accès difficile à ceux qui se présentent pour en franchir l'entrée ; enfin, « qu'on n'obtienne pour prix de longs et pénibles travaux, que désordre et « confusion. Les faits, les observations, les expériences, sont les matériaux « d'un grand édifice ; mais il faut éviter, en les rassemblant, de former encom- « brement dans la science. » (*Mémoire sur la Combustion en général.*)

la force de ses facultés. En apprenant cette perte fatale, Lagrange, autre illustration de l'intelligence humaine, dit à Delambre, qui était près de lui : *Il ne leur a fallu qu'un moment pour faire tomber cette tête, et cent ans peut-être ne suffiront pas pour en produire une semblable.* Lavoisier, marié très-jeune, n'a jamais eu d'enfans.

LONGCHAMP.

OPUSCULES

PHYSIQUES ET CHIMIQUES,

PAR LAVOISIER.

(Publié au commencement de 1774.)

AVERTISSEMENT.

Depuis plus de dix années que je m'occupe de physique et de chimie, et que je consacre à ces deux sciences les instans dont d'autres occupations me permettent de disposer, mes matériaux se sont tellement accumulés, qu'il ne m'est plus possible d'espérer qu'ils trouvent place dans le recueil des Mémoires de l'Académie royale des Sciences. La plupart des objets, d'ailleurs, dont je me suis occupé, ont exigé des expériences trop nombreuses, des discussions trop étendues, pour qu'il m'ait été possible de les resserrer dans les bornes prescrites à nos Mémoires, et j'ai cru ne pouvoir me dispenser d'en former des traités particuliers.

La diversité des sujets dont j'ai à entretenir le public, l'incertitude même où je suis de savoir dans quel ordre je publierai mes Mémoires, m'a imposé la nécessité de choisir un titre généralement applicable à tout, et celui d'OPUSCULES PHYSIQUES ET CHIMIQUES m'a paru plus propre qu'aucun autre à remplir mon objet. Ce titre préviendra le lecteur sur l'indulgence dont j'ai besoin; il me donnera la liberté de lui présenter des observations détachées: enfin il rendra excusable jusques au désordre même qui pourrait se rencontrer dans l'arrangement des matières.

On se passionne aisément pour le sujet dont on s'occupe, et le dernier travail auquel on se livre est communément l'objet chéri: ce faible dont il est difficile, et dont il serait peut-être dangereux de se défendre, est sans doute ce qui m'a porté à publier d'abord ce que j'ai rassemblé sur l'existence d'un fluide élastique fixé dans quelques substances, et sur son dégagement, quoique cet ouvrage ait été fait le dernier; l'espèce d'intérêt d'ailleurs que les savans semblent prendre dans ce moment à cet objet, et les recherches qui se multiplient de toutes parts, auraient été, sans doute, un motif suffisant pour me déterminer, et je n'ai pas besoin d'en chercher d'autre.

Je me proposais de faire entrer dans ce volume des détails beaucoup plus étendus sur la précipitation des métaux dissous dans les acides, et sur l'augmentation considérable de poids qu'ils acquièrent dans cette opération; mais la nécessité d'approfondir auparavant la nature des acides eux-mêmes, de connaître les principes dont ils sont composés, les cas où ils se décomposent, etc., m'a arrêté, et j'ai senti que j'avais beaucoup de choses à faire précéder; c'est par ces motifs et d'autres semblables, que j'ai également différé la publication de mes expériences sur la fermentation en général, et sur la fermentation acide en particulier.

Ce premier volume sera, à ce que j'espère, suivi de plusieurs autres, et j'y ferai successivement entrer une suite d'expériences déjà nombreuses, et que je me propose d'augmenter encore: 1° sur l'existence du même fluide élastique dans un grand nombre de corps de la nature, où on ne l'a pas encore soupçonné; 2° sur la décomposition totale des trois acides minéraux; 3° sur l'ébullition des fluides dans le vide de la machine pneumatique; 4° sur une méthode de déterminer la quantité de matière saline contenue dans les eaux minérales, d'après la connaissance de leur pesanteur spécifique; 5° sur l'application de l'usage, soit de l'esprit-de-vin pur, soit de l'esprit-de-vin mélangé d'eau dans certaines proportions, à l'analyse des eaux minérales très-compliquées; 6° sur la cause du refroidissement qui s'observe dans l'évaporation des fluides; 7° sur différens points d'optique dont j'ai eu occasion de m'occuper dans un mémoire relatif à l'illumination des rues de Paris; ouvrage que l'Académie a bien voulu récompenser à sa séance publique de Pâques 1766, par une médaille d'or, et auquel j'ai eu occasion de faire depuis des changemens et additions considérables; 8° sur la hauteur des principales montagnes des environs de Paris, par rapport au niveau de la rivière de Seine, mesurées tant à l'aide d'un bon quart de cercle appartenant à M. le chevalier de Borda, qu'à l'aide d'un excellent niveau à bulle d'air et à lunette, construit par M. de Chezy, et appartenant à M. Perronet. Enfin, j'y joindrai une suite très-nombreuse d'observations de baromètre faites dans différentes provinces de France, j'y donnerai le profil de l'intérieur de la terre dans ces provinces à une assez grande profondeur, l'ordre qu'on y observe dans les bancs, le niveau constant auquel on trouve certaines substances, certains coquillages, et l'inclinaison remarquable que quelques bancs ont toujours dans un même sens.

Ces différens ouvrages sont la plupart fort avancés, plusieurs même sont paraphés depuis long-temps par M. de Fouchy, secrétaire perpétuel de l'Académie; j'espère donc que je serai incessamment en état de les soumettre au jugement du public.

PRÉCIS HISTORIQUE

SUR LES ÉMANATIONS ÉLASTIQUES QUI SE DÉGAGENT DES CORPS PENDANT LA COMBUSTION, PENDANT LA FERMENTATION, ET PENDANT LES EFFERVESCENCES.

INTRODUCTION.

Un grand nombre de physiciens et de chimistes étrangers s'occupent dans ce moment de recherches sur la fixation de l'air dans les corps et sur les émanations élastiques qui s'en dégagent, soit pendant les combinaisons, soit par la décomposition et la résolution de leurs principes: des mémoires, des thèses, des dissertations de toute espèce, paraissent en Angleterre, en Allemagne, en Hollande; les chimistes français seuls, semblent ne prendre aucune part à cette importante question; et tandis que les découvertes étrangères se multiplient chaque année, nos ouvrages modernes les plus complets, à beaucoup d'égards, qui existent en chimie, gardent un silence presque absolu sur cet objet.

Ces considérations m'ont fait sentir la nécessité de présenter au public le précis de tout ce qui a été fait jusqu'à ce jour sur la combinaison de l'air dans les corps, et de mettre sous ses yeux le tableau des connaissances acquises en ce genre. Cet objet est celui que je me suis proposé dans la première partie de cet ouvrage;

j'ai cherché à le remplir avec toute l'impartialité dont je suis capable, et je me suis borné, autant que j'ai pu, au simple rôle d'historien.

J'ai renfermé dans la seconde partie les expériences qui me sont propres. Celles rapportées dans les deux premiers chapitres ont pour objet de fixer l'opinion des chimistes sur le système de M. Black, et sur celui de M. Meyer. Je crois être arrivé, à cet égard, à des résultats aussi certains qu'on puisse l'espérer en physique. Les chapitres suivans traitent de l'union du fluide élastique avec les chaux métalliques, de la combustion du phosphore, de la formation de son acide, de la nature du fluide élastique, dégagé des dissolutions métalliques, etc., etc.

J'avoue que cette dernière portion de mon ouvrage n'est pas aussi complète que je l'aurais désiré, et ce n'est même, en quelque façon, qu'à regret que je la publie: cependant, comme dans une route encore peu frayée il est facile de s'égarer, j'ai senti combien il était important pour moi que je me misse à portée de profiter des réflexions des savans, que je m'exposasse même à leur critique. C'est principalement dans cette vue que je me suis déterminé à publier la dernière portion de cet ouvrage, dans l'état d'imperfection où il est; et je préviens d'avance que j'ai besoin de toute l'indulgence du lecteur.

CHAPITRE PREMIER.

Du fluide élastique désigné sous le nom de *spiritus silvestre* jusqu'à Paracelse, et sous le nom de *gas*, par Van-Helmont.

Les différens auteurs qui ont parlé, avant Paracelse, de la substance élastique qui se dégage des corps pendant la combustion, pendant la fermentation et pendant les effervescences, ne paraissent pas s'être formé des idées bien nettes de sa nature et de ses propriétés : il l'ont désignée sous le nom de *spiritus silvestre*, esprit sauvage.

Paracelse, et quelques auteurs contemporains, ont pensé que cette substance n'était autre chose que l'air même tel que celui que nous respirons; mais on ne voit pas que cette opinion se trouve appuyée chez eux par aucune preuve, encore moins par des expériences. Van Helmont, disciple de Paracelse, et souvent son contradicteur, paraît être le premier qui se soit proposé de faire des recherches suivies sur la nature de cette substance : il lui donne le nom de *gas* (1), *gas silvestre* (2), et il la définit un esprit, une vapeur incoërcible, qui ne peut ni se rassembler dans des vases, ni se réduire sous forme visible. Il observe que quelques corps se résolvent

(1) *Gas* vient du mot hollandais *ghoast*, qui signifie *esprit*. Les Anglais expriment la même idée par le mot *ghost*, et les Allemands par le mot *geist*, qui se prononce *gaistre*. Ces mots ont trop de rapport avec celui de *gas*, pour qu'on puisse douter qu'il ne leur doive son origine.

(2) *Complexionum, atque Mixtionum Elementalium Figmentum*. N°s 13, 14 et suiv.

presque entièrement en cette substance; « non pas, ajoute-« t-il, qu'elle fût en effet contenue sous cette forme dans « le corps dont elle se dégage; autrement rien ne pour-« rait la retenir, et elle en dissiperait toutes les parties; « mais elle y est contenue sous forme concrète, comme « fixée, comme coagulée. » Cette substance, d'après les expériences de Van Helmont, se dégage de toute matière en fermentation; du vin, de l'hydromel, du jus de verjus, du pain : on la peut dégager du sel ammoniac, par la voie des combinaisons, et des végétaux par la cuisson (1). Cette substance est celle qui s'échappe de la poudre à canon qui s'enflamme, qui s'émane du charbon qui brûle. L'auteur prétend, à cette occasion, que soixante-deux livres de charbon contiennent soixante-une livres de *gas*, et une partie de terre seulement.

C'est encore à l'émanation du *gas* que Van Helmont attribue les funestes effets de la grotte du Chien (2) dans le royaume de Naples, la suffocation des ouvriers dans les mines, les accidens occasionés par la vapeur du charbon, et cette atmosphère mortelle qu'on respire dans les celliers où les liqueurs spiritueuses sont en fermentation.

La grande quantité de *gas* qui s'échappe des acides en effervescence, soit avec les terres, soit avec quelques substances métalliques, n'avait pas non plus échappé à Van Helmont (3); la quantité qu'en contient le tartre est si grande, qu'il brise et fait sauter en éclat les vaisseaux dans lesquels on le distille, si on ne lui donne un libre accès.

(1) *Tractatus de Flatibus.* N° 67.
(2) *Complexionum, atque Mixtionum Elementalium Figmentum*, n° 43.
(3) *Tractatus de Flatibus*, n°s 67 et 68.

Van Helmont, dans son traité *de Flatibus*, applique cette théorie à l'explication de quelques phénomènes de l'économie animale. Il prétend, n° 36, que c'est à la corruption des alimens, et au *gas* qui s'en dégage, que sont dus ce qu'on nomme les vents, les rapports, etc., et il donne, à cette occasion, une théorie très-bien faite des phénomènes de la digestion. Il explique de même par le dégagement du *gas*, l'enflure des cadavres qui ont séjourné dans l'eau, et celle qui survient à quelques parties du corps dans certaines maladies. On est étonné, en lisant ce traité, d'y trouver une infinité de vérités, qu'on a coutume de regarder comme plus modernes, et on ne peut s'empêcher de reconnaître que Van Helmont avait dit dès-lors presque tout ce que nous savons de mieux sur cette matière.

C'est dans ce même traité (1) que Van Helmont examine si ce qu'il appelle le *gas*, le *spiritus silvestre* des anciens, n'est pas, comme le pensait Paracelse, l'air même que nous respirons réduit à ses parties élémentaires, et combiné dans les corps. Quoique les argumens et les expériences sur lesquels il appuie son opinion ne soient pas très-décisifs, il croit cependant pouvoir conclure (2) que le *gas* est une substance différente de l'air que nous respirons; qu'il a plus de rapports avec l'élément aqueux; que ce pourrait être de l'eau réduite en vapeurs. Dans un autre moment (3), il pense que cette substance pourrait bien résulter de la combinaison d'un acide très-subtil avec l'alkali volatil.

Les endroits des ouvrages de Van Helmont qu'on vient

(1) *De Flatibus*, n° 19.

(2) *Idem*.

(3) *Idem*, n°s 67 et 68.

de citer, ne sont pas les seuls dans lesquels il parle du *gas*; il en est question dans un grand nombre d'autres, et notamment dans son traité *de L'ilhiasi*, cap. 4, nº 7, et dans son *Tumulus pestis*; c'est même aux vapeurs dont le *gas* est infecté, qu'il attribue la propagation des maladies épidémiques.

CHAPITRE II.

De l'air artificiel de Boyle.

Ce que Van Helmont appelait *gaz*, Boyle le nomma *air artificiel*: muni des nouveaux instrumens dont il a enrichi la physique, il répéta toutes les expériences de Van Helmont dans le vide, dans l'air condensé et à l'air libre. La plupart de ces expériences se trouvent dans l'ouvrage intitulé: *Continuatio novorum experimentorum physico-mechanicorum de gravitate et elatere aëris*; quelques autres sont éparses dans plusieurs de ses ouvrages.

Boyle reconnut, comme Van Helmont, que presque tous les végétaux, détrempés d'une certaine quantité d'eau, et mis dans un état propre à la fermentation, laissaient échapper beaucoup d'air; que cet air se dégageait avec plus de facilité dans le vide de la machine pneumatique que dans un air comprimé; que tout ce qui arrêtait le progrès de la fermentation suspendait en même temps le dégagement de l'air, et que l'esprit-de-vin particulièrement avait éminemment cette propriété.

Ces expériences, répétées dans un air beaucoup plus

condensé que celui de l'atmosphère, lui donnèrent à peu près les mêmes résultats : il essaya encore de mettre les corps en fermentation dans une atmosphère d'air artificiel, et il reconnut que, dans certains cas, cet air accélérait la fermentation, et qu'il la retardait dans d'autres : mais une difference essentielle, déjà observée par Van Helmont, et reconnue par Boyle, entre cet air et celui de l'atmosphère, c'est que ce dernier est nécessaire à l'existence d'un grand nombre d'animaux, tandis que l'autre, respiré par eux, leur fait perdre sur-le-champ la vie. Les expériences de Boyle prouvent, à cet égard, que l'air artificiel n'est pas toujours le même, de quelque substance végétale qu'il sorte ; et que celui qui est produit par l'inflammation de la poudre à canon, présente des phénomènes qui lui sont particuliers.

Il est aisé de voir que presque toutes les découvertes de ce genre, qu'on a coutume d'attribuer à Boyle, appartiennent à Van Helmont, et que ce dernier même avait poussé beaucoup plus loin la théorie ; mais une observation qui est particulière à Boyle, et que Van Helmont ne paraît pas avoir soupçonnée, c'est qu'il est des corps, tels que le soufre, l'ambre, le camphre, etc., qui diminuent le volume de l'air dans lequel on les fait brûler.

CHAPITRE III.

Expériences de M. Hales sur la quantité de fluide élastique qui se dégage des corps dans les combinaisons et dans les décompositions.

Les expériences réunies de Van Helmont et de Boyle apprenaient bien qu'il se dégageait des corps, dans un grand nombre d'opérations, une grande quantité de fluide élastique analogue à l'air; que, dans quelques autres opérations, une portion de l'air de l'atmosphère était absorbée, ou au moins privée de son élasticité; mais on n'avait encore aucune idée, ni des quantités produites, ni des quantités absorbées. M. Hales est le premier qui ait envisagé cet objet sous ce dernier point de vue : il imagina différens moyens également simples et commodes pour mesurer avec exactitude le volume de l'air. Je n'entre point ici dans le détail des différens appareils dont il s'est servi; je m'occuperai particulièrement de cet objet dans la suite; j'indiquerai alors les changemens qui ont été faits par quelques physiciens, et ceux dont je les crois susceptibles.

Le grand nombre des expériences faites par M. Hales, et qu'on trouve dans le chapitre VI de la Statique des végétaux, embrasse presque toutes les substances de la nature; il a examiné l'effet de la combustion, de la fermentation, des combinaisons, etc. Comme ces expériences sont encore aujourd'hui ce que nous avons de plus complet en ce genre, je crois devoir en présenter ici un tableau raccourci. La forme de table m'a paru la plus claire, la plus commode, et la moins volumineuse.

Expériences par la distillation.

NOMS des Matières mises en expérience.	NOMBRE de pouces cubiques d'air produits par la distillation.
Sur les Végétaux.	
Un pouce cubique ou 270 grains de bois de chêne.	256
Un pouce cubique ou 398 grains de pois.	396
142 grains de tabac sec.	153
Un pouce cubique d'huile d'anis.	22
Un pouce cubique d'huile d'olive.	80
Un pouce cubique de tartre.	504
Un pouce cubique ou 270 grains d'ambre.	270
Sur les Substances Animales.	
Un pouce cubique de sang de cochon, distillé jusqu'à siccité.	33
Un peu moins d'un pouce cubique de suif.	18
Un pouce cubique ou 482 grains de pointes de cornes de daim.	234
Un pouce cubique ou 532 grains d'écaille d'huîtres. . . .	324
Un pouce cubique de miel.	144
Un pouce cubique ou 253 grains de cire jaune.	54
Une pierre de vessie humaine de 3/4 de pouce cubes, du poids de 230 grains.	516
Sur les Minéraux.	
Un pouce cubique ou 316 grains de charbon de terre. . .	360 (1)
Un pouce cubique de terre franche.	43
Un pouce cubique d'antimoine.	28
Un demi-pouce de sel marin, et un demi-pouce d'os calcinés.	64
Un demi-pouce cubique ou 211 grains de nitre avec de la chaux d'os calcinés.	90

Expériences sur la fermentation.

Quarante-deux pouces de petite bierre, en sept jours	639
Vingt-six pouces cubiques de pommes écrasées, en treize jours.	968

(1) C'est environ 102 grains d'air, suivant M. Hales, c'est-à-dire le tiers du poids total.

Expériences sur les dissolutions et les combinaisons.

NOMS des Matières mises en expérience.	NOMBRE de pouc. cubiques d'air produits.	NOMBRE de pouc. cubiques d'air absorbés.
Un demi-pouce cubique de sel ammoniac avec un pouce cubique d'huile de vitriol, le premier jour.	5 à 6	
Les jours suivans, il y en eut quinze d'absorbés.		
Six pouces cubiques d'écailles d'huîtres et autant de vinaigre distillé, en quelques heures..	29	
En neuf jours il s'en est détruit 21, et les 8 autres disparurent en jetant de l'eau tiède sur le mélange.		
Deux pouces cubiques d'eau régale versés sur un anneau d'or aplati.	4	
Deux pouces cubiques d'eau régale versés sur 1/4 de pouce d'antimoine, en trois ou quatre heures.	38	
Quelques heures après, il s'en trouva 14 de détruits.		
Un pouce cubique d'eau-forte versé sur 1/4 de pouce d'antimoine en plusieurs fois. .	130	
Un pouce cubique d'eau-forte sur 1/4 de pouce de limaille de fer.	43	
Un quart de pouce de limaille de fer, et un pouce cubique de soufre en poudre. . . .	. . . .	19
Un pouce cubique d'eau-forte versé sur autant de marcassite en poudre.	. . . .	85
Un pouce cubique d'eau-forte sur autant de charbon de terre, 18 pouces, dont 12 furent reproduits les jours suivans.	. . . .	18
Deux pouces cubiques de chaux vive, et 4 de vinaigre.	. . . .	22
Deux pouces cubiques de chaux et autant de sel ammoniac.	. . . .	115
De la charpie trempée dans du soufre fondu, enflammée, absorba, dans un grand vaisseau.	. . . .	198
Dans un vaisseau plus petit.	. . . .	150
Deux grains de phosphore de Kunkel. . . .	. . . .	28
Après l'inflammation, il n'avait perdu qu'un demi-grain; quelque temps après, son poids se trouvait augmenté d'un grain.		

NOMS des Matières mises en expériences.	NOMBRE de pouc. cubiques d'air produits.	NOMBRE de pouc. cubiques d'air absorbés.
Un morceau de papier brun trempé dans une forte solution de nitre, et enflammé sous une cloche par le moyen d'un verre ardent, produisit.	80	
En quelques jours, cette quantité d'air diminua.		
Expériences sur les corps enflammés et sur la respiration des animaux.		
Une chandelle allumée, de 3/5 de pouces anglais de diamètre.	. . . .	78
Un rat enfermé dans un récipient de 2024 pouces cubiques de capacité.	. . . .	78
Soixante-treize pouces cubiques d'air, respiré par un homme jusqu'à ce qu'il fût prêt de suffoquer, se trouvèrent réduits de 20 pouces.		

Il s'en faut bien que ces expériences soient les seules que contienne le sixième chapitre de la Statique des végétaux de M. Hales ; on en rencontre dans cet ouvrage un grand nombre d'autres qui ne sont pas susceptibles d'être présentées dans une table; l'auteur y joint presque partout des vues tout-à-fait neuves, d'excellentes réflexions ; et je ne saurais trop engager le lecteur à lire le texte même de l'auteur : il y trouvera un fond presque inépuisable de méditation. Quelque peu susceptible d'extrait que soit la plus grande partie de ce chapitre, je vais continuer d'essayer d'en présenter ici le précis.

C'est dans cet ouvrage qu'on trouve le premier germe de la découverte de l'existence de l'air dans les eaux appelées jusque alors improprement *acidules* : M. Hales a observé non-seulement que ces eaux contenaient une fois autant d'air que les eaux communes, mais encore il a soupçonné que c'était cet air qui leur donnait ce montant, cette vivacité qu'on y remarque.

Quoique M. Hales soupçonnât que les acides en général, et l'esprit de nitre particulièrement, contenaient de l'air, la distillation de l'eau-forte cependant lui donna un produit contraire; il observa une diminution notable dans le volume de l'air, au lieu d'une augmentation qu'il prévoyait. La conséquence qu'il en tire est que les vapeurs acides absorbent de l'air; d'où il conclut que celui qu'on obtient par la combinaison des acides avec les substances alkalines pourrait bien ne pas appartenir en totalité à ces dernières; que l'acide lui-même pourrait bien en fournir quelque portion, et qu'il est très-probable que c'est cette dernière substance qui produit l'air qu'on retire des dissolutions métalliques par les acides.

C'est à la grande quantité d'air qui se dégage du nitre par la détonation, que M. Hales attribue les effets de la poudre à canon; à quoi il pense néanmoins qu'on doit ajouter l'expansion de l'eau qui se réduit en vapeurs. Si le tartre qui contient, comme le nitre, une grande quantité d'air ne détonne pas comme lui, c'est, suivant M. Hales, parce que l'air y est plus étroitement uni, qu'il faut plus de chaleur pour l'en détacher, et c'est de cette grande quantité d'air contenu dans le tartre, et de sa grande adhérence avec lui, qu'il déduit l'explication des effets de la poudre fulminante.

M. Hales a essayé de déterminer la pesanteur spécifique de l'air qu'il avait dégagé du tartre par la distillation; mais il n'a pas trouvé qu'il différât aucunement, à cet égard, de l'air de l'atmosphère; il a eu le même résultat, soit qu'il employât un air nouvellement extrait du tartre, soit qu'il employât un air qui en avait été dégagé plus de dix jours auparavant.

Il n'avait pas échappé à M. Hales que la quantité d'air absorbée, soit par la combustion du soufre, soit par celle des chandelles, soit enfin par la respiration des animaux, présentait des phénomènes différens, suivant qu'on employait des vases, des récipiens plus ou moins grands : il observe, à cet égard, que la quantité d'air absorbée est généralement plus grande dans les grands vaisseaux que dans les petits; que cependant elle est plus considérable dans les petits que dans les grands, en la considérant proportionnellement à leur capacité. Il remarque encore que cette absorption d'air est limitée; qu'elle ne peut aller que jusqu'à un point déterminé; qu'au-delà de ce terme elle ne peut plus avoir lieu.

M. Hales, dans ses expériences, a observé des alternatives singulières de production et d'absorption d'air, dont il ne paraît pas avoir saisi la véritable cause : la détonation du nitre, par exemple, lui a fourni une grande quantité d'air; mais cet air a diminué chaque jour d'élasticité et de volume : il a observé la même chose à l'égard d'un grand nombre de ces airs factices. C'est à l'eau, sur laquelle M. Hales a presque toujours opéré, que tient ce phénomène; on verra, dans la suite, que la plupart des fluides dégagés, et notamment celui qu'on a coutume de désigner sous le nom d'air fixe, ont une tendance très-grande à s'unir à l'eau, et que cette dernière est susceptible d'en dissoudre un volume plus qu'égal au sien. Il résulte de là que M. Hales n'a point eu de résultats exacts dans la plupart de ses expériences, qu'il s'est trouvé dans presque toutes une source d'erreurs qu'il ne connaissait pas, et qu'il sera nécessaire de les répéter un jour avec des précautions particulières.

C'est à cette tendance que l'air fixe a de se combiner avec l'eau, qu'on doit attribuer un phénomène observé par M. Hales dans la combustion des chandelles; il a remarqué que l'absorption de l'air avait lieu, non-seulement pendant la combustion, mais qu'elle se continuait encore plusieurs jours après : on verra dans la suite, au chapitre qui traite des expériences de M. Priestley, que l'air dans lequel on a brûlé des chandelles, est en grande partie dans l'état d'air fixe; qu'il est par conséquent susceptible de se combiner avec l'eau, et c'est en raison de cette combinaison que le volume de l'air continuait à diminuer. C'est aussi par la même cause que les différens airs qu'il a obtenus ne se sont plus trouvés susceptibles de réduction lorsqu'ils avaient bouillonné à travers de l'eau. En effet, toute la partie fixable s'y était déjà combinée.

L'air dans lequel on a brûlé du soufre n'est pas susceptible de recouvrer son élasticité; il reste dans le même état, quelque long temps qu'on le conserve.

M. Hales, persuadé que l'air dégagé des corps, de même que celui qui a servi à la combustion ou à la respiration des animaux, n'était point différent de celui de l'atmosphère, et qu'il ne produisait des effets particuliers qu'en raison de ce qu'il était infecté et rendu nuisible par des vapeurs qui lui étaient étrangères, a essayé de le filtrer à travers des flanelles imbibées de sel de tartre en liqueur, et ce moyen lui a parfaitement réussi. L'air, au sortir de ce filtre, s'est trouvé propre à la respiration des animaux. De même une chandelle enfermée sous un récipient garni d'une flanelle imbibée de sel de tartre, a brûlé beaucoup plus long-temps qu'elle n'aurait fait dans un récipient non garni, quoique la flanelle en diminuât cependant considérablement la capacité. On verra dans la suite quel est l'effet du sel de tartre sur l'air dans cette expérience, et de quelle manière il le rend salubre; mais une remarque intéressante, c'est que les diaphragmes dans lesquels l'air avait été ainsi filtré, se trouvaient augmentés sensiblement de poids.

C'est également M. Hales qui nous a appris qu'un assez grand nombre de substances, telles que les pois, la cire, les écailles d'huîtres, l'ambre, etc., fournissaient par la distillation un air susceptible de s'enflammer, et qu'il conservait cette qualité même après avoir été lavé dans l'eau.

Tous les physiciens de son temps pensaient que le feu se fixait, se combinait avec les métaux, et que c'était cette addition qui les réduisait à l'état de chaux. M. Hales ne s'est point écarté de cette opinion; mais il a de plus avancé que l'air contribuait à cet effet, et que c'était en partie à lui qu'était due l'augmentation de poids des chaux métalliques. Il fondait cette opinion sur ce qu'ayant soumis 1922 grains de plomb à la distillation, il n'en avait retiré que sept pouces d'air, tandis qu'une égale quantité de minium lui en avait fourni 34.

M. Hales a encore remarqué que le phosphore ou plutôt le pyrophore de M. Homberg diminuait le volume de l'air dans lequel on le brûlait; que le nitre ne pouvait plus détoner dans le vide; que l'air était nécessaire à la formation de la plupart des cristaux des sels; que les végétaux en fermentation produisaient d'abord une grande quantité d'air, qu'ils en absorbaient ensuite, etc. etc. Quant à la diminution du volume de l'air, qui s'opère pendant la combustion de quelques corps, tantôt il l'attribue à la perte de son élasticité, tantôt il semble croire que cet air est réellement fixé et absorbé pendant la combustion, et son ouvrage semble laisser quelque incertitude à cet égard.

Quoi qu'il en soit, M. Hales termine son sixième chapitre de la Statique des végétaux, en concluant que l'air de l'atmosphère, le même que celui que nous respirons, entre dans la composition de la plus grande partie des corps; qu'il y existe sous forme solide, dépouillé de son élasticité et de la plupart des propriétés que nous lui connaissons; que cet air est, en quelque façon, le lien universel de la nature, qu'il est le ciment des corps, que c'est à lui qu'est due la grande dureté de quelques-uns, une grande partie de la pesanteur des autres; que cette substance est composée de parties si durables, que la violence du feu n'est point capable de les altérer, et que même, après avoir existé pendant des siècles sous forme solide et concrète, et avoir passé par des épreuves de toute espèce, elle peut, dans certaines circonstances, reprendre toute son élasticité, et redevenir un fluide élastique et rare, tout semblable à celui de notre atmosphère. Aussi M. Hales finit-il par comparer l'air à un véritable Prothée, qui, tantôt fixe, tantôt volatil, doit être compté au nombre des principes chimiques, et occuper un rang qu'on lui avait refusé jusqu'alors.

CHAPITRE IV.

Sentiment de M. Boerhaave sur la fixation de l'air dans les corps et sur les émanations élastiques.

Le célèbre Boerhaave, auquel nous sommes redevables d'un excellent Traité sur les élémens, ne s'est pas toujours parfaitement accordé avec lui-même sur la combinaison et la fixation de l'air : tantôt il semble nier que l'air puisse se combiner dans les corps, et contribuer à la formation de leurs parties solides; tantôt il semble adopter l'opinion contraire, et se ranger du côté de M. Hales. Enfin, en rapprochant ce que dit ce célèbre auteur dans différens endroits de ses ouvrages, on voit clairement que les expériences de M. Hales, quand elles parurent, lui firent changer de sentiment, et qu'il adopta jusqu'à un certain point le système de la fixation de l'air dans les corps : mais, sans doute, en même temps, que cette théorie ne lui parut pas suffisamment démontrée pour l'obliger à retrancher de ses ouvrages ce qu'il avait dit de contraire.

Quoi qu'il en soit, c'est à la fin de son Traité sur l'air qu'il s'explique de la manière la plus formelle sur l'opinion de M. Hales : on y trouve une suite d'expériences faites avec cette exactitude qui caractérise les ouvrages de M. Boerhaave sur l'air dégagé des corps par la combinaison, et on ne peut disconvenir même que l'appareil qu'il a employé n'ait quelque avantage sur celui de M. Hales : cet avantage consiste à avoir évité que l'air dégagé n'eût de contact avec la surface de l'eau; on a déjà vu qu'à défaut de cette précaution, on pouvait tomber dans des erreurs considérables sur les quantités d'air produites ou absorbées.

C'est dans le vide de la machine pneumatique, et sous un récipient de capacité connue, que M. Boerhaave a toujours opéré : il avait soin de pomper exactement l'air avant de faire le mélange; il jugeait ensuite de la quantité d'air dégagé par le moyen d'un baromètre d'épreuve. C'est par le moyen de cet appareil qu'il a reconnu qu'un gros et demi d'yeux d'écrevisses, dissous dans une once et demie de vinaigre distillé, produisait 81 pouces cubiques d'air : qu'une dragme de craie dissoute dans deux onces du même acide, en fournissait 151 pouces; que la combinaison de l'huile de tartre, soit avec le vinaigre, soit avec l'acide vitriolique, en fournissait également une quantité très-considérable; qu'il était d'autres combinaisons, telles que la dissolution du fer par l'acide nitreux, qui, quoique accompagnées d'une effervescence très-vive, ne donnaient aucun dégagement de fluide élastique dans le vide : enfin, que l'acide nitreux fumant et l'huile de carvi donnaient un dégagement d'air si considérable, que l'expérience était dangereuse, à moins qu'on n'eût la précaution d'employer des vases extrêmement grands, et de n'opérer que sur des quantités très-petites.

Ces expériences sont suivies de quelques détails sur le dégagement d'air qui a lieu dans la combustion, dans la fermentation, dans la putréfaction, et dans quelques distillations; enfin M. Boerhaave termine son traité par les réflexions qui suivent, et que j'ai cru devoir transcrire dans leur entier.

« Tous ces différens moyens, qui se ressemblent en ce « qu'ils agissent par le moyen du feu, nous prouvent « que l'air élastique entre dans la composition des corps, « comme partie constituante, et même comme partie « assez considérable. Si quelqu'un en doute encore, il « avouera au moins que par le moyen du feu, on peut « tirer de tout corps connu une matière qui, étant une « fois séparée, est fluide et élastique; qui peut être com-« primée par des poids, qui se contracte par le froid, « et qui se dilate par la chaleur, ou par la diminution « du poids qui la presse : or quand ce que nous appelons « air élastique est séparé des corps avec lesquels il est « mêlé, nous n'y connaissons d'autres propriétés que celles-« là. Il faut donc convenir que le feu sépare de tous les « corps une matière élastique, et que par conséquent « cette matière aérienne réside dans les corps, mais de « façon qu'elle n'y produit pas les effets de l'air aussi « long-temps qu'elle est liée et unie avec eux. Dès qu'elle « en est détachée, et qu'elle vient à se joindre avec « d'autres parties semblables à elle, aussitôt elle reprend « sa première nature, et reste air, jusqu'à ce que, divi-« sée de nouveau en ses élémens, elle se rejoigne av c « d'autres parties d'une espèce différente, et avec les-« quelles elle peut rester en repos, et ne former pour « un temps qu'une seule masse, sans que cependant elle « perde rien de sa première nature, car elle se montre « toujours la même, dès qu'elle est débarrassée des liens « qui la retiennent, et jointe avec d'autres particules « aériennes de même espèce. Elle est donc immuable « dans toutes ces différentes circonstances : séparée d'un « corps, elle est un véritable air comme auparavant, et « disposée à se joindre avec d'autres parties, pour refor-

« mer de nouveau un corps, tel que celui qu'elle vient « de quitter. Aucun art ne démontre plus clairement que « la chimie, cette espèce de résolution et de composition; « et j'en donnerais divers exemples, si je n'avais pas lu « depuis peu l'excellent traité que le fameux docteur « Hales a publié sur la statique des végétaux : dans le « sixième chapitre de ce livre, l'auteur a rassemblé avec « beaucoup de peine et de justesse, et a proposé, dans « le meilleur ordre possible, les expériences qui ont été « faites sur ce sujet, et il a épuisé la matière. J'y renvoie « donc mes lecteurs; ils y verront comment l'art est par- « venu à nous dévoiler la nature.

« Il est temps de finir cette dissertation sur l'air, etc. »

CHAPITRE V.

Sentiment de M. Stahl sur la fixation de l'air dans les corps.

Quoique quelques-uns des ouvrages de M. Stahl soient postérieurs à la publication des expériences de M. Hales, il ne paraît cependant avoir adopté en rien son système sur la fixation de l'air dans les corps. Il n'y a pas même d'apparence que ses expériences lui aient été connues. Quoi qu'il en soit, il écrivait encore en 1731, dans son ouvrage intitulé : *Experimenta observationes et animadversiones*, § 47. « Elastica illa expansio aeri, ita per es- « sentiam propria est, ut nunquam ad verè densam ag- « gregationem nec ipse in se, nec in ullis mixtionibus « coivisse sentiri possit. »

CHAPITRE VI.

Expériences de M. Venel sur les eaux improprement appelées *acidules*, et sur le fluide élastique qu'elles contiennent.

C'est ainsi que quelque sensation qu'eût fait parmi les savans le Traité de Hales, lors de sa publication, il n'opéra pas cependant sur-le-champ dans la théorie physique et chimique, la réforme qu'on avait lieu d'en attendre : ses expériences ne formaient, en quelque façon, que des pierres d'attente qui avaient besoin d'être liées à l'édifice des connaissances physiques.

M. Venel, aujourd'hui professeur de chimie en l'Université de Montpellier, jeta les premiers fondemens de cette entreprise dans deux Mémoires lus en 1750, dans les séances de l'Académie royale des Sciences : on les trouve imprimés dans le second volume des Mémoires présentés par les savans étrangers. L'objet de ces deux mémoires est de prouver, contre l'opinion des anciens, et contre le sentiment de M. Hoffman et de M. Slarre, que les eaux de Seltz et la plupart de celles qu'on a coutume de désigner sous le nom d'acidules, ne sont ni acides ni alkalines ; que le goût piquant qu'elles impriment, cette saveur vive et pénétrante, ces bulles qui s'élèvent à leur surface, et qui imitent l'effet du vin de Champagne, de la bière et du cidre, ne sont dues qu'à une quantité considérable de fluide élastique ou d'air combiné dans ces eaux, et dans un état de dissolution. M. Venel est parvenu à dégager cet air par la simple agitation, à le faire passer dans une vessie mouillée, et à en mesurer la quantité. Quelque moyen qu'il ait employé pour parvenir au même but, soit qu'il se soit servi de la machine pneumatique, de la chaleur ou de l'appareil de M. Hales, le résultat a toujours été le même, et il a observé constamment que l'eau de Seltz contenait environ un cinquième de son volume de fluide élastique.

Lorsque l'eau de Seltz a été dépouillée, soit par l'agitation, soit par la chaleur, soit par quelque autre moyen que ce soit, de l'air qu'elle tenait en dissolution, elle n'a plus aucune des propriétés qui la constituaient acidule: au lieu du goût piquant qu'elle faisait sentir, elle n'a plus qu'une faveur plate et sapide, elle ne mousse plus; en un mot, ce n'est plus qu'une eau ordinaire que M. Venel a reconnue néanmoins contenir un peu de sel marin.

M. Venel a cru devoir pousser encore plus loin ses recherches, et après avoir prouvé que c'était à l'air que l'au de Seltz devait ses propriétés, il a essayé de combiner de l'air avec de l'eau, de refaire une eau aérée, semblable à celle de Seltz; et voici à peu près les réflexions qui l'ont guidé dans ses expériences.

L'air, a-t-il dit, est soluble dans l'eau (1); l'exemple des vins mousseux, celui même de l'eau de Seltz est démonstratif; mais il faut en même temps considérer ce fluide comme ayant plus de rapports avec lui-même, qu'avec le dissolvant qu'on emploie; d'où il suit que ce dissolvant n'aura jamais assez de force pour rompre par lui-même l'aggrégation de l'air, et qu'une des conditions

(1) M. Venel a toujours supposé que le fluide élastique, contenu dans les eaux minérales, était le même que l'air de l'atmosphère; on verra dans la suite ce que l'on doit penser de cette opinion.

préalables à la dissolution est la rupture même de cette aggrégation.

Aucun moyen n'a paru à M. Venel plus propre à remplir cet objet que de composer les sels dans l'eau même qui devait les dissoudre ; il était sûr d'exciter par ce moyen une effervescence, et par conséquent de dégager une grande quantité d'air ; or cet air étant dans un état de division absolue, il était nécessairement dans les circonstances les plus favorables à la dissolution.

M. Venel s'est encore confirmé dans cette opinion par le raisonnement qui suit. Une effervescence, selon lui, n'est autre chose qu'une vraie précipitation d'air ; deux corps, en s'unissant ensemble, n'excitent une effervescence que parce qu'ils ont plus de rapports entre eux que l'un des deux ou les deux ensemble n'en ont avec l'air auquel ils étaient unis ; mais on sait que dans un grand nombre de précipitations chimiques, si l'opération se fait à grande eau, et que le précipité soit soluble dans l'eau, il se redissout à mesure qu'il est précipité ; la même chose devait arriver à l'air dans des circonstances semblables.

D'après toutes ces réflexions, M. Venel a introduit dans une pinte d'eau deux gros de sel de soude, et autant d'acide marin. (Il s'était assuré préalablement de deux choses : 1° que cette proportion était précisément celle nécessaire pour la parfaite saturation ; 2° que c'était celle en même temps qu'on observait dans les eaux de Seltz). Il a eu soin de faire la combinaison dans un vase à col étroit, même d'employer la suffocation, en disposant les matières de façon qu'elles ne pussent communiquer ensemble qu'après que la bouteille était bouchée. Il est parvenu, par ce moyen, à composer une eau, non-seulement analogue à celle de Seltz, mais encore beaucoup plus chargée d'air: on a vu, en effet, que l'eau naturelle ne contenait que le quart de son volume d'air tout au plus, tandis que M. Venel est parvenu à en introduire près de moitié dans son eau factice.

Ces expériences de M. Venel laissaient encore à expliquer un phénomène très-singulier qui semblait contredire son opinion: M. Hoffman avait observé que les eaux de Toeplitz et de Piperine en Allemagne, ainsi que beaucoup d'autres qui sont spiritueuses ou acidules, ne contenaient absolument rien de salin; il était donc évident que ces eaux n'étaient point devenues aérées par les moyens employés par M. Venel, et il en résultait évidemment que son procédé, dans bien des cas, n'était pas celui de la nature.

L'explication de ce phénomène était réservée à M. Cavendish et à M. Priestley; mais avant de parler de leurs expériences, qui sont beaucoup plus modernes, l'ordre des faits m'oblige de rendre compte ici de celles de M. Black, professeur en l'Université de Glascow. Cet auteur est vraiment celui qu'on peut regarder comme l'introducteur de l'air fixe dans la chimie.

CHAPITRE VII.

Théorie de M. Black sur l'air fixe ou fixé contenu dans les terres calcaires, et sur les phénomènes que produit en elles la privation de ce même air.

La magnésie, la terre calcaire, et en général toutes les terres qui se réduisent en chaux vive par la calcination, ne sont, suivant M. Black, qu'un combiné d'une grande quantité d'air fixe avec une terre alkaline, naturellement soluble dans l'eau. Par ce mot d'air fixe, M. Black entend une espèce d'air différent de l'air élastique commun, répandu néanmoins dans l'atmosphère; il prévient le lecteur que c'est peut-être mal-à-propos qu'il emploie ce nom, mais qu'il aime mieux se servir d'un mot déjà connu en physique, que d'en inventer un nouveau avant d'être parfaitement instruit de la nature et des propriétés de la substance qu'il désigne.

L'air fixe, d'après les expériences de M. Black, peut être chassé de deux manières de la terre calcaire; ou par la violence du feu, ou par la voie de la dissolution dans les acides. La terre calcaire, dans le premier cas, c'est-à-dire par la calcination, perd plus de moitié de son poids: ce qui reste n'est plus qu'une terre absolument privée d'air, et qui, en conséquence, ne fait plus aucune effervescence avec les acides. La chaux (car c'est le nom sous lequel on a coutume de désigner la terre calcaire dans cet état) ne doit sa causticité, suivant M. Black, qu'à la grande analogie qu'elle a avec l'air dont elle a été privée par calcination; aussi dès qu'on l'applique à quelque substance animale ou végétale, elle s'empare avec avidité de l'air qui y est contenu, elle la décompose, et c'est cette décomposition, cette espèce de destruction, qu'on désigne improprement par ces mots, *brûler*, *cautériser*.

Cette propriété qu'a la chaux d'enlever l'air à différens corps, fournit un moyen de communiquer sa causticité aux alkalis fixes et volatils. Si dans une lessive d'alkali fixe, on met une certaine quantité de chaux, elle s'empare de tout l'air fixe contenu dans l'alkali; elle perd, en même temps, toutes les propriétés qui la constituaient chaux, elle acquiert celle de faire effervescence avec les acides, elle devient insoluble dans l'eau, en un mot ce n'est plus qu'une terre calcaire ordinaire: d'un autre côté, l'alkali fixe, qui a été dépouillé de son air, ne fait plus effervescence avec les acides, il n'est plus susceptible de cristalliser, il est devenu caustique, desséché par le feu, et, mis sous forme concrète, il forme la pierre à cautère.

La même chose arrive à l'alkali volatil. Si l'on distille du sel ammoniac avec de la craie, on obtient un alkali volatil concret, qui fait effervescence avec les acides; mais si, au lieu de craie, on emploie de la terre calcaire privée d'air, autrement dit de la chaux, l'alkali volatil, à mesure qu'il est dégegé, se trouve dépouillé de son air par la chaux, il passe sous forme fluide; c'est un alkali volatil caustique, qui ne fait point d'effervescence avec les acides, et qui n'est point susceptible de cristallisation. Il suit des expériences de M. Black, que l'adhérence de l'air fixe n'est pas la même dans tous les corps; qu'il a plus de rapport avec la terre calcaire qu'avec l'alkali fixe, qu'avec l'alkali volatil, etc.

Un second moyen d'enlever à la terre calcaire l'air avec lequel elle est combinée, est de l'unir aux acides. Si l'on fait dissoudre de la pierre à chaux ou de la craie dans un acide quelconque, on observe une vive effervescence, ou, ce qui est la même chose, un dégagement considérable d'air fixe; la terre, qui a plus de rapports avec l'acide qu'avec l'air fixe, abandonne ce dernier; alors, jouissant de son élasticité, il s'échappe, se dissipe et se confond avec l'air de l'atmosphère. Si ensuite on précipite la terre de cette solution, on peut à volonté l'obtenir, ou sous la forme de craie, ou sous celle de chaux : elle est craie, si on précipite par un alkali ordinaire; elle est chaux, si l'on précipite par un alkali caustique, c'est-à-dire par un alkali privé d'air. Ce qu'il y a de plus remarquable, c'est que la pierre à chaux perd à peu près, suivant M. Black, la même quantité de son poids dans cette expérience que par la calcination, et qu'elle recouvre son premier poids lorsqu'on la précipite sous forme de terre calcaire, c'est-à-dire avec tout son air.

M. Black explique par le même principe pourquoi la chaux n'est pas soluble en totalité dans l'eau; pourquoi la partie qui se dissout se convertit si aisément en une pellicule insoluble dans l'eau, et connue sous le nom de crème de chaux. Les terres calcaires, suivant lui, ont plus de rapport, plus d'analogie avec l'air, qu'elles n'en ont avec l'eau; d'où il suit que si on met de la chaux dans de l'eau, une partie de la chaux doit enlever à l'eau l'air fixe qu'elle contenait, et se précipiter sous forme de terre calcaire : mais, en même temps, une autre portion de la même chaux, celle qui n'a pu trouver d'air fixe pour s'en saturer, se dissout dans l'eau, et forme de l'eau de chaux; si l'on expose ensuite cette eau à l'air, bientôt les particules de chaux voisines de la surface attirent l'air fixe flottant dans l'atmosphère; elles redeviennent insolubles, et se rassemblent à la surface en une pellicule insoluble, qui n'a plus aucune des propriétés de la chaux, et qui ne diffère plus des terres calcaires. La preuve de la vérité de cette théorie, c'est qu'on prévient cette réduction de chaux en terre calcaire, en conservant l'eau de chaux dans des vaisseaux fermés, où elle ne peut recevoir le contact d'un air circulant.

M. Black a encore observé que la magnésie, la base du sel d'epsum, avait la propriété d'adoucir l'eau de chaux; d'où il suit que l'air fixe a plus d'analogie avec la terre calcaire ordinaire qu'avec la base du sel d'epsum. Enfin, de toutes ses expériences, M. Black conclut qu'on pourrait faire les changemens qui suivent dans la colonne des acides de la Table des affinités de M. Geoffroy, et qu'on pourrait y ajouter une nouvelle colonne, en considérant les substances alkalines dans leur état de pureté et privées d'air fixe, ainsi qu'il suit :

Acides.	Air fixe.
Alkali fixe.	Terre calcaire.
Terre calcaire.	Alkali fixe.
Alkali volatil et magnésie.	Magnésie.
	Alkali volatil.

Les bornes d'un extrait ne m'ont pas permis d'entrer ici dans le détail d'un grand nombre d'expériences intéressantes sur la diminution de poids qu'éprouvent les alkalis lorsqu'on les dissout dans les acides, sur la manière de rendre les alkalis caustiques par le feu, etc.

Je ne puis cependant me dispenser d'ajouter en terminant cet article, que M. Black soupçonnait que l'air fixe contenu dans les alkalis s'unissait aux métaux par la voie humide dans les précipitations métalliques, et que c'était à cette cause qu'on devait rapporter l'augmentation de poids de ces précipités, et peut-être même les effets surprenans de l'or fulminant (1).

(1) *Nota.* On croit devoir prévenir le lecteur que la théorie de l'air fixe n'avait pas acquis au sortir des mains de M. Black tout l'ensemble et toute la consistance qu'on lui a donnée dans cet article; elle ne l'a acquise qu'après dans l'ouvrage de M. Jacquin, dont on rendra compte plus loin. On a cru devoir ajouter ici cette remarque, non pas dans la vue de diminuer en rien les sen-

CHAPITRE VIII.

Du fluide élastique qui se dégage de la poudre à canon, par M. le comte de Saluces.

Tandis que M. Black publiait en Angleterre la théorie dont on vient de rendre compte, M. le comte de Saluces s'occupait à Turin de recherches très-intéressantes sur le fluide élastique qui se dégage de la poudre à canon lorsqu'elle s'enflamme. Il avait reconnu que ce fluide en liberté occupait un espace deux cents fois plus grand que celui de la poudre dont il s'était dégagé. Une suite nombreuse d'expérienees lui avaient appris que ce fluide était élastique, comme l'air de l'atmosphère; qu'il se comprimait, comme lui, en raison du poids dont il était chargé; qu'il en différait néanmoins en ce qu'il éteignait la flamme des chandelles, et qu'il était mortel pour les animaux qui le respiraient. Il avait essayé de filtrer cet air à travers des linges, ou des gazes bien imbibées d'alkali fixe en *deliquium* : il était resté sur ces filtres un peu de matière charbonneuse, de l'alkali fixe et quelques vestiges de tartre vitriolé; l'air avait perdu toutes ses qualités malfaisantes, et ne paraissait plus différer en rien de l'air ordinaire.

timens de reconnaissance et d'admiration dus au mérite et au génie de M. Black, auquel appartient, sans équivoque et sans partage, le mérite de l'invention, mais pour rendre à M. Jacquin une justice qui lui est due, et pour éviter de sa part une réclamation qui serait fondée. Au reste, on verra bientôt que M. Jacquin s'est écarté du sentiment de M. Black, en ce qu'il a supposé que l'air fixe était le même que celui qui compose notre atmosphère.

Un autre moyen qu'indique M. de Saluces de rendre à l'air dégagé de la poudre à canon toutes les propriétés de l'air ordinaire, c'est de le tenir pendant douze heures à un degré de froid égal à celui de la congélation de l'eau. Il assure avoir répété la même expérience sur l'air dégagé de l'effervescence d'un acide avec une substance alkaline, et avoir obtenu le même résultat.

Indépendamment de ces expériences, qui tenaient essentiellement à l'objet dont M. le comte de Saluces s'occupait, ses Mémoires en contiennent beaucoup d'autres, propres à répandre de la lumière sur la théorie de la combinaison de l'air dans les corps. Il observe que l'air dégagé de la plupart des effervescences éteint la flamme; que celui dégagé de la combinaison de l'alkali volatil avec le vinaigre forme exception à cette règle générale; que l'acide nitreux, combiné avec l'alkali fixe dans le vide, ne produit point d'air; que cette combinaison reste en grande partie déliquescente, tant qu'on la tient dans le vide, mais qu'elle cristallise bientôt quand elle a été exposée quelque temps à l'air. Cette expérience rapprochée de celles de M. Black sur la cristallisation de l'alkali fixe, semble mettre en droit de soupçonner que la combinaison de l'air est nécessaire à la formation des cristaux des sels.

M. de Saluces observe encore que la poudre détonne dans l'air, quelque infecté qu'il puisse être, soit qu'on y ait fait brûler du soufre, soit qu'on y ait éteint des chandelles, soit qu'il ait été dégagé par la détonation d'une autre portion de poudre. Il fait voir ensuite que les phénomènes de la poudre fulminante sont les mêmes que ceux de la poudre à canon; qu'ils sont dus au dégagement du même fluide élastique : mais ce qui est très-singulier, c'est que la quantité de ce fluide qui se dégage dans la poudre fulminante, est moindre que celle qui se dégage de la poudre à canon; d'où M. de Saluces conclut que la nature des effets sont moins en raison de la quantité du fluide dégagé, qu'en raison de la rapidité, et, s'il est permis de se servir de ce terme, en raison de l'*instantanéité* du dégagement. Je ne parle point ici de faits intéressans, dont le Mémoire de M. de Saluces est rempli, parce qu'ils sont, en quelque façon, étrangers à mon objet : j'ajouterai seulement, en terminant cet article, que M. le comte de Saluces n'admet qu'une seule et même espèce d'air, en quoi son opinion diffère essentiellement de celle de M. Black.

CHAPITRE IX.

Application de la doctrine de M. Black sur l'air fixe, ou fixé à l'explication des principaux phénomènes de l'économie animale, par M. Macbride.

Jusque-là l'existence de l'air fixe, et sa combinaison dans les corps, n'était qu'une opinion physique appuyée sur des expériences singulières; mais aucun physiologiste, depuis Van Helmont, ne l'avait encore adoptée. M. Haller est le premier qui, d'après les expériences du docteur Hales, ait enseigné que l'air était le véritable ciment des corps, que c'était lui qui, se fixant dans les fluides, servait de lien aux élémens, et les unissait entre eux.

Videtur aer vinculum elementorum primarium con-

stituere, cùm non prius ea elementa a se invicem discedant quam aer expulsus fuerit. Haller, *Elementa physiologiæ*, tit. 1, cap 1.

Gluten præstat verum moleculis terreis adunandis, ut constat exemplo calculorum lapidum, aliorum corporum duorum; in his omnibus solvitur tunc demum partium vinculum quando aer educitur. Ibid. Scel. 244.

Une suite d'expériences très-nombreuses et très-bien faites parut en 1764 à l'appui de cette doctrine. L'auteur (M. David Macbride, chirurgien de Dublin), tient un rang trop distingué parmi ceux qui se sont occupés de l'air fixe, pour ne pas faire connaître ici dans quelques détails les faits importans dont la physique et la physiologie lui sont redevables.

Il résulte des expériences de M. Macbride, qu'il se dégage de l'air fixe, non-seulement des substances en effervescence et des matières végétales en fermentation, mais encore de toutes les matières animales qui commencent à se putréfier; et pour prouver l'extrême facilité avec laquelle cet air peut se combiner, soit avec la chaux, soit avec les alkalis fixes et volatils, il s'est servi d'un appareil connu sous le nom d'appareil de M. Macbride, quoique l'idée, dans l'origine, en soit due à M. Black. Voici à peu près de quelle manière il a opéré : Il a mis successivement dans une bouteille, des matières salines en effervescence, des matières végétales en fermentation, enfin des matières animales en putréfaction; il a fait passer l'air qui s'en dégageait par un tube recourbé, et l'a reçu dans une bouteille ou flacon, dans lequel il a mis successivement de l'eau de chaux, de l'alkali fixe, de l'alkali volatil caustique : sitôt que l'air fixe, dégagé du mélange, touchait à la surface de l'eau de chaux, elle se troublait; bientôt après sa terre se précipitait peu à peu sous forme de terre calcaire, c'est-à-dire avec tout son air et sans aucun symptôme de causticité. Il en était de même des alkalis fixes et volatils caustiques : à mesure que l'air fixe se combinait avec eux, ils reprenaient la propriété de faire effervescence avec les acides; et lorsqu'ils étaient dans un état suffisant de concentration, ils reprenaient leur forme concrète et cristallisaient dans la bouteille. Cette dernière expérience fait voir que si l'alkali fixe végétal n'a pas la propriété de cristalliser, c'est que formé et préparé par la violence du feu, on ne l'obtient communément que dépouillé de la quantité d'air fixe qui lui est propre; il ne s'agit que de lui rendre ce même air pour lui rendre en même temps la propriété de cristalliser. On trouve le germe de cette dernière découverte dans les Mémoires de M. Black.

Les différentes expériences de M. Macbride sur la grande quatité d'air fixe qui se dégage des matières animales qui entrent en putréfaction, le conduisent à conclure que c'est à la présence de ce même fluide élastique de l'air fixe combiné dans les chairs, qu'est due leur fermeté, leur consistance, leur état de salubrité; que ce n'est qu'à mesure que l'air fixe s'en dégage par la fermentation que leur tissu se détruit, que les parties qui les constituent se désunissent et se séparent pour se réunir ensuite dans un autre ordre, et pour former de nouveaux combinés fort différens des premiers.

Il ne sera pas difficile de s'apercevoir que cette doctrine est à peu près celle enseignée par Van Helmont; mais une découverte importante, en supposant qu'elle soit suffisamment constatée, qui appartient entièrement à M. Macbride, c'est que les chairs à demi putréfiées, celles qui ont perdu une portion de l'air fixe qui entrait dans leur composition, sont susceptibles de revenir à leur premier état de salubrité, si on leur rend l'air fixe dont elles ont été dépouillées : il suffit, pour produire cet effet, de les exposer à la vapeur d'une matière quelconque en fermentation, ou bien à un courant d'air fixe dégagé d'une effervescence; en un mot, d'y introduire de l'air fixe de telle façon que ce soit.

M. Macbride applique ces différentes connaissances à l'explication des phénomènes de la digestion : il fait voir que tous les mélanges que nous avons coutume d'employer dans nos alimens, sont susceptibles de fermenter en peu de temps; que les substances animales, mêlées avec les végétales, ont même plus d'aptitude à la fermentation, que n'avaient séparément chacune de ces substances, et que dans tous les mélanges alimentaires sur lesquels il a fait une suite d'expériences très-nombreuses, il se dégage toujours une quantité considérable d'air fixe. Ce dégagement, suivant M. Macbride, doit avoir lieu de la même manière dans l'estomac des animaux; mais que devient cet air fixe? il pense ou qu'il est absorbé et combiné dans le chyle, et qu'il passe, dans cet état, dans la circulation du sang; ou bien qu'il est absorbé dans le canal intestinal par des vaisseaux particuliers, destinés à ce genre de secrétion : cet air, dans les deux cas, s'échappe ensuite, soit par la transpiration, soit par les urines. Cette théorie conduit M. Macbride à une suite d'expériences très-nombreuses sur la quantité plus ou moins grande d'air fixe contenu dans les différentes secrétions animales. L'eau de chaux lui a paru propre à servir de pierre de touche en ce genre; en effet, comme la chaux a une très-grande analogie avec l'air fixe, toutes les fois qu'on mêle avec elle une liqueur qui en contient, elle s'en empare avec avidité, elle s'en sature; alors devenue insoluble, elle se précipite et se dépose sous forme de terre calcaire. C'est par cette épreuve, c'est-à-dire par le mélange avec l'eau de chaux, que M. Macbride est parvenu à connaître que le sang nouvellement tiré contenait une grande quantité d'air fixe : des expériences plus détaillées lui ont ensuite appris que cet air résidait dans la partie rouge, tandis que le sérum en était dépourvu. C'est encore par des expériences de même genre, qu'il a reconnu que la sueur et l'urine contenaient beaucoup d'air fixe, tandis qu'au contraire, la bile, et surtout la salive, loin d'en contenir, avaient une tendance à en absorber.

Il serait trop long de rendre compte ici des nombreuses expériences faites par M. Macbride sur la fermentation des mélanges alimentaires, et sur ce qui peut en accélérer ou en retarder la fermentation. Il suffira de dire qu'elles conduisent l'auteur à des réflexions très-importantes sur les maladies putrides et sur le scorbut de mer. Ces maladies, d'après la théorie de M. Macbride sur la putréfaction, n'ont d'autre cause que la privation d'une certaine quantité d'air fixe nécessaire à l'état de salubrité : aussi observe-t-il que le régime le plus contraire, dans ces sortes de maladies, est l'usage des matières animales qui, suivant M. Macbride, donnent beaucoup de moins d'air fixe que les végétales par la fermentation : la méthode curative, au contraire, consiste dans le régime végétal et dans l'usage de toutes les substances propres à fournir de l'air fixe en abondance. C'est sur ces principes que M. Macbride conseille l'usage de la drèche pour le scorbut de mer : cette substance, qui n'est autre chose que l'orge germé et broyé, fournit une décoction très-propre à la fermentation, et qui donne plus d'air fixe qu'aucune autre substance végétale. Il prescrit, dans les mêmes vues, l'eau sucrée, et quelques autres boissons analogues.

Quant à l'effet antiputride et antiseptique que l'on ne peut méconnaître dans les acides, M. Macbride prétend qu'on ne doit l'attribuer qu'à la propriété qu'ils ont éminemment de s'unir aux parties alkalines des matières qui entrent en putréfaction, et de les neutraliser; mais ce remède est, suivant lui, plutôt palliatif que curatif, puisqu'il ne rétablit pas, comme l'air fixe, les parties dans leur état naturel.

Indépendamment des expériences qu'on vient de citer, qui sont essentiellement liées à la théorie de M. Macbride, son traité en contient un grand nombre d'autres, dont on va citer les principales :

1° Le vide de Boyle accélère le dégagement de l'air fixe dans les mélanges fermentatifs.

2° Les terres calcaires ont la propriété d'accélérer la putréfaction.

3° La chaux produit sur les matières animales un effet tout particulier; elle les décompose en leur enlevant l'air fixe qu'elles contiennent, et elle produit en cela un effet analogue en quelque façon à la putréfaction.

4° L'huile ne s'unit à l'alkali fixe qu'autant que ce dernier est privé d'air : si l'on fait tomber la vapeur, soit de deux corps en effervescence, soit d'un mélange fermentatif quelconque sur une dissolution de savon, l'air fixe qui se dégage se combine peu à peu avec l'alkali fixe du savon; en même temps, l'huile, devenue libre, vient nager à la surface.

5° Les esprits ardens rectifiés absorbent de l'air fixe, quand on le leur présente.

M. Macbride prouve encore que l'alkali volatil, qui se développe par le progrès de la putréfaction des matières animales, est tantôt dans son état naturel, c'est-à-dire avec tout son air, tantôt, au contraire, entièrement dépouillé d'air, et dans un état de causticité: il a reconnu, par exemple, par le détail de ses expériences, que le sang putréfié, ainsi que l'esprit qu'on en tire, faisait effervescence avec les acides, tandis que la bile également putréfiée, non plus que la liqueur qui coule des chairs qui se putréfient, ne faisaient point d'effervescence: il en a été de même de l'esprit qu'il en a retiré par la distillation.

De toutes ses expériences, M. Macbride conclut que l'air fixe est un fluide élastique, fort différent de l'air de l'atmosphère; que le premier peut être introduit sans risque, soit dans le canal intestinal, soit même dans d'autres parties de l'économie animale, sans qu'il en résulte aucun désordre, tandis que l'air de l'atmosphère y produirait de funestes effets; que, par un effet tout contraire, les animaux ne peuvent vivre sans respirer continuellement le fluide qui constitue notre atmosphère, tandis que l'air fixe, introduit dans leur poumon, est un poison subtil qui leur cause sur-le-champ la mort; que l'air fixe se combine avec une grande facilité, soit avec la chaux, soit avec les alkalis, tandis qu'on ne peut, par les mêmes moyens, combiner avec eux l'air de l'atmosphère. Enfin, M. Macbride ajoute que l'air fixe se trouve répandu dans notre atmosphère, puisque, avec le temps, la chaux et les alkalis caustiques perdent leur propriété, et acquièrent celle de faire effervescence avec les acides.

Ces conclusions sont, à très-peu de chose près, les mêmes que celles de Van Helmont.

CHAPITRE X.

Expériences de M. Cavendish sur la combinaison de l'air fixe ou fixé avec différentes substances.

Peu de temps après la publication du traité de M. Macbride, M. Cavendish communiqua à la Société royale de Londres quelques nouvelles expériences qui tendaient également à confirmer la doctrine de M. Black; elles se trouvent dans les Transactions philosophiques, années 1766 et 1767. M. Cavendish y fait voir que la quantité d'air fixe contenue dans l'alkali fixe, lorsqu'il en est chargé autant qu'il est possible, est de $\frac{5}{12}$ de son poids, qu'elle est de $\frac{7}{12}$ dans l'alkali volatil; que cette grande quantité d'air est quelquefois cause qu'il se fait un léger mouvement d'effervescence, lorsqu'on précipite par un alkali, ainsi chargé d'air, la terre calcaire dissoute dans l'acide nitreux; qu'en effet alors le précipitant fournissant plus d'air que le précipité n'en peut absorber, il y en a nécessairement une portion de libre qui reprend son élasticité et qui occasione l'effervescence.

M. Cavendish fait voir encore que l'eau peut absorber et dissoudre un volume d'air fixe plus qu'égal au sien; que cette quantité est d'autant plus grande que l'eau est moins chaude et qu'elle est comprimée par une atmosphère plus pesante; que l'eau ainsi imprégnée d'air fixe, a une saveur acidule, spiritueuse, et qui n'est pas désagréable; enfin, qu'elle a la propriété de dissoudre la terre calcaire et la magnésie. Il arrive, par une suite de cette propriété de l'eau imprégnée d'air fixe, que, si après avoir précipité la chaux de l'eau de chaux par de l'air fixe, on continue à ajouter de nouvel air fixe, l'eau acquiert la vertu de dissoudre une partie de la terre qui s'était précipitée.

L'eau imprégnée d'air fixe a encore la propriété de dissoudre presque tous les métaux (*Transact. philosoph., année* 1769), et surtout le fer et le zinc; il ne faut qu'une très-petite quantité de ces métaux pour communiquer à l'eau leur goût et leurs vertus (1).

Ces circonstances semblent expliquer, de la manière la plus naturelle, comment l'eau distillée la plus pure attaque le fer et le dissout, ainsi qu'il résulte des observations de M. Monet, et pourquoi cette combinaison se fait plus facilement dans l'eau froide que dans l'eau chaude: c'est que l'eau n'attaque le fer qu'en raison de l'air fixe qu'elle contient; or, on vient de voir qu'elle en contient d'autant moins qu'elle est plus chaude. C'est par cette même raison qu'on ne peut retirer de la plupart des eaux minérales ferrugineuses un seul atome de vitriol.

C'est encore M. Cavendish qui nous a appris que l'air fixe pouvait s'unir à l'esprit de vin et aux huiles par expression, mais que ces substances, au surplus, n'en acquéraient aucune propriété nouvelle; que la vapeur du charbon qui brûle occasionait une diminution notable dans le volume de l'air; qu'il s'engendrait, en même temps, de l'air fixe dans cette opération, et que cet air fixe était

(1) Quoique cette observation ne soit pas de M. Cavendish, on a cru qu'elle devait trouver place ici.

susceptible d'être absorbé par la lessive caustique des savonniers. Enfin, c'est M. Cavendish qui a remarqué le premier que la dissolution de cuivre dans l'esprit de sel, au lieu de donner un air inflammable, comme celle du fer et du zinc, donnait une espèce d'air particulier, qui perdait son élasticité sitôt qu'il avait le contact de l'eau.

CHAPITRE XI.

Théorie de M. Meyer sur la calcination des terres calcaires, et sur la cause de la causticité de la chaux et des alkalis.

Tandis que la doctrine de l'air fixe s'établissait paisiblement en Angleterre, il s'élevait en Allemagne un contradicteur redoutable. A peu près dans le même temps que M. Macbride publiait en anglais les essais dont on vient de rendre compte, il paraissait en allemand un traité fort étendu de M. Frédéric Meyer, apothicaire à Osnabruck, intitulé; *Essais de Chimie sur la chaux vive, la matière élastique et électrique, le feu et l'acide universel primitif.* Ce traité contient une multitude d'expériences, la plupart bien faites et vraies, d'après lesquelles l'auteur a été conduit à des conséquences toutes opposées à celles de M. Hales, de M. Black et de M. Macbride. Il est peu de livres de chimie moderne qui annoncent plus de génie que celui de M. Meyer; et si ses idées étaient adoptées, il n'en résulterait rien moins qu'une nouvelle théorie directement contraire à celle de Stahl et de tous les chimistes modernes.

M. Meyer examine d'abord la nature des pierres calcaires, du spath, et des matières propres à faire de la chaux; il remarque que ces matières sont rarement pures, qu'elles sont communément mêlées de sable et de matières étrangères; mais que la partie vraiment propre à faire de la chaux n'est autre chose qu'un alkali terreux, pur, insoluble dans l'eau, susceptible de combinaison avec les acides, qui s'y dissout avec effervescence, etc. Il observe que, lorsque ces mêmes matières ont été exposées un temps suffisant à la violence du feu, elles laissent échapper une grande quantité d'eau; qu'elles en sortent ensuite avec la propriété d'être entièrement solubles dans l'eau, et de ne plus faire effervescence avec les acides. De ces nouvelles propriétés, M. Meyer conclut que la chaux, dans le feu, a été neutralisée par un acide particulier, à l'intermède duquel elle doit sa solubilité dans l'eau, et dont l'union lui ôte la propriété de faire effervescence. Pour confirmer cette théorie, M. Meyer prend de l'eau de chaux, il y verse goutte à goutte de l'alkali fixe en liqueur; aussitôt l'eau de chaux se trouble, et la chaux se dépose sous la forme d'une terre calcaire, insoluble dans l'eau comme avant sa calcination; l'alkali, d'un autre côté, a acquis la causticité de la chaux et une partie de ses autres propriétés: d'où M. Meyer conclut que l'acide qui était uni à la chaux, et qui la rendait soluble, a plus d'analogie avec l'alkali fixe qu'avec la chaux; qu'il abandonne cette dernière, et s'unit à l'alkali fixe. La même chose arrive lorsqu'on précipite l'eau de chaux par un alkali volatil, ou qu'on dégage par la chaux l'alkali volatil du sel ammoniac: dans tous ces cas, l'acide de la chaux neutralise le sel, le rend caustique, incristallisable, et lui ôte la propriété de faire effervescence avec les acides. La substance acide que la chaux prend ainsi dans le feu, M. Meyer l'appelle *acidum pingue*; il prétend que c'est une matière très-proche de celle du feu et de la lumière; que c'est par le *latus* de cet acide que la chaux s'unit aux huiles, qu'elle dissout le soufre, etc. Enfin, M. Meyer prétend que l'*acidum pingue* entre en grande abondance dans la composition des végétaux et des animaux; que c'est lui qui s'échappe du charbon qui brûle, du bois qui se consume, etc.

M. Meyer suit la combinaison de cet être dans un grand nombre de corps; il prétend qu'il existe dans les chaux métalliques, dans le minium, et qu'on peut le faire passer de là, soit dans les alkalis fixes, soit dans les volatils, lesquels acquièrent par là l'état de causticité. C'est principalement sur cet article que le système de M. Meyer semble avoir l'avantage sur le système anglais. En effet, la théorie de l'*acidum pingue* explique de la manière la plus naturelle et la plus simple l'augmentation de poids des chaux métalliques, leur action sur le sel ammoniac, le dégagement de l'alkali volatil de ce sel par le minium, la litharge, et plusieurs autres chaux métalliques: dans tous les cas, c'est le *causticum* du feu, l'*acidum pingue* qui s'unit aux métaux par la calcination, qui passe ensuite dans l'alkali volatil, et qui forme une espèce de sel neutre semblable à celui qu'on retire par la chaux.

M. Meyer prévient une objection capitale qui pouvait lui être faite, d'après le système de M. Black. Ce dernier avait avancé que si l'on faisait dissoudre une terre calcaire pure dans l'acide nitreux, et qu'on précipitât ensuite par un alkali, on pouvait avoir, à volonté, la terre précipitée dans l'état de terre calcaire ou dans l'état de chaux: qu'on l'obtenait dans l'état de terre calcaire si l'on précipitait par un alkali fixe ordinaire ou par un alkali volatil concret; qu'on l'obtenait, au contraire, dans l'état de chaux, si l'on précipitait par un alkali fixe ou volatil caustique. M. Blak expliquait ce phénomène de la façon suivante: la terre calcaire, dissoute dans l'esprit de nitre, ne contient plus d'air, il a été chassé de la combinaison par l'effervescence; si donc on précipite la terre de cette dissolution par un alkali fixe ordinaire qui contient tout son air, à mesure que cet alkali s'unit à l'acide, il abandonne tout son air qui se porte sur la terre, et la précipite sous la forme de terre calcaire; si, au contraire, on précipite par un alkali caustique, c'est-à-dire par un alkali privé d'air, la terre ne trouvant, dans ce mélange, aucun corps qui puisse lui fournir de l'air, tombe dans l'état de chaux.

La simplicité de cette explication n'étonne point M. Meyer, et il y répond d'une manière tout aussi naturelle. Lorsqu'on précipite une dissolution de terre calcaire par un alkali caustique, on mêle, en quelque façon, suivant lui, deux sels neutres ensemble: l'un est un nitre à base terreuse, l'autre est un composé de l'*acidum pingue* et de l'alkali fixe; il doit donc se faire, dans ce mélange, une double décomposition. L'acide nitreux doit quitter sa base pour s'unir à l'alkali fixe, et en même temps l'*acidum pingue*, qui est libre, doit s'attacher à la terre calcaire, et la précipiter sous forme de chaux, c'est-à-dire soluble dans l'eau, et dépouillée de la propriété de faire effervescence avec les acides. La même chose ne doit point arriver lorsqu'on précipite par un alkali ordinaire; alors il n'y a point d'*acidum pingue* qui puisse s'unir à la terre, elle se précipite en terre calcaire.

Il serait trop long de suivre M. Meyer dans la comparaison qu'il fait de l'*acidum pingue* avec la matière du feu, celle de la lumière, la matière électrique, le phlogistique. Je me jetterais d'ailleurs dans des détails trop éloignés de mon objet. Ce chimiste, il faut l'avouer, s'est un peu abandonné à la propension qu'ont tous ceux qui croient avoir découvert un nouvel agent, et qui l'appliquent indistinctement à tout.

CHAPITRE XII.

Développement de la théorie de M. Black sur l'air fixe ou fixé, par M. Jacquin.

La doctrine anglaise, attaquée par M. Meyer, ne tarda pas à trouver un défenseur. M. Jacquin, professeur de botanique à Vienne, publia, en 1769, en sa faveur une dissertation latine intitulée : *Examen chimique de la doctrine de M. Meyer, de son* acidum pingue, *et de la doctrine de M. Black sur les phénomènes de l'air fixe ou fixé à l'égard de la chaux.* Cette dissertation, sans avoir beaucoup ajouté à ce qu'avaient fait MM. Black et Macbride, peut être regardée comme un excellent ouvrage par la méthode et la clarté avec lesquelles les faits y sont présentés, par le choix des expériences qu'elle contient, par la simplicité et la justesse des procédés, enfin par la bonne manière de philosopher qu'on y remarque.

La première observation qui frappe M. Jacquin, c'est que la chaux vive perd, par la calcination, près de la moitié de son poids. Cette singularité, qui rendait suspecte à ses yeux l'opinion de M. Meyer, l'engagea à faire la calcination de la pierre à chaux dans des vaisseaux fermés; il prit, à cet effet, une cornue très-propre à résister à l'action du feu; il y mit trente-deux onces de pierre à chaux; il y adapta un grand récipient tubulé, et procéda à la distillation.

D'abord il n'employa qu'un feu modéré, et il n'obtint que du flegme; mais bientôt, ayant poussé le feu plus vivement, il commença à se dégager une vapeur élastique en très-grande abondance, qui continua de sortir pendant une heure et demie, avec sifflement, par la tubulure du récipient : cette vapeur, suivant M. Jacquin, n'était autre chose que de l'air. L'opération finie, il ne se trouva plus dans la cucurbite que dix-sept onces de terre calcaire dans l'état de chaux, et dans le récipient, deux onces d'un flegme contenant un léger vestige d'alkali volatil. Les treize onces manquantes, M. Jacquin les attribue à l'air; d'où il suivrait, selon lui, que la pierre à chaux contient six ou sept cent fois son volume d'air.

Plusieurs autres expériences de M. Jacquin, rapportées à la suite de celle-ci, ont pour objet de prouver que la pierre à chaux ne devient chaux qu'en proportion de la quantité de fluide élastique qui en est dégagé; et que si, par exemple, on ne lui enlève que son flegme, et qu'on arrête le feu, la pierre à chaux se trouve dans la cornue à peu près dans le même état qu'elle y avait été mise. Ce qui prouve encore mieux, suivant M. Jacquin, que ce qui constitue la chaux n'est pas le dépouillement d'eau seulement, c'est que, si au lieu d'interrompre l'opération lorsque l'air commence à se dégager, on la continue plus long-temps, la pierre à chaux est réduite en chaux à sa surface sans l'être dans son intérieur.

Ces premières expériences conduisent M. Jacquin à des réflexions sur la manière dont l'air peut exister dans les corps; il distingue en eux l'air de porosité et celui de composition. Le premier peut se rendre sensible par la seule expérience de la machine pneumatique; celui au contraire qui est combiné est dans un état de division, de dissolution, qui ne lui permet plus de jouir de son élasticité.

On sait que la chaux est susceptible de se dissoudre dans l'eau; que cette eau exposée à l'air donne une pellicule qui n'est plus de la chaux, mais une terre calcaire qui fait effervescence avec les acides. M. Jacquin pense, avec tous les disciples de M. Black, que cette substance n'est autre chose que de la chaux qui a repris l'air dont elle avait été dépouillée; et il fait voir qu'elle reprend en proportion le poids qu'elle avait perdu par la calcination. Cette crème de chaux calcinée de nouveau, reperd les $\frac{13}{32}$ de son poids; il s'en dégage de l'air pendant la calcination; en un mot, tout annonce qu'elle avait repassé à l'état de pierre à chaux.

M. Jacquin examine ensuite l'action de l'eau sur la chaux; il fait voir qu'elle l'éteint sans lui rendre l'air, de sorte qu'on peut garder de la chaux sous l'eau autant de temps qu'on voudra, sans qu'elle cesse d'être chaux, pourvu qu'on garantisse la surface de l'eau du contact de l'air libre; autrement tout se convertirait successivement et avec le temps en crème de chaux. Il fait voir également que, si l'on évapore de l'eau de chaux dans un appareil distillatoire, la terre qui reste dans la cucurbite est encore de la chaux, et non pas de la terre calcaire. Toutes ces expériences prouvent encore que ce n'est point l'absence ou la présence de l'eau qui constitue l'état de chaux ou de terre calcaire.

M. Jacquin passe ensuite en revue toutes les expériences de MM. Black et Macbride; il y en ajoute de nouvelles dans les mêmes vues. Il fait voir que tout mélange de craie, ou d'un alkali ordinaire, avec un acide, produit un air qui a la propriété de précipiter l'eau de chaux, c'est-à-dire de s'unir avec la chaux dissoute dans l'eau, de la convertir en terre calcaire, de la rendre insoluble, et de la faire cristalliser sur-le-champ. L'air qui sort de la pierre à chaux, pendant qu'on la calcine, a la même propriété.

M. Jacquin oppose ces expériences et toutes celles de MM. Black et Macbride à la théorie de M. Meyer, et il tire, de presque toutes, des objections qui lui paraissent insolubles.

M. Jacquin avait observé plus haut que toutes les fois que l'air se dissolvait, se combinait avec quelques substances, il y avait, comme dans toutes les combinaisons chimiques, 1° un point de saturation; 2° un certain degré d'adhérence plus ou moins grand en raison de la différence d'affinité qu'il avait avec ces différentes substances : il applique ces réflexions de la manière la plus claire à la formation des alkalis caustiques; il prétend que la chaux n'agit sur eux qu'en vertu de la plus grande analogie que l'air fixe a avec elle; et il établit même comme principe, avec MM. Black et Macbride, que la chaux, la pierre à cautère, et tous les caustiques de ce genre, n'agissent si puissamment sur les matières animales qu'en leur enlevant l'air dont ils sont extrêmement avides, et que, comme cet air est essentiel à leur combinaison, il en résulte une décomposition.

M. Jacquin a également répété les expériences de Black et Macbride sur les moyens de faire de la chaux par la voie humide. Si l'on combine de la terre calcaire avec de l'acide nitreux dans une bouteille à long col, on s'aperçoit, après l'effervescence, que la craie a perdu près de la moitié de son poids, c'est-à-dire qu'elle a perdu tout l'air qui la constituait terre calcaire; elle est alors dans l'état de chaux : si l'on veut l'obtenir seule dans le même état, et séparée de l'acide nitreux, il ne s'agit que de la précipiter par un alkali caustique; la terre qui reste, édulcorée, est une véritable chaux soluble dans l'eau.

Cette dissertation de M. Jacquin, comme on l'a déjà dit, ne contient qu'un petit nombre de vérités neuves, le fond en appartient presque entièrement à M. Black et à M. Macbride; mais on trouve dans ses expériences beaucoup plus d'ordre que dans celles des deux auteurs anglais, et on peut la regarder comme un traité complet de la causticité de la chaux et des alkalis dans l'hypothèse de M. Black. La crainte de tomber dans des répétitions ne m'a pas permis de faire valoir une infinité de détails très-intéressans qui constituent une partie du mérite de cet ouvrage, et qui annoncent la plus grande clarté dans les idées, et beaucoup de méthode dans la manière de les rendre.

CHAPITRE XIII.

Réfutation de la théorie de MM. Black, Macbride et Jacquin, par M. Crans.

La mort venait d'enlever M. Meyer aux savans, lorsque l'ouvrage de M. Jacquin parut, mais sa doctrine avait déjà fait de rapides progrès en Allemagne ; elle y avait été adoptée par des chimistes de réputation, et on avait commencé à l'enseigner publiquement dans les écoles. L'ouvrage de M. Jacquin n'y fut donc pas accueilli ; et dès 1770, M. Crans, médecin de S. M. le roi de Prusse, publia contre lui à Leipsick un ouvrage intitulé : *Réfutation de l'Examen chimique de la doctrine de Meyer sur* l'acidum pingue, *et de la doctrine de Black sur l'air fixe, relativement à la chaux vive.* In-8° de 212 pages.

Je sortirais des bornes que je me suis prescrites, si j'entrais ici dans le détail de toutes les expériences rapportées par M. Crans ; elles sont très-nombreuses : je m'attacherai seulement à donner une idée des principales, et je choisirai surtout celles qui semblent porter le plus directement atteinte à la doctrine de l'air fixe.

M. Crans examine d'abord quelle est l'action du feu sur la pierre à chaux. Il convient avec les disciples de M. Black, que cette substance perd au feu une quantité considérable de son poids ; mais il attribue cette perte à la grande quantité d'eau qu'elle contenait, et qui a été chassée par la violence du feu. C'est également à l'eau réduite en vapeurs, à l'eau dans l'état d'expansion, qu'il attribue, pour la plus grande partie, ce dégagement élastique observé par M. Jacquin, pendant la calcination de la pierre à chaux dans les vaisseaux fermés ; il n'apporte point au surplus de preuve très-décisive de cette assertion.

La pierre à chaux après la calcination n'est point, suivant M. Crans, dépouillée de la propriété de faire effervescence avec les acides, comme le prétendent les disciples de M. Black, et il invoque à cet égard le témoignage de MM. Duhamel, Geoffroy, Homberg et Pott, qui tous ont annoncé que la chaux faisait effervescence avec les acides : il y joint différentes expériences qui lui sont propres; il les a faites sur de la chaux dans différentes circonstances, et qui surtout avait été scrupuleusement préservée du contact de l'air; il a toujours observé de l'effervescence.

Il objecte, à cette occasion, que si la chaux ne différait de la pierre calcaire qu'en ce qu'elle est privée d'air, et par la grande affinité qu'elle a avec ce même air, elle devrait réabsorber en peu de temps, à l'air libre, tout l'air dont elle a été privée, et redevenir terre calcaire; cependant il a observé que la chaux pouvait se conserver très-long-temps à l'air, sans cesser d'être chaux; il assure même qu'au bout d'un laps de temps assez considérable, elle acquiert plus de causticité.

Après avoir examiné les phénomènes que présente la pierre calcaire dans sa calcination, M. Crans passe à l'extinction de la chaux. Il observe que ce gonflement subit, cette chaleur très-considérable qui s'observe dans cette opération, et qui est une conséquence si naturelle du système de M. Meyer, est absolument inexplicable dans l'hypothèse de M. Black; qu'on n'explique pas mieux dans cette hypothèse pourquoi la pierre calcaire se dissout presque sans chaleur dans l'acide nitreux, tandis que la dissolution de la chaux dans le même acide occasione une chaleur supérieure au degré de l'eau bouillante; qu'enfin, les partisans de l'air fixe ne peuvent rendre aucune raison satisfaisante de cette vapeur acre et corrosive qui s'exhale de la chaux, et qui fait tousser, du danger des bâtimens nouvellement enduits de chaux, non plus que d'une infinité d'autres effets.

M. Crans examine ensuite les phénomènes que présente la chaux dans sa dissolution par l'eau, et dans sa cristallisation. On a vu plus haut que la pellicule qui se forme à la surface de l'eau de chaux, lorsqu'elle a été quelque temps exposée à l'air, et qu'on connaît en chimie sous le nom de *crème de chaux*, n'était autre chose, suivant M. Jacquin, qu'une chaux qui avait repris de l'air qui, par cette union, était redevenue terre calcaire, c'est-à-dire insoluble dans l'eau, susceptible d'effervescence; en un mot, telle qu'elle était avant la calcination. M. Crans prétend, au contraire, avec M. Meyer, que la crème de chaux n'est autre chose qu'une chaux qui a perdu le principe caustique, autrement l'*acidum pingue;* il assure avoir souvent vu cette substance se former au fond de la liqueur, et non pas à sa surface; qu'il s'en dépose sur les parois intérieures du vase, et dans des endroits où la chaux n'a pu avoir le contact de l'air; enfin, qu'il s'en forme même pendant le temps que l'eau de chaux est couverte d'une pellicule qui intercepte toute communication avec l'air. Toute la chaux d'ailleurs, suivant M. Crans, n'est point soluble dans l'eau, toute ne peut point être convertie en crème, ce qui devrait suivre des principes de M. Black et de ceux de ses disciples.

M. Crans n'abandonne l'eau de chaux qu'après s'être étendu très au long sur ses propriétés, et il tire de presque toutes des objections contre le système de M. Black. L'eau de chaux dissout le soufre, le camphre, les résines à peu près comme l'esprit de vin; les disciples de M. Black, pour raisonner conséquemment, devaient donc aller jusqu'à dire que c'est en enlevant l'air de ces substances qu'elle les rend solubles dans l'eau, comme ils le disent de la terre calcaire convertie en chaux; mais alors ils se trouveraient dans la nécessité de dire que l'esprit de vin ne dissout les résines qu'en leur enlevant l'air qu'elles contiennent ; ce qui les jetterait, suivant M. Crans, dans un labyrinthe de difficultés, peut-être même d'absurdités.

Si c'était d'ailleurs, ajoute M. Crans, l'absence de l'air qui constituât la causticité, il s'ensuivrait que tous les sels neutres devraient être caustiques, puisque l'air a été chassé de leur combinaison par l'effervescence; nous voyons cependant qu'ils sont plus doux que ne l'étaient séparément chacun des êtres dont ils sont composés.

M. Crans passe ensuite à la dissolution, soit de la pierre calcaire, soit de la chaux, dans les acides. Il observe qu'on peut à volonté avoir dans ces opérations de l'effervescence, ou n'en point avoir. L'effervescence est très-vive, si l'on emploie un acide médiocrement concentré; elle est nulle, si ce même acide est étendu dans une grande quantité d'eau : cependant, dit M. Crans, si l'air fixe est un des principes constituans des terres et pierres calcaires, pourquoi ne se développe-t-il pas, dans cette dernière circonstance? et s'il se développe, que devient-il, puisqu'il ne s'annonce par aucune effervercence?

M. Crans fait voir ensuite qu'on peut avoir une effervescence vive, en mêlant ensemble de la lessive caustique avec un acide, quoique, suivant MM. Black et Jacquin, elle ne contienne pas d'air : il ne s'agit que de verser doucement de la lessive caustique sur une dissolution de terre calcaire; l'alkali coule le long des parois de la bouteille et gagne le fond : si l'on agite ensuite précipitamment ces deux liqueurs pour les mêler ensemble, il se fait une vive effervescence, et la précipitation s'opère en un instant.

MM. Black et Jacquin avaient prétendu qu'on pouvait faire de la chaux vive par la voie humide, en précipitant par un alkali caustique la terre calcaire dissoute dans l'acide nitreux; en effet, la terre calcaire ne trouvant, suivant eux, dans cette opération, aucun corps qui puisse lui fournir de l'air, elle doit rester dans l'état de chaux. M. Crans nie ces expériences, et leur en oppose de contraires : il prétend que, de quelque façon qu'il ait opéré, la terre calcaire précipitée d'une dissolution par l'acide nitreux, soit qu'il ait employé l'alkali fixe ordinaire, soit qu'il ait employé l'alkali caustique, ne lui a présenté aucune différence; que dans tous les cas cette terre faisait effervescence avec les acides, et n'était autre chose qu'une terre calcaire ordinaire, si ce n'est cependant qu'elle avait un peu de solubilité dans l'eau, et qu'elle verdissait le sirop violet. Il a essayé de dissoudre la chaux elle-même dans l'acide nitreux, et de la précipiter par un alkali caustique, quoiqu'il n'y eût, suivant M. Black, aucune substance dans cette combinaison qui pût fournir de l'air à la chaux; il n'en a pas moins obtenu une véritable terre calcaire, qui faisait effervescence avec les acides.

Un autre genre de preuve dont se prévaut M. Black et ses disciples, c'est la précipitation de l'eau de chaux par l'air dégagé, soit d'une effervescence, soit d'une fermentation; mais M. Crans prétend qu'il n'est point du tout prouvé que cette précipitation soit due à l'air; qu'il est d'autres causes qui peuvent produire un effet semblable, et que quand l'air ne produirait d'autre effet en se combinant avec l'eau, que de la rendre plus légère, cette seule circonstance suffirait pour occasioner la précipitation. D'ailleurs, ajoute M. Crans, comment concevoir que l'air, qui dans les eaux aérées est le dissolvant du fer, ait ici une propriété toute contraire, celle de rendre la chaux insoluble dans l'eau (1)?

M. Crans s'occupe ensuite des argumens que les partisans de l'air fixe tirent de la perte de poids qu'éprouve la pierre calcaire quand on la dissout dans les acides. M. Black et M. Jacquin avaient avancé que lorsqu'on dissolvait de la pierre calcaire dans un acide, on éprouvait une diminution de poids égale à celle qui aurait eu lieu si la même pierre eût été réduite en chaux par la calcination; que, dans les deux cas, l'air fixe contenu dans la pierre calcaire s'échappait; dans le premier, par l'effervescence; et dans le second, parce qu'il était chassé par la violence du feu.

M. Crans oppose encore ici expérience à expérience; il a fait dissoudre des pierres calcaires, d'un grand nombre d'espèces, dans de l'acide nitreux; il y a fait dissoudre même de la chaux, en tenant un compte exact du poids et de l'acide, et des terres mises en dissolution : il a communément observé dans ces opérations des diminutions de poids assez notables, mais sans aucune règle; quelquefois la chaux a paru diminuer davantage que la pierre calcaire, d'autres fois la pierre calcaire, en se dissolvant, a paru recevoir quelque augmentation de poids; tous ces résultats sont directement contraires à la doctrine de M. Black. On peut, au surplus, reprocher à M. Crans de s'être servi dans ces dernières expériences

(1) M. Crans pouvait ajouter que les eaux aérées dissolvent même la terre calcaire.

de vaisseaux trop bas, et surtout d'avoir opéré sur des quantités si faibles, que l'erreur seule des balances peut avoir occasioné la plus grande partie des inégalités qu'il a remarquées.

Après quelques autres objections dont je supprime le détail, M. Crans passe à la décomposition du sel ammoniac par la chaux. Il observe d'abord que, si dans l'hypothèse de M. Black, le feu chasse de la pierre à chaux, pendant la calcination, l'air fixe dont elle était saturée, il est impossible que, dans la décomposition du sel ammoniac par la chaux, qui se fait dans une retorte et à un degré de feu assez considérable, la chaux s'empare de l'air de l'alkali volatil, et il prétend que, loin d'en absorber dans cette circonstances, la chaux devrait, au contraire, essuyer une nouvelle calcination, et perdre celui qui pouvait encore lui rester ; mais, en admettant même l'hypothèse de M. Black, la chaux, suivant M. Crans, après cette opération, devrait cesser d'être chaux; cependant, il assure que le résidu de la décomposition du sel ammoniac par la chaux lui a toujours offert une terre calcaire dans l'état de chaux, et par conséquent privée d'air; d'où il conclut qu'elle n'a point enlevé à l'alkali volatil celui qu'il contenait, et que ce n'est pas, par conséquent, le défaut d'air qui constitue sa causticité : enfin, il prétend que le sel ammoniac contient beaucoup d'air; que cet air devrait servir, dans l'hypothèse de M. Black, à saturer la chaux, et qu'il ne devrait plus rester à cette dernière aucune action sur l'alkali volatil.

M. Crans ajoute à ces expériences que si les caustiques exerçaient véritablement leur action en absorbant de l'air, toutes les fois qu'on expose des animaux sous la machine pneumatique, ils devraient être cautérisés; que l'enfant devrait cautériser les mamelles de sa nourrice etc., puisque, dans tous ces cas, il y a privation d'air.

M. Crans rapporte encore une suite d'expériences assez nombreuses faites avec l'appareil de M. Macbride; on se rappelle qu'il consiste dans deux bouteilles qui communiquent ensemble par le moyen d'un siphon de verre : on met dans l'une, soit une matière susceptible de fermentation, soit un mélange susceptible d'effervescence; on place dans l'autre les liqueurs ou matières qu'on veut exposer à l'action de l'air fixe qui s'en dégage. M. Crans a fait successivement entrer en effervescence, dans l'une de ces deux bouteilles, de l'acide vitriolique et de l'acide nitreux avec de l'akali fixe : de l'eau de chaux, placée dans l'autre bouteille, a été précipitée comme l'annoncent MM. Macbride et Jacquin : M. Crans a produit le même effet avec de l'air qui avait servi à la respiration.

M. Crans a essayé de soumettre au même appareil de la lessive caustique faite à la façon de M. Meyer; l'air dégagé d'une effervescence en a précipité une poudre blanche qui s'est rassemblée au fond de la bouteille; la liqueur a aussi acquis, au bout d'un certain temps, la propriété de faire effervescence avec les acides; mais il a observé, en même temps, qu'exposée à l'air libre, elle reprenait, à peu près dans le même intervalle de temps, cette propriété; qu'elle la reprenait même beaucoup plus vite, si on la mettait sur un feu modéré, et que ce n'était que du moment qu'elle commençait à fumer, qu'elle acquérait la propriété de faire effervescence; d'où

M. Crans conclut qu'elle n'acquiert cette propriété, qu'autant que le principe caustique qui lui était uni, qu'autant que l'*acidum pingue* s'est évaporé.

M. Crans a observé la même chose, à l'égard de l'alkali volatil caustique dégagé du sel ammoniac. Il en a mis une portion sur un poêle, une autre portion sur des cendres chaudes; enfin, il a soumis une troisième portion à l'appareil de M. Macbride; au bout de huit heures, toutes les trois faisaient effervescence, en raison, dit M. Crans, de l'évaporation de l'*acidum pingue*: l'appareil de M. Macbride n'opère donc, suivant lui, dans ces expériences, que ce qui se serait opéré tout naturellement à l'air libre.

M. Crans a poussé plus loin ses recherches, et il a fait un grand nombre d'expériences dans le même appareil, en tenant les vaisseaux clos, et en observant le poids des matières employées, avant et après l'opération. Il y a toujours eu une perte considérable de poids dans la bouteille où se faisaient les mélanges qui devaient entrer en effervescence; il a obtenu constamment, au contraire, une augmentation de poids de quelques grains dans l'autre bouteille.

La lessive caustique de M. Meyer, soumise à cette épreuve, a acquis une augmentation de poids de 10 grains.

Du sel de tartre en *deliquium* a acquis 5 grains.

De l'esprit de corne de cerf a acquis jusqu'à 22 grains.

De l'esprit de sel ammoniac ordinaire n'a acquis que 3 grains.

De l'alkali volatil caustique a acquis 20 grains.

M. Crans a répété ces mêmes expériences en laissant ouverte la bouteille de réception, tandis que dans les expériences précédentes, elle avait été exactement fermée.

Le sel de tartre, exposé de cette manière dans la bouteille de réception, a augmenté de 5 grains, et il s'est formé quelque peu de sel concret au fond du vase.

La lessive caustique de M. Meyer, au contraire, a perdu 2 grains en trois heures, et elle a déposé un sédiment.

La liqueur ensuite, et le sédiment qui était au fond, faisaient effervescence avec les acides.

L'alkali volatil ordinaire a perdu quelque chose de son poids.

L'alkali volatil caustique a acquis, au contraire, quelques grains; il n'était plus alors caustique, mais entièrement adouci, et faisait effervescence.

Ces augmentations de poids, observées dans la plupart des expériences faites avec les alkalis caustiques, et en général presque toutes celles faites dans l'appareil de M. Macbride, semblaient fournir des argumens très-forts en faveur de l'opinion de M. Black. Cependant M. Crans n'est point embarrassé pour y répondre : il convient bien que l'air fixe se combine avec les liqueurs mises dans la bouteille de réception, et que c'est à cette cause qu'est due l'augmentation de poids qu'elles éprouvent; mais il ajoute que ces liqueurs s'en imprègnent de la même manière que de l'eau simple; il nie qu'il y ait combinaison, que ce soit à cette combinaison que soit dû l'adoucissement des sels caustiques, et il persiste à croire que ces changemens dépendent de l'évaporation du *causticum*, de l'*acidum pingue*, qui neutralisait l'alkali.

Tels sont à peu près les principaux argumens que contient l'ouvrage de M. Crans contre la doctrine de M. Black.

J'ai fait tout ce qui était en moi pour les présenter dans toute leur force : il eût peut-être été à souhaiter que l'auteur les eût resserrés davantage ; qu'il eût mis plus de choix dans ses expériences, et surtout qu'il eût écarté des personnalités contre M. Jacquin, qui sont très-étrangères à son objet.

CHAPITRE XIV.

Sentiment de M. de Smeth sur les émanations élastiques qui se dégagent des corps, et sur les phénomènes de la chaux et des alkalis caustiques.

Tandis que M. Crans attaquait la doctrine de M. Black sur l'air fixé dans les terres calcaires et dans les alkalis ; tandis qu'il ébranlait les fondemens sur lesquels cette doctrine était établie, deux savans, M. de Smeth à Utrecht, et M. Priestley à Londres, s'occupaient chacun de leur côté à éclaircir cette matière par de nouvelles expériences. Ils publièrent presque en même temps deux dissertations pleines de faits intéressans et de découvertes importantes. Quoique les expériences de M. Priestley aient été lues dans les séances de la Société royale de Londres quelques mois avant la publication de l'ouvrage de M. de Smeth, et qu'elles aient acquis par là une antériorité de date très-marquée, cependant comme M. Priestley a reculé beaucoup plus loin les bornes de nos connaissances sur cet objet, et qu'on lui est redevable de quelques faits qui semblent découvrir un nouvel ordre de choses, la marche naturelle des idées m'engage à rendre compte d'abord des travaux de M. de Smeth ; je terminerai ensuite cet essai historique par ceux de M. Priestley.

La dissertation de M. de Smeth est écrite en latin et sous forme de thèse; elle a été imprimée à Utrecht dans le mois d'octobre 1772, sous le titre de *Dissertation sur l'air fixe*. Petit in-4° de 101 pages.

M. de Smeth y établit d'abord que nous ne connaissons l'air commun, celui qui compose notre atmosphère, que par quelques effets physiques; mais que nous n'avons encore aucune idée de sa nature, de sa composition, de sa combinaison chimique; d'où il conclut qu'il est contre les principes de la saine philosophie d'affirmer qu'une substance est de l'air, parce qu'elle présente une ou deux propriétés qui lui sont communes avec lui; que tous ceux qui ont parlé des émanations élastiques qui se dégagent des corps, soit pendant la fermentation, soit pendant la combustion, soit enfin pendant l'effervescence d'un acide avec une substance alkaline, sont tombés dans cette erreur, qu'ils n'ont considéré que la subtilité de ces émanations, leur élasticité, leur pesanteur spécifique; mais qu'ils semblent avoir oublié et mis de côté plusieurs autres propriétés qui ne sont pas moins essentielles à l'air: que suivant cette manière de philosopher, de l'eau réduite en vapeurs devrait aussi porter le nom d'air; qu'on devrait donner le même nom au fluide électrique et à une infinité de vapeurs incoërcibles qui n'ont de l'air que son élasticité et sa subtilité; enfin M. de Smeth va jusqu'à dire que l'élasticité est un caractère très-équivoque de l'air; qu'on peut en dire autant en particulier de chacune des propriétés que nous lui connaissons; et il se propose de le prouver dans la suite de son ouvrage.

Après avoir fait voir par des expériences déjà connues que l'air est un véritable dissolvant dans le sens même que les chimistes donnent à ce nom; qu'il dissout l'eau et les vapeurs, de la même manière que l'eau dissout les sels, et qu'il retient ces corps suspendus, contre les lois de l'hydrostatique, M. de Smeth passe à des expériences qui, si elles ne sont pas entièrement neuves, sont au moins très-peu connues sur l'effet de l'air sur quelques corps.

M. Szalhmar avait fait voir en 1771, dans une dissertation sur le pyrophore ou phosphore de M. Homberg, que cette substance augmentait sensiblement de poids, pendant le temps même qu'elle fumait, qu'elle s'échauffait et qu'elle s'enflammait : M. de Smeth a examiné concurremment avec M. Hann, professeur en médecine en l'Université d'Utrecht, les circonstances de ce phénomène, et voici à peu près quel a été le résultat de leurs expériences.

M. Hann mit, le 22 novembre 1771, 272 grains de pyrophore sur une balance exacte et sensible; ce pyrophore s'enflamma bientôt; et en une demi-heure, son poids était augmenté de 20 grains; le lendemain, il était augmenté de 21 grains; sept jours après, il en avait encore acquis 15; et l'augmentation totale était alors à peu près d'un cinquième; après quoi, il n'y eut plus d'augmentation sensible, si ce n'est en raison des variations de froid, de chaud et d'humidité de l'atmosphère.

200 grains de pyrophore qui avait été gardé long-temps, et qui ne s'enflammait plus de lui-même, ayant été soumis à la même épreuve, au bout de trois jours, avaient augmenté de $\frac{3}{10}$ de leur poids: M. de Smeth observe que l'augmentation n'a été plus forte dans cette expérience que parce

que, n'y ayant point eu d'inflammation, il y a eu moins de chaleur, et par conséquent moins de parties dissipées et réduites en vapeurs.

Ces observations sur l'augmentation de poids du pyrophore ont conduit M. de Smeth à celle qui a lieu sur la chaux vive (1): 12 onces de cette substance, exposées à l'air sur une balance, ont augmenté de poids presque à vue d'œil pendant le premier mois : cette vertu attractive a diminué ensuite insensiblement, et au bout d'un an ou de treize mois, elle était absolument nulle. La chaux, pendant cet intervalle, avait acquis une augmentation de poids de 4 onces 3 gros 40 grains : elle était réduite en poudre fine, et ne dégageait plus l'esprit volatil du sel ammoniac que sous forme concrète.

La totalité du poids de cette chaux était donc, après treize mois, de 16 onces 3 gros 40 grains; M. de Smeth en pesa séparément 12 onces, 3 gros, 40 grains; après quoi il fit le raisonnement qui suit: si 16 onces 3 gros 40 grains de chaux éteinte à l'air contiennent 4 onces 3 gros de matière attirée de l'atmosphère, combien 12 onces 3 gros 40 grains doivent-ils en contenir? il trouva, par le calcul, que cette quantité devait être de 3 onces 2 gros 54 grains $\frac{1}{2}$. Il était naturel de croire que cette matière, ainsi attirée de l'atmosphère, se dissiperait aisément par le feu: pour s'en assurer, il mit ces 12 onces 3 gros 40 grains de chaux dans une retorte de terre, telle qu'on a coutume de les employer pour la distillation du phosphore, et il soutint le feu pendant deux jours à un degré de chaleur très-violent: il passa dans le récipient, pendant cette opération, 1 once 4 gros 40 grains de

(1) *Voy.* ci-après les expériences de M. Duhamel sur le même objet.

flegme pur, et dans lequel, par toutes sortes d'épreuves, il ne put découvrir aucun vestige de matière saline. Quelque attention que M. de Smeth eût apporté, il ne put apercevoir, pendant tout le temps que dura cette opération, aucun dégagement de matière élastique; mais comme, après que le feu fut éteint, la cornue se trouva fêlée, on ne peut rien conclure de précis de cette expérience. La chaux ayant été pesée au sortir de la cornue, se trouva du poids de 10 onces 5 gros; ce qui, joint avec 1 once 4 gros 40 grains de flegme, trouvés dans le récipient, donne un total de 12 onces 1 gros 40 grains. La quantité de matière employée était de 12 onces 2 gros 40 grains, d'où il suit qu'il n'y avait eu que deux gros de perte pendant la distillation. Il est donc clair que s'il y a eu dégagement d'air, il n'a pas été, à beaucoup près, aussi considérable qu'il aurait dû l'être dans le système de M. Black; on se rappelle, en effet, que, suivant ce dernier, il était de près de moitié du poids de la terre calcaire employée. M. de Smeth assure, au surplus, que ce qui restait dans la cornue était de véritable chaux vive.

Cette expérience donne lieu à M. de Smeth de remarquer que la chaux éteinte à l'air libre, et calcinée ensuite dans les vaisseaux fermés, ne reperd pas tout ce qu'elle avait attiré de l'atmosphère; on a vu, en effet, que la chaux éteinte contenait, avant qu'elle eût été soumise à l'appareil distillatoire, 3 onces 2 gros 54 grains $\frac{1}{2}$ de matière attirée de l'atmosphère; elle n'a perdu par la distillation qu'une once 7 gros 40 grains: c'est donc une once 3 gros 14 grains $\frac{1}{2}$ que le degré du feu employé n'avait pu en séparer. M. Duhamel avait observé la même chose dans un mémoire sur la chaux, lu à l'Académie des

Sciences en 1747, et qui se trouve dans le recueil de cette année; je rendrai compte incessamment de ses expériences; je n'ai différé jusqu'ici d'en parler que pour ne point interrompre le fil de ce que j'ai à dire sur l'historique de l'air fixe.

Cette circonstance singulière a engagé M. de Smeth à répéter cette expérience dans des vaisseaux ouverts : il a mis, à cet effet, dans un creuset, les 4 onces qui lui restaient de cette même chaux qui s'était éteinte d'elle-même à l'air; elle devait contenir, dans la proportion ci-dessus, 8 gros 47 grains de matière attirée de l'atmosphère : cependant cette chaux ayant été poussée à un feu très-violent dans un fourneau à vent, elle n'a reperdu que 7 gros 36 grains; d'où il suit qu'elle avait encore conservé 1 gros 11 grains de la matière qu'elle avait attirée de l'atmosphère. Cette chaux, exposée de nouveau à l'air, a repris une augmentation de poids de 4 gros 28 grains.

M. de Smeth conclut de ces expériences, 1° que la chaux attire de l'atmosphère une substance qu'il n'est plus possible d'en chasser; 2° que c'est à l'eau seule qu'elle doit la plus grande partie de l'augmentation de poids qu'elle acquiert à l'air, et que ce dernier fluide n'y concourt pas sensiblement par la combinaison de sa propre substance. Il pense, avec M. Szalhmar, qu'il en est de même de l'augmentation de poids du pyrophore, qu'elle n'est également due qu'à la seule humidité. Il est aisé de voir que ces assertions sont directement contraires au système de M. Black, et à celui de ses disciples.

Après quelques réflexions sur la manière dont l'air existe dans l'eau, et sur la cause de l'ébullition de ce fluide, M. de Smeth entreprend de prouver que si les alkalis caustiques ne font point d'effervescence avec les acides, il est probable que ce n'est point au défaut d'air ou de matière élastique qu'on doit attribuer ce phénomène, et voici la manière dont il raisonne.

« M. Black et les partisans de l'air fixe prétendent « que les alkalis caustiques ne font plus d'effervescence « avec les acides, parce que la chaux, qui est très-avide « d'air fixe, les a dépouillés de celui qu'ils contenaient. « Si ce principe était vrai, il s'ensuivrait nécessaire« ment deux choses : 1° que les alkalis caustiques de« vraient manquer entièrement de la matière propre à « l'effervescence ou à l'ébullition; 2° qu'en leur rendant « une quantité suffisante d'air, ils devraient recouvrer « sur-le-champ la propriété de faire effervescence : or « l'expérience, ajoute M. de Smeth, démontre que ces « deux conséquences du système de M. Black sont éga« lement fausses »; et c'est ce qu'il entreprend de prouver par les expériences qui suivent.

Ire Expérience. Il a placé sous le récipient d'une machine pneumatique, de l'esprit volatil de sel ammoniac tiré par la chaux; à l'appareil était joint un baromètre d'épreuve construit de manière que le mercure s'élevait dans le baromètre à chaque coup de piston, au lieu de descendre comme dans les machines pneumatiques usitées en France : dès que le mercure fut arrivé à la hauteur de 25 pouces, l'esprit volatil commença à bouillir très-vivement.

IIe Expérience. Ayant répété la même expérience avec de l'alkali volatil ordinaire, tiré du sel ammoniac par l'alkali fixe, et ayant fait même un vide beaucoup plus parfait, il n'a eu que quelques bulles presque imperceptibles.

IIIe Expérience. Il a mis sous le récipient de la lessive des savonniers. Dès que le mercure fut arrivé à 19 pouces, elle commença à donner quelques bulles : ces bulles insensiblement devinrent semblables à des perles; elles ne venaient cependant pas crever à sa surface; mais lorsque le mercure fut parvenu jusqu'à la hauteur de 28 pouces $\frac{3}{4}$, elles devinrent beaucoup plus grosses, et elles parvenaient jusqu'à la surface sans cependant la soulever; il y en avait un grand nombre qui demeuraient attachées aux parois intérieures du vase.

IVe Expérience. Les alkalis ordinaires quelque long temps qu'on les ait tenus dans le vide, n'ont jamais laissé échapper la moindre bulle, à moins qu'on ne les eût fortement échauffés.

M. de Smeth conclut de ces expériences, que les alkalis caustiques ont plus de dispositions à l'ébullition que les alkalis ordinaires : mais il est aisé de s'apercevoir qu'il suppose que la propriété de faire effervescence dépend du même principe qui fait bouillir les liqueurs, ce qui n'est pas prouvé : j'aurai occasion au surplus de revenir quelque jour sur cet article.

M. de Smeth cherche à prouver ensuite que l'intromission de l'air dans les alkalis caustiques ne leur rend point la propriété de faire effervescence avec les acides : il a fait souder, pour le prouver, à une grosse boule de thermomètre, deux tubes de verre recourbés; il a empli la boule d'alkali volatil caustique, et a soufflé par l'un des tubes de manière à faire bouillonner l'air dans la liqueur; mais, quoiqu'il ait continué long-temps cette épreuve, l'alkali n'a pas acquis la propriété de faire effervescence.

Il a essayé de tenir l'alkali caustique fixe et volatil dans la machine à condenser l'air, décrite dans la *Physique* de Gravesande, et il n'a point observé qu'ils éprouvassent de changement (1).

M. de Smeth conclut de ces expériences que la qualité non effervescente des alkalis caustiques vient plutôt d'une substance ajoutée que d'une substance retranchée ; à moins, ajoute-t-il, que la chaux ne leur enlève une chose, et ne leur en ajoute une autre, sur quoi il pense qu'il est très-difficile de prononcer.

M. de Smeth a aussi répété la plupart des expériences de M. Macbride sur l'effet produit sur l'eau de chaux et sur les alkalis caustiques, l'émanation des matières fermentantes ou des matières en effervescence; mais il a substitué à l'appareil de M. Macbride une simple cucurbite de verre, surmontée d'un chapiteau tubulé : il met dans le fond de la cucurbite de la craie ou des sels alkalis; il verse dessus par la tubulure, au moyen d'un entonnoir, un acide quelconque, et rebouche promptement la tubulure; enfin il lie à l'extrémité du bec du chapiteau une fiole dans laquelle il met de l'eau de chaux, l'alkali caustique et les autres matières qu'il veut exposer à l'émanation des matières en effervescence ou en fermentation.

De l'alkali volatil exposé, dans cet appareil, à l'émanation d'une effervescence occasionée par la dissolution d'un alkali fixe, soit dans l'acide vitriolique, soit dans

(1) On voit que M. de Smeth suppose ici que le fluide élastique qui donne aux alkalis fixes et volatils la propriété de faire effervescence, est le même que celui que nous respirons, ce qui est contraire à sa propre opinion, ainsi qu'on va le voir dans un moment.

l'acide nitreux, soit dans l'acide marin, a acquis également dans les trois cas la propriété de faire effervescence et a repris la forme concrète.

L'alkali fixe caustique est devenu effervescent dans le même appareil, mais il n'a pas cristallisé.

L'acide du vinaigre, combiné avec les différentes terres absorbantes, a produit le même effet.

La chaux vive ayant été substituée à la terre calcaire, sa combinaison avec les acides n'a point rendu aux alkalis caustiques la propriété de faire effervescence, et ne les a point fait cristalliser.

M. de Smeth a répété ces mêmes expériences avec du sucre et de l'eau qu'il avait mis à fermenter dans la même cucurbite; il a employé une autre fois de la farine de seigle étendue dans une certaine quantité d'eau : l'émanation qui se dégageait pendant que la fermentation était dans sa force, produisait précisément les mêmes effets que celle des mélanges effervescens.

Toutes les fois que l'alkali volatil caustique a été soumis à cette épreuve, il s'est toujours fait, dans la partie supérieure de la bouteille qui le contenait, des concrétions d'alkali volatil de différentes formes et en végétation; on voyait paraître de ces mêmes concrétions dans la liqueur même; et si la fermentation était vigoureuse, en deux ou trois heures l'opération était achevée et l'alkali volatil adouci.

M. de Smeth a encore observé que, dans cette même expérience, il s'élevait constamment de l'alkali volatil caustique un petit nuage qui se dirigeait vers le bec de l'alambic; qu'on observait en même temps un mouvement intestin dans la liqueur, proportionnel à peu près à l'épaisseur du nuage, et qui semblait se diriger vers le haut. Les cristaux d'alkali volatil, que l'on obtient dans ces différentes opérations, se sèchent aisément à l'air sur du papier à filtrer, et leur odeur n'est presque plus pénétrante.

Lorsque la fermentation est à sa fin, la vapeur élastique peut encore rendre aux alkalis caustiques la propriété de faire effervescence, mais elle n'a plus la force de les faire cristalliser.

L'eau de chaux, exposée aux mêmes épreuves, se trouble, et la chaux qu'elle contient se précipite.

M. de Smeth a essayé de faire putréfier de la viande dans le même appareil, et l'émanation qu'il a obtenue a de même précipité la chaux, et rendu aux alkalis la propriété de faire effervescence; les effets ont été seulement un peu plus lents. Quant à la propriété de faire cristalliser ces sels, il ne lui a pas été possible d'en juger, attendu qu'il s'élève des matières animales fermentantes des vapeurs humides qui auraient dissous le sel, dans la supposition même où il aurait dans été la disposition de cristalliser.

M. de Smeth se propose de prouver ensuite que les émanations élastiques, qui se dégagent des matières fermentantes et des effervescences, diffèrent essentiellement de l'air de l'atmosphère. Je vais exposer en peu de mots les différences principales qui caractérisent, suivant lui, ces émanations.

Premièrement, l'émanation des effervescences et des fermentations rend aux alkalis caustiques la propriété de faire effervescence avec les acides et fait cristalliser les alkalis volatils; or, l'air de l'atmosphère, dans les mêmes circonstances, ne produit pas les mêmes effets.

Secondement, l'air de l'atmosphère soutient, nourrit,

excite le feu; il concourt même si essentiellement à la flamme, qu'elle ne peut exister sans lui : l'air des effervescences, au contraire, et celui de la fermentation, est ennemi de la flamme et l'éteint sur-le-champ. M. de Smeth s'est assuré de ce fait par un grand nombre d'expériences; cette observation, d'ailleurs, est connue de tous ceux qui fabriquent du vin; on sait que les lumières s'éteignent sur-le-champ dans les celliers où cette liqueur fermente, lorsque l'air n'est pas suffisamment renouvelé.

Troisièmement, l'air de l'atmosphère n'est pas moins nécessaire à l'entretien de la vie des animaux; celui au contraire de la fermentation leur est tellement nuisible, qu'il fait périr, comme un poison subtil, ceux qui le respirent en assez grande abondance, et c'est encore par cette cause qu'il arrive de fréquens accidens dans les celliers, quand on les ferme trop tôt après la vendange; aussi a-t-on soin de n'y entrer qu'avec précaution, même d'y descendre une lumière auparavant.

L'air qui émane des effervescences n'est pas moins funeste aux animaux que celui des fermentations; il en diffère cependant en ce qu'il n'occasione pas d'ivresse comme ce dernier, et en ce qu'il ne communique pas au corps la même vigueur, lorsqu'il est pris en petites doses.

Quatrièmement, l'air de l'atmosphère favorise la putréfaction plutôt qu'il ne l'arrête; l'émanation au contraire des fermentations, de même que celles des effervescences, est un puissant antiseptique, comme Boyle l'a reconnu le premier, comme M. Cotes l'a enseigné dans ses leçons, et comme M. Macbride l'a depuis confirmé par de nombreuses expériences.

Cinquièmement, l'émanation de la fermentation est quelquefois merveilleusement élastique; mais cette élasticité même n'est pas constante. Elle est d'abord très-considérable; elle languit ensuite; enfin, elle devient tout-à-fait nulle: il en est de même à peu près de l'émanation des effervescences. Quoique la cause de ces différences ne soit pas bien connue, on peut néanmoins la comparer à celle de l'eau, qui, tantôt réduite en vapeurs, se dilate à un point singulier par la chaleur, et présente des phénomènes semblables à ceux de l'air, tantôt refroidie et condensée, se réduit en une simple goutte d'eau.

Sixièmement, l'émanation de la fermentation est beaucoup plus subtile que l'air, elle passe à travers des corps qui lui auraient opposé un obstacle impénétrable : M. de Smeth n'a pu la retenir par le moyen du lut; une vessie mouillé, liée au gouleau d'un vase qui contenait une matière en fermentation, ne s'est point enflée pendant le plus grand mouvement, quoiqu'il fût cependant certain, par d'autres expériences, qu'il se dégageait beaucoup de fluide élastique.

De toutes ces expériences et des réflexions qui les accompagnent, M. de Smeth conclut que c'est très-improprement qu'on a donné le nom d'*air fixe* à l'émanation de la fermentation et des effervescences; que cette substance est connue depuis long-temps, qu'elle a été observée par Van Helmont sous le nom de *gas*, par Boyle sous le nom d'*air factice*, et par les anciens sous le nom d'*æstus;* que c'est elle qu'on a voulu désigner par l'air dangereux de l'Averne, par le souffle empesté des Furies; que c'est à elle qu'on doit rapporter la cause des funestes effets de la grotte du Chien, et de quelques autres lieux souterrains.

Enfin M. de Smeth conclut que l'air fixe, ou le *gas*, n'est pas une seule et même substance; qu'il est au contraire très-varié, très-multiplié et très-différent de lui-même; que loin d'être un élément particulier, un être simple dans le sens que les chimistes donnent à ce mot, cette substance, au contraire, n'existait pas primitivement dans le corps dont elle se dégage, que c'est un *miasme* formé du *detritus*, de la collision de toutes les parties solides et fluides; que c'est pour cela qu'il ne se produit jamais que dans les cas où les corps essuient des mouvemens intestins violens, des chocs tumultueux, lorsque leurs parties s'arc-boutent les unes contre les autres, s'altèrent, se brisent, s'atténuent, comme dans la fermentation, les effervescences, la combustion, etc. M. de Smeth croit en conséquence qu'on doit distinguer:

Gas vinificationis,
Gas acetificationis,
Gas septicum,
Gas salinum seu effervescentiarum,
Gas aquæ et terræ seu subterraneum.

Il n'assigne guère au surplus, pour autoriser ces distinctions, que les odeurs, à l'exception cependant du *gas vinificationis*, qui produit sur l'économie animale des phénomènes particuliers.

M. de Smeth examine ensuite en peu de mots l'opinion de ceux qui pensent que l'air fixe est le lien universel des élémens, le ciment des corps. On conçoit aisément, d'après ce qui vient d'être exposé, que cette opinion n'est pas la sienne. Il ne nie pas que l'air fixe ne soit un antiseptique, mais il ne s'ensuit pas pour cela, suivant lui, ni que l'air fixe existât dans le corps dont il a été dégagé, ni qu'il y contribuât à la cohésion de ses parties et à leur état de salubrité : il observe d'ailleurs que la vertu antiseptique n'est pas particulière à l'air fixe; que tous les produits de la fermentation jouissent des mêmes propriétés; que le tartre, le vinaigre, l'esprit de vin, sont antiseptiques à un degré aussi éminent que l'air fixe; enfin il ajoute qu'on pourrait appliquer à l'esprit de vin tout ce que les disciples de M. Black disent de l'air fixe; qu'on pourrait soutenir par les mêmes argumens qu'il est le ciment des corps, le lien des élémens, ce qui cependant serait absurde.

M. Macbride avait trouvé un nouvel argument en faveur de l'air fixe, dans la manière d'agir des astringens; leur vertu antiseptique ne venait, suivant lui, que de la propriété qu'ils ont de resserrer les pores des corps, lorsqu'ils se putréfient, et de contrarier, par ce moyen, le dégagement de l'air fixe qui tend à s'échapper : M. de Smeth réfute cet argument, et prétend que nous sommes trop éloignés de connaître la manière d'agir des astringens, pour qu'il soit possible d'en tirer la plus faible induction.

De tout son ouvrage, M. de Smeth conclut que la doctrine de l'air fixe n'est appuyée que sur des fondemens incertains et débiles; que de la manière dont elle est présentée par ses partisans, elle ne peut soutenir un examen sérieux, et qu'elle ne sera que l'opinion du moment.

A cet examen du système de M. Black, M. de Smeth ajoute deux observations intéressantes sur l'air des puits d'Utrecht, et sur celui qui émane des charbons qui brûlent.

Les puits d'Utrecht ont entre 8 et 20 pieds de profondeur : on a coutume d'y établir des pompes pour en tirer l'eau; on les recouvre ensuite d'une espèce de voûte. Lorsqu'au bout d'un certain temps, on ouvre ces puits, pour quelque cause que ce soit, il faut les laisser découverts pendant plus de douze heures avant que d'y descendre; quiconque y descendrait plus tôt s'exposerait à périr sur-le-champ. L'air de ces puits éteint les chandelles, comme celui qui a été tiré d'une effervescence ou d'une fermentation; il précipite de même la chaux de l'eau de chaux et la change en terre calcaire; en un mot, il a toutes les propriétés de ce qu'on appelle air fixe: l'eau qu'on tire de ces puits n'en est cependant pas moins salubre.

M. de Smeth a de même éprouvé que l'air qui a passé à travers les charbons ardens avait beaucoup de propriétés communes avec l'air fixe, il précipite l'eau de chaux, et rend aux alkalis la propriété de faire effervescence avec les acides. M. de Smeth donne les moyens de faire la combinaison de cet air avec différentes substances, dans le vide de la machine pneumatique, et il observe que, quand on emploie l'alkali volatil caustique, on aperçoit, dans l'instant où l'air des charbons entre dans le récipient, une gerbe de fumée très-considérable qui s'élève de l'alkali volatil.

Il ne sera pas difficile de s'apercevoir, d'après le compte qui vient d'être rendu de l'ouvrage de M. de Smeth, qu'il a cherché à embrasser une opinion mitoyenne entre celle de M. Black et celle de M. Meyer: mais que son système, en même temps, n'est pas toujours d'accord avec ses propres expériences. Son traité, au surplus, est clair, méthodique et bien écrit. Ses expériences sont bien faites, et la plus grande partie sont exactes et vraies; je parle, au moins, de celles que j'ai eu occasion de répéter, et c'est le plus grand nombre.

CHAPITRE XV.

Recherches de M. Priestley sur différentes espèces d'air.

Il ne me reste plus, pour remplir l'objet que je me suis proposé dans cette première partie, qu'à rendre compte de la suite nombreuse d'expériences communiquée l'année dernière à la Société royale de Londres, par M. Priestley (1). Ce travail peut être regardé comme le plus pénible et le plus intéressant qui ait paru depuis M. Hales, sur la fixation et sur le dégagement de l'air. Aucun des ouvrages modernes ne m'a paru plus propre à faire sentir combien la physique et la chimie offrent encore de nouvelles routes à parcourir.

Le traité de M. Priestley n'étant, en quelque façon, qu'un tissu d'expériences, qui n'est presque interrompu par aucun raisonnement, un assemblage de faits, la plupart nouveaux, soit par eux-mêmes, soit par les circonstances qui les accompagnent, on conçoit qu'il est peu susceptible d'extrait : aussi serai-je obligé de le suivre pas à pas dans l'exposé que je vais faire de ses travaux,

(1) Ces expériences de M. Priestley ont été publiées en anglais à la fin de l'année 1772; il y avait déjà du temps que je m'occupais du même objet, et j'avais annoncé dans un dépôt fait à l'Académie des Sciences, le 1er novembre 1772, qu'il se dégageait une énorme quantité d'air des réductions métalliques;

et mon extrait se trouvera-t-il presque aussi long que son traité.

ARTICLE PREMIER.

De l'air fixe.

M. Priestley examine d'abord l'air fixe proprement dit, celui qui est le produit de la fermentation spiritueuse, ou d'une effervescence quelconque. Les brasseries lui ont offert un moyen simple et facile de se procurer une grande quantité de cet air dans un état de pureté presque parfait : il en règne constamment une couche de neuf pouces d'épaisseur sur les cuves où la bière fermente, et comme il se trouve continuellement renouvelé par celui que fournit la bière, il est peu mêlé, dans cette épaisseur, avec l'air du voisinage.

Cet air, suivant les expériences de M. Black, est plus lourd que celui de l'atmosphère, et c'est sans doute par cette raison qu'il demeure, en quelque façon, attaché à la surface de la bière, sans s'en séparer; c'est également en vertu de son excès de pesanteur qu'on peut le transporter d'une chambre à l'autre dans un bocal ouvert, pourvu que l'ouverture soit dirigée vers le haut; l'air fixe, pendant les premiers momens, ne se mêle que très-peu avec l'air de l'atmosphère. Quoique cet excès de pesanteur semble assez bien établi d'après ces expériences, M. Priestley en rapporte, en même temps, d'autres qui paraîtraient propres à faire prendre une opinion contraire. En effet, on peut, suivant lui, mettre une lumière dans un bocal plein d'air de l'atmosphère, et dont l'ouverture est dirigée en en-haut, le plonger ensuite dans une atmosphère d'air fixe, et la lumière continue de brûler. L'air fixe, dans cette expérience, ne déplace donc pas l'air de l'atmosphère ; il n'est donc pas plus lourd : si, au contraire, au lieu de placer l'ouverture du bocal en en-haut, on la place en en-bas, quand bien même on emploierait un vaisseau à col étroit, les deux airs se mêlent à l'instant. En supposant que ces expériences ne prouvent pas un excès de pesanteur dans l'air de l'atmosphère, on peut en conclure au moins qu'ils approchent bien près d'être équipondérables, et c'est ce que les expériences de M. Hales sur l'air dégagé du tartre, et celles de M. Bucquet sur celui des effervescences, semblent avoir confirmé.

M. Priestley a également observé qu'une chandelle, un charbon, un morceau de bois rouge et embrasé, s'éteignent à l'instant, lorsqu'on les plonge dans l'atmosphère d'air fixe qui occupe la surface d'une cuve de bière en fermentation : mais ce qui est de plus remarquable, c'est que cet air semble retenir la fumée ; cette dernière nage à la surface sans s'en séparer ; elle y forme une couche très-unie dans sa partie supérieure, mais raboteuse par-dessous, et dont des portions semblent pendre assez avant dans l'atmosphère d'air fixe.

La fumée de la poudre à canon a cela de particulier, qu'elle s'incorpore en entier avec l'air fixe, et qu'il ne s'en échappe aucune portion dans l'air de l'atmosphère.

M. Priestley a observé encore que l'air fixe de la bière se combine aisément avec la vapeur de l'eau, à celle des résines, du soufre et des substances électriques par frottement; mais ces atmosphères ne deviennent point électriques par l'approche du fil de fer d'une bouteille chargée d'électricité.

Peu de temps avant la publication de l'ouvrage dont je rends compte ici, M. Priestley avait fait imprimer une petite brochure sur la manière d'imprégner l'eau d'air fixe, et de lui communiquer les propriétés des eaux acidules ou aériennes qui se rencontrent assez fréquemment dans la nature. Son procédé consistait à recevoir dans une vessie l'air produit par l'effervescence de l'acide vitriolique et de la craie; à le faire passer, à l'aide d'un siphon de verre, dans une bouteille pleine d'eau, renversée dans un vase également plein d'eau; et à agiter fortement la bouteille: l'eau, par cette opération, absorbe presque tout l'air fixe introduit dans la bouteille; et en en faisant passer plusieurs fois de nouveau, on parvient à lui en unir une quantité à peu près égale à son volume. M. Priestley donne ici un moyen plus simple encore d'opérer cette même union; il ne s'agit que de placer un vase ouvert, rempli d'eau, dans l'atmosphère d'air fixe d'une cuve de bière en fermentation, elle y devient en peu de temps semblable aux eaux aérées. On accélère la combinaison en versant l'eau d'un vase dans un autre, sans la sortir de cette même atmosphère; en quelques minutes, on parvient par ce procédé à la charger de deux fois son volume d'air. On peut encore produire le même effet en remplissant un bocal d'air fixe dans une brasserie, et en le renversant dans une jatte pleine d'eau; insensiblement l'eau absorbe et dissout l'air fixe, et monte à mesure dans le bocal : cette méthode est très-commode pour unir l'air fixe à toute sorte de liqueurs; on peut s'en servir pour redonner de la force aux vins épuisés et aux liqueurs spiritueuses qui faiblissent.

L'eau, d'après les expériences de M. Priestley, ne peut absorber la totalité de l'air dégagé d'une effervescence ou d'une fermentation : quelque pur qu'il soit, il reste une portion dans laquelle les corps enflammés ne peuvent brûler, mais qui peut servir cependant à la respiration des animaux.

On a déjà vu, d'après les expériences de M. Hales, qu'un mélange de soufre et de fer placé sous une cloche de verre renversée, diminuait le volume de l'air qui y était renfermé. M. Priestley a observé que la même diminution avait lieu lorsqu'on employait l'air fixe au lieu d'air ordinaire; et ce qu'il y a de plus merveilleux, c'est que l'air fixe qui a ainsi diminué de volume, ne paraît plus être nuisible aux animaux, ni différer de l'air commun. M. Priestley croit pouvoir conclure de ces observations que l'air fixe peut redevenir air ordinaire en lui rendant du phlogistique.

M. Priestley a aussi répété la plus grande partie des expériences de M. Cavendish sur la vertu dissolvante de l'eau imprégnée d'air fixe; il a observé, comme lui, qu'elle dissolvait aisément le fer, qu'elle ne dissolvait pas complètement le savon, qu'elle changeait en rouge la teinture bleue du tournesol. Cette dernière observation semblerait annoncer qu'elle contient quelques portions d'acide; on verra cependant, dans la suite, des expériences qui contredisent cette opinion. L'eau, ainsi imprégnée d'air fixe, le laisse échapper aisément par la chaleur, par la congélation, et dans le vide de la machine pneumatique.

M. Priestley a été curieux de connaître par lui-même l'effet de l'air fixe sur les animaux : ceux qui le respirent meurent sur-le-champ; il a remarqué que leurs poumons étaient blancs et affaissés, et il n'a pu apercevoir en eux aucune autre cause de mort. Les insectes, comme les papillons, les mouches, perdent bientôt le mouvement dans l'air fixe; ils paraissent morts, mais on peut aisément les rappeler à la vie, en les exposant à un courant d'air ordinaire. L'effet est à peu près le même sur les grenouilles. Les limaçons, au contraire, y périssent sur-le-champ sans retour.

L'air fixe n'est pas moins funeste aux végétaux qu'aux animaux : un jet de menthe aquatique, placé dans l'atmosphère d'une cuve de bière en fermentation, est mort au bout d'un jour; des roses rouges y ont pris une couleur de pourpre en vingt-quatre heures; mais la couleur de la plupart des autres fleurs n'en a pas été altérée.

M. Priestley, après avoir dégagé l'air fixe de la craie par sa combinaison avec les acides, a essayé de le dégager par le feu; il s'est servi, à cet effet, d'un canon de fusil. La moitié de l'air qu'il a obtenu par ce procédé était susceptible de se combiner avec l'eau, l'autre moitié était inflammable.

ARTICLE II.

De l'air dans lequel on a fait brûler des chandelles ou du soufre.

Après avoir examiné les propriétés de l'air dégagé des corps, soit par l'effervescence, soit par la fermentation, M. Priestley rend compte des expériences qu'il a faites sur des portions de l'air de l'atmosphère qu'il a renfermées sous des cloches de verre, et dans lesquelles il a fait brûler des chandelles ou du soufre.

L'air, ainsi renfermé, diminue environ d'un quinzième ou d'un seizième de son volume, et cette diminution n'est, suivant M. Priestley, que le tiers de celle qu'on peut opérer, soit par la respiration des animaux, soit par la corruption des matières animales ou végétales, soit enfin par la calcination des métaux, ou par le mélange de soufre et de limaille de fer. Une circonstance singulière, et qui pourrait jeter quelque jour sur ce phénomène, c'est que cette diminution n'a pas toujours lieu sur-le-champ; on est quelquefois obligé, pour l'opérer, de laver plusieurs fois l'air, de l'agiter avec de l'eau; la partie fixe s'y combine, et ce n'est qu'alors que la diminution a lieu.

Cette diminution, suivant M. Priestley, est encore presque nulle quand l'opération se fait sous une cloche plongée dans du mercure, parce qu'il ne se trouve alors aucune substance en état d'absorber l'air.

Ces expériences de M. Priestley confirment ce que M. Hales avait soupçonné, c'est-à-dire que l'air renfermé sous une cloche, ne diminue pas de volume en proportion de la quantité de soufre qu'on y brûle; M. Priestley fait voir que cette diminution a des bornes au-delà desquelles elle ne peut plus avoir lieu, et que toutes les fois qu'on emploie une quantité suffisante de soufre, elle est toujours proportionnellement la même, en raison de la grandeur du récipient.

L'air de l'atmosphère, renfermé sous une cloche, acquiert la propriété de se combiner avec l'eau de chaux, et de précipiter la chaux, soit qu'on y ait allumé une chandelle ou une bougie, soit qu'on y ait brûlé de l'esprit de vin, de l'éther ou toute autre substance, à l'exception du soufre : encore M. Priestley pense-t-il que cette différence ne vient que de la vapeur acide du soufre qui s'unit à la chaux, qui la dissout, et qui l'empêche de se précipiter.

M. Hales, dans sa *Statique des végétaux*, attribue les diminutions du volume de l'air à la perte de son élasticité : dans ce cas, l'air, ainsi réduit, devrait avoir acquis une pesanteur spécifique plus grande qu'il n'avait auparavant; cependant M. Priestley croit au contraire pouvoir assurer qu'il devient sensiblement plus léger : d'où il conclut que c'est la partie fixe de l'air, la partie la plus pesante qui se précipite.

Tout le monde sait qu'une bougie ou une chandelle allumée, placée sous un récipient, ne peut y brûler long-temps: elle s'y éteint; et si l'on essaie d'en placer de nouvelles, elles s'y éteignent encore à l'instant. M. de Saluces, dans les Mémoires de Turin, tome Ier, pag. 41, attribue cet effet à la dilatation causée par la chaleur, et il prétend qu'en comprimant l'air dans les vessies, on parvient à le rétablir. M. Priestley convient de la vérité de cette expérience, mais il en nie les conséquences: il prétend que ce n'est point à la compression seule qu'est dû cet effet, parce que l'expérience ne peut réussir que dans des vessies; et il assure avoir tenté en vain de produire une compression assez forte dans des vaisseaux de verre, sans que la qualité de l'air en ait été restituée. M. Priestley apporte une autre expérience à l'appui de celle-ci. Il a essayé de faire passer de l'air très-chaud sous un récipient, et d'y placer une chandelle, il n'a pas aperçu qu'elle y brûlât moins bien que dans l'air froid. L'extinction des bougies et des chandelles enfermées sous une cloche ne tient donc pas seulement à la dilatation de l'air.

Les animaux, d'après les expériences de M. Priestley, vivent aussi long-temps dans l'air où on a allumé une chandelle que dans l'air ordinaire; il en est de même de celui dans lequel on fait brûler du soufre, pourvu qu'on ait laissé aux vapeurs le temps de se déposer. Cet air n'est pas non plus nuisible aux végétaux : M. Priestley y a entretenu différentes espèces de plantes; elles y ont peu souffert; ce qu'il y a de plus remarquable, c'est que l'air ensuite s'est trouvé rétabli dans l'état d'air ordinaire, et les chandelles y ont brûlé de la même manière.

ARTICLE III.

De l'air inflammable.

M. Priestley indique d'abord la méthode dont il s'est servi pour obtenir de l'air inflammable: c'est la même que celle décrite par M. Cavendish dans les Transactions philosophiques: elle consiste à faire dissoudre du fer, du zinc, de l'étain, et surtout des deux premiers, dans l'acide vitriolique, et à rassembler, soit par le moyen de vessies, ou autrement, l'air ou plutôt le fluide élastique qui s'en dégage. Par rapport aux substances végétales et animales, ou au charbon de terre, M. Priestley s'est servi, pour en dégager l'air inflammable, d'un canon de fusil auquel il a adapté un tuyau de verre ou de pipe, à l'autre extrémité duquel il avait lié une vessie.

La quantité d'air inflammable qu'on obtient dans cette opération, dépend très-essentiellement du degré de chaleur qu'on emploie; une chaleur vive et subite en procure six à sept fois davantage qu'une chaleur graduée, à quelque violence qu'on la porte à la fin de l'opération.

Un copeau de chêne de dix à douze grains, donne communément un volume d'air inflammable capable de remplir une vessie de mouton; mais c'est toujours en supposant que la chaleur ait été brusquée.

M. Priestley fait observer à cet égard que l'air qu'on obtient par les dissolutions est d'autant plus inflammable, que l'effervescence a été plus prompte; mais dans cette expérience, comme dans toutes les autres, M. Priestley s'est servi de vessies; et il faut avouer que cette circonstance est capable de jeter quelque incertitude sur ses résultats: les doutes qu'on pourrait former à cet égard, se trouvent même autorisés par plusieurs passages de son Mémoire; il convient, en effet, que l'air inflammable pénètre les vessies, le liège même, et qu'il n'y a d'autre façon de le conserver qu'en bouchant exactement les bouteilles qui le contiennent, et en les renversant ensuite le col en bas dans un vaisseau rempli d'eau.

Après avoir fait voir comment on peut obtenir de l'air inflammable et comment on peut le conserver, M. Priestley examine quelle est son action par rapport à l'eau; il remarque d'abord que, si on le conserve dans un bocal renversé dans une cuvette pleine d'eau, il dépose à la surface de cette eau une matière fixe d'un jaune d'ocre, s'il a été tiré par la moyen du fer, et blanche, s'il a été tiré du zinc.

Quoique la combinaison de cet air avec l'eau ne soit pas, à beaucoup près, aussi aisée que celle de l'air fixe, on peut néanmoins y parvenir par une forte agitation. Un quart environ de l'air inflammable est absorbé dans cette opération; si l'on prolonge très-long-temps l'agitation, l'air cesse d'être inflammable, et ce qui en reste ne paraît différer en rien de l'air commun.

L'air inflammable tiré du chêne a cela de particulier, que l'eau peut absorber moitié de son volume, mais il est probable que cette circonstance ne vient que du mélange d'une portion d'air fixe avec l'air inflammable; le résidu, au surplus, de cette expérience, comme dans la précédente, n'est que de l'air ordinaire.

M. Priestley n'a pas manqué d'examiner l'effet de l'air

inflammable sur les animaux et sur les végétaux; les premiers y éprouvent des mouvemens convulsifs qui les conduisent bientôt à la mort, à peu près de la même manière que lorqu'on les plonge dans l'air fixe. Quel que soit le nombre des animaux qu'on y fait ainsi périr, la qualité malfaisante de l'air n'est pas diminuée, et il a autant d'action sur le dernier que sur le premier. Quant aux végétaux, il ne paraît pas que l'air inflammable nuise à leur accroissement, cette dernière expérience a été faite sur celui tiré par la dissolution du zinc.

Ces différentes expériences ont conduit M. Priestley à penser que différentes espèces d'air, mêlées ensemble, pourraient se corriger l'une par l'autre; il a essayé, en conséquence, de mélanger l'air inflammable avec celui qui avait été respiré par les animaux, et il a observé que l'air qui en résultait n'était plus inflammable. Il n'en a pas été de même du mélange d'air inflammable avec l'air fixe; ces deux airs ont conservé la propriété de s'enflammer; ils paraissent même exercer si peu d'action l'un sur l'autre, qu'après être restés pendant trois ans ainsi mélangés, ils se sont aisément séparés par la simple agitation avec l'eau; tout l'air fixe a été absorbé, et la portion restante s'est trouvée aussi inflammable qu'elle l'était dans l'origine.

Il était naturel de penser que l'air inflammable était chargé de phlogistique; cependant il ne peut être absorbé ni par l'huile de vitriol, ni par l'esprit de nitre, malgré la grande analogie que ces acides ont avec le phlogistique; il ne se combine pas non plus avec les vapeurs de l'esprit de nitre fumant, et son inflammabilité n'est pas même diminuée.

ARTICLE IV.

De l'air corrompu ou infecté par la respiration des animaux.

L'air qui a été respiré quelque temps par des animaux a perdu la propriété d'entretenir la vie d'autres animaux. Lorsqu'un animal est mort dans cet air, et qu'on en substitue un autre à ce premier, il y périt à l'instant, et dès la première respiration. Il semblerait cependant que les animaux s'accoutument jusqu'à un certain point, à respirer cet air nuisible: M. Priestley a observé, en effet, que quand un animal a séjourné long-temps dans le même air, quoiqu'il s'y porte très-bien encore, si l'on y met un autre animal, ce dernier y périt sur-le-champ; cependant le premier continue d'y vivre pendant plusieurs minutes. Des animaux jeunes, toutes choses égales, résistent plus long-temps que les vieux à cette épreuve. Ces circonstances occasionent souvent des différences dans le résultat des expériences, de sorte qu'on ne peut compter sur rien de précis, à moins qu'on ne les ait répétées plusieurs fois.

L'air qui a servi ainsi à la respiration des animaux, n'est plus de l'air ordinaire; il s'est rapproché de l'état d'air fixe, en ce qu'il peut se combiner avec la chaux, et la précipiter sous forme de terre calcaire; mais il en diffère, 1° en ce que mêlé avec l'air commun, il en diminue le volume, au lieu que l'air fixe l'augmente; 2° en ce qu'il peut toucher à l'eau sans en être absorbé; 3° en ce que les insectes et les végétaux peuvent y vivre, tandis qu'ils périssent dans l'air fixe.

M. Priestley fait voir ensuite qu'il existe une analogie très-parfaite entre cet air et celui dans lequel on a tenu des animaux ou des végétaux en putréfaction ; tous deux éteignent la flamme des chandelles et font périr les animaux ; tous deux précipitent également l'eau de chaux ; enfin ils ont la même pesanteur, et l'un et l'autre peuvent être rétablis dans l'état d'air ordinaire par les mêmes moyens. M. Priestley conclut de cette analogie, que le principal usage des poumons dans les animaux, est de procurer l'évacuation d'une effluve putride, qui corromprait les corps vivans de la même manière qu'ils se corrompent quand ils sont morts.

M. Priestley a été curieux d'examiner la diminution qu'éprouvait le volume de l'air, soit par la corruption des matières animales, soit par la respiration des animaux. Il a fait corrompre une souris dans une quantité donnée d'air; son volume a augmenté pendant les premiers jours, mais il a diminué ensuite, et huit à dix jours après, par un temps chaud, la diminution s'est trouvée d'un sixième ou d'un cinquième. Quelquefois cette diminution ne devient sensible qu'après qu'on a fait passer cet air deux à trois fois à travers de l'eau ; il en est de même de l'air qui a été respiré par les animaux, et de celui dans lequel on a tenu des chandelles allumées; leur volume peut être diminué par les mêmes moyens.

M. Priestley a répété ces mêmes expériences, en employant du mercure à la place de l'eau : il a éprouvé une augmentation dans le volume de l'air pendant les premiers jours; elle était environ d'un vingtième, la variation ensuite a été nulle pendant deux jours; mais ayant introduit de l'eau dans la cloche, une partie de l'air a été absorbé, et son volume a diminué d'un sixième. Quand on emploie de l'eau de chaux dans cette expérience, elle se trouble et se précipite, ce qui annonce que cet air est en partie dans l'état d'air fixe.

Ayant mis de même des souris dans un vaisseau dont l'orifice était plongé dans du mercure, M. Priestley ne s'est point aperçu, lorsqu'elles ont été mortes, que l'air eût été beaucoup diminué; mais ayant retiré les souris et introduit de l'eau de chaux sous le vaisseau, le volume de l'air a diminué, et la chaux a été précipitée.

Jusque-là M. Priestley n'avait opéré que sur de l'air commun, corrompu par les effluves des matières animales putréfiées, ou, ce qui est la même chose, sur un mélange d'air commun et d'air dégagé par la fermentation putride. Il a cru devoir opérer sur ces effluves mêmes, sans aucun mélange d'air commun, et ses expériences lui ont présenté quelques phénomènes particuliers. Il a mis des souris mortes dans des vaisseaux pleins d'eau, il les a renversés dans des jattes ou cuvettes également remplies d'eau; elles ont produit une quantité considérable de matière élastique qui n'a point été absorbée par l'eau, mais qui lui a cependant communiqué une odeur infecte qui se faisait sentir au dehors. Il a fait la même expérience dans un vase rempli de mercure, et il a eu un dégagement considérable d'air qui fut absorbé par l'eau de chaux, de la même manière que l'aurait été de l'air fixe. Ces deux dernières expériences semblent contradictoires avec les précédentes: on a vu en effet, que la putréfaction des matières animales diminuait le volume de l'air commun dans lequel elles étaient enfermées; on voit ici, au contraire, une production considérable de matière élastique.

M. Priestley, pour accorder ces phénomènes, se persuade que l'effluve de la putréfaction est un air fixe mêlé avec une autre émanation, qui a la propriété de diminuer le volume de l'air commun, à mesure qu'elle se combine avec lui. Cependant l'expérience n'a pas confirmé cette conjecture; car ayant essayé de mélanger avec de l'air commun de l'air dégagé par la putréfaction, sans le concours de l'air commun, il n'a point éprouvé de diminution de volume.

On peut encore, suivant M. Priestley, faire varier tous ces phénomènes en variant les circonstances de l'expérience. Si l'on met, par exemple, un morceau de bœuf ou de mouton cuit ou cru sous un bocal renversé, rempli de mercure, et qu'on échauffe le mélange à un degré au moins égal à celui de la chaleur du sang; il se forme au bout d'un ou deux jours une quantité considérable d'air dont un septième environ est susceptible d'être absorbé par l'eau, le reste est inflammable. Une souris, dans la même circonstance et au même degré de feu, fournit une émanation putride qui éteint la flamme des bougies et des chandelles.

L'air produit par les végétaux, dans les mêmes circonstances, est presque tout fixe, et ne contient aucune partie inflammable. Le chou pourri, cuit ou cru, donne des produits semblables en tout à ceux qu'on obtient des matières animales.

La respiration des animaux, les fermentations, les combustions, enfin les effluves de toute espèce, corrompraient bientôt l'air de l'atmosphère, et le rendraient mortel à tous les animaux, si la nature n'avait un moyen de ramener l'air corrompu à l'état d'air commun. Cet objet a beaucoup occupé M. Priestley, et voici quel a été à peu près le résultat de ses expériences. Il a éprouvé d'abord qu'une simple agitation avec l'eau ne pouvait enlever à l'air ainsi infecté sa qualité nuisible, à moins que cette agitation ne fût très-long-temps continuée, circonstance qui ne peut se rencontrer dans l'ordre commun de la nature. Il a essayé ensuite de mélanger cet air avec celui dégagé du salpêtre qui détonne, avec la vapeur du soufre; il l'a soumis à l'épreuve de la chaleur, de la raréfaction, de la condensation; mais toutes ces tentatives ont été sans succès : un seul moyen lui a paru réussir, et ramener l'air à l'état de salubrité, et il soupçonne que ce moyen est celui de la nature : c'est la végétation des plantes. Il a fait, à cet égard, un grand nombre d'expériences, desquelles il résulte qu'en enfermant des plantes sous des cloches remplies d'air infecté, elles y végètent; et au bout de quelques jours, l'air est aussi propre que celui de l'atmosphère, à la respiration des animaux.

M. Priestley a aussi éprouvé que quatre parties d'air fixe mêlées avec une d'air corrompu, formaient un air propre à la respiration; mais, comme ce mélange ne s'est fait qu'à l'aide de plusieurs transvasions dans l'eau, il craint que ces transvasions mêmes n'aient autant et peut-être plus contribué à rendre l'air salubre, que le mélange d'air fixe.

M. Priestley avance encore dans cet article, que toute espèce d'air nuisible, soit qu'il ait été infecté par la respiration ou par la putréfaction, qu'il provienne de la vapeur des charbons allumés, qu'il ait servi à la calcination des métaux, qu'on y ait tenu pendant long-temps un mélange de soufre et de limaille de fer, ou de l'huile et du blanc de plomb, peut toujours être rendu salubre en l'agitant long-temps avec l'eau. Le volume de l'air diminue dans cette opération, lorsqu'on emploie de l'eau purgée d'air; il augmente, au contraire, quand on se sert d'eau de puits qui contient beaucoup d'air. Cette assertion générale semble contredire ce qu'avait annoncé M. Priestley dans un autre endroit, savoir que l'agitation avec l'eau ne suffisait pas pour dépouiller l'air corrompu de sa qualité nuisible.

ARTICLE V.

De l'air dans lequel on a mis un mélange de limaille de fer et de soufre.

On sait, d'après les expériences de M. Hales, qu'une pâte faite avec du soufre pulvérisé et de la limaille de fer humectée avec de l'eau, diminue considérablement le volume de l'air dans lequel elle est placée. M. Priestley a répété cette expérience sous des cloches plongées dans du mercure et dans de l'eau : la diminution a été égale dans les deux cas, mais il a observé qu'elle ne pouvait excéder le quart ou le cinquième du volume total de l'air contenu sous la cloche. L'air, ainsi diminué, est plus léger que l'air commun, mais il ne précipite pas l'eau de chaux.

M. Priestley attribue cette dernière circonstance à la vapeur acide qui s'est exhalée du mélange pendant l'opération, qui s'est combinée avec l'air, et qui dissout la chaux au lieu de la précipiter. La preuve qu'il en apporte, c'est que l'eau qui sert à cette opération, prend une odeur marquée d'esprit sulfureux volatil. Si, au lieu de faire cette expérience dans l'air ordinaire, on la fait dans de l'air qui a déjà été diminué, soit par la flamme des chandelles, soit par la putréfraction, la diminution est à peu près égale à celle qu'on aurait obtenue dans l'air commun.

Le même mélange, dans l'air inflammable, le diminue d'un neuvième ou d'un dixième; dans l'air fixe, comme on l'a dit plus haut, la diminution est égale à celle qui aurait eu lieu dans l'air ordinaire. M. Priestley a observé que l'air ainsi réduit, par un mélange de limaille de fer et de soufre, était très-nuisible aux animaux, et il ne s'est point aperçu que le contact de l'eau le rendît plus salutaire.

ARTICLE VI.

De l'air nitreux.

M. Priestley donne le nom d'air nitreux au fluide élastique qui se dégage des dissolutions de fer, de cuivre, de laiton, d'étain, d'argent, de mercure, de nikel dans l'acide nitreux, ainsi que de celle de l'or et de l'antimoine dans l'eau régale.

Cet air a une odeur forte, désagréable, et qui diffère peu de celle de l'esprit de nitre fumant; il a la propriété singulière de se troubler quand on le mêle avec l'air commun, de prendre une couleur rouge orangée foncée, et de produire une forte chaleur; en même temps le mélange diminue considérablement de volume.

M. Priestley prétend que c'est principalement à l'air commun qu'appartient cette diminution; qu'elle ne lui appartient point cependant en totalité, mais que l'air nitreux y contribue pour quelque chose. Il le prouve par la diminution plus ou moins grande qu'il a éprouvée dans le volume des deux airs, suivant les différentes proportions dans lesquelles il les a mélangés. Lors, par exemple, qu'il a mêlé une mesure d'air nitreux avec deux d'air commun, au bout de quelques minutes, et lorsque l'effervescence a été passée, le volume total, au lieu d'être de trois mesures, ainsi qu'il aurait dû l'être, en raison de la somme des volumes, ne s'est trouvé, au contraire, que de deux mesures moins un neuvième, c'est-à-dire moins d'un neuvième de mesure que la quantité d'air commun qu'il avait introduite dans le mélange. Lorsqu'au contraire il a employé plus d'air nitreux que d'air commun, il a résulté du mélange un volume moindre que les deux réunis, mais plus grand que n'était celui de l'air nitreux; ce qui paraît à M. Priestley ne pouvoir s'expliquer qu'en supposant la plus forte dimunition de la part de l'air commun.

M. Priestley a encore essayé de mêler vingt parties d'air nitreux avec une partie d'air commun; la diminution a été d'un quarantième, c'est-à-dire de moitié du volume de l'air commun : or comme on a vu plus haut que la diminution de l'air commun, dans tous les cas, n'excédait jamais un cinquième ou un quart tout au plus, il s'ensuit que tout l'excédant de la diminution doit être attribué à l'air nitreux.

La proportion de deux tiers d'air commun contre un tiers d'air nitreux, est à peu près celle qui donne le point de saturation. Si lorsqu'on est parvenu à ce point, on ajoute de nouvel air nitreux, il n'y a ni rougeur ni effervescence, et le volume total demeure exactement égal à la somme de chacun des deux en particulier.

Il y a toute apparence que l'eau qui sert à renfermer l'air sous la cloche, dans ce mélange, absorbe une portion de l'air; en effet, la diminution de volume est moindre, lorsqu'on substitue du mercure à l'eau. Deux parties d'air commun contre une d'air nitreux, donnent alors, par leur combinaison, deux parties et un septième, au lieu de deux parties moins un neuvième; si on introduit ensuite de l'eau sous l'appareil, elle absorbe quelques portions d'air, mais la diminution de volume ne va jamais aussi loin que si le mélange avait été fait originairement sur l'eau.

L'air nitreux ne fait aucune effervescence, ni avec l'air fixe, ni avec l'air inflammable, ni en général avec tout air qui ait été réduit par quelque moyen que ce soit; on ne remarque non plus alors aucune diminution de volume. Au contraire, plus l'air est salubre, plus la diminution de volume est considérable; et cette circonstance a fourni à M. Priestley un moyen sûr de reconnaître l'air salubre d'avec celui qui ne l'était pas: dès le moment de cette découverte, il a préféré cette épreuve à celle faite sur les animaux.

L'air nitreux est susceptible d'être absorbé par l'eau, surtout quand elle est purgée d'air; quant à la quantité de cette absorption, M. Priestley donne des résultats qui ne paraissent pas s'accorder exactement entre eux. Lorsque cet air a été une fois combiné avec l'eau, il est difficile de l'en séparer; elle donne quelques bulles dans le vide de la machine pneumatique; et quelque temps qu'on l'y laisse, elle conserve toujours le même goût. M. Priestley a cependant éprouvé que cette eau, chauffée pendant une nuit, prenait un goût fade, et qu'il s'en séparait une pellicule ou écume qui lui a paru être une portion de chaux fournie par le métal dont cet air avait été tiré. L'eau imprégnée d'air nitreux peut se conserver aisément dans des bouteilles, même sans être bouchées, et dans un endroit chaud; M. Priestley ne s'est jamais aperçu qu'il éprouvât la moindre altération.

On a vu plus haut qu'un mélange de soufre, de fer

et d'eau, diminuait d'un quart ou d'un tiers le volume de l'air dans lequel il était contenu : l'air nitreux fournit un moyen de pousser beaucoup plus loin cette diminution. Si sous la cloche qui renferme ce mélange on introduit une portion d'air nitreux, en une heure de temps, l'air commun se trouve réduit au quart de son volume. Il y aura effervescence visible dans ce mélange ; et la chaleur est si considérable, qu'il est impossible de tenir la main sur la cloche qui le contient. La portion d'air qui reste, ne diffère point de l'air commun dans lequel aurait été mis un mélange de soufre et de fer ; il n'est plus susceptible d'être diminué davantage ; cette dernière circonstance est commune à l'air ordinaire dont le volume a été réduit par l'air nitreux : il n'est plus susceptible d'être diminué par un mélange de fer et de soufre, quoique cependant ces deux matières s'y gonflent et s'y échauffent.

M. Priestley a essayé de mélanger de l'air nitreux avec de l'air inflammable. La flamme qu'il a obtenue avec cet air, a cela de particulier, qu'elle est de couleur verte ; cette circonstance tient, suivant M. Priestley, à la nature même de l'air, et ne dépend en rien du métal par le moyen duquel il a été extrait.

Un phénomène très-singulier et presque incroyable, c'est que l'air nitreux, soit qu'il soit seul, soit qu'il ait été combiné avec de l'air commun, conserve toujours une pesanteur spécifique sensiblement égale à celle de l'air de l'atmosphère ; M. Priestley, sur un volume de trois chopines, n'a jamais trouvé plus d'un demi-grain de différence, tantôt en plus, tantôt en moins. Comment concevoir cependant que deux fluides se pénètrent au point qu'il en résulte une diminution d'un tiers dans leur volume, sans que la pesanteur spécifique du mélange soit plus grande que n'était séparément celle de chacun des deux fluides ?

L'air nitreux est extrêmement funeste aux végétaux : soit que cet air soit pur, soit qu'il ait été mélangé avec l'air commun au point de saturation, les plantes qu'on y enferme, y périssent en peu de temps.

Les métaux calcinés dans cet air n'y opèrent aucun effet sensible. Enfin, M. Priestley a reconnu qu'il avait une vertu antiseptique beaucoup plus grande que l'air fixe, et qu'il pouvait préserver très-long-temps les chairs de la corruption.

M. Priestley termine cet article par une table de la quantité d'air inflammable qu'on peut obtenir des différens métaux; il en résulte que le laiton est celui de tous qui en donne le plus, ensuite le fer, enfin l'argent et le cuivre : les autres métaux en fournissent beaucoup moins.

ARTICLE VII.

De l'air infecté par la vapeur du charbon de bois.

M. Cavendish avait fait voir, dans un mémoire communiqué à la Société royale de Londres, et qui se trouve dans les Transactions philosophiques, qu'en faisant passer de l'air à travers un tuyau de fer rougi, qui contenait de la poussière de charbon, il diminuait environ d'un dixième de son volume; il avait encore observé qu'on obtenait de l'air fixe dans cette opération. M. Priestley a répété ces expériences, et ses résultats ont été les mêmes.

M. Priestley a varié cette même expérience en la répétant sous une cloche de verre à l'aide du foyer d'un verre ardent, et il est parvenu à produire une diminution d'un cinquième dans le volume de l'air; les quatre cinquièmes restans étaient en partie de l'air fixe, en partie de l'air inflammable. Ce qui est très-digne de remarque dans cette expérience, c'est que si le charbon qu'on emploie a été calciné par un feu très-vif, et capable de fondre en partie le creuset qui le contenait, il n'y a point de diminution sensible dans le volume de l'air dans lequel on le fait brûler. M. Priestley attribue cet effet à l'air inflammable qui se dégage du charbon dans ce dernier cas, et qui remplace la portion d'air absorbé. Il observe, à l'appui de cette explication, que le charbon qui a été médiocrement calciné, ne donne aucun vestige d'air inflammable. Si, au lieu d'opérer la combustion du charbon sur l'eau, on la fait sur du mercure, il n'y a plus de diminution dans le volume de l'air; on observe même quelque augmentation, soit en raison de l'air fixe qui se dégage, soit en raison de l'air inflammable, mais surtout en raison du premier. Lorsqu'on introduit ensuite de l'eau de chaux dans cet air, elle est précipitée sur-le-champ, et l'air se trouve diminué d'un cinquième; mais une circonstance singulière, c'est que le charbon que M. Priestley a employé dans cette expérience, et qui pesait exactement vingt-neuf grains, s'est trouvé exactement du même poids à la fin de l'opération.

Lorsque l'air a été réduit par la combustion du charbon, il éteint la flamme, il est funeste aux animaux dans le plus haut degré, il ne fait point d'effervescence avec l'air nitreux, il n'est plus susceptible de diminution, soit qu'on y brûle de nouveau du charbon, soit qu'on y mette un mélange de limaille de fer et de soufre, soit enfin par quelque autre moyen que ce soit.

ARTICLE VIII.

De l'effet que produisent sur l'air la calcination des métaux et les émanations de la peinture à l'huile avec la céruse.

D'après les expériences qu'on vient de voir sur la combustion du charbon, M. Priestley s'est cru en droit de soupçonner que la diminution du volume de l'air ne venait que de ce qu'il était plus chargé de phlogistique. La calcination des métaux lui offrait un autre moyen de produire un effet semblable, c'est-à-dire, suivant lui, d'obtenir une émanation de phlogistique. En conséquence, il suspendit des morceaux de plomb et d'étain dans des volumes donnés d'air, et fit tomber dessus le foyer d'un verre ardent. L'air, par cette opération, se trouva diminué d'un quart; la portion qui restait ne fermentait plus avec l'air nitreux, elle était pernicieuse aux animaux, comme l'air dans lequel on a brûlé du charbon, et elle n'était plus susceptible de diminuer par un mélange de soufre et de limaille de fer. Cet air lavé dans l'eau, y a perdu tout ce qu'il avait de pernicieux, et il s'est rapproché de beaucoup de l'air ordinaire. Soit que M. Priestley ait employé le plomb ou l'étain dans cette expérience, l'air restant lui a toujours paru le même. Il a observé que dans ces deux cas, il s'élevait des métaux une vapeur jaunâtre, dont partie s'attachait au haut du récipient, partie se déposait à la surface de l'eau.

Si, au lieu de renverser la cloche qui contient les métaux dans l'eau commune, on la renverse dans l'eau de chaux, elle n'est point précipitée; mais sa couleur, son odeur et sa saveur en sont considérablement altérées.

Enfin, si au lieu d'eau de chaux, on se sert de mercure, l'air ne diminue que d'un cinquième, au lieu de diminuer d'un quart : lorsque ensuite on a introduit de l'eau dans ce même air, on ne s'aperçoit pas qu'elle en absorbe aucune portion.

Il paraît que M. Priestley a essayé de calciner les métaux dans l'air inflammable, dans l'air fixe et dans l'air nitreux, sans pouvoir y parvenir ; mais il a observé qu'ils pouvaient encore se calciner dans un air où le charbon ne brûlait plus.

M. Priestley explique tous ces phénomènes par l'émanation du phlogistique ; cette substance qui se dégage du charbon qui brûle et des métaux qui se calcinent, se combine, suivant lui, avec l'air, et en diminue le volume ; l'eau ensuite agitée avec cet air, lui enlève le phlogistique, et l'air se trouve restitué dans son état naturel. Il présume encore que c'est en absorbant la surabondance du phlogistique, que la végétation corrige l'air qui a été rendu nuisible.

Ces réflexions ont conduit M. Priestley à l'explication de la cause des effets funestes que produit la peinture à l'huile nouvellement faite avec le blanc de plomb. Cette substance n'est, suivant M. Priestley, qu'une chaux de plomb imparfaite ; aussi en ayant peint plusieurs morceaux de papier, et les ayant placés sous un récipient, au bout de vingt-quatre heures, le quart ou le cinquième de l'air s'est trouvé absorbé ; ce qui en restait ressemblait en tout à celui dans lequel on a calciné des métaux : il ne faisait plus d'effervescence avec l'air nitreux ; il n'était plus susceptible de diminution par la combinaison d'un mélange de soufre et de limaille de fer, et il a été aisément rétabli par la simple agitation avec l'eau.

ARTICLE IX.

De l'air que l'on retire par le moyen de l'esprit de sel.

M. Priestley a éprouvé, d'après M. Cavensdish, que la dissolution du cuivre par l'esprit de sel, produisait une vapeur élastique. Il a reçu cette vapeur dans un vase renversé, plein de mercure et plongé dans du mercure; mais y ayant ensuite introduit de l'eau, presque tout a disparu, et il n'est resté qu'une portion d'air inflammable.

Cet air blanchit l'eau de chaux; mais M. Priestley ne pense pas que la couleur laiteuse soit due à la précipitation de la chaux, mais à quelque circonstance particulière qu'il n'a pas été à portée d'approfondir.

La dissolution du plomb dans l'acide marin présente les mêmes phénomènes: la vapeur élastique qui en résulte, quand elle touche à l'eau, diminue des trois quarts de son volume; le quart qui reste, est inflammable. Dans la dissolution de fer par l'esprit de sel, un huitième seulement de la vapeur élastique disparaît par le contact de l'eau. Dans celle d'étain, il en disparaît un sixième; et dans celle de zinc, un dixième seulement: l'air restant de celui tiré du fer donne une flamme verdâtre ou bleuâtre pâle. M. Priestley pense que cette vapeur est réellement absorbée par l'eau, et il se persuade même qu'il est un point de saturation au-delà duquel l'eau ne peut plus en recevoir davantage.

Il est évident, d'après les expériences mêmes de M. Priestley, que l'air, dont il est question dans cet article, n'est autre chose que de l'esprit de sel réduit en vapeurs; en effet, on obtient une vapeur élastique toute semblable par le moyen de l'esprit de sel seul, et sans qu'il soit nécessaire d'y faire aucune dissolution métallique. Il est aisé de juger, d'après cela, que l'eau imprégnée de cette vapeur, n'est autre chose que de l'esprit de sel, et qu'elle en a toutes les propriétés.

M. Priestley s'est assuré que cette vapeur élastique était beaucoup plus pesante que l'air: 2 grains ½ d'eau de pluie peuvent en absorber trois mesures capables de contenir un once d'eau chacune; après quoi l'eau pèse le double, et se trouve augmentée d'un tiers de son volume. Cette même vapeur a, suivant M. Priestley, une très-grande disposition à s'unir au phlogistique; elle l'enlève à toutes les autres substances, et forme avec lui un air inflammable. Cette circonstance porte M. Priestley à croire que l'air inflammable n'est qu'une combinaison d'une substance acide en vapeurs avec le phlogistique; il s'est encore confirmé dans cette opinion, parce qu'ayant versé sur cette vapeur de l'esprit de vin, de l'huile d'olive, de l'huile de térébenthine, et y ayant mêlé du charbon, du phosphore, même du soufre, il en a résulté de l'air inflammable: cette dernière expérience semblerait annoncer que l'acide marin, dans cette circonstance, a la puissance de décomposer le soufre.

M. Priestley a encore suspendu dans cette vapeur élastique un morceau de salpêtre; à l'instant il a été environné d'une fumée blanche, de la même manière que si l'on eût mêlé cet air avec de l'air nitreux: cette expérience prouve encore que l'esprit de sel en vapeur est, dans quelques circonstances, plus fort que l'acide nitreux, qu'il peut le décomposer et le chasser de sa base.

Presque toutes les liqueurs absorbent très-promptement la vapeur de l'esprit de sel; l'huile de lin l'absorbe plus lentement que les autres, et elle devient noire et gluante.

ARTICLE X.

Observations diverses.

M. Priestley place dans cet article quelques expériences qui n'ont pu entrer dans les divisions précédentes. Il a mis dans une fiole de la petite bière, et l'a placée sous une jarre renversée dans de l'eau : il y a eu dégagement d'air dans les premiers jours, ensuite une diminution graduelle qui a été portée environ à un dixième de la quantité d'air primitive. La bière, après cette époque, était aigre; l'air qui restait éteignait les chandelles; cependant ayant essayé de le mêler avec quatre fois autant d'air fixe, une souris put y vivre comme dans l'air ordinaire.

M. Priestley établit comme un principe que tout air factice est nuisible aux animaux, à l'exception de celui tiré du salpêtre par la détonnation : une chandelle brûle dans ce dernier, et sa flamme même augmente avec une espèce de sifflement quand l'air est nouvellement dégagé; sans doute qu'alors il contient encore quelques portions de nitre non décomposé. M. Priestley ayant conservé de cet air pendant un an, il se trouva, au bout de ce temps, extrêmement nuisible aux animaux; mais l'ayant lavé dans l'eau de pluie, il redevint salutaire et fermenta avec l'air nitreux, de la même manière que l'air commun.

M. Priestley a encore essayé l'effet de la vapeur du camphre et de l'alkali volatil sur les animaux. Une souris, introduite dans une bouteille remplie de ces vapeurs, n'en fut pas fort incommodée; elle toussa un peu, surtout lorsqu'elle en sortit, mais il ne lui en resta aucune impression fâcheuse.

M. Priestley termine son ouvrage par des expériences très-singulières sur l'air commun qui a été agité long-temps avec l'eau : il a renversé dans de l'eau bouillante des jarres pleines d'air commun; en peu de temps, les $\frac{4}{7}$ de cet air ont été absorbés; la portion restante éteignait la flamme, mais elle ne faisait aucun mal aux animaux. Les quantités absorbées ne sont pas toujours exactement les mêmes; elles dépendent beaucoup, sans doute, de l'état de l'eau qu'on emploie.

L'air, dont une partie a été ainsi absorbée par l'eau, ne peut pas être aisément rétabli même par la végétation des plantes.

M. Priestley a observé qu'une chopine d'eau de son puits contenait le quart d'une mesure d'air, de la capacité d'une once d'eau; cet air éteint les chandelles, mais ne fait point mourir les animaux.

M. Priestley a gardé très-long-temps de l'air commun dans des bouteilles, dans la vue de s'assurer si l'état de stagnation ne l'altérait pas à la longue; l'ayant essayé ensuite, il l'a trouvé aussi salubre qu'au moment où il avait éte enfermé; il fermentait également bien avec l'air nitreux.

Cet ouvrage de M. Priestley est suivi de quelques expériences de M. Hey, qui ont pour objet de prouver que l'eau imprégnée d'air fixe dégagé de l'huile de vitriol et de la craie, ne contient rien des matières qui ont servi à le former. Cette eau ne change point la couleur du sirop de violette, tandis qu'une seule goutte d'acide vitriolique sur une chopine d'eau, lui donne une teinte de pourpre très-sensible.

Cette eau trouble un peu la dissolution de savon dans l'eau; mais M. Hey prétend que cet effet est dû à la combinaison qui se fait de l'air fixe avec l'alkali caustique du savon, et qui occasione la séparation de quelques portions d'huile. Elle trouble également un peu la dissolution de sucre de saturne.

A la suite de ces expériences est une lettre de M. Hey adressée à M. Priestley sur les effets de l'air fixe appliqué en lavemens dans les maladies putrides.

CHAPITRE XVI.

Expériences sur la chaux, par M. Duhamel (1).

J'ai annoncé ci-dessus, pages 188 et 189, que je différais de rendre compte des expériences de M. Duhamel sur la chaux pour ne point interrompre le fil de ce que j'avais à dire sur l'historique de l'air fixe; je m'empresse dans ce moment de rendre à ce célèbre académicien ce qui lui est dû: on sait qu'il est peu de parties des sciences qu'il n'ait enrichies.

M. Duhamel a observé que le marbre blanc calciné à un feu très-vif perdait environ un tiers de son poids; encore au sortir du feu n'était-il pas calciné jusqu'au centre, et restait-il au milieu un noyau qui participait autant du marbre que de la chaux. La pierre à chaux de

(1) Ce chapitre est extrait des *Mémoires de l'Académie royale des Sciences*, année 1747.

Courcelles, d'où nous vient presque toute la chaux que nous employons dans nos bâtimens, n'a pas été, à beaucoup près, aussi difficile à calciner; et il paraît en général que la calcination est d'autant plus prompte et d'autant plus aisée, que la pierre est plus tendre. Les pierres de Courcelles perdent par la calcination environ 8 onces 4 gros par livre, c'est-à-dire un peu plus de moitié de leur poids. Exposées ensuite à l'air, elles s'y gersent, s'y réduisent en poudre, et reprennent peu à peu une partie du poids qu'elles avaient perdu; mais il s'en faut de 5 onces et $\frac{1}{2}$ par livre qu'elles ne reviennent à la pesanteur qu'elles avaient avant la calcination.

M. Duhamel a fait quelques recherches sur la quantité d'eau nécessaire pour éteindre la chaux; il a pris 16 onces de chaux de Courcelles; il l'a éteinte avec de l'eau jusqu'à ce qu'elle fût en consistance de bouillie, et l'a laissée sécher à l'air; elle pesait ensuite 26 onces, c'est-à-dire qu'elle avait acquis une augmentation de poids de 10 onces. La chaleur de l'étuve continuée sur cette chaux pendant un temps assez considérable n'a pas diminué sensiblement son poids.

La quantité d'eau qu'absorbe la chaux de marbre est beaucoup plus considérable que celle qu'absorbe la chaux de pierres de Courcelles.

M. Duhamel a essayé de chasser par le feu cette même eau qu'il avait introduite dans la chaux, mais il y a trouvé beaucoup de difficulté; et quoiqu'il ait employé un fourneau de fusion, dans lequel le feu était animé par un fort soufflet, la chaux a toujours conservé une augmentation de poids de 4 gros et $\frac{1}{2}$ par livre: elle était occasionée, sans doute, par un reste d'eau qui n'avait pu s'en dégager. Cette chaux alors était dans l'état de chaux vive, et en présentait tous les phénomènes.

Le Mémoire de M. Duhamel contient ensuite des expériences très-nombreuses et très-intéressantes sur la chaux vive et sur sa combinaison avec les acides; mais comme elles seraient étrangères à mon objet, j'en supprime ici le détail : il me suffit de dire que la chaux combinée avec les trois acides minéraux, ne donne pas de produits différens de ceux qu'on obtient avec la craie, et en général avec toutes les terres calcaires pures. M. Duhamel a observé qu'il se dégageait dans toutes ces combinaisons une vapeur vive et pénétrante qui précipitait la dissolution d'argent, et cette circonstance, jointe à son odeur, lui a fait soupçonner que c'était de l'esprit de sel.

M. Duhamel termine ce Mémoire par une observation singulière, et tout-à-fait neuve au moment de sa publication : il a fait dissoudre dans l'eau distillée, de l'alcali du tartre; il a fait évaporer, et il a obtenu des cristaux; d'où l'on voit que c'est à M. Duhamel qu'appartient dans l'origine la découverte de la cristallisation des alkalis.

CHAPITRE XVII.

Observations de M. Rouelle, démonstrateur en chimie au Jardin royal des Plantes à Paris, sur l'air fixe et sur ses effets dans certaines eaux minérales (1).

L'air fixe devient de jour en jour l'objet des travaux des chimistes, ainsi que de la plupart des physiciens. Le célèbre M. Hales est en quelque façon le premier qui nous ait mis sur la voie par le travail suivi qu'il nous a laissé sur cette matière. MM. Macbride et Black y ont ajouté une suite bien intéressante d'expériences lumineuses. Ensuite M. Priestley, à Londres, et M. Jacquin, à Vienne, ont si bien appuyé la doctrine de M. Black, que cette matière est devenue une des plus intéressantes de la chimie et de la physique, par la relation immédiate que cet être, nouvellement connu, peut et doit avoir avec une infinité de phénomènes de la nature.

Je me borne ici au rapport que l'air fixe paraît avoir avec certaines eaux minérales, et quelques grands phénomènes de la nature, et je vais rapporter, le plus succinctement qu'il me sera possible, quelques expériences qui

(1) *Nota.* L'ouvrage que je donne aujourd'hui sur les émanations élastiques et sur la fixation de l'air dans les corps, était presque fini, et j'étais au moment d'en entamer la lecture à l'Académie, lorsque ces Observations de M. Rouelle parurent. Comme elles sont courtes, qu'elles sont d'ailleurs très-intéressantes et peu susceptibles d'extrait, j'ai cru que le public me saurait gré de les lui donner dans leur entier; je ne fais en conséquence que transcrire ici, mot pour mot, l'article du *Journal de Médecine* de M. Roux du mois de mai dernier, où ces observations sont imprimées, et ce n'est plus moi, mais M. Rouelle qui parle dans ce chapitre.

nous font connaître son usage, ses effets relativement au fer qu'on trouve dans ses eaux, et qui donnent la solution de quelques faits qu'on ne saurait, ce me semble, expliquer sans lui.

L'eau distillée, l'eau de rivière, les eaux les plus pures, en un mot, comme l'a remarqué M. Priestley, s'imprègnent facilement d'air fixe; et dès lors elles ont le même goût, la même saveur, et présentent les mêmes phénomènes que les eaux minerales qu'on appelle mal à propos *acidules*. C'est ce que M. Venel a déjà complètement démontré le premier. Les expériences qui le prouvent sont connues, et je ne les ai répétées que pour me disposer plus sûrement à celles que j'ai tentées ensuite, et dont je vais rendre compte.

1° J'ai imprégné d'air fixe de l'eau distillée, à la manière de Priestley. J'en ai pris sur-le-champ une bouteille dans laquelle j'ai ajouté un peu d'une mine de fer, de la nature de la pierre d'aigle, réduite en poudre très-fine. Cette mine n'est pas attirable par l'aimant, du moins d'une manière qu'on puisse appeler sensible. J'ai bouché la bouteille le plus exactement qu'il m'a été possible, et l'ai laissée en repos et renversée pendant vingt-quatre heures.

Il s'y est dissous assez de fer pour donner, avec l'infusion de noix de galle, une forte teinte vineuse violette, tirant un peu sur le noir.

La liqueur qu'on prépare pour précipiter le bleu de Prusse, ou l'alkali phlogistiqué, la colore en vert bleu; et au bout de quelques jours, il s'y forme un précipité plus ou moins considérable, qui est un vrai bleu de Prusse.

Cette eau aérée, ayant bouilli, perd toutes ses propriétés. Elle se trouble, dépose une matière ocreuse; et ne donne plus de teinte violette, ni vert, ni bleu, par la noix de galle ou par l'alkali phlogistiqué.

Exposée à l'air libre pendant plusieurs jours, elle y perd également toutes ses propriétés, et précisément de la même manière que les eaux minérales que M. Montet appelle *ferrugineuses*.

Je ne suis pas le premier qui ai imaginé de dissoudre le fer pur dans l'eau, à l'aide de l'air fixe. M. Priestley nous apprend *que son ami M. Lane a mis de la limaille de fer dans cette eau mixte, et qu'il a fait une eau chalybée ou ferrée, forte et agréable, semblable à quelques eaux naturelles qui tiennent le fer en dissolution, par le moyen de l'air fixe seulement, et sans aucun acide.*

Mais on sent bien qu'on trouve très-rarement le fer, dans le sein de la terre, uni à tout son phlogistique, et que la nature a rarement de la limaille de fer sous sa main. J'ai donc cru devoir diriger mes expériences sur une substance martiale plus commune; et c'est pour cela que j'ai préféré les mines de fer du genre de la pierre d'aigle, qui sont très-abondantes, et qu'on trouve partout.

2° Eau distillée, une livre; sel marin à base terreuse, 4 grains; sel d'epsum, 12 grains; mine de fer, à volonté; car l'eau n'en prend que la petite portion qu'elle en peut dissoudre.

Cette eau, ayant été aérée, donne, avec la noix de galle, une forte teinte violette vineuse, et prend, avec la liqueur du bleu de Prusse, une couleur assez foncée, d'un vert tirant sur le bleu.

3° De l'eau chargée de 12 grains de sel marin, de 18 grains d'alkali fixe minéral par livre, et imprégnée d'air, a pris moins de fer que les précédentes. La couleur violette par la noix de galle, et le vert-bleu par l'alkali phlogistiqué, étaient plus pâles et plus éteints. Il est vrai que l'une et l'autre de ces couleurs se sont développées un peu au bout de quelque temps.

Cette eau, par l'ébullition, perd la propriété de verdir avec l'alkali fixe phlogistiqué; mais l'infusion de noix de galle y manifeste encore un vestige de fer.

4° L'eau de rivière, imprégnée d'air fixe, chargée d'un peu de mine de fer, a pris, avec la noix de galle, une teinte violette très-foncée, et une belle couleur bleue avec l'alkali phlogistiqué.

La même eau de rivière, pure et non aérée, chargée de la même mine, et la bouteille bien bouchée, n'a donné au bout de vingt-quatre heures, quoiqu'on l'eût souvent agitée, aucun signe de la présence du fer, par aucun de ces deux réactifs.

M. Monnet, dans son Traité des eaux minérales, propose comme un moyen éprouvé, pour faire une eau ferrugineuse non aérée, d'enfermer de la limaille de fer récente dans une bouteille, de la bien boucher, et de l'agiter souvent pendant plusieurs jours.

J'aurai lieu de parler, dans une autre occasion, de cette manière de rendre les eaux ferrugineuses sans air fixe. Il y en a, en effet, beaucoup dans la nature, qui sont martiales sans cet intermède, comme M. Monnet l'a démontré.

5° L'eau d'Arcueil pure et non aérée, ayant été chargée de la même mine, et traitée par les réactifs, n'a donné aucun signe de la présence du fer.

Je l'ai aérée, et pour lors le fer s'y est dissout; la noix de galle m'a donné une couleur violette qui s'y est développée peu à peu; et l'alkali phlogistiqué a fait sur-le-champ une couleur verte assez foncée.

J'ai ajouté de l'esprit de sel sur cette eau, afin de

saturer en partie la terre absorbante qu'elle tient en dissolution; je l'ai ensuite imprégnée d'air fixe, et j'ai obtenu avec les réactifs, les couleurs ordinaires de violet et de vert ou bleu; mais l'une et l'autre avaient moins d'intensité qu'avec les précédentes eaux. Il semble que la présence des sels et de la terre, dont certaines eaux sont chargées, nuise beaucoup à la solution de ce fer; cependant j'ai trouvé que l'eau du puits de chez moi prenait un peu de fer sans être aérée.

Cette eau ayant bouilli, tout le mars s'en est séparé, en sorte que les réactifs n'y font plus rien.

6° L'eau de Seine pure, aérée par l'appareil ordinaire, avec la vapeur qui se dégage de la précipitation de l'hépar par les acides, et chargée de la même mine, change à peine de couleur avec la noix de galle, et point du tout par l'alkali phlogistiqué.

Cependant je dois observer que non-seulement la mine de fer, mais encore les safrans de mars calcinés, et non attirables par l'aimant, comme le safran du résidu du sublimé corrosif, et celui qu'on appelle *rouge de Berlin*, noircissent assez promptement lorsqu'on les mêle à cette eau imprégnée de cette vapeur

L'eau, ainsi chargée de cette vapeur, prend le goût et une forte odeur d'hépar; elle conserve l'un et l'autre assez long-temps, même à l'air libre, mais elle s'y trouble, et devient comme du petit-lait qui n'aurait pas été clarifié; ce qui est dû à une portion de soufre très-atténuée, qui se dégage de l'eau et qui se précipite.

Cette vapeur qui s'élève de la précipitation de l'hépar par tous les acides, est très-inflammable (1). Elle l'est

(1) Je croyais avoir vu le premier ce phénomène, mais je viens de retrouver que M. Meyer en a fait mention. C'est le hasard qui le lui présenta comme

même encore après avoir passé au travers de l'eau, avec laquelle elle ne forme presque point d'union, ce qui me fait croire qu'elle ne contient que très-peu d'air fixe véritable pur, quoiqu'il s'en dégage abondamment par l'effervescence des acides avec l'alkali de l'hépar; mais je vois par les phénomènes qu'il présente, qu'il est ici, ainsi que dans les dissolutions métalliques par les acides, dans un état très-différent de l'air fixe ordinaire. Aussi l'eau ne s'imprègne-t-elle de cette vapeur que très-peu, et avec la plus grande difficulté. M. Priestley a observé le même phénomène.

7° J'ai pris une pinte d'eau de rivière pure; j'y ai ajouté, suivant le procédé de M. Venel, 2 gros d'alkali fixe minéral, et 6 gros d'esprit de sel, qui, d'après des expériences préliminaires, était la quantité nécessaire pour saturer cet alkali. J'ai fortement bouché la bouteille dans le temps de l'effervescence. Vingt-quatre heures après, je l'ai ouverte avec précaution pour y introduire de la mine de fer, et je l'ai rebouchée sur-le-champ.

Au bout de deux fois vingt-quatre heures, l'eau était

à moi. Nous fûmes chargés, mon frère et moi, en 1754, d'examiner des monnaies d'or qu'on prétendait tellement alliées, qu'aucun des moyens en usage dans les essais et la purification de l'or, ne pouvait en faire le départ. Nous en avions 4 onces en dissolution par l'*hépar*. J'en fis la précipitation de nuit; la lumière était auprès, et je me vis tout à coup environné d'une grande flamme, dont je connus bien vite la cause. M. Meyer paraît attribuer l'inflammation de cette vapeur à une portion de vrai soufre qui est tellement divisé, qu'il est volatilisé et emporté par le torrent de la vapeur; et en cela, je présume qu'il se trompe. La vapeur elle-même est inflammable, et la portion de soufre qu'elle entraîne brûle avec, et n'est qu'un accessoire à cette inflammation; puisque, si l'on agite cette vapeur ainsi chargée de soufre avec de l'eau, le soufre s'en dégage, comme je l'ai dit ci-dessus; la vapeur, dépouillée de ce soufre étranger, ne cesse pas pour cela d'être inflammable.

(*Note de M. Rouelle.*)

encore bien aérée aux yeux et au goût; mais elle n'a fait que brunir un peu avec l'infusion de noix de galle, et à peine a-t-elle verdi quelque temps après, par l'addition de l'alkali phlogistiqué.

8° J'ai reçu dans une vessie la vapeur qui s'élève d'une dissolution de fer par l'acide du sel. Cette vapeur, qui est et reste long-temps inflammable, s'incorpore très-difficilement dans l'eau; mais, quelque petite que soit la quantité que l'eau en prend, elle n'en contracte pas moins une odeur très-sensible d'*hépar* ou d'œuf pourri.

L'eau ne prend non plus qu'une quantité infiniment petite de la vapeur qui se dégage de la dissolution de fer par l'acide vitriolique, mais elle ne contracte pas la même odeur d'hépar que dans l'expérience ci-dessus.

L'air qui se dégage des corps est donc dans deux états très-différens. Dans quelques-uns, ce n'est qu'un air fixe pur; et celui-ci se combine avec l'eau en si grande quantité, qu'il peut, au moins, égaler son volume, et lui communiquer plusieurs propriétés, entre autres, celle de dissoudre le fer, de précipiter l'eau de chaux, comme le fait l'air fixe lui-même, etc. Tel est l'air qu'on dégage par la combinaison des acides avec les substances alkalines et calcaires, la vapeur qui s'élève des liqueurs spiritueuses actuellement en fermentation, et celle du charbon. Dans tous ces cas, cette vapeur ou cet air fixe n'est point inflammable.

Au contraire, celui qui se dégage dans la précipitation du foie de soufre par quelqu'un des trois acides minéraux, ou par l'acide du vinaigre, celui que fournissent en abondance les dissolutions du fer et du zinc par l'acide vitriolique et l'acide marin, sont très-inflammables. Cette vapeur passe au travers de l'eau sans s'y incorporer et sans perdre la propriété de s'enflammer, qu'elle peut même conserver long-temps. Elle communique à l'eau un goût et une odeur très-remarquables de précipitation de foie de soufre. Mais elle diffère encore de l'air fixe ordinaire, en ce qu'elle ne précipite point l'eau de chaux; et, pour le dire en passant, on peut la comparer avec l'air qu'on obtient par la distillation des végétaux et des animaux, que M. Hales a examiné le premier, et qu'il a reconnu être encore inflammable long-temps après.

Ce n'est pas que, dans la précipitation de l'*hépar*, ainsi que dans les dissolutions métalliques, il ne se dégage beaucoup d'air; mais il y est visiblement combiné avec une grande quantité de phlogistique; c'est en raison de cette combinaison qu'il est plus ou moins immiscible ou insoluble dans l'eau, et qu'il devient propre à s'enflammer.

Jetons maintenant un regard sur ce qui se passe en grand dans la nature; je crois qu'on trouvera la même différence entre cet être incoërcible, pour ainsi dire, qui se dégage des eaux minérales froides, qu'on appelle faussement *acidules*, comme celles de Bussang, de Selters, etc., et la vapeur sulphureuse qui s'élève des eaux thermales, comme celles d'Aix-la-Chapelle, de Barèges, Cauterets, etc.

Dans les premières, il paraît que cet être n'est autre que l'air fixe, le même qu'on obtient par la méthode de Priestley. Au lieu que la vapeur sulphureuse des eaux d'Aix-la-Chapelle, etc., doit avoir un grand rapport avec celle qui se dégage de la précipitation des hépars.

Il serait à souhaiter que les chimistes qui sont plus à portée de ces eaux, voulussent vérifier cette conjecture, et nous apprendre aussi si cette vapeur est inflammable comme celle des hépars. Ce qu'il y a de certain, c'est que celle-ci a précisément la même odeur, comme on le sait, que celle qui s'élève des eaux minérales. Elle a aussi la propriété de noircir l'argent, même lorsqu'on l'a introduite dans l'eau, ainsi que les chaux métalliques, et même les safrans de mars les mieux calcinés, et non attirables par l'aimant.

Nous pouvons observer aussi les mêmes rapports et les mêmes différences dans les mouffettes. On sait qu'il y en a de deux sortes. Les unes, comme celle de la grotte du Chien, ne sont point inflammables; elles ne noircissent point l'argent, ni les eaux métalliques; elles éteignent les flambeaux, etc., ainsi que les vapeurs qui se dégagent de la fermentation spiritueuse: celle du charbon, l'air fixe qui se dégage des combinaisons des acides avec les alkalis, à la manière de M. Priestley, produisent les mêmes phénomènes que la grotte du Chien, et peuvent lui être comparés à tous égards.

Il se dégage donc de la terre un air fixe semblable à celui qui est produit dans certaines expériences de chimie, et dans la fermentation des liqueurs spiritueuses; puisque celui-ci, comme le remarque M. Priestley, a aussi la propriété de se dissoudre dans l'eau. C'est principalement à raison de cet air que les sources minérales froides tiennent le plus de fer en dissolution, et qu'à l'exemple de nos eaux artificielles aérées, elles le déposent promptement, soit par le repos à l'air libre, soit enfin par l'ébullition.

Cet air fixe qu'on introduit dans l'eau est, comme l'a remarqué M. Priestley, d'un volume égal à celui de l'eau qui en est imprégnée. Cet air n'y est pas seulement interposé; il y est véritablement dans un état de combinaison; l'eau peut même être filtrée sans en être dépouillée d'une manière sensible. Cependant, cette eau n'acquiert pas pour cela un volume ni un poids remarquable, en proportion du grand volume d'air qu'elle a pris.

Ne pourrait-on pas soupçonner, d'après tous les effets de l'air fixe, que c'est lui qui passe de la terre dans la végétation, par ce mouvement de fermentation universelle que le retour du soleil excite dans la nature, à la naissance du printemps ?

En effet, l'air qui se combine dans les végétaux, d'après les expériences de M. Hales, a perdu toutes ses propriétés élastiques, quoiqu'il y soit en quantité numérique et pondérable.

Quant à l'autre espèce de mouffettes, on sait qu'il se dégage dans les galeries des mines, et surtout des mines de charbon de terre, dans celles de sel gemme, etc., deux sortes de vapeur, dont l'une est souvent nuisible. Elle est immiscible avec l'eau, elle s'enflamme et détonne souvent avec beaucoup de bruit et de fracas ; l'autre au contraire ne s'enflamme point ; mais celle-ci éteint les lampes et les flambeaux, comme la vapeur de la grotte du Chien, comme celle de la fermentation spiritueuse, et comme celle du charbon ; mais toutes tuent également les animaux qu'on y expose.

On sait qu'il y a des vapeurs qui s'élèvent de certaines eaux, soit dans des souterrains, soit même à l'air libre, qui prennent feu et s'enflamment très-rapidement.

M. Priestley a conclu, d'après quelques effets salutaires qu'on lui a rapportés, que l'air fixe n'était point nuisible, et qu'on pouvait le respirer. Pour moi, je soupçonne fort que partout où il sera rassemblé en quantité, et sans communication avec l'air de l'atmosphère, il peut devenir dangereux, et peut-être tuer comme les vapeurs dont nous venons de parler; c'est ce dont je rendrai compte, d'après une suite d'expériences qui pourront décider la question (1).

Quant à la vapeur de l'hépar, j'ose assurer qu'elle est aussi pernicieuse que celle du charbon. C'est à mes dépens que j'ai appris à la connaître, et j'ai failli un jour en être suffoqué.

Voici les symptômes que cette vapeur occasiona en moi : ayant voulu la respirer fortement, pour démêler le caractère de cette odeur, je portai le nez et la bouche ouverte sur le vase, dans l'instant que j'y faisais une précipitation d'hépar très en grand. Je fus pris sur-le-champ, et me trouvai subitement dans l'impossibilité d'inspirer, et surtout d'expirer. Je sentais ma poitrine dans un état de dilatation jointe à un serrement insupportable. Dans cet état, quelque effort que je fisse, je ne pouvais ni introduire ni chasser l'air des poumons. Je me précipitai hors du laboratoire du Jardin du Roi où je faisais cette expérience; je gagnai le large et la muraille de la cour pour me soutenir, car tout défaillait en moi ; et ce ne fut qu'après avoir fait les plus grands efforts d'inspiration et d'expiration au grand air, que je commençai à devenir maître de cette fonction, et ensemble de mes mouvemens. Mais je fus encore tout l'après-midi dans un état de mal aise et d'oppression, accompagné de pesanteur de tête, que j'aurais de la peine à exprimer (2).

(1) Je viens d'apprendre que M. Priestley l'a déjà décidée.
(*Note de M. Rouelle.*)

(2) M. Meyer rapporte aussi un accident semblable, arrivé à son aide en sa présence, en faisant une précipitation d'hépar en grand.
(*Note de M. Rouelle.*)

On sait que l'air fixe, qu'on dégage à la manière de M. Priestley, a aussi des propriétés qui lui sont communes avec l'air ordinaire. Si on l'introduit dans le vide, le vide cesse, et les vaisseaux se détachent. Celui qui est inflammable présente le même phénomène. Il est donc propre aussi à contrebalancer l'effort de l'atmosphère; ce qui prouve, entre autres choses, ce me semble, que cette vapeur n'est pas seulement le phlogistique ou l'*acidum pingue*, comme on l'a avancé sur de simples spéculations, mais au contraire que c'est de l'air qui, quoique combiné, conserve encore les principales propriétés de l'air ordinaire, quoiqu'il en diffère à tant d'autres égards (1).

CHAPITRE XVIII.

Extrait d'un mémoire de M. Bucquet, docteur-régent de la Faculté de Médecine de Paris, ayant pour titre : *Expériences physico-chimiques sur l'air qui se dégage des corps dans le temps de leur décomposition, et qu'on connaît sous le nom d'air fixé*, lu à l'Académie royale des Sciences, le 24 avril 1773.

M. Bucquet, après avoir rendu compte, dans un abrégé très-concis, des expériences de Van Helmont,

(1) Je viens d'apprendre qu'il paraît depuis peu une *Dissertation* en anglais de M. Priestley, dans laquelle on trouve une très-belle suite d'expériences sur l'air fixe, l'air inflammable, et l'air méphitique ou de putréfaction. J'ai regret de ne l'avoir pas connue plus tôt; la manière dont sont faites les expériences que nous avons déjà de lui, est un garant sûr de l'usage excellent qu'on peut faire de tout ce qui vient de sa main.

(*Note de M. Rouelle.*)

de Boule, de MM. Black, Macbride et Jacquin, sur la nature des émanations élastiques qui se dégagent des corps, et sur l'air fixe ou fixé, entreprend de déterminer, 1° si l'air fixe est le même que celui de l'atmosphère, 2° s'il est le même, de quelque corps qu'il ait été tiré.

M. Bucquet s'est servi, dans une grande partie de ses expériences, de l'appareil de M. Macbride, dont on a donné la description plus haut (1). On se rappelle qu'il consiste en deux bouteilles, qui communiquent ensemble par un tube de verre recourbé Cet appareil, tel que s'en est servi M. Macbride, a le grand inconvénient de ne permettre d'opérer que sur de l'air fixe mélangé avec une quantité très-notable d'air de l'atmosphère, et cette circonstance a engagé M. Bucquet à y faire quelques changemens. Il y a ajouté des robinets; il l'a disposé de manière à pouvoir se visser à la machine pneumatique; enfin, il a coupé l'une des bouteilles par le milieu, afin que la partie supérieure pût se dévisser, et qu'on pût y introduire un baromètre d'épreuve. M. Bucquet a appelé bouteille des mélanges celle destinée à recevoir les substances qu'il devait combiner ensemble pour produire de l'air; il a appelé bouteille de réception celle destinée à recevoir les substances qu'il se proposait d'exposer à l'émanation de l'air dégagé.

Il a résulté des expériences faites avec cet appareil, que l'air dégagé de tous les acides sans exception, combiné, soit avec la craie, soit avec les alkalis, était absolument le même; il a seulement observé que celui tiré de

(1) Chap. IX, pag. 158.

l'alkali volatil conservait une odeur de viande pourrie : il a trouvé de même une identité très-parfaite entre l'air qui se dégage des matières en fermentation, et celui qui se dégage de celles en effervescence. Cet air a une odeur pénétrante que M. Bucquet appelle odeur gazeuse : il a la propriété de précipiter la chaux dissoute par l'eau, de la changer en terre calcaire, et de lui rendre la propriété de faire effervescence avec les acides : il produit sur les alkalis caustiques des effets à peu près semblables ; il leur rend la propriété de faire effervescence, et celle de cristalliser.

L'air fixe, dans tous ces cas, ne contient rien des substances salines dont il a été tiré : du sirop de violette exposé pendant plus de douze heures à son action dans l'appareil qu'on vient de décrire, n'en a été aucunement altéré.

M. Bucquet a soumis ce même air aux expériences connues, pour en déterminer le poids et la compressibilité ; ses résultats n'ont pas différé sensiblement de ceux qu'on obtient en employant l'air ordinaire.

M. Bucquet examine ensuite l'air produit par la dissolution des substances métalliques, et il le trouve fort différent de celui qui se dégage, soit par l'effervescence, soit par la fermentation : cet air n'est point susceptible de se combiner avec l'eau ; il refuse également de se combiner, soit avec la chaux, soit avec les alkalis caustiques : quelque long temps qu'on les expose à son action, ils ne recouvrent pas la propriété de faire effervescence avec les acides.

L'air fixe, dégagé d'une effervescence, combiné ensuite avec le vin, ne le change point en vinaigre ; il lui communique seulement un goût acerbe, qui pourrait être cependant le premier degré de fermentation acéteuse.

M. Bucquet examine ensuite si l'air produit, soit par les effervescences, soit par les fermentations, est inflammable comme celui tiré de la dissolution du zinc et du fer, par l'acide vitriolique, ou par l'acide marin, comme l'avait avancé M. Hales; mais il n'a pu parvenir à l'enflammer.

De ces expériences, M. Bucquet conclut que l'air tiré, soit des effervescences, soit des fermentations, soit des dissolutions métalliques, n'est pas précisément le même que celui de l'atmosphère, quoique égal en pesanteur et en élasticité : que celui tiré des effervescences et des fermentations diffère de l'air atmosphérique et de l'air des dissolutions métalliques, en ce qu'il a une aptitude très-grande à se combiner avec la chaux, avec les alkalis, et même avec l'eau. Enfin, que l'air des dissolutions métalliques a le caractère distinctif de pouvoir s'enflammer.

Quoique ces expériences aient beaucoup de rapport avec celles publiées avant M. Bucquet, et surtout avec celles de M. Priestley, elles n'en sont pas moins précieuses pour la physique. On ne saurait trop multiplier les expériences sur une matière aussi épineuse, et qui laisse encore de l'obscurité. C'est d'ailleurs beaucoup que de savoir qu'on peut arriver aux mêmes résultats par des procédés différens.

CHAPITRE XIX.

Appendix sur l'air fixe, par M. Baumé, maître apothicaire de Paris, de l'Académie royale des Sciences (1).

Quelques physiciens croient trouver à l'air fixe des propriétés qui doivent faire rejeter le phlogistique pour lui substituer l'air fixe (2). L'air fixe doit, suivant ces mêmes physiciens, occasioner dans la chimie une révolution totale, et changer l'ordre des connaissances acquises. Mais les expériences publiées jusqu'à présent m'ont paru présenter des phénomènes sur la cause desquels il me paraît qu'on a pris le change, comme il sera facile d'en juger par les réflexions suivantes.

Nous avons établi dans plusieurs endroits de cet ouvrage, et d'après les plus célèbres physiciens, que l'air est un élément qui entre dans la composition de beaucoup de corps. Hales, dans sa Statique des végétaux et dans celle des animaux, a démontré cette vérité par un grand nombre d'expériences bien faites : il a apprécié le poids et le volume de l'air contenu dans différens corps, et il a nommé *air fixe* (3) celui qui entre dans leur composition ; celui enfin qui est devenu un de leurs principes constituans, et qui a perdu son élasticité et toutes les propriétés de

(1) *Nota.* La crainte qu'on ne m'accusât d'avoir apporté un esprit de partialité dans l'exposé que j'ai fait de ce qui a été écrit jusqu'à ce jour sur l'air fixe, m'a engagé à transcrire ici cet *Appendix*, tel qu'il se trouve à la fin du troisième volume de la *Chimie* de M. Baumé, pag. 693.

(2) On ignore quels sont ces physiciens.

(3) *Statique des Végétaux*, pag. 143, lig. 26.

l'air pur et agrégé; et il a donné à l'air dégagé des corps le nom d'*air élastique*.

L'air, comme nous l'avons dit en son lieu, est identique: il n'y a qu'une seule espèce d'air; cet élément peut entrer et entre en effet dans une infinité de combinaisons; mais lorsqu'on le dégage des corps dans lesquels il était combiné, il recouvre toutes ses propriétés; et lorsqu'il est purifié convenablement, il n'est point différent de celui que nous respirons.

Ce que plusieurs chimistes nomment aujourd'hui *air fixe* paraît être celui qu'on a dégagé des corps par différens moyens, mais on devrait plutôt le nommer *air dégagé* ou *air élastique*, comme l'a dit M. Hales. En effet, l'air ainsi séparé des corps n'est pas plus fixe que celui que nous respirons, puisqu'il recouvre toutes ses propriétés élastiques, comme ce physicien l'a démontré.

L'air, comme nous le disons en plusieurs endroits de cet ouvrage, dissout non-seulement l'eau et s'en sature, mais il dissout encore les matières huileuses, etc., etc.

Lorsqu'on dégage l'air d'un corps, en soumettant ce même corps à la distillation dans un appareil tel que M. Hales l'a indiqué, les physiciens actuels le nomment *air fixe*. Cet air, en se dégageant des corps, charrie avec lui différentes substances qu'il tient réellement en dissolution, et on attribue à cet air des propriétés qui n'appartiennent pas à l'air, mais seulement aux substances étrangères dont il est chargé. Il paraît qu'on n'a pas fait cette distinction, qui cependant devait se présenter naturellement.

Lorsque l'on combine un acide avec une terre calcaire, ou avec un sel alkali, ou avec une substance métallique, il s'en dégage, comme nous le faisons remarquer, une considérable quantité d'air et de feu presque pur, qui ne peuvent point faire partie du sel neutre qui résulte de cette union. Si l'on recueille par un appareil convenable l'air qui se dégage pendant que se fait cette combinaison, l'air ainsi dégagé est encore nommé *air fixe*. On trouve à cet air des propriétés différentes de l'air de l'atmosphère, et on en conclut que l'air fixe n'est pas le même dans tous les corps; mais les propriétés différentes qu'on lui trouve doivent être attribuées, comme nous venons de le dire, aux substances étrangères dont il est chargé.

L'air qui se dégage des corps pendant la fermentation spiritueuse, pendant la fermentation acéteuse, ou enfin pendant la putréfaction, est encore nommé *air fixe;* et ces airs fixes diffèrent entre eux, comme les corps qui les ont produits. Ces seules observations indiquaient assez que ces diverses propriétés devaient être attribuées aux substances dont l'air est chargé, et non à l'air lui-même qui est un élément qui ne peut subir aucune altération. Mais au lieu de faire ces réflexions, il paraît qu'on est disposé à établir autant d'espèces d'air qu'il y a de corps qui peuvent en fournir; ce qui ne servirait qu'à répandre de l'obscurité sur la théorie de la chimie. Quelques personnes ont déjà voulu admettre de l'air fixe inflammable; de l'air fixe qui réduit en chaux les métaux, et qui est la cause de l'augmentation de leur poids; de l'air fixe antiputride qui rétablit la viande putréfiée, etc., etc.

Il n'y a point de doute que, lorsqu'une substance huileuse très-rectifiée est dissoute par de l'air, et qu'elle est rassemblée dans un espace convenable, elle ne s'enflamme, comme le dit M. Hales dans plusieurs endroits de sa Statique des végétaux, et particulièrement page 153, à l'analyse des pois, des écailles d'huîtres, de l'ambre et de la cire, quoiqu'il ait lavé onze fois de suite l'air dégagé de ces substances. Les matières huileuses, ainsi dissoutes par l'air ou réduites dans l'état de vapeurs, s'enflamment presque toujours avec explosion à l'approche d'une lumière; mais ce n'est point l'air qui s'enflamme: cet élément est incombustible.

Les chimistes ont reconnu que les métaux qui se réduisent en chaux ne doivent cet état qu'à la portion de phlogistique qu'ils ont perdue, et qu'en leur restituant ce principe inflammable, on les fait reparaître de nouveau sous le brillant métallique, tels qu'ils étaient avant la calcination; mais quelques physiciens, partisans de l'air fixe, disent au contraire que c'est à l'air qui s'est fixé dans le métal, pendant sa réduction en chaux, qu'on doit attribuer ce nouvel état, et la cause de l'augmentation de son poids. Ces mêmes physiciens prétendent encore qu'en supprimant à ces chaux métalliques l'air fixe dont elles sont chargées, elles se réduisent en métal, sans aucune addition, même sans feu; mais il paraît qu'on a encore pris le change sur cette réduction, et qu'on emploie dans ces opérations des vapeurs phlogistiques, sans s'en apercevoir.

Nous avons dit à l'article du foie de soufre précipité par un acide, que les vapeurs qui s'en élèvent ne sont point inflammables, mais qu'elles ressuscitent sans feu, sous le brillant métallique, les chaux des métaux. Ce n'est point l'air qui produit cet effet, mais seulement le principe phlogistique dont ce même air est chargé

A l'égard de l'air fixe anti-putride, il est très-probable qu'il y a beaucoup de substances ayant des propriétés anti-putrides, que l'air peut dissoudre, et qui font même rétrograder la putréfaction, comme font le quinquina et d'autres matières astringentes, qui ont de même des propriétés anti-septiques lorsqu'elles sont appliquées immédiatement sur les chairs putréfiées.

Il résulte de ces réflexions : 1° Que ce que l'on nomme *air fixe*, est improprement ainsi nommé : le nom d'*air dégagé* ou d'*air élastique*, comme M. Hales l'a dit, lui convient mieux.

2° Que l'air fixe, sous cette dénomination qu'on lui a donnée, est de l'air ordinaire, mais chargé de substances étrangères qu'il tient en dissolution : air qu'on peut souvent purifier et ramener à l'état d'air pur, semblable à celui de l'atmosphère, en faisant passer cet air fixe au travers de différentes liqueurs propres à filtrer l'air, et à retenir les substances étrangères qui altèrent sa pureté.

3° L'air fixe, suivant cette théorie, ne doit plus être examiné sous le point de vue sous lequel on l'a considéré jusqu'à présent, mais seulement relativement aux substances que l'air peut dissoudre, ou dont il peut se charger.

4° Il y a une très-belle suite d'expériences à faire pour connaître quelles sont les substances qui peuvent se dissoudre dans l'air, et quelles peuvent être les propriétés de ces mêmes substances réduites dans cet état : ces expériences, faites sous ce point de vue, conduiraient à des connaissances plus certaines et plus claires que celles qu'on nous a données jusqu'à présent.

5° Il en est de l'air comme l'eau, ce sont deux élémens qui ont la propriété de dissoudre beaucoup de substances et de s'en saturer : l'un et l'autre de ces élémens acquièrent de nouvelles propriétés qui n'appartiennent ni à l'eau ni à l'air, mais seulement aux substances dont ils sont chargés. Comme il y a certaines substances que l'eau peut dissoudre et qu'on ne peut plus lui enlever, il doit en être de même de l'air : ce dernier élément peut se charger de substances aussi volatiles, aussi dilatables que lui, et qu'on ne pourra peut-être jamais séparer par distillation, filtration ou autre moyen ; mais il n'en résultera pas moins que les nouvelles propriétés qu'on trouvera à cet air seront toujours dues aux substances étrangères, et non à l'air lui-même.

Nota. Ces dix-neuf chapitres renferment ce que j'ai pu me procurer de plus intéressant sur l'air fixe ; j'aurais pu y ajouter l'extrait d'une thèse très-bien faite en faveur de la doctrine de M. Black, soutenue à Edimbourg, le 12 septembre 1772, par M. Rutherford ; mais, comme cette thèse ne contient qu'un sommaire de ce qui a été écrit sur cette matière par MM. Black, Cavendish et Lane, j'ai craint de me jeter dans des répétitions inutiles.

Je sais encore qu'il paraît depuis peu un *Recueil de Dissertations Chimiques* de M. Wiegel, docteur en médecine à Greiswald, dans l'une desquelles il traite de l'air fixe et de l'*acidum pingue ;* mais il ne m'a pas encore été possible de me procurer cet ouvrage.

NOUVELLES

RECHERCHES

SUR L'EXISTENCE D'UN FLUIDE ÉLASTIQUE FIXÉ DANS QUELQUES SUBSTANCES,

ET SUR LES PHÉNOMÈNES QUI RÉSULTENT DE SON DÉGAGEMENT OU DE SA FIXATION (1).

CHAPITRE PREMIER.

De l'existence d'un fluide élastique fixé dans les terres calcaires, et des phénomènes qui résultent de son absence dans la chaux.

Après avoir exposé, dans la première partie de cet ouvrage, l'opinion de M. Black, de M. Meyer et de M. de Smeth, sur les causes de la causticité de la chaux vive et des alkalis, j'ai pensé qu'avant de passer plus avant, je ne pouvais me dispenser de reprendre tout l'édifice en sous-ordre, de répéter les principales expériences de M. Black, de M. Meyer, de M. Jacquin, de M. Crans et de M. de Smeth; d'y en ajouter même de nouvelles; enfin, de m'attacher à fixer, s'il était possible, les idées des physiciens sur la valeur de ces différens systèmes.

(1) Lavoisier avait soumis ses *Recherches* à l'Académie, et elles ont été le sujet d'un rapport fait le 7 décembre 1773; ainsi, quoiqu'elles n'aient été imprimées qu'en 1774, elles étaient cependant rédigées en 1773. L.

Tel est l'objet que je me suis proposé de remplir dans les trois premiers chapitres de cette seconde partie : comme les expériences que je rapporte sont toutes exactement liées les unes aux autres, j'ai besoin d'une attention suivie de la part du lecteur.

EXPÉRIENCE PREMIÈRE.

Dissolution de la craie par l'acide nitreux.

PRÉPARATION DE L'EXPÉRIENCE.

J'ai mis dans un petit matras à col long et étroit 6 onces d'acide nitreux, dont le poids était à celui de l'eau, comme 129895 est à 100000. J'ai jeté peu à peu, par le col du matras, de la craie en poudre séchée à un degré de feu long-temps continué, et à peu près égal à celui du mercure bouillant.

EFFET.

La dissolution s'est faite avec une vive effervescence, mais presque sans chaleur. J'avais soin de tenir le matras bouché, autant qu'il était possible; je le débouchais de moment en moment, pour donner issue aux vapeurs élastiques qui se dégageaient avec impétuosité : l'objet de ces précautions était d'avoir le moins d'évaporation qu'il était possible. J'ai employé, pour parvenir au point de saturation, 2 onces 3 gros 36 grains de craie : le total du poids des matières employées dans la dissolution était donc de 8 onces 3 gros 36 grains; cependant, ayant pesé de nouveau après la combinaison, le poids ne s'est plus trouvé que de 7 onces 3 gros 36 grains, ce qui formait une perte de poids d'une once juste.

Cette perte de poids ne pouvait être attribuée qu'au

fluide élastique qui s'était dégagé, et aux vapeurs aqueuses ou autres qu'il avait entraînées avec lui; il fallait donc trouver un moyen de les retenir et de les examiner. C'est ce que je me suis proposé dans l'expérience qui suit.

EXPÉRIENCE II.

Mesurer la quantité de fluide élastique qui se dégage de la craie pendant sa dissolution dans l'acide nitreux.

DESCRIPTION DE L'APPAREIL.

A B, fig. première, est une platine de cuivre jaune ou laiton de 10 pouces de diamètre : à son centre en C, s'élève une tige C D, laquelle porte une seconde platine E F ronde comme la première, et de 5 pouces $\frac{1}{2}$ de diamètre; sur cette seconde platine s'élève en G une petite tige G H, laquelle porte un châssis représenté séparément dans la fig. 2. Ce châssis est destiné à supporter une fiole de verre I en forme de poire; elle doit avoir un gouleau en *t*, pour éviter que le fluide qu'elle est destinée à verser, ne coule le long des parois extérieures : à défaut de gouleau, on peut en faire un avec de la cire. La fiole I, au lieu d'être suspendue par deux pivots, doit être plutôt soutenue par deux calottes hémisphériques à vis, de manière qu'on puisse les écarter ou les rapprocher, suivant que la fiole dont on veut se servir est plus ou moins grosse. La partie inférieure K de cette fiole doit être lestée avec du plomb, afin qu'elle se tienne droite d'elle-même : elle doit avoir aussi à cette même partie un bouton K auquel s'attache une ficelle; cette dernière doit passer par-dessus le châssis, et s'introduire par le trou M de la platine inférieure, lequel est garni d'une petite poulie : cette ficelle sert à faire faire la bascule à la bouteille I, quand on le juge à propos. Tout cet appareil est recouvert d'un grand bocal N N O O, de 6 pouces de diamètre, et de deux pieds et demi à trois pieds de hauteur; enfin, le tout doit être placé dans un seau de faïence V V S S d'un pied de diamètre dans son fond, et à peu près de même hauteur : on l'a rendu transparent dans la figure pour mieux faire sentir tous les détails de l'appareil.

Lorsqu'on veut se servir de cette machine, on met dans la fiole I une certaine quantité d'acide, ou d'une autre liqueur quelconque; on met dans le bocal Q de la craie, de l'alkali, ou une autre substance quelconque, dont on veut faire la dissolution; on emplit d'eau le seau V V S S; on élève ensuite l'eau en suçant par un trou R pratiqué au haut du bocal, et on la fait monter jusqu'en Y Y, plus ou moins, suivant la nature des expériences qu'on se propose de faire; enfin avec l'entonnoir représenté dans la figure 3, on introduit de l'huile sous le récipient; cette huile, plus légère que l'eau, monte à sa surface en Y Y, et par son interposition, empêche que le fluide élastique dégagé des combinaisons ne soit absorbé par l'eau. Lorsque tout est ainsi préparé, on tire la ficelle *r*, laquelle passe sur les trois poulies de renvoi *p* M *n*, et on fait faire la bascule à la fiole I.

On peut joindre à cet appareil une pompe, et cette précaution même est indispensable, toutes les fois qu'on emploie des matières dont les vapeurs peuvent être nuisibles, et qui ne permettraient pas de sucer l'air sans s'incommoder. On voit cette pompe adaptée à l'appareil de la fig. première. P P représente le corps de pompe; Z l'anneau qui sert à élever le piston. A chaque coup, l'air est aspiré par le tuyau X L, dont l'extrémité X doit s'élever jusqu'à quelques lignes du dessous de la platine; il est ensuite refoulé et chassé du corps de pompe par le tuyau T. Comme l'extrémité inférieure L du tuyau X L, ainsi que l'extrémité *s* du tuyau qui soutient la pompe est destinée à tremper dans l'eau, les vis en cet endroit doivent être garnies de cuirs bien graissés : on verra dans la suite d'autres usages de cette même pompe.

PRÉPARATION DE L'EXPÉRIENCE.

J'ai mis dans la fiole I, figure première, une once et demie du même acide nitreux employé dans l'expérience première; j'ai mis dans le bocal Q 4 gros 63 grains de la même craie desséchée au degré du mercure bouillant. J'ai élevé l'eau jusques en YY, comme il est dit ci-dessus, et j'ai introduit une couche d'huile sur la surface de l'eau; enfin, j'ai fait la combinaison par le moyen de la bascule, en observant d'aller lentement pour éviter que la liqueur ne passât par-dessus les bords du bocal, par la vivacité de l'effervescence.

EFFET.

L'eau a baissé tout à coup dans le bocal N N O O, et elle s'est arrêtée à 7 pouces $\frac{1}{2}$ au-dessous de la surface YY. Le bocal, en cet endroit, avait 70 lignes $\frac{85}{100}$; d'où il suit que la quantité de fluide élastique dégagée était de 206 pouces cubiques; mais au bout d'un quart d'heure, le peu de chaleur produit pendant la combinaison s'étant dissipé, cette quantité de fluide élastique s'est réduite à 200 pouces; après quoi il n'y a plus eu de variation sensible, même pendant plusieurs jours; le thermomètre, pendant cet intervalle de temps, s'est maintenu entre 16 et 17 degrés, et le baromètre aux environs de 28 pouces.

RÉFLEXIONS.

Les quantités d'acide nitreux et de craie employées dans cette seconde expérience, ne sont que le quart de celles employées dans la première ; d'où il suit que si on eût employé six onces d'acide nitreux, et 2 onces 3 gros 36 grains de craie comme dans la première expérience, on aurait eu un dégagement d'air de 800 pouces cubiques : mais la perte de poids dans la première expérience a été d'une once juste; donc 800 pouces cubiques de fluide élastique, tel qu'il se dégage de la craie, et chargé sans doute d'une assez grande quantité de vapeurs aqueuses qu'il entraîne avec lui, pèsent une once juste à une température de 16 à 17 degrés du thermomètre ; donc le pied cube ou 1728 pouces cubiques de ce fluide pèsent 2 onces 1 gros 20 grains; mais le pied cube d'air commun à cette même température ne pèse, suivant les observations de M. de Luc, que 1 once 2 gros 66 grains; d'où l'on peut déjà conclure, de deux choses l'une, ou que le fluide élastique qui se dégage de la craie par l'effervescence pèse environ un tiers de plus que l'air de l'atmosphère, ou, ce qui est beaucoup plus probable, qu'aidé par le tumulte de l'effervescence, il entraîne avec lui une quantité assez considérable de vapeurs aqueuses ou autres qui contribuent à augmenter la perte de poids observée dans la première expérience, et qui font paraître ce fluide élastique plus pesant qu'il ne l'est en effet.

EXPÉRIENCE III.

Déterminer la quantité d'eau nécessaire pour saturer une quantité donnée de chaux vive.

PRÉPARATION DE L'EXPÉRIENCE.

J'ai mis dans un chaudron de fer 28 onces 6 gros de chaux vive, et j'ai versé dessus peu à peu assez d'eau pour la réduire en une pulpe médiocrement épaisse. Lorsque les phénomènes de l'extinction ont été passés, j'ai placé le chaudron sur un feu doux, pour enlever l'humidité surabondante. J'avais soin d'agiter fréquemment la matière avec une spatule de fer, pour l'empêcher de prendre corps et de se rassembler en grosses masses; sur la fin, j'ai donné un feu plus fort, et égal à peu près au degré du mercure bouillant, et je l'ai soutenu ainsi pendant plusieurs heures; enfin, lorsque la matière m'a paru parfaitement sèche, je l'ai tirée du feu, et l'ayant mise toute chaude sur une balance, elle s'est trouvée peser 37 onces juste. J'ai ensuite mis promptement en poudre toute cette chaux dans un mortier que j'entretenais toujours chaud; je l'ai passée au tamis de soie, et je l'ai renfermée dans une bouteille de verre bien bouchée pour me servir au besoin.

RÉFLEXIONS.

Il suit de cette expérience, que le rapport du poids de la chaux vive à celui de la chaux éteinte est comme 1000 à 1287; c'est-à-dire, que 1000 parties de chaux vive peuvent absorber $\frac{287}{1000}$ d'eau, autrement dit, que cette substance peut absorber 4 onces 4 gros 53 grains d'eau par livre.

On pourrait peut-être penser que la chaux n'absorde pas seulement de l'eau pendant son extinction ; que l'air lui-même ou quelque substance répandue dans l'air, se combine avec elle pendant cette opération, et contribue à l'augmentation de poids qu'on observe : l'expérience qui suit détruira ces conjectures, et fera voir que l'air extérieur n'entre pour rien dans les phénomènes de l'extinction.

EXPÉRIENCE IV.

Extinction de la chaux vive dans le vide de la machine pneumatique.

PRÉPARATION DE L'EXPÉRIENCE.

J'ai mis dans une capsule de verre une once et demie de chaux vive en morceaux médiocrement gros; j'ai versé dessus suffisante quantité d'eau; après quoi, j'ai placé la capsule sous le récipient de la machine pneumatique, et j'ai fait le vide le plus promptement qu'il m'a été possible.

EFFET.

Les phénomènes de l'extinction n'ont différé en rien de ceux qu'on observe à l'air libre : il y a eu au bout de quelques minutes, gonflement, bouillonnement et chaleur; la chaux s'est réduite en une pulpe blanche, qui, desséchée, s'est trouvée avoir reçu une augmentation de poids à peu près proportionnelle à celle observée dans l'expérience précédente (1).

(1) Je ne nie pas que la chaux ne puisse absorber un peu de fluide élastique pendant son extinction et pendant sa dessiccation; mais cette quantité est peu considérable, et presque nulle en proportion de la quantité d'eau qu'elle absorbe.

EXPÉRIENCE V.

Dissolution de la chaux dans l'acide nitreux.

PRÉPARATION DE L'EXPÉRIENCE.

J'ai mis dans un petit matras, à col long et étroit, 6 onces d'acide nitreux semblable à celui des expériences précédentes; j'ai introduit peu à peu dans le même matras de la chaux éteinte saturée et desséchée, comme on l'a vu dans l'expérience III.

EFFET.

Les premières portions se sont dissoutes presque sans mouvement; l'effervescence est devenue ensuite de plus en plus sensible, à mesure que l'acide se saturait; mais cette effervescence, en même temps, était différente de celle qu'on observe dans la dissolution de la craie; les bulles étaient fréquentes, mais petites, et le gonflement peu considérable; la chaleur, au contraire, était très-forte, et telle même qu'il y a apparence que les phénomènes de l'ébullition se joignent à ceux de l'effervescence. La quantité de chaux nécessaire pour la saturation a été d'une once 5 gros 36 grains, le poids de ces mêmes matières, après la combinaison, s'est trouvé de 7 onces 4 gros 70 grains. La perte de poids n'était donc que de 30 grains seulement.

Il était important de comparer, comme dans les expériences I et II, la perte de poids observée pendant l'effervescence à la quantité de fluide élastique dégagée : pour y parvenir, j'ai eu recours à l'appareil de l'expérience I, ainsi qu'il suit.

EXPÉRIENCE VI.

Déterminer la quantité de fluide élastique qui se dégage de la chaux pendant sa dissolution dans l'acide nitreux.

PRÉPARATION DE L'EXPÉRIENCE.

J'ai mis dans la fiole I, fig. première, 1 once et demie d'acide nitreux, le même que dans les expériences précédentes ; j'ai mis dans le bocal Q 3 gros 27 grains de chaux éteinte et séchée (on vient de voir dans l'expérience précédente que cette proportion était celle nécessaire à la saturation). Du reste, tout a été disposé comme dans l'expérience II.

EFFET.

La combinaison s'est faite comme dans l'expérience précédente, avec un petit mouvement d'effervescence ou d'ébullition. Dans le premier moment, l'eau est descendue subitement de 3 ou 4 pouces dans le bocal NNOO ; mais, en quelques secondes, elle a repris son niveau, et s'est arrêtée environ à un pouce au-dessous de la première marque. Le bocal était tiède, et comme la masse d'air qu'il contenait était fort considérable, il était tout naturel qu'il en résultât une dilatation très-sensible ; aussi, à mesure que cet air a repris le degré du laboratoire, l'eau a remonté : et le dégagement d'air s'est trouvé réduit à une tranche cylindrique de 4 lignes de hauteur, sur 70 lignes $\frac{42}{100}$ de diamètre, c'est-à-dire de 9 pouces cubes. Si l'on eût opéré dans cette expérience sur des quantités égales à celles de l'expérience V, on aurait eu, sans doute, un dégagement de fluide élastique quatre fois plus grand, c'est-à-dire de 36 pouces cubes; mais en supposant, comme on peut le faire ici sans erreur sensible, que ce fluide fût exactement équipondérable à l'air, ces 36 pouces cubes devaient peser 16 grains $\frac{1}{3}$, à la température du laboratoire. La perte totale du poids, dans l'expérience V^e, n'a été que de 38 grains; d'où il suit que, malgré la grande chaleur éprouvée pendant la dissolution, la perte de poids causée par l'évaporation n'a été que de 21 grains $\frac{2}{3}$.

CONSÉQUENCES GÉNÉRALES DES SIX EXPÉRIENCES PRÉCÉDENTES.

Il est d'abord évident, d'après l'expérience III, que la quantité d'une once 5 gros 36 grains de chaux éteinte, employée dans l'expérience V, et nécessaire pour saturer 5 onces d'acide nitreux, contenait 3 gros 0 grains $\frac{3}{4}$ d'eau 2°; d'après l'expérience VI, que cette même quantité de chaux éteinte contenait 16 grains $\frac{1}{2}$ de fluide élastique; elle ne contenait donc réellement que 1 once 2 gros 18 grains $\frac{3}{4}$ de terre alkaline: mais par l'expérience I, il a fallu 2 onces 3 gros 36 grains de craie pour saturer une pareille quantité, c'est-à-dire 6 onces d'acide nitreux; d'où il semble qu'on peut conclure que 2 onces 3 gros 36 grains de craie ne contiennent également que 1 once 2 gros 18 grains $\frac{3}{4}$ de terre alkaline; qu'elles contiennent en outre 3 gros 0 grains $\frac{3}{4}$ d'eau, et 6 gros 16 grains $\frac{1}{2}$ de fluide élastique; ces 6 gros 16 grains $\frac{1}{2}$ d'après l'expérience V, équivalent à 800 pouces cubes; d'où il suivrait que le fluide élastique contenu dans la craie pèse $\frac{561}{1000}$ de grain le pouce cube à la température de 16 à 17 degrés du thermomètre de M. de Réaumur, c'est-à-dire un peu plus de demi-grain; tandis que le pouce cube d'air commun, à pareille température, ne pèse, suivant les résultats de M. de Luc, que $\frac{455}{1000}$ de grain;

c'est-à-dire un peu moins de demi-grain. Cette différence vient ou de ce que le fluide élastique dégagé de la craie est réellement un peu plus lourd que celui de l'atmosphère, ou de ce qu'il est chargé de vapeurs au sortir de la craie, ou enfin de ce que la craie contient plus d'eau que la chaux éteinte.

Si 2 onces 3 gros 36 grains de craie sont réellement composés, comme on vient de le dire, de 1 once 2 gros 18 grains $\frac{3}{4}$ de terre alkaline, de 3 gros 0 grains $\frac{3}{4}$ d'eau, et de 6 gros 16 grains $\frac{1}{2}$ de fluide élastique, il doit s'ensuivre, par une conséquence nécessaire, que ces différentes substances combinées entre elles dans ces mêmes proportions doivent faire de la terre calcaire ou de la craie. Pour obtenir ce complément de preuves, j'ai fait l'expérience suivante.

EXPÉRIENCE VII.

Refaire de la terre calcaire ou de la craie, en rendant à la chaux l'eau et le fluide élastique dont elle a été dépouillée par la calcination.

PRÉPARATION DE L'EXPÉRIENCE.

J'ai pesé 5 gros 22 grains de chaux vive. On se rappelle que cette quantité est précisément celle qui répond à 1 once 1 gros 54 grains de craie. J'ai jeté cette chaux dans huit pintes d'eau distillée : la chaux a été bientôt divisée par l'eau, et elle a été dissoute en partie ; mais une portion assez considérable est demeurée déposée au fond du vase.

J'ai pris, d'un autre côté, une bouteille de verre A, fig. 4, tubulée en E (1) ; je l'ai emplie jusqu'en B C,

(1) M. Rouelle s'est servi avant moi de ces bouteilles dans les expériences

fig. 5, c'est-à-dire environ jusqu'au tiers, de craie en poudre grossière. J'y ai ensuite ajusté l'entonnoir G que j'ai bien luté avec le col de la bouteille, de manière que l'air ne pût communiquer par la jointure. J'ai ajusté au bout d'un petit bâton O P, un bouchon de liège P tellement proportionné, qu'il pût boucher exactement l'entonnoir G. J'ai luté à la tubulure E un siphon de verre E H I dont j'ai fait tomber l'extrémité I dans le fond d'un seau de faïence, représenté ici plus en petit par un bocal K L M N, et dans lequel était la chaux en dissolution dans l'eau. Enfin, j'ai rempli d'acide vitriolique affaibli l'entonnoir G, et je soulevais de temps en temps le bouchon P, pour laisser introduire quelques portions d'acide vitriolique dans la bouteille A.

EFFET.

L'air dégagé de l'effervescence occasionée par la dissolution de la craie dans l'acide vitriolique, a passé par le siphon de verre E H I, et a bouillonné dans l'eau de chaux contenue dans le vaisseau K L M N; en même temps l'eau de chaux s'est troublée, et après avoir continué pendant un temps fort considérable, je suis parvenu à précipiter toute la chaux et à rendre l'eau surnageante absolument douce : alors j'ai décanté; j'ai fait sécher la terre qui restait au fond, à un degré de chaleur égal à celui du mercure bouillant, après quoi elle s'est trouvée peser 1 once 1 gros 36 grains. Son poids, suivant les déterminations précédentes, aurait dû être d'une once 1 1 gros 54 grains. Cette différence de 18 grains, qui ne

qu'il a faites sur l'eau imprégnée d'air fixe, et qui ont été publiées dans *Journal de Médecine* de M. Roux.

peut pas être regardée comme fort considérable, vient ou de la perte inévitable qu'on éprouve dans toute expérience, ne serait-ce que par la petite quantité de terre qui demeure attachée aux vaisseaux, ou peut-être encore de ce que la chaux, dans cette expérience, n'a pas été aussi saturée de fluide élastique qu'elle le pouvait être.

Cette terre calcaire, au surplus, ne différait en rien de la craie; elle donnait, par sa dissolution dans l'acide nitreux, une quantité de fluide élastique à peu près égale à la craie; la perte de poids qu'elle éprouvait pendant cette opération était aussi la même; elle ne dégageait plus à froid l'alkali volatil de sel ammoniac; en un mot, on ne pouvait par aucun moyen la distinguer de la véritable craie en poudre.

EXPÉRIENCE VIII.

Déterminer la pesanteur spécifique de l'eau de chaux avant et après la précipitation.

PRÉPARATION DE L'EXPÉRIENCE.

J'ai pris de l'eau distillée à la température de 17 degrés du thermomètre de M. de Réaumur; j'y ai plongé un pèse-liqueur d'argent représenté figure 6. Cet instrument est construit sur le même principe que celui décrit par Farenheit dans les Transactions philosophiques, c'est-à-dire que sa tige D E, au lieu d'être graduée comme dans l'aréomètre de Boyle, n'a qu'une petite marque gravée en E à peu près vers son milieu. Cette tige n'a que trois pouces de longueur : elle est surmontée d'un bassin propre à recevoir des poids; on charge l'instrument jusqu'à ce qu'il enfonce jusqu'à la marque E dans le fluide dont on veut déterminer la pesanteur spécifique. Ce pèse-liqueur est lesté dans sa partie inférieure, c'est-à-dire en B C, avec de l'étain. Son poids est de 7 onces 0 gros 64 grains; j'ai été obligé, pour le faire enfoncer jusqu'à la marque E, dans de l'eau distillée à la température de 17 degrés du thermomètre de M. de Réaumur, de le charger de 20 grains $\frac{1}{2}$; d'où il suit qu'il déplace un volume d'eau distillée de 9 onces 1 gros 12 grains $\frac{1}{2}$.

Ayant retiré le pèse-liqueur de cette eau, j'y ai jeté beaucoup plus de chaux qu'elle ne pouvait en dissoudre; je l'ai filtrée, et lorsqu'elle s'est trouvée exactement au même degré de température que dans l'expérience précédente, j'y ai plongé le pèse-liqueur, mais je n'ai pu le faire enfoncer jusqu'à la même marque qu'en le chargeant de 32 grains; d'où il suit que le poids du volume de l'eau de chaux déplacé par le pèse-liqueur, est de 9 onces 1 gros 24 grains; ce qui donne le rapport de la pesanteur spécifique de l'eau distillée à celle de l'eau de chaux, comme 1000000 est à 1002135.

EXPÉRIENCE IX.

Déterminer la pesanteur spécifique de l'eau de chaux dans laquelle on a fait bouillonner le fluide élastique dégagé d'une effervescence.

J'ai fait bouillonner, comme dans l'expérience VI, le fluide élastique dégagé de l'effervescence de l'acide vitriolique et de la craie dans de l'eau de chaux saturée; lorsque la précipitation a été entièrement achevée, j'ai laissé reposer la liqueur, après quoi je l'ai décantée, et j'y ai plongé le pèse-liqueur : la pesanteur du fluide déplacé s'est trouvée de 9 onces 1 gros 12 grains $\frac{3}{4}$, c'est-à-dire sensiblement la même que celle de l'eau distillée; d'où il suit que l'addition du fluide élastique avait précipité toute la chaux, et l'avait rendue insoluble dans l'eau.

EXPÉRIENCE X.

Imprégner d'air fixe ou de fluide élastique, de l'eau ou tel autre fluide qu'on jugera à propos.

PRÉPARATION DE L'EXPÉRIENCE.

La figure 7 représente l'appareil dont je me sers dans ces sortes d'expériences, il ne diffère de celui de la figure 5, qu'en ce que j'ai substitué une bouteille I, tubulée en R, au seau ou bocal K L M N. Je mets, comme dans l'expérience VII, de la craie en poudre grossière dans la bouteille A, et j'y fais couler peu à peu de l'acide vitriolique par l'entonnoir G.

EFFET.

A mesure que le fluide élastique se dégage par l'effervescence, il est obligé d'enfiler le siphon E H I, de passer dans la bouteille I, et de bouillonner à travers l'eau distillée, ou telle autre liqueur qu'elle renferme. Il faut que toutes les jointures des vaisseaux soient exactement lutées dans cette expérience. La tubulure R doit être aussi bouchée avec un bon bouchon de liège; on parvient par ce moyen à entretenir dans la bouteille I une atmosphère de fluide élastique beaucoup plus condensé que l'air de l'atmosphère, et la liqueur se charge plus promptement et en plus grande abondance que s'il n'y avait pas de compression. Il est nécessaire de déboucher de temps en temps la tubule R, de peur que les vaisseaux ne crèvent, ou que les vapeurs trop condensées ne se fassent jour à travers les jointures; il y a toujours, d'ailleurs, une portion assez considérable du fluide élastique dégagé des effervescences, qui n'est point susceptible de se combiner avec l'eau, et auquel il est nécessaire de donner de temps en temps une issue.

EXPÉRIENCE XI.

Comparer la pesanteur spécifique de l'eau imprégnée de fluide élastique à celle de l'eau distillée.

J'ai pris de l'eau distillée très-chargée de fluide élastique, par le procédé décrit dans la précédente expérience. Cette eau avait un goût aigrelet extrêmement sensible, et plus considérable, à ce qu'il m'a semblé, que n'a celle faite par le procédé de M. Priestley.

Y ayant plongé l'aréomètre d'argent, représenté figure 6, le fluide déplacé s'est trouvé peser 9 onces 1 gros 13 grains à la température de 19 degrés $\frac{1}{3}$; le même volume d'eau distillée à pareille température ne s'est trouvé peser que 9 onces 1 gros 11 grains $\frac{1}{4}$. La différence est de 1 grain $\frac{3}{4}$; d'où il suit que la pesanteur spécifique de l'eau imprégnée d'air fixe est à celle de l'eau distillée dans le rapport de 1000332 à 1000000.

La même eau, ayant été agitée et battue en la versant cinq à six fois d'un vase dans un autre, a perdu son goût aigrelet : soumise ensuite à l'épreuve du pèse-liqueur, le volume d'eau déplacé s'est trouvé de 9 onces 1 gros 11 grains $\frac{1}{3}$, c'est-à-dire sensiblement le même que celui de l'eau distillée.

Il est probable qu'en répétant cette expérience pendant un temps froid, on parviendrait à charger l'eau d'une beaucoup plus grande quantité de fluide élastique ; mais je réserve cette expérience pour une autre saison.

EXPÉRIENCE XII.

Précipiter l'eau de chaux par une addition d'eau imprégnée de fluide élastique.

PRÉPARATION DE L'EXPÉRIENCE.

J'ai mis dans un bocal de la même eau de chaux dont la pesanteur spécifique a été déterminée ci-dessus, expérience VIII. J'y ai mêlé peu à peu de l'eau qui avait été imprégnée de fluide élastique par l'appareil représenté fig. 7.

EFFET.

L'eau de chaux s'est troublée sur-le-champ, et la terre s'est précipitée au fond du vase; j'ai continué d'ajouter ainsi de nouvelle eau imprégnée de fluide élastique, jusqu'à ce que je fusse assuré que la précipitation était complète; alors j'ai laissé reposer la liqueur, et lorsqu'elle a été parfaitement éclaircie, j'y ai plongé le pèse-liqueur, et j'ai reconnu que sa pesanteur spécifique n'excédait presque pas celle de l'eau distillée; la différence était environ de 0.000095, encore est-il probable que cette très-légère différence ne venait que de ce que je n'avais pas employé précisément la proportion d'eau de chaux et d'eau imprégnée de fluide élastique nécessaire pour que la précipitation fût parfaite. On jugera aisément, en effet, en comparant cette expérience avec la suivante, que pour peu qu'on emploie trop d'eau de chaux, ou trop d'eau imprégnée de fluide élastique, il reste également dans les deux cas une portion de terre unie à l'eau: du reste, la terre précipitée n'était plus dans l'état de chaux vive; elle faisait effervescence avec les acides, et ne dégageait plus à froid l'alkali volatil du sel ammoniac : c'était une véritable craie.

EXPÉRIENCE XIII.

Redissoudre, par une nouvelle addition d'eau imprégnée de fluide élastique, la chaux après qu'elle a été précipitée.

La précipitation de l'eau de chaux par le moyen d'un mélange d'eau imprégnée de fluide élastique présente un phénomène singulier ; c'est que si, après avoir précipité toute la chaux, comme on vient de le voir dans l'expérience précédente, on continue d'ajouter de nouvelle eau imprégnée de fluide élastique, toute la terre calcaire qui avait été précipitée se redissout de nouveau, et la liqueur devient parfaitement diaphane.

J'examinerai dans un chapitre particulier les effets de l'eau ainsi chargée d'une dissolution de terre calcaire combinée avec le fluide élastique.

CONCLUSION DE CE CHAPITRE.

En rapprochant les différentes expériences dont je viens de rendre compte, il est difficile de se refuser aux conséquences qui suivent :

Premièrement, qu'il existe dans les pierres et terres calcaires un fluide élastique, une espèce d'air sous forme fixe, et que cet air, lorsqu'il a repris son élasticité, jouit des principales propriétés physiques de l'air.

Secondement, que cent livres de craie dans les proportions ci-dessus, contiennent environ 31 livres 15 onces de ce fluide élastique, 15 livres 7 onces d'eau, et seulement 52 livres 10 onces de terre alkaline.

Troisièmement, qu'il serait même possible que la craie contînt encore moins de terre alkaline, et plus de fluide élastique, mais que, jusqu'à présent, nous ne connaissons aucun moyen de l'en dépouiller au-delà, ni de porter plus loin son analyse.

Quatrièmement, que la terre alkaline peut exister dans trois états différens : 1° saturée de fluide élastique et d'eau, telle est la craie ; 2° privée de fluide élastique et saturée d'eau, telle est la chaux éteinte ; 3° privée d'eau et de fluide élastique, telle est la chaux vive.

Cinquièmement, que la chaux vive (c'est-à-dire la terre alkaline dépouillée d'eau et de fluide élastique), contient une grande quantité de matière du feu pure, qu'elle a acquise probablement pendant la calcination, et que c'est à cette matière qu'est due la grande chaleur qu'on observe dans l'extinction de la chaux et dans sa dissolution dans les acides.

Sixièmement, qu'il ne suffit pas de saturer d'eau la chaux vive pour en chasser cette quantité surabondante de matière du feu ; qu'il en reste encore après l'extinction, puisque la chaux éteinte communique une chaleur considérable à l'acide nitreux dans lequel on la fait dissoudre ; phénomène qui ne produit point la terre calcaire ou la craie.

Septièmement, que ce n'est point cette surabondance de matière du feu qui constitue la terre alkaline dans l'état de chaux, puisque, dans l'état de chaux éteinte et privée par l'extinction d'une grande partie de cette matière du feu, elle n'en est pas moins soluble dans l'eau, elle n'en décompose pas moins le sel ammoniac à froid, elle n'en communique pas moins la causticité aux alkalis fixes et volatils ; en un mot, elle n'est pas moins chaux qu'avant son extinction.

Huitièmement enfin, qu'il suffit de rendre à la chaux, par quelque moyen que ce soit, le fluide élastique qu'on en a chassé, pour la rendre douce, insoluble dans l'eau, susceptible de faire effervescence avec les acides ; en un mot, pour la rétablir dans l'état de terre calcaire ou de craie.

Nota. Je n'ai parlé dans ce chapitre que d'une seule espèce de terre calcaire, dans la crainte de jeter de la confusion dans les expériences, et de faire perdre de vue l'objet principal. Toutes les terres calcaires pures que j'ai eu occasion d'examiner présentent les mêmes phénomènes que la craie : elles sont composées toutes de terre alkaline et d'eau, combinée avec un fluide élastique fixé ; mais elles diffèrent presque toutes par les proportions dans lesquelles ces trois substances entrent dans leur combinaison.

Quelques expériences me portent même à croire que c'est en partie à la différence de ces proportions que tient la diversité des figures des spaths. J'ai éprouvé, par exemple, qu'à poids égal l'espèce désignée par Valerius sous le nom de *spathum pellucidum flavescens*, contenait moins de terre alkaline que la craie, et plus de fluide élastique. Le morceau que j'ai soumis à mes expériences était tiré des carrières de pierre à chaux situées entre Chaumont-en-Bassigny et Vignory. J'ai été obligé d'en employer 2 onces 6 gros 33 grains, pour saturer 6 onces du même acide nitreux dont j'ai parlé ci-dessus, tandis qu'il ne m'a fallu que 2 onces 3 gros 36 grains de craie pour produire le même effet. D'un autre côté, la perte de poids, après la combinaison, au lieu d'être d'une once juste, comme avec la craie, a été d'une once 2 gros. La dissolution de ce spath avait un coup d'œil verdâtre, et il a laissé un petit dépôt blanc insoluble dans les acides.

Un spath de Sainte-Marie-aux-Mines, en cristaux blancs groupés, espèce de drusen, qui a beaucoup de rapport avec celui représenté dans la figure 7 de la *Minéralogie* de Valerius, m'a donné des résultats très-approchans de ceux de la craie. La quantité nécessaire pour saturer 6 onces d'acide nitreux a été de 2 onces 3 gros, et la perte de poids, après la combinaison, d'une once 0 gros 3 grains. Ce spath a laissé un dépôt jaunâtre insoluble dans les acides. Je me propose quelque jour de suivre plus loin ces expériences.

CHAPITRE II.

De l'existence d'un fluide élastique fixé dans les alkalis fixes et volatils, et des moyens de les en dépouiller.

Après avoir prouvé qu'il existe dans les terres calcaires un fluide élastique sous forme fixe; que ce fluide constitue une partie considérable de leur poids; que c'est principalement à son absence que la chaux doit sa causticité; il me reste à suivre la combinaison de ce fluide avec différentes substances de la nature, et notamment avec les substances alkalines et avec les métaux.

L'alkali fixe végétal, celui qui provient de la combustion des végétaux, et qu'on a coutume de désigner sous le nom de sel de tartre, m'a paru peu propre à être employé dans les expériences dont je vais rendre compte; 1° parce qu'il est difficile de le ramener toujours à un point de dessiccation fixe et déterminé, et que la quantité d'eau plus ou moins grande qu'il conserve peut devenir une source notable d'erreurs; 2° parce que, ayant une action très-prompte sur l'humidité contenue dans l'air, il change de poids presque à chaque instant. Des cristaux de soude purifiés, cristallisés et séchés sur du papier gris, m'ont paru préférables; bien entendu que j'avais soin de les tenir toujours dans des flacons bien bouchés, pour les empêcher de s'effleurir. C'est, en conséquence, de cet alkali que je me suis servi dans les expériences qui suivent.

EXPÉRIENCE PREMIÈRE.

Dissolution des cristaux de soude dans l'acide nitreux.

PRÉPARATION DE L'EXPÉRIENCE.

J'ai mis dans un matras à col long et étroit 6 onces du

même acide nitreux que j'avais employé, expérience Ire, chapitre Ier. D'autre part, j'ai fait dissoudre, dans une quantité connue d'eau distillée, un poids également connu de cristaux de soude: j'ai saturé peu à peu avec cette liqueur alkaline les 6 onces d'acide nitreux, et j'ai été obligé, pour y parvenir, d'employer 10 onces 6 gros 63 grains d'eau, et 6 onces 2 gros 15 grains $\frac{3}{4}$ de cristaux de soude, encore y avait-il un peu d'acide dominant: le total des matières employées dans la combinaison pesait 23 onces 1 gros 6 grains $\frac{3}{4}$.

EFFET.

L'effervescence a été vive, mais sans aucune chaleur; après quoi les mêmes matières ne se sont plus trouvées peser que 22 onces 0 gros 62 grains $\frac{1}{4}$. La perte était d'une once 0 gros 16 grains $\frac{1}{2}$.

EXPÉRIENCE II.

Mesurer la quantité de fluide élastique qui se dégage de la soude pendant sa dissolution dans l'acide nitreux.

PRÉPARATION DE L'EXPÉRIENCE.

J'ai employé dans cette expérience la sixième partie des doses employées dans la précédente. J'ai mis, en conséquence, dans la fiole L, fig. Ire, une once d'acide nitreux. J'ai mis dans le bocal Q 1 once 26 grains $\frac{5}{8}$ de cristaux de soude, dissous dans 2 onces d'eau; j'ai recouvert le tout avec le grand récipient NNOO, et après avoir fait monter l'eau à une hauteur convenable, et l'avoir recouvert d'une couche d'huile, j'ai fait agir la bascule.

EFFET.

L'effervescence a été vive, et la quantité de fluide élastique dégagée a été de 135 pouces cubes. Si donc j'eusse employé dans cette expérience des doses égales à celles de la précédente, j'aurais eu un dégagement de fluide élastique de 810 pouces cubes.

RÉFLEXIONS.

Le baromètre, pendant cette expérience, était à 28 pouces 1 ligne $\frac{1}{2}$, et le thermomètre à l'esprit de vin de M. de Réaumur, à 15 degrés $\frac{1}{4}$; d'où l'on peut conclure, d'après les détermination de M. de Luc, que l'air de l'atmosphère pesait dans ce moment environ $\frac{46}{100}$ de grains le pouce cube. Si donc le fluide élastique dégagé n'avait été que de l'air pur, son poids n'aurait été que de 5 gros 12 grains $\frac{2}{3}$; cependant la perte du poids s'est trouvée d'une once 0 gros 16 grains $\frac{1}{2}$; d'où il résulte un excédant de 3 gros, 3 grains $\frac{5}{6}$. Cette différence vient, comme on l'a indiqué plus haut, à l'égard de la craie, ou de ce que le fluide dégagé par l'effervescence est plus pesant que l'air de l'atmosphère, ou de ce qu'il enlève avec lui des vapeurs aqueuses.

On voit par cette expérience, 1° qu'il faut beaucoup plus de soude que de craie pour saturer une quantité donnée d'acide nitreux; ce qui indique que ce sel contient beaucoup d'eau dans sa cristallisation et dans sa composition; 2° que si d'un côté la soude, à poids égal, contient une beaucoup moindre quantité de fluide élastique que la craie, d'un autre, elle en contient une quantité assez exactement proportionnelle à sa quantité de substance alkaline; en effet, on se rappelle qu'en saturant de craie 6 onces d'acide nitreux on a obtenu 800 pouces cubes de fluide élastique, le dégagement de ce même fluide a été de 810 avec la soude; or ces deux quantités peuvent être regardées comme sensiblement les mêmes.

On pourrait peut-être, d'après cela, supposer que 6 onces 2 gros 15 grains $\frac{3}{4}$ de soude contiennent une quantité de substance alkaline égale en poids à celle contenue dans 2 onces 3 gros 36 grains de craie, et faire un calcul assez probable sur la proportion d'eau, de fluide élastique et de substance alkaline que contient la soude; mais j'avoue en même temps qu'il faudrait quelques expériences de plus pour donner à ce calcul un certain degré d'évidence. Il résulterait de ce calcul que 6 onces 2 gros 15 grains $\frac{3}{4}$ de soude ne contiennent qu'une once 2 gros 18 grains $\frac{3}{4}$ de substance alkaline, 1 once de fluide élastique, et 3 onces 7 gros 69 grains d'eau; quoi qu'il en soit, ce calcul ne peut pas s'écarter beaucoup de la vérité. En réduisant ces mêmes quantités au quintal, il en résulterait que 100 livres de soude contiennent 63 livres 10 onces d'eau, 15 livres 15 onces de fluide élastique, et 20 livres 7 onces de substance alkaline.

EXPÉRIENCE III.

Diminution de pesanteur spécifique d'une solution de cristaux de soude par l'addition de la chaux.

J'ai fait dissoudre dans 14 onces d'eau distillée 2 onces de soude en cristaux. J'y ai plongé le pèse-liqueur d'argent représenté dans la figure 6, lequel déplace, comme on a vu plus haut, 9 onces 1 gros 12 grains $\frac{1}{2}$ d'eau distillée à la température de 17 degrés du thermomètre de M. de Réaumur; le poids d'un pareil volume de la solution de soude s'est trouvé de 9 onces 4 gros 56 grains $\frac{1}{2}$, ce qui donne le rapport entre la pesanteur spécifique de l'eau distillée et celle de la solution de soude, comme 1000000 est à 1049350.

J'ai mis dans cette solution une once de chaux éteinte et desséchée (expérience III, chap. premier) c'est-à-dire une terre alkaline saturée d'eau, mais privée de fluide élastique; j'ai agité quelques instans la liqueur pour donner à la chaux le temps d'exercer son action sur la soude, après quoi je l'ai laissé reposer: en peu de temps la chaux a gagné le fond du vase où même elle a pris corps; et la liqueur surnageante s'est trouvée claire et transparente. J'y ai plongé le pèse-liqueur; mais le fluide déplacé, au lieu de peser 9 onces 4 gros 56 grains $\frac{1}{2}$ comme ci-devant, ne s'est plus trouvé peser que 9 onces 4 gros 40 grains $\frac{1}{2}$; ce qui établit le rapport de la pesanteur spécifique de la solution avec celle de l'eau distillée, comme 1000000 à 1046313.

J'ai ajouté dans la même solution une nouvelle once de chaux; j'ai agité comme la première fois, et j'ai laissé reposer; le poids du fluide déplacé par le pèse-liqueur, ne s'est plus trouvé que de 9 onces 4 gros 21 grains, c'est-à-dire dans le rapport de 1000000 à 1042612.

Enfin, j'ai ajouté une troisième once de chaux; elle a été plus long-temps à se précipiter, elle n'a point pris corps comme dans les expériences précédentes; la solution néanmoins avait encore sensiblement diminué de pesanteur spécifique; le volume déplacé par le pèse-liqueur ne pesait plus que 9 onces 4 gros 14 grains; ce qui donne le rapport de pesanteur spécifique avec l'eau distillée comme 1000000 à 1041093.

A chacune de ces additions de chaux, la solution alkaline faisait sensiblement moins d'effervescence avec les acides; enfin après la troisième, il n'y avait plus aucune effervescence; on voyait seulement, en prêtant une grande attention, quelques bulles très-fines qui s'élevaient à la surface de la liqueur, ou qui s'attachaient aux parois du vase où se faisait la précipitation. Quelque quantité de chaux que j'aie ensuite ajoutée, je n'ai pu diminuer davantage la pesanteur spécifique de la solution, ni parvenir au point qu'il ne se dégageât plus aucune petite bulle, lorsqu'on la mêlait avec les acides.

RÉFLEXIONS.

Cette expérience donne la proportion de chaux éteinte, nécessaire pour amener la soude à l'état de causticité : on voit qu'elle est de trois parties de chaux contre deux de soude en cristaux; il y a même une quantité de chaux excédente à celle qui serait indispensablement nécessaire : mais il vaut mieux, lorsqu'on désire obtenir une lessive aussi caustique qu'il est possible, en employer plus que moins. Si, au lieu de chaux éteinte, on se servait de chaux vive, il suffirait d'employer parties égales; on a vu, en effet, par l'expérience III, chapitre I, que la chaux éteinte contenait un peu plus du quart de son poids d'eau.

Quelque favorable que parût cette expérience au système de M. Black, elle pouvait néanmoins s'expliquer encore dans celui de M. Meyer. Les partisans de ce dernier pouvaient dire, en effet, que la diminution de pesanteur spécifique, observée dans la solution alkaline, à mesure qu'on y ajoutait de la chaux, loin de prouver que la chaux enlevât quelque chose à l'alkali, prouvait, au contraire, qu'elle lui fournissait une matière plus légère que n'était cette solution, et qu'il n'arrivait en cela que ce qui s'observe relativement à l'eau dont on diminue la pesanteur spécifique par l'addition d'une liqueur spiritueuse, ou de toute autre moins pesante qu'elle : qu'il était même probable que cette matière n'était autre chose que le phlogistique; enfin ils ajoutaient que cette propriété du phlogistique, de diminuer la pesanteur spécifique des liqueurs dans lesquels il est combiné, est un effet connu en chimie sur lequel il ne peut rester d'équivoque; que l'esprit de vin, les huiles et plusieurs autres substances, en fournissent des exemples.

Je ne m'arrêterai point ici à discuter ces objections; je me jetterais dans des raisonnemens superflus : c'est à l'expérience seule qu'il faut avoir recours pour en apprécier la valeur, je me hâte donc de poursuivre.

EXPÉRIENCE IV.

Augmentation de poids de la chaux qui a passé dans une solution alkaline.

J'ai fait dissoudre 4 onces de cristaux de soude dans 14 onces d'eau distillée; j'y ai jeté 2 onces de chaux éteinte et desséchée (voyez expérience III, chap. premier), et j'ai agité la liqueur pendant quelques instans; lorsque toute la chaux a été déposée, j'ai décanté la liqueur; j'ai lavé avec plusieurs eaux la terre qui restait au fond, après quoi je l'ai fait sécher au degré du mercure bouillant; l'ayant ensuite pesée, elle s'est trouvée du poids de 3 onces 0 gros 6 grains.

RÉFLEXIONS.

Il est clair, d'après cette expérience, que la chaux éteinte enlève à la solution alkaline une substance quelconque qu'elle s'approprie, et qui augmente son poids environ d'un tiers. Cette substance ne peut être de l'eau, 1° parce qu'elle en était déjà saturée; 2° parce qu'en enlevant l'eau de la solution alkaline, elle l'aurait concentrée; elle en aurait donc augmenté la pesanteur spécifique, loin de la diminuer, comme on l'a vu dans l'expérience précédente. Les expériences qui suivent vont nous apprendre quel est ce quelque chose que la chaux enlève à la solution alkaline de la soude.

EXPÉRIENCE V.

Faire passer dans la chaux telle portion qu'on voudra du fluide élastique de la soude, et le démontrer ensuite dans la chaux.

PRÉPARATION DE L'EXPÉRIENCE.

J'ait fait dissoudre dans deux onces d'eau distillée 1 once 26 grains $\frac{5}{6}$ de soude en cristaux, lesquels, suivant l'expérience II, devaient contenir 135 pouces de fluide élastique; j'ai ajouté à cette solution 2 gros de chaux éteinte, lesquels (suivant l'expérience V, chap. premier), devaient contenir environ 6 pouces cubes d'air : la quantité totale du fluide élastique employé dans cette expérience, était donc de 141 pouces.

Si les deux gros de chaux avaient réellement enlevé à la soude une portion du fluide élastique qu'elle contenait, il s'ensuivait nécessairement, 1° que la soude devait en contenir moins qu'auparavant; 2° que la quantité manquante à la soude devait se trouver dans la chaux. Pour vérifier cette conjecture, j'ai décanté, d'une part, jusqu'à la dernière goutte, la solution alkaline de soude surnageante à la chaux; de l'autre, j'ai lavé avec soin la chaux qui était au fond; enfin, j'ai saturé séparément l'un et l'autre d'acide nitreux dans l'appareil destiné à mesurer les quantités d'air dégagé, représenté figure première.

EFFET.

La solution alkaline de soude, au lieu de 135 pouces, n'en a fourni que 64; la chaux, au contraire, qui n'en devait fournir que 6, en a donné 80, total 144; ce qui revient, à 3 pouces près, à la quantité totale employée.

EXPÉRIENCE VI.

J'ai répété la même expérience en employant la même dose d'alkali de la soude et d'eau; j'y ai seulement ajouté 4 gros de chaux au lieu de 2. J'ai décanté la solution alkaline; j'ai lavé la chaux avec un peu d'eau, après quoi j'ai soumis séparément et successivement, d'une part, la lessive caustique, de l'autre la chaux, à l'appareil représenté figure première.

EFFET.

Le dégagement d'air fourni par la lessive alkaline n'a été que de 18 pouces cubiques. Celui au contraire fourni par la chaux a été de 132 : total, 150 pouces; ce qui revient encore, à 8 pouces près, à la quantité totale du fluide élastique employé dans l'expérience.

RÉFLEXIONS.

Quatre gros de chaux éteinte, suivant les expériences rapportées dans le chapitre précédent, sont capables d'absorber plus de 200 pouces cubiques de fluide élastique; cependant, il s'en est fallu de 18 pouces qu'elle n'ait pu enlever à la soude les 135 pouces d'air qu'elle contenait : cette circonstance prouve d'un côté, que les dernières portions de fluide élastique ont une adhérence assez forte aux substances alkalines avec lesquelles elles sont unies; de l'autre, que la chaux, lorsqu'elle est combinée avec une certaine portion de fluide élastique, n'a plus une action aussi puissante qu'auparavant pour en absorber de nouveau.

Je passe aux phénomènes qui s'observent relativement à l'alkali volatil.

EXPÉRIENCE VII.

Dissolution de l'alkali volatil concret dans l'acide nitreux.

PRÉPARATION DE L'EXPÉRIENCE.

J'ai mis dans un petit matras à long col 6 onces d'acide nitreux, et j'y ai jeté peu à peu de l'alkali volatil concret jusqu'à ce que j'eusse atteint le point de saturation.

EFFET.

Il y a eu une très-vive effervescence, et la quantité d'alkali volatil nécessaire pour saturer complètement l'acide nitreux, a été de 2 onces 6 gros 36 grains; le total du poids des matières employées était donc, avant la combinaison, de 8 onces 6 gros 36 grains. La combinaison achevée il ne s'est plus trouvé que de 7 onces 3 gros 60 grains; d'où il suit que la perte, pendant l'effervescence, a été d'une once 2 gros 48 grains.

EXPÉRIENCE VIII.

Mesurer la quantité de fluide élastique degagée d'une quantité donnée d'alkali volatil concret.

J'ai employé dans cette expérience le quart des doses

de la précédente, c'est-à-dire une once $\frac{1}{2}$ d'acide nitreux et 5 gros 45 grains d'alkali volatil concret. La combinaison faite dans l'appareil représenté figure première, m'a donné 270 pouces cubiques $\frac{1}{2}$ de fluide élastique : en quadruplant cette quantité, on aura 1080 pouces cubiques pour la quantité de fluide élastique contenue dans 2 onces 6 gros 36 grains d'alkali concret. Le baromètre était dans le temps de cette opération à 28 pouces une ligne $\frac{1}{2}$ et le thermomètre à 19 degrés. La pesanteur du pouce cube d'air de l'atmosphère était donc, d'après les déterminations de M. de Luc, d'environ $\frac{45}{100}$ de grain; d'où il suit que si le fluide élastique dégagé de l'alkali volatil concret n'était pas plus pesant que l'air de l'atmosphère, les 1080 pouces cubiques ci-dessus n'auraient dû peser que 6 gros 54 grains; cependant la perte de poids a été (expérience VII) d'une once 2 gros 48 grains, sur quoi on peut faire les mêmes réflexions qu'à l'égard de la craie et de la soude. (*Voy.* ci-dessus, expérience II, chap. I et II.)

EXPÉRIENCE IX.

Combinaison de la chaux avec une solution d'alkali volatil concret.

J'ai mis dans un vaisseau bien bouché 18 onces d'eau distillée et 2 onces d'alkali volatil concret : la solution s'est faite avec refroidissement, comme il arrive à presque tous les sels. Lorsque la liqueur saline a eu repris la température du laboratoire, qui était environ 17 degrés du thermomètre de M. de Réaumur, j'y ai plongé le même pèse-liqueur d'argent dont je m'étais servi dans les précédentes expériences; le poids du fluide déplacé s'est trouvé de 9 onces 3 gros 65 grains $\frac{3}{4}$, c'est-à-dire que la pesanteur spécifique de cette solution était à celle de l'eau distillée dans le rapport de 1037440 à 1000000.

J'ai remis cette solution dans un flacon bien bouché; j'y ai ajouté une once de chaux éteinte et séchée; j'ai agité le vase pendant quelques instans; enfin, j'ai laissé reposer, et ayant décanté, j'y ai plongé de nouveau le pèse-liqueur : le volume de fluide déplacé par cet instrument s'est trouvé sensiblement plus léger qu'il n'était avant l'addition de la chaux. Il ne pesait plus que 9 onces 2 gros 59 grains, c'est-à-dire que la pesanteur spécifique de la solution n'était plus à celle de l'eau distillée, que dans la proportion de 1022492 à 1000000. Cette solution qui, avant l'addition de la chaux, n'avait qu'un montant assez faible d'alkali volatil, était déjà très-pénétrante.

J'ai ajouté à cette solution 4 nouveaux gros de chaux; alors le poids du volume de fluide déplacé s'est trouvé réduit à 9 onces 1 gros 57 grains, c'est-à-dire que sa pesanteur spécifique était à celle de l'eau distillée dans le rapport de 1008446 à 1000000.

Quatre nouveaux gros de chaux ont réduit cette pesanteur à 9 onces 0 gros 69 grains, c'est-à-dire que la liqueur était plus légère que l'eau distillée (1), dans le rapport de 997058 à 1000000.

La solution était alors extrêmement pénétrante, les vapeurs même en étaient si suffoquantes qu'on ne pouvait opérer pour en déterminer la pesanteur spécifique, sans prendre quelques précautions pour les éviter.

(1) Cette légèreté de l'alkali volatil fluor, plus grande que celle de l'eau, a déjà été observée par M. Baumé, relativement à celui tiré du sel ammoniac par la chaux. *Voy. Chimie expérimentale et raisonnée*, pag. 112.

Ayant encore ajouté 4 nouveaux gros de chaux, la liqueur s'est trouvée plus légère que l'eau distillée dans le rapport de 990790 à 1000000.

Ce terme est celui auquel l'alkali volatil est privé de fluide élastique, autant qu'il le peut être par la chaux; car ayant encore ajouté 4 gros de chaux dans la solution alkaline, ils n'ont produit aucune diminution nouvelle dans sa pesanteur spécifique (1).

RÉFLEXIONS.

Il résulte de cette expérience qu'il faut tout au plus 2 parties $\frac{1}{2}$ de chaux éteinte pour rendre l'alkali volatil aussi caustique qu'il le peut être par la chaux : il faudrait dans la proportion employer un peu moins de deux parties de chaux vive pour produire le même effet; mais il est beaucoup préférable d'employer la chaux éteinte, autrement la grande chaleur qu'éprouve la liqueur pendant l'extinction dissiperait une portion de l'alkali volatil.

EXPÉRIENCE X.

Augmentation de poids de la chaux qui a été combinée avec une solution d'alkali volatil concret.

Pour prouver, comme dans l'expérience IV, que la chaux enlève quelque chose à l'alkali volatil, j'ai décanté la solution alkaline qui avait été ainsi diminuée de poids dans l'expérience précédente, et j'ai mis soigneusement à part toute la chaux qui s'était rassemblée au fond : je l'ai fait sécher en la tenant long-temps exposée sur un

(1) La quantité totale de chaux employée dans cette expérience est de 3 onces juste.

bain de sable à un degré de chaleur un peu supérieur à celui du mercure bouillant, et capable par conséquent de chasser l'alkali volatil qui pouvait rester interposé entre les parties; après quoi, l'ayant porté à la balance, j'ai trouvé son poids de 3 onces 4 gros 60 grains, tandis qu'elle ne pesait que 3 onces juste avant l'opération.

RÉFLEXIONS.

Si l'on calcule maintenant d'après les proportions de l'expérience VIII, on trouvera que les 2 onces d'alkali volatil concret employées dans l'expérience IX, devaient contenir 768 pouces de fluide élastique; mais ces 768 pouces de fluide élastique, en passant dans la chaux, y ont occasioné une augmentation de poids de 4 gros 60 grains; donc chaque pouce de fluide élastique pesait $\frac{45}{100}$ de grains, ce qui revient précisément à la pesanteur du pouce cube de l'air de l'atmosphère.

On pourrait m'objecter ici que je suppose dans cette expérience que le fluide élastique a passé de l'alkali volatil dans la chaux sans l'avoir démontré: l'expérience suivante détruira cette objection.

EXPÉRIENCE XI.

Démontrer dans la chaux la quantité de fluide élastique qu'elle a enlevée à l'alkali volatil.

PRÉPARATION DE L'EXPÉRIENCE.

J'ai dissous dans suffisante quantité d'eau distillée 5 gros 45 grains d'alkali volatil concret; j'y ai ajouté moitié de son poids, c'est-à-dire 2 gros 58 grains de chaux éteinte; j'ai agité la liqueur, et lorsque j'ai jugé que la chaux avait exercé toute son action, j'ai décanté la liqueur surnageante, et j'ai soumis séparément, d'une part la chaux déposée au fond du vase, de l'autre l'alkali volatil, à l'appareil de la figure première. Le dégagement d'air fourni par la chaux a été de 163 pouces; celui fourni par l'alkali volatil a été à peu près tel qu'il devait être pour compléter les 270 pouces cubiques de fluide élastique contenu dans les 5 gros 45 grains d'alkali volatil; je dis à peu près, parce qu'une circonstance de l'expérience, dont il est inutile de rendre compte, m'a laissé une incertitude de quelques pouces sur le résultat obtenu par l'alkali volatil.

EXPÉRIENCE XII.

Rendre à une lessive alkaline de soude caustique l'air dont elle a été dépouillée par la chaux, et lui rendre en même temps sa pesanteur spécifique originaire, et la propriété de faire effervescence avec les acides.

PRÉPARATION DE L'EXPÉRIENCE.

J'ai pris la lessive alkaline de l'expérience III, qui avait été dépouillée de son air par la chaux; je l'ai mise dans l'appareil représenté fig. 7, et j'y ai fait bouillonner le fluide élastique dégagé de la craie par l'acide vitriolique.

EFFET.

Lorsque je ne mettais que peu de lessive alkaline caustique dans la bouteille I, en trois ou quatre minutes elle reprenait la propriété de faire effervescence : il fallait plus de temps, à proportion que la masse de liqueur était plus considérable; mais, dans les deux cas, sa pesanteur spécifique augmentait sensiblement, et à la fin de l'expérience, elle se rapprochait beaucoup de celle qu'elle avait avant sa combinaison avec la chaux.

EXPÉRIENCE XIII.

Rendre à l'alkali volatil caustique l'air qui lui a été enlevé par la chaux, et lui rendre en même temps toutes les propriétés qui en dépendent.

PRÉPARATION DE L'EXPÉRIENCE.

J'ai mis dans la bouteille I, figure 7, l'alkali volatil de l'expérience IX de ce chapitre, rendu caustique par la chaux, et j'ai fait passer à travers le fluide élastique dégagé de la craie par l'acide vitriolique.

EFFET.

La liqueur a augmenté peu à peu de pesanteur spécifique; son odeur vive et pénétrante s'est adoucie; enfin, elle a repris la propriété qu'elle avait perdue de faire effervescence avec les acides, et de précipiter la terre calcaire dissoute dans l'acide nitreux (1).

CHAPITRE III.

De la précipitation de la terre calcaire dissoute dans l'acide nitreux par les alkalis caustiques et non caustiques.

Après avoir combiné trois à trois l'acide nitreux, la terre calcaire, les alkalis fixes et volatils, et le fluide élastique; après avoir fait voir comment ce dernier passe des alkalis dans la terre calcaire, et comment il peut être chassé de cette dernière par le moyen des acides, j'ai cru devoir, à l'exemple de MM. Black et Jacquin, essayer de compliquer ces combinaisons, de les faire quatre à

(1) Cette dernière circonstance a rapport à l'expérience première du chapitre suivant.

quatre, et je vais rendre compte des phénomènes que ces expériences m'ont présentés.

J'ai fait d'abord dissoudre dans 6 onces d'acide nitreux, 1 once 5 gros 36 grains de chaux éteinte. On a vu, chapitre I, expérience V, que cette proportion était celle nécessaire à la saturation. J'ai ensuite divisé cette dissolution en quatre portions égales, et je les ai mises dans autant de bocaux séparés : il est facile de voir que chacun d'eux contenait une once et demie d'acide nitreux, et 3 gros 27 grains de chaux éteinte.

Je m'en suis servi pour faire les quatre expériences qui suivent.

EXPÉRIENCE PREMIÈRE.

Précipitation de la chaux dissoute dans l'acide nitreux par l'alkali de la soude.

J'ai versé goutte à goutte dans une des quatre portions de dissolution ci-dessus de l'alkali de la soude en liqueur, et j'ai continué jusqu'à ce qu'il ne se fît plus de précipitation; il n'y a eu ni mouvement ni effervescence, et le précipité s'est rassemblé sous forme blanche. J'ai décanté la liqueur surnageante, je l'ai lavée dans plusieurs eaux distillées; enfin, j'ai fait sécher le précipité à une chaleur égale à celle du mercure bouillant, elle s'est trouvée peser 4 gros 60 grains.

Cette terre faisait une vive effervescence avec les acides, elle n'avait presque aucun goût, elle ne dégageait point à froid l'alkali volatil du sel ammoniac; en un mot, elle n'était plus dans l'état de chaux, mais dans celui de terre calcaire ou de craie.

EXPÉRIENCE II.

Précipitation de la terre calcaire dissoute dans l'acide nitreux par l'alkali de la soude rendu caustique.

J'ai versé dans une seconde portion de la même dissolution, de l'alkali de la soude en liqueur dépouillé de fluide élastique par la chaux (*Voyez* ci-dessus expérience III). La précipitation s'est faite comme à l'ordinaire; ayant ensuite lavé et séché le précipité, il s'est trouvé peser 3 gros 48 grains : cette terre était une véritable chaux, elle était dissoluble dans l'eau dans la même proportion que la chaux; l'eau de chaux qui en résultait, donnait une crème de chaux à sa surface, elle ne faisait presque aucune effervescence avec les acides, elle communiquait la causticité aux alkalis, elle décomposait à froid le sel ammoniac; en un mot, on ne pouvait assigner aucune différence entre elle et une véritable chaux faite par la calcination.

EXPÉRIENCE III.

Précipitation de la terre calcaire dissoute dans l'acide nitreux par une solution d'alkali volatil concret.

La précipitation, dans cette expérience, s'est faite avec un mouvement d'effervescence assez sensible, et cette circonstance fournit encore une nouvelle confirmation de la théorie : on a vu en effet, chapitre II, expérience VIII, et chapitre Ier, expérience II, que l'alkali volatil contenait plus de fluide élastique que la terre calcaire; cette dernière ne peut donc absorber, pendant sa précipitation, la totalité de celui qui se dégage de l'alkali volatil pendant sa dissolution, et il doit nécessairement se trouver un excédant qui, rendu à son élasticité, doit se dissiper par l'effervescence. La terre précipitée était d'un blanc un peu jaunâtre; séchée au degré du mercure bouillant, elle pesait 4 gros 49 grains. Cette terre, comme celle de l'expérience Ire de ce chapitre, était dans l'état de terre calcaire : elle était insoluble dans l'eau, elle faisait effervescence avec les acides, et n'avait aucun des caractères de la chaux.

EXPÉRIENCE IV.

Précipitation de la terre calcaire dissoute dans l'acide nitreux par l'alkali volatil dépouillé de fluide élastique.

J'ai tenté en vain cette précipitation, soit par l'alkali volatil dégagé du sel ammoniac par la chaux, soit par l'alkali volatil concret dépouillé de fluide élastique par une addition de chaux, soit enfin par un alkali volatil dégagé du sel ammoniac par les substances métalliques et très-privé de fluide élastique; dans aucun cas, la terre calcaire ne s'est précipitée : j'ai observé seulement quelquefois que la liqueur louchissait un peu, et qu'il se rassemblait avec le temps une matière jaune rouille de fer très-divisée, qui séchée ne pesait que quelques grains (1).

RÉFLEXIONS.

Il résulte de ces quatre expériences; 1° qu'on peut, à volonté, précipiter la terre alkaline d'une dissolution par l'acide nitreux, ou sous forme de craie, c'est-à-dire saturée de fluide élastique, ou sous forme de chaux; elle est chaux, si l'on précipite par un alkali caustique,

(1) On a vu ci-dessus, expérience XIII, chap. II, qu'en rendant le fluide élastique à l'alkali volatil caustique, on lui rend la propriété de précipiter la terre calcaire.

c'est-à-dire par un alkali privé de fluide élastique; elle est craie, si l'on précipite par un alkali ordinaire; 2° que lorsqu'elle a été précipitée sous forme de chaux, elle n'a presque que le poids originaire de la chaux employée dans la dissolution, tandis qu'au contraire lorsqu'elle est précipitée sous forme de terre calcaire ou de craie, c'est-à-dire saturée de fluide élastique, on l'obtient avec une augmentation de poids très-approchante de celle qu'acquiert la chaux qui se convertit en craie; 3° qu'il s'en faut cependant de quelque chose que cette augmentation ne soit aussi forte qu'elle devrait l'être; il résulte, en effet, des expériences rapportées au commencement du chapitre Ier, que 3 gros 27 grains de chaux éteinte, saturée ensuite de fluide élastique, doivent peser 4 gros 63 grains : on n'a eu cependant par l'alkali de la soude, expérience Ire, que 4 gros 60 grains, et par l'alkali volatil concret, expérience III, que 4 gros 49 grains; ce qui confirme encore ce qui a été avancé plus haut, que la chaux qui attire très-puissamment les premières portions de fluide élastique qui lui sont présentées, n'a qu'une action plus faible sur les dernières.

CONCLUSION DES CHAPITRES II ET III.

Il est à peu près aussi prouvé qu'il le puisse être en physique, d'après les expériences rapportées dans ces deux chapitres, que le même fluide élastique qui a été reconnu dans la craie, chapitre Ier, existe également dans les alkalis fixes et volatils; qu'il en peut être chassé par la dissolution dans les acides, et que l'effervescence qu'on observe dans le moment de la combinaison est un effet du dégagement de ce fluide; que ce même fluide a plus de rapport, plus d'affinité, avec la chaux qu'avec les alkalis salins, et que c'est par cette raison que, si on mêle de la chaux dans une liqueur alkaline, elle s'empare du fluide élastique qu'elle contenait, se l'approprie, se convertit en terre calcaire, et réduit l'alkali à l'état de causticité.

Ce serait peut-être ici le moment de rapporter les expériences que j'ai faites sur la nature du fluide élastique dégagé des alkalis salins et terreux; cependant d'autres considérations m'obligent de m'occuper d'abord de la combinaison de ce même fluide avec les substances métalliques.

CHAPITRE IV.

De la combinaison du fluide élastique de la terre calcaire et des alkalis avec les substances métalliques par précipitation.

Un assez grand nombre d'expériences me portent à croire que le fluide élastique, le même dont j'ai cherché à prouver l'existence dans la terre calcaire et dans les alkalis, est susceptible de s'unir par précipitation à la plupart des substances métalliques; que c'est en grande partie ce principe qui forme l'augmentation de poids des précipités métalliques, qui leur ôte leur éclat, qui les réduit sous forme de chaux, etc. Quoique mes expériences soient déjà très-multipliées sur cet objet, cependant, comme on ne peut douter que les précipités ne retiennent avec eux quelque chose, et de leurs dissolvans, et des matières qu'on a employées pour les précipiter; qu'à cette circonstance se joignent encore des phénomènes particuliers, occasionés par la décomposition des acides, j'ai cru devoir réserver pour un mémoire particulier la plus grande partie de mes expériences; je me contenterai, en conséquence, de donner ici celles qui sont le plus essentiellement liées avec l'objet que je traite aujourd'hui, en avertissant cependant le lecteur que je ne les donne que pour des faits dont les conséquences ne sont pas encore suffisamment prouvées.

EXPÉRIENCE PREMIÈRE.

Dissolution du mercure par l'acide nitreux.

J'ai pesé exactement 12 onces de mercure; je les ai mises dans un matras, et j'ai versé par-dessus 12 onces de l'esprit de nitre employé expérience Ire, chapitre Ier: bientôt l'effervescence s'est excitée d'elle-même avec chaleur; il s'est élevé du mélange des vapeurs rutilantes d'acide nitreux, et la liqueur a pris une couleur verdâtre. Je n'ai pas attendu que la dissolution fût entièrement achevée pour porter les matières à la balance; la perte s'est trouvée d'un gros 18 grains: trois heures après, il ne restait presque plus de mercure, mais ayant repesé de nouveau la dissolution, je fus très-étonné de m'apercevoir qu'elle avait augmenté de poids, au lieu de diminuer, et que la perte, qui était d'un gros 18 grains, n'était plus que de 54 grains. Le lendemain, la dissolution du mercure était entièrement achevée, et la perte du poids se trouvait réduite à 18 grains; de sorte qu'en douze heures, la dissolution, quoique renfermée dans un matras à col étroit, avait acquis une augmentation de poids d'un gros. Le temps ne me permettant pas dans ce moment de suivre plus loin ce phénomène, j'ai remis à un autre temps à l'approfondir : j'ajoutai à ma dissolution de l'eau distillée pour l'empêcher de cristalliser; son poids total se trouva ensuite être de 48 onces 1 gros 18 grains.

EXPÉRIENCE II.

Précipitation du mercure par la craie et par la chaux.

PRÉPARATION DE L'EXPÉRIENCE.

J'ai pesé séparément dans deux bocaux 8 onces 0 gros 15 grains de la dissolution ci-dessus, lesquelles, suivant l'expérience précédente, devaient contenir chacune 2 onces d'acide nitreux et 2 onces de mercure. J'ai préparé d'autre part 6 gros 36 grains de craie, et 4 gros 36 grains de chaux éteinte. On a vu, chap. Ier, expérience Ire et IV, que ces deux quantités étaient celles nécessaires pour saturer 2 onces d'acide nitreux. J'ai mis dans l'un des bocaux la craie en poudre, dans l'autre la chaux.

EFFET.

Il y a eu effervescence pendant la précipitation par la craie, mais sans chaleur: le mercure s'est précipité en poudre d'un jaune peu foncé; en même temps la craie s'est dissoute dans l'acide nitreux.

La précipitation par la chaux s'est faite sans effervescence, mais avec chaleur: le mercure s'est précipité en poudre brunâtre. Lorsque les précipités ont été bien rassemblés, j'ai décanté la liqueur surnageante, j'ai bien édulcoré les précipités; après quoi, je les ai fait sécher à une chaleur à peu près égale à celle du mercure bouillant.

Le précipité par la craie s'est trouvé peser 2 onces 2 gros 45 grains.

Celui par la chaux pesait 2 onces 1 gros 5 grains. Il était d'un gris terreux foncé.

EXPÉRIENCE III.

Dissolution du fer par l'acide nitreux.

J'ai mis dans un matras 16 onces du même acide nitreux employé dans les expériences précédentes; j'y ai ajouté peu à peu de la limaille de fer : l'effervescence a été vive avec très-grande chaleur, vapeurs rutilantes, et dégagement très-rapide de fluide élastique; la quantité de limaille nécessaire pour atteindre le point de saturation a été de 2 onces 4 gros; après quoi la perte de poids s'est trouvée de 4 gros 19 grains.

Comme la solution était trouble, j'y ai ajouté de l'eau distillée jusqu'à ce que le poids total de la dissolution fût exactement de 6 livres.

EXPÉRIENCE IV.

Précipitation du fer dissous dans l'acide nitreux par la craie et par la chaux.

PRÉPARATION DE L'EXPÉRIENCE.

J'ai pris deux portions, de 12 onces chacune, de la dissolution ci-dessus, lesquelles contenaient 2 onces d'acide nitreux, et 2 gros 36 grains de limaille de fer; je les ai mises dans deux bocaux séparés; j'ai ajouté dans l'un 6 gros 36 grains de craie, et dans l'autre 4 gros 36 grains de chaux éteinte. On ne doit pas perdre de vue que ces deux quantités sont celles nécessaires pour saturer 2 onces d'acide nitreux.

EFFET.

La précipitation par la craie s'est faite avec effervescence et gonflement; celle par la chaux s'est faite sans effervescence et sans chaleur: l'un et l'autre précipité était d'un jaune brun rouille de fer; je les ai lavés dans plusieurs eaux distillées, après quoi, je les ai séchés au bain de sable à une chaleur un peu supérieure à celle du mercure bouillant.

Le précipité par la craie séché était d'un rouille de fer grisâtre, même blanchâtre par veines; il pesait 6 gros 35 grains; celui par la chaux était un peu plus jaune; il pesait 4 gros 69 grains.

RÉFLEXIONS.

Il résulte de ces expériences, 1° que le fer et le mercure dissous par l'acide nitreux éprouvent en général une augmentation notable, lorsqu'on les précipite, soit par la craie, soit par la chaux; 2° que cette augmentation est plus grande à l'égard du fer qu'à l'égard du mercure; 3° qu'une raison de penser que le fluide élastique contribue à cette augmentation, c'est qu'elle est constamment plus grande, lorsqu'on emploie une terre saturée de fluide élastique, telle que la craie, que lorsqu'on emploie une terre qui en a été dépouillée, comme la chaux; 4° qu'il est probable que l'augmentation de poids qu'on éprouve dans la précipitation par la chaux, quoique moins grande que celle qu'on éprouve par la craie, vient encore en partie d'une portion de fluide élastique qui reste probablement unie à la chaux, et que la calcination n'a pu en séparer: l'expérience VI, chapitre Ier, confirme cette opinion; elle fait voir, en effet, que la chaux éteinte contient encore quelques portions de fluide élastique.

A ces expériences qui semblent porter à croire que l'augmentation de poids des précipités métalliques est en partie due à une portion de fluide élastique qui leur est unie, on peut joindre une considération très-forte, c'est que si, au lieu de précipiter par une terre, on fait la précipitation par un autre métal, comme elle est indiquée dans les colonnes 2 et 3 de la Table des Rapports de M. Geoffroy, le métal dissous, au lieu de se précipiter sous forme de chaux, reparaît, au contraire, sous sa forme métallique, et il n'a alors que le même poids qu'il avait avant la dissolution; il est très-probable que cette circonstance tient à ce que le métal ne trouve, en se précipitant, aucun corps auquel il puisse enlever le fluide élastique.

Je m'occuperai quelque jour plus particulièrement de cet objet.

CHAPITRE V.

De l'existence d'un fluide élastique fixé dans les chaux métalliques.

En supposant que les expériences rapportées dans le chapitre précédent ne prouvassent pas complètement la possibilité de l'union d'un fluide élastique avec les substances métalliques, elles formaient au moins un indice assez fort pour m'engager à m'occuper essentiellement de cet objet. Je commençai dès-lors à soupçonner que l'air de l'atmosphère, ou un fluide élastique quelconque contenu dans l'air, était susceptible, dans un grand nombre de circonstances, de se fixer, de se combiner avec les métaux; que c'était à l'addition de cette substance qu'étaient dus les phénomènes de la calcination, l'augmentation de poids des métaux convertis en chaux, et peut-être beaucoup d'autres phénomènes dont les physiciens n'avaient encore donné aucune explication satisfaisante. Ces conjectures mêmes acquirent à mes yeux un très-grand degré de probabilité par les réflexions qui suivent.

Premièrement, la calcination des métaux ne peut avoir lieu dans des vaisseaux exactement fermés et privés d'air.

Secondement, elle est d'autant plus prompte que le métal offre à l'air des surfaces plus multipliées.

Troisièmement, c'est un fait reconnu de tous les métallurgistes, et observé par tous ceux qui ont travaillé aux opérations de docimasie, que dans toute réduction il y a effervescence au moment où la substance métallique passe de l'état de chaux à celui de métal; or, une effervescence n'est communément autre chose qu'un dégagement de fluide élastique, donc la chaux contient un fluide élastique, sous forme fixe, qui reprend son élasticité au moment de la réduction.

Quelque probables que me parussent ces conjectures, c'était à l'expérience seule à les confirmer ou à les détruire; je fis en conséquence successivement différentes tentatives, dont un grand nombre ne fut pas heureux, et dont je crois devoir épargner le détail au lecteur, jusqu'à ce qu'enfin je parvinsse à établir les vérités qui suivent.

EXPÉRIENCE PREMIÈRE.

Faire la réduction du minium dans un appareil propre à mesurer la quantité de fluide élastique dégagée ou absorbée.

DESCRIPTION DE L'APPAREIL.

B C D E, fig. 8, représente une cuvette ou un autre vase quelconque de faïence ou de verre, dans lequel est renversée une cloche de cristal F G H: au milieu de la cuvette, en K, s'élève une petite colonne de cristal I K, évasée par le haut ; on l'assujettit par en bas avec un peu de cire verte (1). On pose sur cette colonne une coupelle A de porcelaine ou d'une autre matière très-réfractaire. On passe par-dessous les bords de la cloche le siphon ou tube recourbé de verre M N, fig. 9, et on emplit d'eau la cuvette B C D E. On fait ensuite monter l'eau à telle hauteur qu'on le juge à propos dans la cloche F G H, en suçant l'air par l'ouverture N du siphon M N; enfin, avec l'entonnoir à gouleau recourbé, représenté fig. 3, on introduit une couche d'huile sous la cloche; cette huile monte à la surface, et elle empêche que le fluide élastique degagé pendant l'opération n'ait le contact immédiat de l'eau, et ne soit absorbé par elle.

PRÉPARATION DE L'EXPÉRIENCE.

J'ai mis dans la capsule A, fig. 8, 2 gros de minium mêlés avec douze grains de braise de boulanger qui avait été préalablement réduite en poudre, et calcinée à grand feu pendant plusieurs heures dans un vaisseau fermé : j'ai marqué avec une bande de papier collé la hauteur G H jusqu'à laquelle j'avais élevé l'eau, et j'a porté l'appareil ainsi disposé au foyer du grand verre ardent de Tchirnausen, appartenant à M. le comte de la Tour d'Auvergne : cette lentille était alors établie au Louvre, dans le jardin de l'Infante, pour d'autres expériences faites en société par MM. Macquer, Brisson, Cadet et par moi, et dont une partie est déjà connue de l'Académie des Sciences.

(1) On trouve de ces sortes de colonnes chez la plupart des faïenciers; on les emploie dans les desserts pour supporter les fruits.

EFFET.

Presque au même instant que la coupelle A a été présentée au foyer, la réduction s'est faite, et le plomb a reparu en petites parcelles rondes ou grenaille très-fine; en même temps, il s'est élevé une vapeur jaunâtre qui s'est attachée à la voûte de la cloche, et qui m'a paru n'être qu'une chaux de plomb qui avait été volatilisée par la violence de la chaleur. Lorsque j'ai jugé la réduction faite, j'ai retiré l'appareil du foyer, je l'ai placé sur la même tablette et exactement à la même place où il était avant l'opération : enfin, lorsque les vaisseaux ont été parfaitement refroidis, et qu'ils ont eu repris le même degré de température qu'avant la réduction, j'ai observé la hauteur de l'eau, et j'ai reconnu, par le baissement de sa surface, qu'il s'était opéré un dégagement de fluide élastique de 14 pouces cubiques environ.

RÉFLEXIONS.

La quantité de plomb obtenu par cette réduction était environ de $\frac{1}{32}$ de pouce cube, d'où il suit que le volume de fluide élastique dégagé égalait 448 fois le volume de plomb réduit; encore s'est-il trouvé au fond de la coupelle quelques portions de minium non réduites. J'ai répété plusieurs fois cette expérience, et dans différentes proportions; celles que j'indique ici m'ont constamment le mieux réussi : quand on emploie trop de charbon, la réduction ne se fait qu'avec peine dans le fond du vase; le charbon, au contraire, se brûle à la surface, et il en résulte des erreurs assez considérables pour ôter toute confiance dans les résultats.

Quoique cette expérience fût assez décisive, elle me

laissait cependant encore de l'inquiétude; premièrement, parce que le foyer du verre ardent étant fort étroit, je n'avais pu opérer que sur de médiocres quantités; secondement, parce que la chaleur était si grande dans les environs du foyer, qu'il m'avait été impossible d'employer des cloches de moins de 5 à 6 pouces de diamètre; encore s'échauffaient-elles beaucoup, et s'en était-il cassé quelques-unes : il arrivait de là que le petit nombre de pouces cubiques dégagés pendant la réduction se trouvant répartis dans un espace assez étendu en surface, les différences devenaient peu sensibles; troisièmement, parce que le volume de l'air contenu sous la cloche étant fort considérable, la moindre différence dans la température pouvait occasioner des erreurs sensibles; quatrièmement enfin, parce que l'huile même qui couvrait la surface de l'eau, se trouvant exposée à un degré de chaleur assez considérable, il pouvait s'en dégager quelques portions de fluide élastique.

Ces différentes considérations m'ont obligé d'avoir recours à l'appareil représenté par la fig. 10, dont l'idée vient originairement de M. Hales, qui a été depuis corrigé par feu M. Rouelle, et auquel j'ai fait moi-même quelques changemens et additions relatifs à la circonstance.

La cornue A, fig. 10, s'ajuste en GG avec un récipient G H, lequel, suivant les opérations, peut être d'étain, de fer-blanc ou de verre : ce récipient a en *h* une tubulure qui se prolonge en un tuyau *h* I de deux pieds et demi, plus ou moins, de longueur. V V F F est un grand seau de bois, ou mieux encore de métal, percé en K K, dans lequel on place le récipient G H, et on l'y assujettit de toutes parts avec du mastic ou de la soudure, suivant qu'il est de verre ou de métal : enfin, on recouvre le tout avec un grand récipient de verre *n* N *o o*, lequel doit être percé d'un petit trou en *n*. Ce récipient est supporté par un piédestal composé de quatre petites colonnes maintenues à une distance convenable par le moyen de bandes de métal. Ces colonnes sont entaillées par le haut, pour recevoir les bords du récipient.

Pour faire usage de cet appareil, on met dans la cornue A les matières sur lesquelles on veut opérer; on la lute très-exactement en G G au récipient G H avec du lut gras, de consistance un peu ferme : cette opération doit être faite avec la plus grande attention, et il ne faut pas y épargner le lut, parce qu'il est extrêmement essentiel qu'il ne s'introduise pas la moindre particule d'air à travers les jointures : on recouvre ce lut avec une vessie mouillée que l'on assujétit ensuite par un grand nombre de tours de ficelle un peu serrée. Il n'est pas inutile d'avertir qu'avant de passer la ficelle sur le lut, il est nécessaire que la vessie ait été préalablement liée fortement au-dessus et au-dessous de la jointure, afin d'empêcher que le lut ne s'étende au-delà de ce qu'il est nécessaire, et ne se dérobe à la pression de la ficelle.

Lorsque les vaisseaux sont ainsi lutés, on emplit d'eau le seau V V F F, ensuite on pompe l'eau en suçant par le trou *n*, et on l'oblige à monter dans le récipient aussi haut qu'on le désire ; on doit avoir soin de remplir le seau dans la proportion.

L'opération de la succion n'est pas aussi aisée qu'on pourrait le penser ; elle devient même extrêmement pénible lorsque la hauteur de l'eau approche de 28 ou de 30 pouces. Cette difficulté m'a paru assez réelle pour devoir m'occuper à la lever, et j'y suis parvenu en appliquant à cet appareil la petite pompe représentée fig. 1. J'introduis sous le récipient *n* N *o o*, fig. 10, un siphon ou tuyau de fer-blanc E B C D, représenté séparément fig. 11. Son extrémité D est proportionnée de manière à s'ajuster très-exactement dans le tuyau S S, fig. 10, lequel est garni d'un robinet R; enfin, l'autre extrémité du même robinet s'ajuste en S X avec le tuyau X L de la pompe P. Lorsque les jointures D S et S X ont été exactement lutées avec du lut gras ou de la cire verte recouverte avec de la vessie de cochon mouillée et garnie de fil un peu fort, on ouvre le robinet R, on fait jouer le piston Z, on pompe l'air contenu dans le récipient *n* N *o o*, et on parvient à élever commodément l'eau à la hauteur nécessaire.

C'est sur les chaux de plomb que j'ai opéré, à l'aide de l'appareil que je viens de décrire, et la réduction en est si facile, que je ne prévoyais pas qu'il pût se trouver de difficultés dans l'exécution; j'en ai rencontré cependant de très-réelles, par l'embarras du choix des cornues : celles de verre sont si susceptibles d'être attaquées par les chaux de plomb, qu'elles se déforment et se fondent avant que la réduction soit achevée. Celles de grès résisteraient mieux, mais elles ont presque toutes de petits trous imperceptibles à travers lesquels l'air pénètre, de sorte qu'on ne peut presque jamais être tranquille sur le succès de l'opération.

Ces difficultés m'ont arrêté long-temps, et ce n'est que depuis que j'ai essayé de me procurer des cornues de fer, que j'ai commencé à opérer commodément. Comme les mêmes obstacles que j'ai rencontrés pourraient se présenter à ceux qui voudront opérer après moi, je vais entrer dans quelques détails sur la fabrication des cornues dont je me suis servi.

On prend de la tôle, la plus forte que l'on puisse trouver; on en forge un morceau en forme de calotte A A B, fig. 12, pour former le fond de la cornue; on forme ensuite avec la même tôle trois viroles A A C C, C C D D, D D E, dont les bords s'ajustent très-exactement les uns dans les autres; on soude soigneusement avec du cuivre la jonction latérale de chaque virole; enfin, on réunit chacune de ces viroles l'une à l'autre, et à la calotte A A B, avec la même soudure. Il n'y a uniquement de difficulté que pour celle de ces soudures qu'on réserve pour la dernière, parce qu'on est obligé de la faire en dehors, mais un ouvrier en vient aisément à bout, et on ne m'en a pas beaucoup manqué. Ces cornues peuvent rougir assez complètement, sans que les soudures fondent; il faut seulement avoir soin, lorsqu'on emploie des matières métalliques capables d'attaquer le cuivre, et de s'y unir, de n'emplir que la partie inférieure A A B de la cornue au-dessous de la soudure. On peut se servir un assez grand nombre de fois de la même cornue, et ce n'est que lorsque le fer s'est brûlé et réduit en écailles, qu'on est obligé de les rejeter. Quelque attention qu'apporte l'ouvrier, il est possible qu'il reste à la soudure des petits trous imperceptibles par lesquels l'air pourrait s'introduire; il ne s'agit, pour les découvrir, que d'introduire un peu d'eau dans la cornue, et de la promener tout autour jusqu'à ce que les parois intérieures en soient mouillées dans toute leur surface; si l'on souffle ensuite par l'ouverture E, le trou, s'il y en a un, s'annonce par un petit bouillonnement d'eau qui s'aperçoit et qui s'entend (1).

Quelque longs que puissent paraître ces préliminaires, on jugera aisément qu'ils étaient indispensablement nécessaires pour l'intelligence des expériences qui suivent; j'ai préféré de les faire précéder, afin de moins couper l'attention du lecteur.

EXPÉRIENCE II.

Faire la réduction du plomb par le feu des fourneaux dans un appareil propre à mesurer la quantité du fluide élastique dégagé.

PRÉPARATION DE L'EXPÉRIENCE.

J'ai mis dans la cornue de tôle A, fig. 10, 6 onces de minium et 6 gros de poudre de charbon passé au tamis de crin. On verra bientôt que cette quantité de charbon est beaucoup plus considérable qu'il ne faut pour opérer la réduction; mais une circonstance rend cette proportion nécessaire lorsqu'on se sert de cornues de fer; c'est qu'alors le plomb, après la réduction, reste en menues grenailles qui se trouvent mêlées avec la poudre de charbon et que l'on fait sortir aisément de la cornue; tandis qu'au contraire, lorsqu'on n'emploie que la juste proportion de charbon nécessaire, le plomb se met en masse, et si on le fait refondre pour le faire sortir, il est à craindre, ou qu'il ne s'en incorpore quelque portion avec la soudure, ou qu'il n'en reste quelque peu dans la cornue; on évite ces inconvéniens en employant plus de charbon qu'il ne faut.

J'ai luté exactement, comme il est dit ci-dessus, la

(1) L'ouvrier dont je me suis servi se nomme Delorme; il demeure rue de Charonne, faubourg Saint-Antoine.

cornue A au récipient GH. J'ai élevé l'eau jusqu'en YY, enfin j'ai introduit une couche d'huile sur la surface de l'eau. Lorsque tout a été ainsi disposé, j'ai laissé l'appareil dans le même état jusqu'au lendemain pour m'assurer que l'air ne pénétrait d'aucun côté; alors j'ai marqué avec une bande de papier la hauteur de l'eau en YY, et j'ai allumé du charbon dans le fourneau.

EFFET.

A mesure que les vaisseaux se sont échauffés, l'air qu'ils contenaient s'est dilaté et l'eau est descendue en proportion; mais cet effet a eu des bornes, et au bout de quelque temps la dilatation s'est ralentie, et l'eau est presque demeurée stationnaire : lorsque ensuite le feu a été assez augmenté pour faire rougir obscurément le fond de la cornue, l'eau a commencé tout à coup à descendre presque à vue d'œil, à raison de 12 à 15 pouces cubiques par minute; sur la fin le dégagement s'est ralenti : enfin, lorsqu'il a cessé entièrement, j'ai arrêté le feu et j'ai laissé refroidir parfaitement les vaisseaux. Bientôt l'air contenu sous le bocal *nNoo* s'est condensé à mesure qu'il se refroidissait, et l'eau a remonté : lorsqu'elle a été absolument fixée, j'ai marqué, avec une bande de papier, l'endroit où elle s'était arrêtée, et j'ai encore laissé les vaisseaux dans le même état pendant 48 heures sans qu'il y ait eu de variation sensible dans la hauteur de l'eau; le thermomètre, dans le laboratoire, était alors à 15 degrés $\frac{1}{2}$.

Il ne s'agissait plus que de déterminer la quantité de pouces cubes contenue entre les deux bandes de papier, et c'est ce que j'ai fait de deux manières : 1° en déterminant par une mesure exacte et par le calcul, la solidité du cylindre; 2° en emplissant d'eau l'intervalle compris entre les deux bandes de papier, et en déterminant le poids et le volume de cette eau. Ces deux méthodes m'ont donné des résultats assez exactement les mêmes, et la quantité de fluide élastique dégagé s'est trouvée par l'une et l'autre de 560 pouces cubiques. La quantité de plomb résultant de cette réduction était environ de $\frac{3}{4}$ de pouce cube; d'où il suit que la chaux de plomb contient une quantité de fluide élastique égale à 747 fois le volume du plomb qui a servi à la former. Lorsque les vaisseaux ont été désappareillés, j'ai secoué la cornue et j'en ai fait tomber le plomb; il était en grenaille, mêlé avec une quantité considérable de poudre de charbon : l'ayant examiné avec attention, je n'ai pu y apercevoir aucune portion de minium non réduit. Le poids de ce résidu était de 5 onces 7 gros 66 grains. J'ai répété cette expérience un très-grand nombre de fois, et les circonstances en ont toujours été très-exactement les mêmes.

RÉFLEXIONS.

Le poids des matières employées dans cette expérience était, avant la réduction, de 6 onces 6 gros; il ne s'est plus trouvé, après la réduction, que 5 onces 7 gros 66 grains, d'où il suit que la perte de poids a été de 6 gros 6 grains : cependant la quantité de fluide élastique dégagé n'a été que de 560 pouces cubiques, et un pareil volume d'air de l'atmosphère ne devait peser ce jour-là que 3 gros 41 grains; il est vrai que tout porte à croire que le fluide élastique des réductions métalliques, qui est le même que celui des effervescences, comme je le ferai voir dans la suite, est plus pesant que l'air de l'atmosphère; on a même vu (chapitre Ier, page 264) que la pesanteur pouvait être évaluée à $\frac{575}{1000}$ le pouce cube; mais en partant même de cette dernière évaluation, 560 pouces cubiques de fluide élastique ne pèseraient encore que 4 gros 34 grains, et il resterait toujours un *déficit* de poids de 1 gros 44 grains.

Quelques gouttes de phlegme que j'avais constamment trouvées dans le récipient GH, fig. 10, dans toutes les réductions de chaux de plomb que j'avais faites, me firent soupçonner qu'indépendamment du fluide élastique fixé, il existait une portion d'eau dans le minium; qu'elle s'en séparait pendant la réduction, et qu'elle était probablement la cause de la perte de poids que j'avais observée; mais comme le récipient GH, fig. 10, était trop petit pour condenser suffisamment les vapeurs, je pensai qu'il était à propos de répéter l'expérience avec un appareil distillatoire ordinaire, en employant un plus grand ballon.

EXPÉRIENCE III.

Déterminer la quantité d'eau qui se dégage de la réduction du minium par la poudre de charbon.

J'ai employé dans cette expérience, comme dans la précédente, 6 onces de minium et 6 gros de charbon en poudre : le ballon était percé d'un petit trou que j'ai été obligé de laisser ouvert pendant l'opération; le dégagement de fluide élastique s'est fait avec sifflement, et pendant le commencement de la réduction, il a passé quelque peu d'eau dans le récipient. Le poids de cette eau n'excédait pas 24 grains; elle consistait en un phlegme insipide qui ne paraissait pas différer de l'eau distillée.

RÉFLEXIONS.

Quoique le résultat de cette expérience ne donne que 24 grains de phlegme, il est cependant probable qu'il s'en est dégagé davantage; qu'une partie a été emportée par le courant de fluide élastique, et s'est dissipée en vapeurs par la tubulure du récipient : d'un autre côté, il est possible que le fluide élastique dégagé du minium soit un peu plus pesant que celui dégagé des effervescences, et il est très-probable que c'est à l'une de ces deux causes que tient le *déficit* de poids observé dans l'expérience II.

Je m'étais proposé d'abord, pour éclaircir ce point, de déterminer le rapport de pesanteur dans les différens fluides élastiques qui se dégagent des corps, et de les comparer à ceux de l'air de l'atmosphère; mais les différens appareils nécessaires pour remplir cet objet n'ayant pu être achevés à temps, je n'ai pas cru devoir différer pour cela la publication de cet ouvrage, j'aurai, d'ailleurs, plus d'une fois occasion de revenir sur cet objet.

La quantité de poudre de charbon employée dans l'expérience II, était de 6 gros, la quantité de fluide élastique obtenue pendant la réduction n'a pas excédé 4 gros ou 4 gros $\frac{1}{2}$ tout au plus. Le poids du fluide élastique dégagé était donc beaucoup moindre que celui employé, et on pouvait m'objecter que la quantité de fluide élastique dégagé pouvait aussi bien venir du charbon que de la chaux métallique. Pour prévenir cette objection, j'ai fait l'expérience qui suit.

EXPÉRIENCE IV.

Séparer d'avec le plomb la portion de charbon qui reste après la réduction.

J'ai mis dans une cuiller de fer le résidu de l'expérience II (on se rappelle qu'il était composé de grenaille de plomb et de poudre de charbon, et que son poids était de 5 onces 7 gros 66 grains). Sitôt que la poudre de charbon a commencé à s'échauffer, elle s'est allumée et s'est consommée peu à peu, après quoi il ne m'est plus resté qu'un culot de plomb et un peu de chaux de ce même métal qui s'était reformée pendant la combustion du charbon. La totalité du plomb réunie pesait à très-peu près 5 onces 3 gros 12 grains. Je dis à très-peu près, parce que, pour peu qu'on ne pousse pas l'opération jusqu'à la fin, il reste un peu de charbon non brûlé; de l'autre, au contraire, pour peu qu'on la pousse trop loin, une partie du plomb se recalcine et augmente de poids : cette circonstance jette environ une douzaine de grains d'incertitude sur le résultat; aussi n'est-ce qu'en répétant plusieurs fois l'expérience, et en m'arrêtant au moindre poids, que je l'ai fixé tel qu'il est ici.

RÉFLEXIONS.

Il suit de cette expérience, 1° que le rapport de pesanteur du plomb au minium est comme 5 onces 3 gros 12 grains à 6 onces; c'est-à-dire qu'avec 100 livres de plomb, on peut faire 111 livres 10 onces de minium, ou ce qui est la même chose, que 100 livres de minium contiennent 89 livres 9 onces de plomb; 2° que les 5 onces 7 gros 66 grains restans dans la cornue, expérience II, après la réduction, étaient un composé de 5 onces 3 gros 12 grains de plomb et de 4 gros 54 grains de charbon : la réduction n'avait donc réellement employé qu'un gros 18 grains de charbon, mais la quantité de fluide élastique dégagé dans l'expérience II, en mettant tout au plus bas, pesait au moins 3 gros $\frac{1}{2}$; elle n'avait donc pu être fournie par 1 gros $\frac{1}{4}$ de charbon, et il s'ensuit que c'est nécessairement aux dépens du minium que la plus grande partie du fluide élastique a été fournie.

Quelque concluante que fût cette expérience, je ne m'en suis pas contenté, et j'ai cru devoir m'attacher surtout à examiner si le charbon seul ne donnait pas, à un même degré de feu, un fluide élastique semblable à celui que j'avais obtenu de la réduction du minium; c'est là l'objet que je me suis proposé dans l'expérience qui suit.

EXPÉRIENCE V.

Calciner à grand feu du charbon en poudre seul dans un appareil propre à mesurer la quantité de fluide élastique dégagé.

PRÉPARATION DE L'EXPÉRIENCE.

J'ai fait courber un canon de fusil neuf et bien nettoyé en dedans; j'en ai fait boucher la lumière et la culasse, et j'ai fait recouvrir l'une et l'autre avec un morceau de fer soudé à chaud, afin d'être encore plus assuré que tout accès était exactement fermé à l'air extérieur. J'y ai introduit 2 gros de la même braise de boulanger en poudre, qui m'avait servi dans les expériences I et II, et je l'ai adapté à l'appareil de la figure 10, à laquelle j'ai été obligé de faire, à cette occasion, quelques légers changemens dont il serait superflu de rendre compte; j'ai ensuite luté très-exactement toutes les jointures, comme à l'ordinaire; j'ai élevé l'eau dans le bocal NN*oo*, je l'ai recouverte d'une petite couche d'huile, et après m'être assuré que l'air ne pénétrait d'aucun côté, j'ai marqué la hauteur *y y* de l'eau; enfin, j'ai allumé un feu très-vif autour du canon de fusil, et je l'ai tenu rouge-blanc pendant une heure.

EFFET.

Il y a d'abord eu dilatation de l'air par la chaleur comme à l'ordinaire, et la surface de l'eau s'est abaissée en proportion; mais lorsque le feu a été éteint, elle a remonté peu à peu, et lorsque le canon de fusil a été entièrement refroidi, elle est revenue presque jusqu'au point d'où elle était partie; il s'est trouvé seulement une production d'air de 13 pouces cubiques, laquelle, au bout de deux jours, était réduite à 8. La poudre de charbon, pesée à la fin de cette expérience, n'avait perdu que 6 grains, encore est-il probable qu'il en restait quelque portion attachée au canon de fusil.

RÉFLEXIONS.

Le feu, dans cette opération, a été infiniment plus fort et plus long-temps continué qu'il n'est nécessaire pour une réduction de chaux de plomb; cependant la production d'air a été presque nulle, d'où il suit que l'air obtenu dans les expériences I et II n'était pas seulement un effet de la calcination du charbon, qu'il était au contraire le produit de la réduction.

J'ai annoncé que j'avais employé dans cette expérience un canon de fusil neuf et bien nettoyé en dedans, et cette circonstance est très-remarquable, parce que les phénomènes sont tout différens lorsqu'on emploie un canon rouillé en dedans : on obtient alors un peu d'eau et une production de fluide élastique d'autant plus considérable que le canon était plus rouillé; mais il est sensible, d'après l'expérience précédente, que ces produits appartiennent à la chaux de fer qui se réduit, et non pas au charbon. Il m'est arrivé quelquefois avec des canons de fusil très-rouillés de retirer jusqu'à 80 et 100 pouces cubiques de fluide élastique la première fois que je m'en servais. Je ne fais qu'indiquer ici cette expérience, me réservant de donner dans la suite différens détails qui y sont relatifs.

On pourrait peut-être soupçonner que le canon de fusil que j'ai employé dans l'expérience V, quoique neuf et bien nettoyé, contenait encore de la rouille, et que c'est à cette circonstance que tenait le dégagement de 8 pouces de fluide élastique que j'ai observé : je me suis convaincu du contraire en répétant la même expérience dans le même canon de fusil et avec de nouvelle poudre de charbon; il est clair que si le fluide élastique eût été produit dans l'expérience précédente par la réduction de la rouille de fer du canon, ce dégagement n'aurait plus dû avoir lieu dans la seconde expérience : cependant, par le fait, la quantité de fluide élastique a été cette dernière fois de 12 pouces au moins, c'est-à-dire un peu plus grande qu'elle n'avait été la première fois; d'où il paraît prouvé que le dégagement appartenait au charbon.

La diminution de poids dans cette expérience a été de 8 grains.

EXPÉRIENCE VI.

Réduction du minium dans un canon de fusil.

PRÉPARATION DE L'EXPÉRIENCE.

J'ai pris le même charbon qui venait d'être si fortement calciné dans l'expérience précédente; j'y ai mêlé 4 onces de minium, et j'ai remis le tout dans le même canon de fusil qui m'avait servi dans les deux calcinations précédentes. Je l'ai adapté à l'appareil de la fig. 10, et j'ai tout disposé de la même manière que dans l'expérience V; enfin, j'ai allumé du feu dans le fourneau.

EFFET.

Dès que le canon de fusil a commencé à rougir obscurément, le dégagement de fluide élastique s'est fait avec une si grande rapidité, que l'eau descendait à vue d'œil dans le récipient NN *oo*, figure 10. Le dégagement fini, j'ai continué de pousser le feu, mais il n'y a plus eu d'abaissement sensible. Lorsque ensuite les vaisseaux ont été refroidis, j'ai mesuré la quantité de fluide élastique dégagé; elle s'est trouvée de 360 pouces cubiques, c'est-à-dire de 90 pouces par chaque once de minium. On vient de voir ci-dessus, expérience III, que 6 onces de minium avaient donné un dégagement de fluide élastique de 560 pouces cubiques; c'est un peu plus de 93 pouces par chaque once; d'où l'on voit qu'il se trouve un accord presque parfait entre les résultats de ces deux expériences. Comme dans l'opération dont je rends compte ici, le charbon avait été fortement calciné une seconde fois avant d'être combiné avec le minium, les résultats de cette expérience paraissent mériter quelque degré de confiance de plus que ceux de l'expérience III.

RÉFLEXIONS.

Il paraît prouvé, d'après ces expériences, que ce n'est point le charbon seul qui produit le dégagement de fluide élastique, observé dans les expériences I et II; et ce n'est point non plus le minium seul, puisque d'après les expériences de M. Hales (*voyez* page 141), il ne donne que très-peu d'air: la majeure partie du fluide élastique dégagé résulte donc de l'union du charbon en poudre avec le minium. Cette dernière observation nous conduit insensiblement à des réflexions très-importantes sur l'usage du charbon et des matières charbonneuses en général dans les réductions métalliques. Servent-elles, comme le pensent les disciples de M. Stahl, à rendre au métal le phlogistique qu'il a perdu? ou bien ces matières entrent-elles dans la composition même du fluide élastique? c'est sur quoi il me semble que l'état actuel de nos connaissances ne nous permet pas encore de prononcer.

S'il était permis de se livrer aux conjectures, je dirais que quelques expériences qui ne sont pas assez complètes pour pouvoir être soumises aux yeux du public, me portent à croire que tout fluide élastique résulte de la combinaison d'un corps quelconque, solide ou fluide, avec un principe inflammable, ou peut-être même avec la matière du feu pur, et que c'est de cette combinaison que dépend l'état d'élasticité: j'ajouterais que la substance fixée dans les chaux métalliques et qui en augmente le poids ne serait pas, à proprement parler, dans cette hypothèse, un fluide élastique, mais la partie fixe d'un fluide élastique, qui a été dépouillé de son principe inflammable. Le charbon alors, ainsi que toutes substances charbonneuses employées dans les réductions, aurait pour objet principal de rendre au fluide élastique fixé le phlogistique, la matière du feu, et de lui restituer en même temps l'élasticité qui en dépend.

Ces sentimens, quelque éloigné qu'il paraisse à celui de M. Stahl, n'est peut-être pas cependant incompatible avec lui : il est possible que l'addition du charbon, dans les réductions métalliques, remplisse en même temps deux objets : 1° celui de rendre au métal le principe inflammable qu'il a perdu ; 2° celui de rendre au fluide élastique fixé dans la chaux métallique le principe qui constitue son élasticité. Au surplus, je le répète encore, ce n'est qu'avec la plus grande circonspection qu'on peut hasarder un sentiment sur cette matière si délicate et si difficile, et qui tient de très-près à une plus obscure encore, je veux dire à la nature des élémens mêmes, ou au moins de ce que nous regardons comme les élémens. C'est au temps seul et à l'expérience qu'il appartiendra de fixer nos opinions.

CHAPITRE VI.

(Ce chapitre a été supprimé pour être transporté SECT. Ire, CHAP. Ier, des travaux ayant pour objet la décomposition de l'air.)

CHAPITRE VII.

Expériences sur le fluide élastique dégagé des effervescences, et des réductions métalliques.

Après avoir fait voir qu'il se dégage de la réduction du minium un fluide élastique très-abondant, il me reste à donner quelques expériences sur la nature de ce fluide, et surtout à prouver sa parfaite identité avec celui dégagé des effervescences ; mais avant que d'entrer dans le détail des expériences qui me serviront de preuve, je crois devoir les faire précéder ici de quelques descriptions préliminaires.

Appareil propre à obtenir le fluide élastique des effervescences aussi pur qu'il est possible, sans se servir de vessie.

Cet appareil est représenté fig. 13. A C B est une bouteille de la contenance d'environ deux pintes, tubulée en E, la même dont la description a été donnée plus haut, fig. 4. On met dans cette bouteille de la craie en poudre grossière jusqu'au tiers ou jusqu'à moitié tout au plus de sa capacité, et on y lute l'entonnoir G de la même manière que dans les figures 5 et 7.

On emplit, d'un autre côté, d'eau pure une bouteille O; on la renverse dans un seau de faïence VVFF également plein d'eau, et on la pose sur un petit guéridon ou trépied de bois troué dans son milieu, et qui doit être lesté avec du plomb pour éviter qu'il ne surnage; on établit ensuite la communication entre la bouteille A et la bouteille O, par le moyen des deux tuyaux coudés E I et T X L M.

S S est un tuyau qui s'ajuste à frottement avec beaucoup d'exactitude aux deux tubes I E et T X. Ce tuyau S S a un robinet en R qui s'ouvre et se ferme à volonté.

Lorsque toutes les jointures ont été exactement lutées avec du lut gras recouvert de vessies mouillées, on introduit dans la bouteille A, par l'entonnoir G, assez d'acide vitriolique affaibli pour produire une quantité de fluide élastique au moins capable de remplir le vide des vaisseaux et de chasser l'air commun qui s'y rencontre. Cela fait, on bouche l'orifice de l'entonnoir avec le bouchon P, fig. 5; on l'emplit d'acide vitriolique affaibli; après quoi, au moyen du petit bâton O P qui tient au bouchon P, on laisse entrer dans la bouteille A la quantité d'acide vitriolique nécessaire; on ne doit pas oublier, en même temps, d'ouvrir le robinet R.

A mesure que le fluide élastique est dégagé de la craie dans la bouteille A, il passe dans la bouteille O, laquelle se vide d'eau dans la proportion. Il est nécessaire, dans quelques expériences, d'introduire dans la bouteille O une petite couche d'huile qui nage à la surface de l'eau, et qui empêche que le fluide élastique n'ait un libre contact avec elle.

Manière de conserver le fluide élastique en bouteille aussi long-temps qu'on le veut.

Quand toute l'eau de la bouteille O, fig. 13, a été déplacée par le fluide élastique, et qu'il ne reste plus qu'une petite couche d'huile dans le gouleau, on en dégage l'extrémité M du siphon T X L M, on la bouche sous l'eau avec un bouchon de liège, et on la transporte ensuite partout où on le juge à propos. Le fluide élastique peut se conserver très-long-temps dans cet état. Cependant, lorsqu'on veut le garder d'une saison à l'autre, et lui faire subir des alternatives de chaud et de froid, il est nécessaire de prendre quelques précautions de plus; cet air étant, en effet, susceptible de se condenser par le froid comme celui de l'atmosphère, l'air extérieur, lorsque la température devient plus froide, presse sur le bouchon, et il est difficile qu'il ne parvienne, avec le temps, à s'introduire dans la bouteille et à se mêler avec le fluide élastique qui y est contenu. Il est aisé d'éviter ce mélange des deux airs, en plongeant les bouteilles remplies de fluide élastique le col en bas, soit dans une terrine, soit même dans un bocal plein d'eau, comme on le voit représenté fig. 14. Dans les expériences où l'on ne craint pas la petite perte de fluide élastique causée par l'absorption de l'eau, on peut se dispenser de laisser une couche d'huile dans le col de la bouteille; cette précaution même pourrait devenir nuisible, dans le cas où l'on voudrait conserver le fluide élastique pendant un temps très-considérable, parce que l'huile étant susceptible de fermenter et de se corrompre, elle pourrait produire des phénomènes particuliers. Il est nécessaire alors de laisser une petite couche d'eau dans le gouleau de la bouteille à la place de la couche d'huile.

Manière de faire passer le fluide élastique d'un vase dans un autre.

Soit le récipient *n* N O O, fig 10, qui contienne une certaine quantité de fluide élastique qu'on ait besoin de faire passer dans un bocal, dans une bouteille, ou dans un autre vase quelconque : on établit au moyen du tuyau recourbé E B C D, et du tuyau S S garni de son robinet R, une communication entre l'intérieur du récipient *n* N O O et le corps de pompe P. On établit également par le moyen du tuyau S S, garni de son robinet R, et de celui *t x l m*, même communication entre la pompe P et le vase Q, lequel doit être exactement rempli d'eau; enfin on fait jouer le piston Z de la pompe P. A chaque levée de piston, l'air du récipient *n* N O O passe dans le corps de pompe P; il est ensuite refoulé et obligé de passer dans le vase Q, dont à mesure il déplace l'eau. Si le vase dont on se sert est une bouteille, on peut la boucher sous l'eau, et conserver le fluide élastique de la manière qu'on vient d'indiquer.

Description d'un appareil propre à faire passer un fluide élastique à travers telle liqueur qu'on voudra, et à le recueillir ensuite pour l'examiner.

Cet appareil, représenté fig. 15, ne diffère de celui de l'expérience précédente, que par les bouteilles $p' p'' p'''$, lesquelles sont placées entre le corps de pompe PP, et le seau *n n f f*: ces bouteilles sont semblables en tout à celle représentée fig. 4. On les emplit d'eau de chaux, ou de telle autre liqueur, à travers laquelle on veut faire passer le fluide élastique : on établit communication de la pompe PP à la première par le moyen d'un tuyau coudé $m' p'$ représenté séparément fig. 16. Enfin, lorsque par le jeu du piston Z le fluide élastique a passé dans le corps de pompe P, et qu'il est ensuite refoulé, il est nécessairement obligé d'enfiler le tuyau $m' p'$ et de bouillonner dans la liqueur contenue dans la bouteille p'; la pression l'oblige ensuite de continuer sa route et de bouillonner successivement de la même manière dans chacune de bouteilles $p'' p'''$, et en aussi grand nombre qu'on le jugera à propros, jusqu'à ce qu'enfin tout l'air qui n'a pu être absorbé par le fluide élastique passe dans la bouteille ou bocal Q, par le moyen d'un tuyau *t x l m* représenté séparément fig. 17.

Les différens appareils que je viens de décrire, changés et modifiés de différentes façons, ont suffi pour presque toutes les expériences que j'ai été obligé de faire sur le fluide élastique dégagé des corps. J'en excepte cependant celles relatives à l'air nitreux et à l'air inflammable de M. Priestley, dont je ne me suis pas encore occupé, et qui exigent des précautions particulières. J'ai cru devoir faire précéder ces descriptions, afin de n'avoir plus à y revenir dans le cours de ce chapitre, et de n'être point obligé de couper le récit de mes expériences.

EXPÉRIENCE Ire.

Effet du fluide élastique dégagé de la craie sur les animaux.

PRÉPARATION DE L'EXPÉRIENCE.

J'ai dégagé le fluide élastique de la craie par le moyen de l'acide vitriolique, et je l'ai fait passer, à l'aide de l'appareil représenté fig. 13, dans un bocal Q qui se voit fig. 15, et qui est représenté séparément fig. 18. J'ai bouché le bocal sous l'eau avec un large bouchon de liège bien ajusté, après quoi je l'ai retourné; j'ai ôté le bouchon, et j'y ai introduit sur-le-champ un jeune moineau franc.

EFFET.

A peine avait-il atteint le fond du bocal, qu'il est tombé de côté avec convulsions; l'ayant retiré au bout d'un quart de minute il était expirant, et il ne m'a pas été possible, par aucun moyen, de le rappeler à la vie.

La même expérience ayant été répétée sur un rat, il a péri avec les mêmes circonstances, et à peu près dans le même intervalle de temps : ses flancs étaient affaissés et avaient une espèce de mouvement convulsif, comme s'il eût cherché à inspirer de l'air sans pouvoir y parvenir.

EXPÉRIENCE II.

Effet du fluide élastique dégagé des chaux métalliques sur les animaux.

J'ai rempli le même bocal Q, représenté fig. 15 et 18,

de fluide élastique dégagé du minium par la réduction, et j'y ai successivement introduit un moineau, une souris et un rat; ils y sont morts presque sur-le-champ, de même que dans le fluide élastique dégagé des effervescences, et leur mort a été accompagnée des mêmes circonstances.

RÉFLEXIONS.

Ces expériences semblent laisser entrevoir une des principales causes de la mort presque subite des animaux dans le fluide élastique des effervescences et des réductions métalliques. Sans connaître très-précisément quel est l'usage de la respiration dans les animaux, nous savons au moins que cette fonction est si essentielle à leur existence, qu'il périssent bientôt si leurs poumons ne sont enflés presqu'à chaque instant par le fluide élastique qui compose notre atmosphère; or, il est aisé de sentir que le fluide élastique des effervescences, ou celui des réductions métalliques, n'est aucunement propre à remplir cette fonction de l'économie animale, qu'il ne peut enfler le poumon des animaux comme l'air que nous respirons. On a vu plus haut, en effet, que ce fluide est absorbé avec une très-grande facilité par l'eau et par la plupart des liqueurs; qu'il se fixe avec elles et perd subitement son élasticité : il en résulte, par une conséquence nécessaire, que l'intérieur du poumon étant composé de membranes humides, de vaisseaux même, à travers lesquels transsudent continuellement des vapeurs aqueuses, le fluide élastique fixable ne peut y parvenir sans y perdre subitement son élasticité : bien plus, il est même probable que le fluide élastique fixable ne parvient point jusqu'aux dernières ramifications du poumon, qu'il est fixé auparavant d'y arriver. Le jeu du poumon doit donc être suspendu par le défaut de fluide élastique; il doit s'affaisser et devenir flasque, et c'est en effet ce que l'on observe dans la dissection des animaux qui ont péri de la sorte. On éprouverait presqu'un même effet avec un soufflet dont l'intérieur serait humecté d'eau, et dont on voudrait entretenir le jeu avec un fluide élastique fixable.

EXPÉRIENCE III.

Effet du fluide élastique dégagé des effervescences sur les corps embrasés et enflammés.

PRÉPARATION DE L'EXPÉRIENCE.

J'ai rempli de fluide élastique dégagé de la craie, un bocal long et étroit représenté fig. 19; j'y ai plongé une bougie ou une chandelle allumée, fig. 20, suspendue par le moyen d'un fil de fer.

EFFET.

A peine était-elle parvenue à l'orifice du bocal qu'elle s'est éteinte en un clin d'œil; la partie charbonneuse de la mèche est même devenue noire. Il m'est quelquefois arrivé de rallumer dix ou douze fois la même bougie, et de l'éteindre autant de fois dans le même bocal, tant il est vrai qu'il faut un intervalle de temps assez considérable pour que le fluide élastique fixable se mêle avec l'air de l'atmosphère. On observe seulement que chaque fois qu'on éteint de nouveau la bougie, il faut la plonger un peu plus avant que la fois précédente, ce qui semble prouver que l'union du fluide élastique avec celui de l'atmosphère ne se fait qu'à la surface et couche par couche, à peu près de la même manière que se fait une dissolution.

Un charbon ardent plongé dans le même air, y devient noir sur-le-champ, de la même manière que s'il était plongé dans l'eau.

EXPÉRIENCE. IV.

Effet du fluide élastique dégagé des chaux métalliques sur les corps enflammés ou embrasés.

J'ai répété l'expérience précédente, en employant, au lieu de fluide élastique dégagé de la craie, celui dégagé du minium; les effets ont été précisément les mêmes, et je n'ai pas aperçu la moinde différence.

EXPÉRIENCE V.

Faire passer par de l'eau de chaux le fluide élastique dégagé d'une effervescence, et observer la quantité qui en est absorbée.

PRÉPARATION DE L'EXPÉRIENCE.

J'ai rempli de fluide élastique dégagé de la craie, par l'acide vitriolique, une bouteille de 206 pouces cubiques ½ de capacité; je l'ai placée le gouleau en bas, dans un seau V V rempli d'eau, fig. 15, et j'ai tout disposé ainsi qu'il est expliqué au commencement de ce chapitre. Le bocal Q avait 69 pouces cubiques de capacité, il était exactement rempli d'eau, et les trois bouteilles $p' \, p'' \, p'''$ contenaient ensemble 7 livres et demie d'eau de chaux. Lorsque tout a été ainsi préparé, et que toutes les jointures ont été exactement lutées avec un lut gras, j'ai ouvert les robinets R r, et j'ai fait agir le piston Z de la pompe P.

EFFET.

Aussitôt l'air a bouillonné dans les trois bouteilles $p' \, p'' \, p'''$; et dès le premier coup, la première a commencé à prendre un coup d'œil nébuleux; la même chose est arrivée à la seconde, vers la fin du deuxième coup; et à la troisième, pendant le quatrième. J'ai été obligé de donner 15 coups de piston $\frac{1}{2}$ pour remplir de fluide élastique le bocal Q.

RÉFLEXIONS.

La capacité de la pompe est de 12 pouces $\frac{1}{7}$, d'où il suit que la quantité de fluide élastique que j'avais fait bouillonner dans l'eau de chaux était de 188 pouces; elle s'était trouvée réduite au sortir de l'eau de chaux à 69 pouces; la quantité qui s'était combinée avec la chaux était donc de 119 pouces, c'est-à-dire de près des deux tiers.

Il est bon d'observer que cette expérience ne donne pas très-exactement la portion de fluide élastique susceptible d'être absorbée par la chaux; en effet, une portion de l'air contenu dans la partie vide des bouteilles $p' \, p'' \, p'''$, passe dans le bocal Q, et est remplacée par le fluide élastique; d'où il suit que la quantité de fluide élastique absorbée paraît moindre qu'elle ne l'est en effet. Il est probable d'ailleurs que 7 livres $\frac{1}{2}$ d'eau de chaux ne suffisent pas pour dépouiller le fluide élastique de toute la portion susceptible de se fixer, et qu'il en pénètre encore quelque peu jusque dans le bocal Q; c'est sans doute par ces différentes raisons que le fluide élastique ne s'est réduit que des deux tiers dans cette expérience, tandis que M. Priestley est parvenu à le réduire des quatre cinquièmes.

EXPÉRIENCE VI.

Effet du fluide élastique des effervescences sur les animaux lorsqu'il a été dépouillé de sa partie fixable par la chaux.

Lorsque l'eau du bocal Q, fig. 15, a toute été déplacée par le fluide élastique qui avait bouillonné à travers l'eau de chaux, j'ai été curieux d'éprouver l'effet qu'il produisait sur les animaux; j'ai retiré en conséquence de l'eau le bocal, après l'avoir bouché comme il a été dit ci-dessus, et j'ai introduit un jeune moineau : il n'a pas paru y souffrir bien sensiblement pendant le premier instant; mais, au bout d'une demi-minute, sa respiration a paru difficile; il ouvrait le bec, et au bout d'une minute, il est tombé de côté presque sans mouvement : on l'a laissé dans cet état encore une bonne demi-minute, après quoi il a été retiré, et exposé à un courant d'air libre. Il n'avait dans le premier moment d'autre mouvement que celui des yeux, et un peu celui du bec, mais en moins d'une minute, il est revenu à lui, et il s'est mis à courir et à voler.

EXPÉRIENCE VII.

Effet du même fluide sur les corps enflammés.

J'ai fait passer une petite portion du fluide élastique de la craie qui me restait encore dans la bouteille A, fig. 15, à travers la même eau de chaux, et je l'ai ensuite reçue dans un petit bocal : une petite bougie que j'y ai descendue de la manière qui est représenté fig. 19 et 20, s'y est éteinte à l'instant.

L'eau de chaux qui avait servi à ces expériences, et

qui était contenue dans les bouteilles $p' p'' p'''$, s'est trouvée dépouillée entièrement de son goût alkalin. La chaux qui s'en était précipitée faisait une vive et longue effervescence avec les acides; et d'après toutes les expériences auxquelles je l'ai soumise, je n'ai point trouvé qu'elle différât en rien de la craie.

EXPÉRIENCE VIII.

Faire passer à travers l'eau de chaux le fluide élastique dégagé d'une chaux métallique par la réduction, observer la quantité qui en est absorbée, et l'effet du résidu sur les animaux et sur les corps enflammés.

PRÉPARATION DE L'EXPÉRIENCE.

Au lieu de la bouteille A, fig. 15, je me suis servi du grand bocal *n* N O O, fig. 10, dans lequel j'ai fait passer un mélange de 560 pouces cubiques de fluide élastique dégagé d'une chaux métallique et de 80 pouces cubiques d'air commun. J'aurais préféré, sans doute, de n'employer que du fluide élastique pur et non mélangé, mais l'appareil décrit plus haut, et représenté fig. 10, ne me permettait pas d'en obtenir de tel, parce qu'il reste toujours nécessairement de l'air commun dans le vide de la cornue A, et dans le récipient tubulé G H. J'ai adapté de la même manière que dans l'expérience précédente, le grand siphon E B C D, fig. 10 et 11, à la pompe PP, et j'ai fait bouillonner le fluide élastique à travers quatre bouteilles qui contenaient chacune 2 livres 10 onces d'eau de chaux; enfin j'ai disposé un bocal Q de 66 pouces de capacité pour recevoir l'air qui ne serait point absorbé par la chaux.

EFFET.

Dès le premier coup de piston, l'eau de chaux contenue dans la première bouteille, a commencé à louchir, et elle s'est troublée très-sensiblement au second.

L'eau de la seconde bouteille a commencé à louchir au troisième coup de piston; celle de la troisième, au quatrième coup; enfin celle de la quatrième, au sixième.

J'ai été obligé de pomper 135 pouces cubiques de fluide élastique pour déplacer toute l'eau contenue dans le bocal Q, et pour le remplir d'air, d'où il suit que 135 pouces avaient été réduits à 66 pouces en passant par l'eau de chaux, c'est-à-dire que 69 pouces d'air s'étaient combinés, soit dans la chaux, soit dans l'eau, et s'y étaient fixés.

Un rat, ayant été mis dans cet air, y a demeuré assez tranquille dans le premier instant. Ensuite, il a paru souffrir, et s'est agité violemment; enfin au bout de trois ou quatre minutes, il est tombé dans une espèce d'assoupissement, et il est resté sans mouvement, et comme mort. L'ayant retiré, il a commencé au bout de quelques minutes à donner quelques signes de vie; il s'est ensuite ranimé peu à peu, et bientôt il est devenu aussi vif qu'auparavant.

Une bougie allumée, plongée dans ce même air, s'y est éteinte à l'instant.

L'eau des deux premières bouteilles p' p'', à la fin de cette opération, avait déjà formé un dépôt assez considérable; celle de la troisième et de la quatrième était déjà fort trouble; mais il était aisé de juger que toute la chaux qui était en dissolution n'était pas encore précipitée. J'ai donc essayé de faire bouillonner de nouveau fluide élastique à travers la même eau, et de le faire passer dans le bocal Q; la quantité d'air nécessaire pour le remplir, s'est trouvée de 120 pouces, d'où il suit qu'il n'y en avait eu cette seconde fois que 54 pouces d'absorbés par l'eau de chaux, c'est-à-dire précisément $\frac{45}{100}$.

J'ai rempli une troisième fois, de la même manière, le même bocal Q, et la quantité de fluide élastique absorbée par la chaux, dans cette troisième opération, n'a été que de 48 pouces, c'est-à-dire de $\frac{42}{100}$.

Le même rat, ayant été introduit dans cet air, a paru y souffrir beaucoup davantage; en moins d'une minute, il est tombé sur le côté: je l'ai retiré, mais il était mort; il n'a plus été possible de le rappeler à la vie.

Enfin, j'ai rempli une quatrième fois le même bocal, de la même manière; il n'y a eu cette fois que 44 pouces de fluide absorbés, c'est-à-dire exactement les quatre dixièmes de la quantité employée; une souris introduite dans cet air y a péri en un tiers de minute.

RÉFLEXIONS.

La quantité de fluide élastique nécessaire pour remplir la première fois le bocal Q a été de 135 pouces cubiques; mais on doit se rappeler que ce fluide élastique contenait $\frac{1}{7}$ d'air commun; les 135 pouces cubiques étaient donc composés de 115 pouces $\frac{5}{7}$ de fluide élastique dégagé de la chaux de plomb, et de 19 pouces $\frac{2}{7}$ d'air commun; mais, d'un autre côté, l'air commun, celui de l'atmosphère, n'est point susceptible de s'unir subitement avec l'eau de chaux, comme le fluide élastique des effervescences et des réductions; les 19 pouces $\frac{2}{7}$ d'air commun ont donc dû, après avoir bouillonné dans l'eau de chaux, passer dans le bocal Q, sans avoir subi de diminution. Il est évident, d'après ce calcul, que ce n'est pas réellement 135 pouces de fluide élastique qui ont été réduits à 66 pouces; mais 115 $\frac{5}{7}$ qui ont été réduits à 46 $\frac{5}{7}$. L'eau de chaux a donc absorbé $\frac{6}{10}$ du volume du fluide élastique employé.

En appliquant ce calcul au second, troisième et quatrième bocal, on trouvera que pour le second la quantité de fluide élastique employée a été de 103 pouces; qu'elle a été réduite à 49; d'où il suit que la quantité absorbée par l'eau de chaux a été de 54 pouces cubiques, c'est-à-dire de $\frac{52}{100}$;

Que pour le troisième bocal, la quantité de fluide élastique employée a été de 98 pouces, qu'elle a été réduite à 50, c'est-à-dire que la quantité absorbée a été de 48 pouces, ou à très-peu près de la moitié;

Enfin, que pour le quatrième bocal, la quantité de fluide élastique employée a été de 94 pouces; qu'elle a été réduite à 50, c'est-à-dire que la quantité absorbée par la chaux a été de 44 pouces ou de $\frac{47}{100}$.

Une circonstance remarquable, que j'ai indiquée plus haut, c'est que l'eau des bouteilles p' p'' p''', qui était devenue tout-à-fait trouble dans le commencement de ces différentes opérations, et qui avait déposé toute la chaux qu'elle tenait en dissolution, s'éclaircissait peu à peu vers la fin. La raison de ce phénomène dépend du fluide élastique dont l'eau s'imprègne et à l'aide duquel elle devient capable de dissoudre la terre calcaire. On trouvera dans le chapitre qui suit quelques détails sur cette dissolution.

EXPÉRIENCE IX.

Effet d'un refroidissement très-grand sur le fluide élastique des effervescences.

La figure 21 représente l'appareil que j'ai cru nécessaire pour cette expérience. A désigne une bouteille remplie de fluide élastique dégagé de la craie par l'acide vitriolique; le tuyau E B C D y est exactement luté avec du lut gras recouvert de vessie, et il s'ajuste par son extrémité D avec le tuyau S S garni de son robinet R. Tout étant ainsi disposé, j'ai placé la bouteille A dans un seau que j'ai rempli de glace pilée et de sel marin mêlés ensemble.

Réfléchissant ensuite sur cette expérience, j'ai considéré que son but principal était de rapprocher le fluide élastique, de le condenser le plus qu'il serait possible ; qu'au moyen cependant de ce que l'air de la bouteille A n'avait aucune communication avec l'air extérieur, mon objet ne serait pas rempli; en effet, quelque degré de refroidissement que je lui eusse fait éprouver dans cet appareil, son volume serait toujours demeuré égal à la capacité de la bouteille: d'après ces considérations, j'ai senti qu'il était indispensable, pour pouvoir tirer quelque parti de cette expérience, de luter à l'autre extrémité du tuyau S S un siphon T X L M, qui communiquât avec l'intérieur d'une bouteille renversée O, remplie de fluide élastique également dégagé de la craie; alors j'ai ouvert le robinet R. Il est évident qu'au moyen de la communication établie entre la bouteille A et la bouteille O, le fluide élastique ne pouvait se condenser par le froid dans la première, sans qu'une portion de celui contenu dans la seconde ne passât pour remplacer le vide; de sorte que la condensation devait se faire alors aussi librement qu'il était possible.

L'air du laboratoire était à 10 degrés $\frac{1}{2}$ au-dessus de la congélation. Lorsque j'ai commencé cette expérience, le refroidissement a été d'environ 15 degrés au-dessous de la congélation. J'ai continué à entretenir pendant cinq heures cette même température, sans que le fluide élastique ait diminué plus que n'aurait fait de l'air ordinaire. Ayant écarté au bout de ce temps la glace qui environnait la bouteille, je l'ai trouvée couverte intérieurement d'efflorescences blanches, qui n'étaient autre chose que l'humidité de l'air qui s'était condensée par le refroidissement, et qui avait formé une espèce de givre.

Il s'agissait ensuite d'examiner si le refroidissement avait changé la nature de ce fluide élastique, et s'il l'avait rapproché de l'air de l'atmosphère, comme l'avait avancé M. de Saluces. (*Voyez partie première, pag* 156). Pour cela j'ai retourné la bouteille A dans un seau de faïence VV plein d'eau, fig. 15; j'en ai pompé le fluide élastique par le moyen de la pompe P P, et je l'ai fait bouillonner à travers 3 bouteilles $p' p'' p'''$ remplies d'eau de chaux.

Dès le premier coup de piston, la liqueur a commencé à devenir louche, et elle s'est troublée ensuite de la même manière que si le fluide élastique n'eût point été soumis à l'épreuve du refroidissement. J'ai également éprouvé l'effet de ce fluide sur les animaux; ils y ont péri en quelques secondes, et les corps enflammés s'y sont éteints à l'instant.

CONCLUSION DE CE CHAPITRE.

Il résulte des expériences contenues dans ce chapitre, premièrement, qu'il existe un raport presque parfait entre le fluide élastique dégagé de la réduction du minium et celui dégagé des effervescences, et qu'ils produisent l'un et l'autre les mêmes phénomènes sur l'eau de chaux, sur la terre calcaire, sur les corps allumés, et sur les animaux;

Secondement, que ces deux fluides sont composés l'un

et l'autre, 1° d'une partie fixable susceptible de se combiner avec l'eau, avec la chaux etc.; 2° d'une autre partie beaucoup plus difficile à fixer, susceptible, jusqu'à un certain point, d'entretenir la vie des animaux, et qui paraît se rapprocher beaucoup, par sa nature, de l'air de l'atmosphère;

Troisièmement, que cette portion d'air commun est un peu plus considérable dans le fluide élastique dégagé des réductions métalliques que dans celui dégagé de la craie.

Quatrièmement, qu'il paraît constant que c'est dans la partie fixable que réside la propriété nuisible de ce fluide, puisqu'il est d'autant moins funeste aux animaux qu'il en a été dépouillé davantage, ainsi qu'il est prouvé par l'expérience VIII;

Cinquièmement, que rien ne met encore en état de décider si la partie fixable du fluide élastique des effervescences et des réductions est une substance essentiellement différente de l'air, ou si c'est l'air lui-même auquel il a été ajouté ou retranché quelque chose, et que la prudence exige encore de suspendre son jugement sur cet article.

CHAPITRE VIII.

De quelques propriétés de l'eau imprégnée du fluide élastique dégagé des effervescences ou des réductions métalliques.

M. Cavendish, M. Priestley et M. Rouelle, ont fait part au public d'expériences très-intéressantes sur la propriété dissolvante de l'eau imprégnée d'air fixe, autrement dit du fluide élastique dégagé des effervescences;

ils ont fait voir que cette eau avait la propriété de dissoudre les terres calcaires, le fer, le zinc, la mine de fer, etc. J'ai été curieux de varier leurs expériences, de les étendre, s'il était possible, et j'ai essayé d'unir trois à trois, l'air fixe, les métaux et les acides, afin d'acquérir quelques notions sur le degré d'affinité de ces différentes substances.

Pour remplir cet objet, j'ai d'abord imprégné une suffisante quantité d'eau distillée pure de fluide élastique dégagé d'une effervescence. Je me suis servi, à cet effet, de l'appareil représenté fig. 7.

J'ai versé de cette eau dans des verres dans lesquels j'avais mis préalablement de la dissolution de fer, de cuivre et de zinc, par l'acide vitriolique ; de la dissolution de fer, de cuivre, de plomb et de mercure, par l'acide nitreux ; enfin, de la dissolution d'or par l'eau régale, et du sublimé corrosif : en quelques proportions que j'aie tenté ces mélanges, je n'ai jamais pu opérer de précipitation, et les liqueurs sont restées aussi transparentes qu'elles étaient auparavant ; bien plus, la dissolution de fer par l'acide vitriolique, qui était un peu louche, s'est même éclaircie sur-le-champ par le mélange d'eau imprégnée de fluide élastique.

J'ai essayé de mélanger de la même eau avec de la dissolution d'argent par l'acide nitreux, la liqueur a pris un petit œil louche, mais presque imperceptible, et il fallait y regarder avec l'attention la plus scrupuleuse pour le remarquer. Cette circonstance pourrait faire soupçonner que la craie contient quelques atomes d'acide marin ; que cet acide, qui y est engagé dans une base, en est chassé par l'acide vitriolique ; qu'il passe avec le fluide élastique, et que c'est lui qui, s'unissant avec l'argent dans cette expérience, forme un peu de lune cornée; mais en supposant même que ce soupçon fût fondé, cette quantité d'acide marin serait si peu considérable qu'un grain d'esprit de sel étendu dans deux livres d'eau, produirait un effet beaucoup plus sensible.

Quoique ces expériences ne soient pas tout-à-fait complètes, parce que je n'ai pu les étendre à toutes les dissolutions métalliques, elles paraissent cependant prouver en général que les substances métalliques ont plus d'affinité avec les acides minéraux qu'avec le fluide élastique fixable.

M. Hey, dont M. Priestley a publié quelques expériences, a annoncé que l'air fixe n'altérait point la couleur bleue du sirop de violettes, et comme cette expérience a été depuis contestée, j'ai été curieux de la répéter; j'ai étendu en conséquence, dans de l'eau imprégnée de fluide élastique, du sirop de violettes, et j'ai comparé sa couleur avec celle du même sirop de violettes étendu dans de l'eau distillée. La couleur n'a pas subi d'altération sensible; cependant, en regardant avec une scrupuleuse attention, le sirop de violettes mêlé avec l'eau imprégnée de fluide élastique semblait avoir une nuance un tant soit peu rouge; mais la différence était si faible, si imperceptible, qu'on pouvait presque en douter.

On peut se rappeler une expérience que j'ai rapportée dans cette seconde partie, chapitre 1er. Si l'on verse peu à peu sur de l'eau de chaux saturée de l'eau imprégnée de fluide élastique, aussitôt la liqueur se trouble, et la chaux se précipite sous forme de craie; mais si, après avoir précipité toute la chaux, on continue d'ajouter de nouvelle eau imprégnée de fluide élastique, peu à peu toute la craie qui s'était précipitée se redissout, et la liqueur acquiert la même transparence qu'auparavant.

On a vu de même, dans le chapitre précédent, que si, après avoir fait bouillonner le fluide élastique dégagé soit d'une effervescence, soit d'une réduction métallique, à travers l'eau de chaux, et en avoir précipité toute la terre alkaline sous forme de craie, on continue d'y faire bouillonner de nouveau fluide élastique, la plus grande partie de la terre précipitée se redissout, et la liqueur reprend sa transparence. Le fluide élastique, l'air fixe étant assez commun dans le règne minéral, ainsi qu'on en peut juger par les eaux gazeuses ou aérées; et par plusieurs autres phénomènes de la nature, la combinaison de cette substance avec les terres calcaires doit se rencontrer fréquemment dans les eaux : j'ai cru en conséquence qu'il pourrait être intéressant d'examiner les effets que produisent sur cette combinaison encore peu connue les différentes espèces de réactifs.

J'ai fait dissoudre à cet effet, dans de l'eau distillée, de la chaux jusqu'au point de saturation, et j'y ai fait bouillonner du fluide élastique provenant d'une réduction de chaux de plomb : d'abord, comme je l'ai annoncé plus haut, la chaux s'est précipitée, puis elle s'est redissoute, et j'ai continué ainsi jusqu'à ce que je jugeasse l'eau aussi chargée de terre calcaire qu'elle le pouvait être.

J'ai versé cette eau sur une dissolution de fer et de cuivre dans l'acide nitreux; la liqueur ne s'est point troublée, et il ne s'est fait aucun précipité. La dissolution d'argent par le même acide a donné un petit œil louche à la liqueur, mais presque imperceptible, et à peu près tel que je l'avais observé avec de l'eau imprégnée de fluide élastique seul.

Il n'en a pas été de même des dissolutions de fer, de cuivre et de zinc, par l'acide vitriolique. La précipitation, il est vrai, n'a pas eu lieu dans le premier instant; mais au bout de quelques secondes la liqueur s'est troublée, et en peu de temps le précipité s'est rassemblé et s'est déposé au fond du vase.

La dissolution de plomb par l'acide nitreux a donné sur-le-champ un précipité blanc fort abondant.

La dissolution du mercure dans l'acide nitreux n'a donné de précipité qu'autant que j'employais beaucoup d'eau et peu de dissolution : ce précipité était de couleur jaune pâle; il est devenu peu à peu gris avec le temps.

La dissolution d'or par l'eau régale n'a donné aucun signe de précipitation.

J'ai aussi essayé sur cette eau l'effet des alkalis fixes et volatils, caustiques et non caustiques; tous occasionent la précipitation de la terre alkaline sous forme de craie; c'est-à-dire qu'ils lui enlèvent la portion de fluide élastique surabondante qui la tenait en dissolution; mais ils ne peuvent l'en dépouiller au-delà; on a vu en effet que le fluide élastique avait plus d'affinité avec la terre alkaline qu'avec les alkalis salins.

La même eau, versée sur du sirop de violettes, en attaque peu la couleur : on remarque cependant une légère nuance de verdâtre qui devient plus sensible au bout de quelques heures.

Toutes ces expériences ont le même succès, soit qu'on emploie le fluide élastique dégagé des effervescences, soit qu'on emploie celui dégagé des dissolutions métalliques.

Les chapitres IX, X et XI ont été supprimés pour être rapportés dans la section Ire des travaux qui ont pour objet la décomposition de l'air. Lavoisier a suivi la même marche dans ce qui nous reste du *Recueil* de ses mémoires qu'il faisait imprimer au moment de sa mort.

Le chapitre XI termine le volume publié en 1774 sous le titre d'*Opuscules chimiques et physiques.*

RÉFLEXIONS

SUR LE PHLOGISTIQUE,

POUR SERVIR DE DÉVELOPPEMENT A LA THÉORIE DE LA COMBUSTION ET DE LA CALCINATION PUBLIÉE EN 1777 (1).

PAR LAVOISIER.

Dans la suite de Mémoires que je viens de communiquer à l'Académie (2), j'ai passé en revue les principaux phénomènes de la chimie ; j'ai insisté sur ceux qui accompagnent la combustion, la calcination des métaux, et en général toutes les opérations où il y a absorption et fixation d'air. J'ai déduit toutes les explications d'un principe simple, c'est que l'air pur, l'air vital, est composé d'un principe particulier qui lui est propre, qui en forme la base, et que j'ai nommé *principe oxygine*, combiné avec la matière du feu et de la chaleur. Ce principe une fois admis, les principales difficultés de la chimie ont paru s'évanouir et se dissiper, et tous les phénomènes se sont expliqués avec une étonnante simplicité.

Mais si tout s'explique en chimie d'une manière satisfaisante, sans le secours du phlogistique, il est par cela seul infiniment probable que ce principe n'existe pas ; que c'est un être hypothétique, une supposition gratuite :

(1) Extrait des *Mémoires de l'Académie des Sciences*, ann. 1783, pag. 505.

(2) Quelques-uns de ces mémoires ne sont point encore imprimés. (Lavoisier.)

et, en effet, il est dans les principes d'une bonne logique de ne point multiplier les êtres sans nécessité. Peut-être aurais-je pu m'en tenir à ces preuves négatives, et me contenter d'avoir prouvé qu'on rend mieux compte des phénomènes sans phlogistique qu'avec le phlogistique : mais il est temps que je m'explique d'une manière plus précise et plus formelle sur une opinion que je regarde comme une erreur funeste à la chimie, et qui me paraît en avoir retardé considérablement les progrès, par la mauvaise manière de philosopher qu'elle y a introduite.

Je prie mes lecteurs, en commençant ce Mémoire, de se dépouiller, autant qu'il leur sera possible, de tout préjugé; de ne voir dans les faits que ce qu'ils présentent; d'en bannir tout ce que le raisonnement y a supposé; de se transporter aux temps antérieurs à Stahl, et d'oublier pour un moment, s'il est possible, que sa théorie a existé.

A l'époque où Stahl a écrit, les principaux phénomènes de la combustion étaient encore ignorés. Il n'a connu de cette opération que ce qui frappe les sens, le dégagement de la chaleur et de la lumière. De ce que quelques corps brûlaient et s'enflammaient, il en a conclu qu'il existait en eux un principe inflammable, du feu fixé; mais comme il était difficile de concilier la fixité qu'on observe dans quelques corps combustibles avec la mobilité, la subtilité qui paraît caractériser l'élément du feu, il a supposé qu'un principe terreux servait d'intermède pour unir le feu aux corps combustibles, et il a appelé *principe inflammable* ou *phlogistique* le résultat de cette combinaison. Telle est au moins la manière dont M. Macquer a présenté la doctrine de Stahl dans son Dictionnaire de chimie : il est vrai que le chimiste allemand ne l'a pas toujours exposée dans ce degré de simplicité; qu'il a souvent regardé, avec Becher, le phlogistique comme un élément purement terreux; mais j'ai pensé qu'il était inutile de le suivre dans les différentes opinions qu'il a successivement embrassées, et que je pourrais m'en tenir à la doctrine de Stahl, telle qu'elle a été conçue et présentée par M. Macquer. Si Stahl se fût borné à cette simple observation, son système ne lui aurait pas mérité sans doute la gloire de devenir un des patriarches de la chimie, et de faire une sorte de révolution dans cette science. Rien n'était plus naturel, en effet, que de dire que les corps combustibles s'enflamment, parce qu'ils contiennent un principe inflammable: mais on doit à Stahl deux découvertes importantes, indépendantes de tout système, de toute hypothèse, qui seront des vérités éternelles : la première, c'est que les métaux sont des corps combustibles; que la calcination est une véritable combustion et qu'elle en présente tous les phénomènes. Ce fait constant que Stahl paraît avoir reconnu le premier, et qui est aujourd'hui généralement avoué de tout le monde, le mettait dans la nécessité d'admettre un principe inflammable dans les métaux: et en effet, si la combustion est due au dégagement d'un principe inflammable qui était fixé dans les corps, de ce que les métaux sont combustibles, il s'ensuivait nécessairement que ces substances contiennent un principe inflammable.

La seconde découverte dont on est redevable à Stahl, et qui est plus importante encore, c'est que la propriété de brûler, d'être inflammable, peut se transmettre d'un corps à un autre : si l'on mêle, par exemple, du charbon qui est combustible, avec de l'acide vitriolique qui ne l'est pas, l'acide vitriolique se convertit en soufre, il acquiert la propriété de brûler, tandis que le charbon la perd. Il en est de même des substances métalliques, elles perdent par la calcination leur qualité combustible; mais si on les met en contact avec du charbon, et en général avec des corps qui aient la propriété de brûler, elles se revivifient, c'est-à-dire qu'elles reprennent, aux dépens de ces substances, la propriété d'être combustibles. Stahl a conclu de ces faits que le phlogistique, le principe inflammable, pouvait passer d'un corps dans un autre, et qu'il obéissait à de certaines lois auxquelles on a donné depuis le nom d'affinité.

Suivant Stahl, le phlogistique, le principe inflammable, est un corps pesant, et en effet on ne peut pas se former une autre idée d'un principe terreux, ou au moins dans la composition duquel entre l'élément terreux; il a même essayé, dans son traité du soufre, d'en déterminer la pesanteur.

Cette théorie de Stahl, sur la calcination des métaux et sur la combustion en général, ne rendait pas compte d'un phénomène très-anciennement observé, vérifié par Boyle, et qui est devenu aujourd'hui une vérité incontestable : c'est que tous les corps combustibles augmentent de poids pendant le temps même qu'ils brûlent et se calcinent; c'est ce qu'on observe surtout d'une manière frappante dans les métaux, dans le soufre, dans le phosphore, etc. Or, dans le système de Stahl, il s'échappe des métaux, pendant qu'on les calcine, et des corps combustibles qui brûlent, du phlogistique qui est un principe pesant; ils devaient donc perdre une partie de leur poids, au lieu d'en acquérir.

Les chimistes qui ont écrit depuis Stahl, et qui ont

adopté ses principes, se sont dissimulé, autant qu'ils ont pu, cette difficulté, et M. Macquer, dans la première édition de son Dictionnaire de chimie, n'a pas dit un mot, ni du fait, ni des moyens de l'expliquer. M. Baumé, dont la Chimie a paru peu de temps après, a bien senti qu'une contradiction aussi formelle entre la théorie et les faits, exigeait une réforme dans le système de Stahl, et il a eu le courage de l'entreprendre : il admet un principe inflammable, composé de la matière du feu, combinée avec un principe terreux ; il suppose que les êtres organisés, les végétaux et les animaux, ont été chargés par la nature de la combinaison de ces deux principes, et il prétend que tout le phlogistique existant dans le règne minéral doit son origine aux deux autres règnes. Jusque-là le système de M. Baumé se rapprochait beaucoup de celui de Stahl ; mais un point dans lequel il s'en est écarté d'une manière plus formelle, c'est qu'il a supposé que le feu libre et l'élément terreux qui entrent dans la composition du phlogistique, pouvaient se combiner dans une infinité de proportions, et qu'il existait par conséquent une infinité d'états intermédiaires entre le feu libre et le phogistique proprement dit : quoique cette extension donnée au système de Stahl rendît un grand nombre de faits plus faciles à expliquer, et qu'un principe susceptible de prendre ainsi une infinité de formes différentes, suivant le besoin, fût extrêmement commode pour les chimistes, cependant M. Baumé n'en a pas été plus heureux dans l'explication qu'il a donnée de l'augmentation de poids des chaux métalliques ; il prétend, avec Stahl, que les métaux perdent leur phlogistique pendant leur calcination, mais que ce phlogistique est remplacé par du feu pur, ou du moins par du feu moins chargé d'élément terreux, et c'est à l'addition de ce feu presque libre qu'il attribue l'augmentation de poids des chaux métalliques.

M. Baumé, dans cette hypothèse, se trouve obligé de donner à l'élément du feu une pesanteur extrêmement grande; car il est des métaux, comme le fer, qui augmentent de plus d'un tiers de leur poids par la simple calcination à l'air libre; il faudrait donc que le feu pur eût non-seulement occasioné toute cette augmentation, mais qu'il eût encore remplacé la perte de poids occasionée par la volatilisation du phlogistique, qui lui-même est nécessairement pesant puisqu'il est composé de deux élémens pesans : or, cette supposition de la grande pesanteur du feu est contraire à tous les faits : cet élément, ce fluide subtil, obéit probablement, comme tous les autres, aux lois de l'attraction, mais sa pesanteur est si petite qu'il n'est pas possible de la rendre sensible dans aucune expérience physique.

J'ai rendu compte ailleurs des tentatives que j'ai faites à cet égard : j'ai prouvé que la quantité de matière du feu et de la chaleur qui se dégage de quatre-vingt-douze grains de phosphore qui brûlent, n'a point de pesanteur qu'on puisse apprécier, même avec les instrumens les plus exacts; d'ailleurs, loin qu'il y ait du feu libre d'absorbé pendant la calcination des métaux, comme le suppose M. Baumé, il y en a au contraire une grande quantité qui passe de l'état fixe à l'état libre; cette quantité de feu qui se dégage est très-sensible, et susceptible même d'être mesurée lors de la calcination du fer et du zinc dans l'air vital.

Les expériences faites depuis peu en Angleterre, en France et en Suède, sur la chaleur, fournissent encore de nouvelles objections contre le système de M. Baumé : si réellement le feu libre ou presque libre avait la propriété de se combiner avec les substances métalliques, et de réduire leurs chaux à l'état métallique, les corps qui contiendraient le plus de feu libre, ou au moins dans un état très-voisin de celui de liberté, devraient être aussi les plus propres à opérer la réduction. On sait aujourd'hui que les fluides en vapeur, l'eau, par exemple, est dans ce cas : cette substance ne se maintient dans l'état aériforme, lorsqu'elle est exposée à une température supérieure à 80 degrés, que parce qu'elle est combinée avec une portion de matière du feu presque dans un état de liberté, qui lui communique de l'élasticité : l'eau en vapeurs, et surtout dans le voisinage de la température à laquelle elle redevient eau, devrait donc revivifier les chaux métalliques, convertir le soufre en acide vitriolique ou sulfureux, le phosphore en acide phosphorique, communiquer à un grand nombre de corps la propriété de brûler, et être elle-même inflammable ; cependant on n'observe rien de semblable, d'où il résulte que ce n'est point à la combinaison du feu libre ou presque libre avec les substances métalliques que sont dus les phénomènes de la revivification des métaux, de la formation du soufre et du phosphore. Enfin dans l'opinion de M. Baumé, lorsque l'on calcine des métaux dans des vaisseaux de verre scellés hermétiquement, il devrait y avoir augmentation de poids ; tandis qu'il est de fait que si l'on pèse le vaisseau avant et après la calcination, sans l'ouvrir, on ne trouve aucune différence de poids, même avec les balances les plus sensibles.

Pendant que M. Baumé s'occupait de la rédaction et de l'impression de sa Chimie, une circonstance qui a lieu constamment dans toutes les réductions métalliques, me conduisit à faire quelques recherches sur cet objet : je remarquai que dans toutes ces opérations, il y avait une effervescence considérable au moment où le métal passait de l'état de chaux à l'état métallique ; il était naturel d'en conclure qu'il se dégageait un gaz, et j'imaginai un appareil propre à le rassembler et à le recueillir. Dès le mois de novembre 1772, je déposai au secrétariat de l'Académie un écrit dans lequel je rendis compte de mes expériences ; j'y faisais voir qu'il se dégageait du *minium*, pendant sa réduction, c'est-à-dire pendant son passage à l'état de plomb, une grande quantité d'un fluide élastique tout semblable à celui qu'on retire de la craie, des terres calcaires, des alkalis fixes effervescens, des cuves de liqueurs en fermentation, etc. Je répétai plusieurs fois ces expériences en 1773, notamment en présence de plusieurs membres de l'Académie.

Je m'occupai, pendant l'été de la même année, d'expériences d'un ordre inverse, sur la calcination des métaux au verre ardent, dans des quantités déterminées d'air : j'observai que dans ces opérations, à mesure que le métal se calcinait, le volume de l'air diminuait, et que le poids dont le métal augmentait était fort exactement égal à celui de la quantité d'air qui avait disparu : il était impossible de ne pas conclure de ces faits que l'augmentation de poids des chaux métalliques était due à la fixation d'une portion d'air qui se combinait avec le métal à mesure de sa calcination. Le détail de ces expériences a fait le sujet de plusieurs mémoires que j'ai lus à l'Académie pendant l'année 1773, et que j'ai rassemblés en un volume in-8° sous le titre d'*Opuscules physi-*

ques et chimiques, qui a paru dans le mois de décembre de cette même année.

Quelque démonstratives que fussent les expériences sur lesquelles je m'étais appuyé, on a commencé, suivant l'usage, par révoquer les faits en doute; ensuite ceux qui cherchent à persuader au public que tout ce qui est nouveau n'est pas vrai, ou que tout ce qui est vrai n'est pas neuf, sont parvenus à trouver dans un auteur très-ancien le premier germe de cette découverte. Sans examiner ici l'authenticité de l'ouvrage dont on s'est empressé de donner à cette époque une nouvelle édition, j'ai vu avec quelque plaisir que le public impartial avait jugé qu'une assertion vague et jetée au hasard, qui n'était appuyée d'aucune expérience, qui était ignorée de tous les savans, n'empêchait pas que je ne pusse être regardé comme l'auteur de la découverte de la cause de l'augmentation de poids des chaux métalliques.

Non-seulement je démontrai alors que l'augmentation de poids était une des conditions de toute calcination métallique, mais je prouvai que cette même loi avait lieu dans les combustions; que le soufre, le phosphore, tous les corps combustibles en général, augmentaient de poids en brûlant, et que cette augmentation était due à la combinaison, à la fixation de l'air.

Ces nouveaux faits déconcertaient et le système de Stahl et celui de M. Baumé; M. Macquer le sentit; mais il crut en même temps qu'il n'était pas impossible de concilier les expériences modernes avec la doctrine du phlogistique. La théorie nouvelle qu'il imagina pour remplir cet objet se trouve savamment exposée dans la seconde édition de son Dictionnaire de chimie, au mot *phlogistique*, à celui *calcination*, et dans un grand nombre d'articles. On est étonné d'y voir que M. Macquer, tout en paraissant défendre la doctrine de Stahl, en conservant la dénomination de *phlogistique*, présente une théorie toute nouvelle, et qui n'est point celle de Stahl : au phlogistique, au principe inflammable, à ce principe pesant, composé de l'élément du feu et de l'élément terreux, il substitue la pure matière de la lumière ; en sorte que M. Macquer a conservé le mot sans conserver la chose, et qu'en paraissant défendre la doctrine de Stahl, il y a porté une véritable atteinte. Mais pour mieux faire sentir en quoi consiste ce nouveau système, qui n'est plus ni celui de Stahl, ni celui d'aucun autre chimiste ou physicien, et qui appartient exclusivement à M. Macquer, il est nécessaire que j'entre dans quelques détails.

M. Macquer conçoit que les métaux, le soufre, le charbon, le phosphore, tous les corps combustibles de la nature, contiennent une grande abondance de matière de la lumière dans un état de combinaison et de fixité, et c'est à cette matière ainsi combinée qu'il donne le nom de *phlogistique* : il n'admet plus en conséquence l'élément terreux comme principe constitutif du phlogistique, ni dans une proportion fixe, comme l'avait avancé Stahl, ni dans des proportions variables, comme l'avait prétendu M. Baumé. Suivant M. Macquer, le phlogistique ou la matière de la lumière, en s'unissant aux corps naturellement solides, ne les rend pas fluides, mais il diminue leur dureté et augmente toujours leur fusibilité : il en est de même de la fixité ; les composés qui résultent de la combinaison du principe inflammable avec une substance fixe ont moins de fixité que n'en avait cette substance avant son union avec ce principe :

le phlogistique augmente, suivant lui, la pesanteur absolue, souvent même la pesanteur spécifique des corps auxquels il s'unit, et il leur communique communement de l'opacité. Les substances qui, dans leur état naturel, n'ont ni odeur ni couleur, acquièrent presque toujours l'une ou l'autre de ces qualités, souvent même toutes les deux, par leur union avec le principe inflammable.

Le phlogistique n'est susceptible, suivant M. Macquer, de se combiner, ni avec l'air, ni avec l'eau; en général il s'unit difficilement avec les substances fluides, légères et volatiles, il se combine au contraire aisément avec les substances fixes, solides et pesantes, telles que les terres; enfin il est identique dans tous les corps.

Jusque-là M. Macquer n'expliquait point encore la cause de l'augmentation de poids que les métaux acquièrent en se calcinant; car, puisqu'il s'en sépare un principe pesant, ils devraient perdre de leur poids, au lieu d'en acquérir : l'objection subsisterait même encore, quand on accorderait que le phlogistique n'a pas de pesanteur sensible, car alors les métaux pendant leur calcination ne devraient ni augmenter, ni diminuer de pesanteur. Pour expliquer ce phénomène, M. Macquer admet, conformément à mes expériences, que l'air, ou plutôt la portion la plus pure de l'air, se combine avec les métaux pendant leur calcination, avec les substances combustibles pendant la combustion, et que les uns et les autres augmentent de poids en proportion de l'air absorbé; mais il pense qu'à mesure que cette union s'opère, la matière de la lumière, qui était unie au corps, s'en sépare, de sorte que, dans ce système, toute calcination, toute combustion est une combinaison d'air, et en même temps une précipitation, une séparation de phlogistique, ou, ce qui est la même chose, de matière de la lumière.

M. Macquer se trouve obligé en outre de rejeter l'élément du feu, de supposer qu'il n'existe pas de matière propre de la chaleur; que la chaleur consiste dans un mouvement très-rapide imprimé aux molécules élémentaires des corps; et comme la lumière est la plus subtile de toutes les matières, il la regarde comme plus susceptible qu'aucune autre de prendre le mouvement qui constitue la chaleur.

Tel est à peu près le tableau que présente M. Macquer, dans son Dictionnaire de chimie, de la théorie de Stahl, ou plutôt de celle qu'il a substituée: il est certain qu'un grand nombre d'objections qui étaient absolument insolubles dans l'hypothèse de Stahl, s'expliquent d'une manière naturelle et simple avec les modifications qui y ont été apportées par M. Macquer; telle est, comme l'on vient de le voir, l'augmentation de poids des chaux métalliques, et la sorte de combustion qu'elles éprouvent pendant la calcination; telle est aussi la propriété qu'ont quelques chaux métalliques, de se revivifier sans addition de phlogistique, ni sans être mises en contact avec des corps qui en contiennent, comme celles d'or, d'argent et de mercure: la matière de la chaleur et de la lumière ayant la propriété de pénétrer, de passer à travers les vaisseaux, il suffit, pour revivifier ces chaux, de les exposer à un certain degré de chaleur, et de les garantir du contact de l'air. M. Macquer n'explique pas d'une manière moins heureuse ce qui se passe dans la formation du gaz nitreux; ce gaz, comme l'on sait, se dégage de la dissolution du fer, du cuivre, du mercure, etc., dans l'acide nitreux. M. Macquer suppose que dans ces opérations l'air vital qui entre dans la composition de l'acide nitreux, se combine avec le métal, qu'il en dégage le phlogistique, lequel se combine avec une portion d'acide nitreux dépouillé d'air vital, pour former l'air nitreux; et que lorsque ensuite on combine ensemble de l'air nitreux et de l'air vital, il se réforme de l'acide nitreux, et le phlogistique qui devient libre, s'échappe en passant à travers les pores des vaisseaux. Le système de Stahl admis sans modification, et tel qu'il a été adopté par M. Priestley, ne pouvait satisfaire à l'explication des phénomènes de cette expérience; car puisque dans ce système le phlogistique est un corps incapable de pénétrer à travers les vaisseaux, il devait se retrouver dans le vase où s'était faite la combinaison; et en effet M. Priestley avait prétendu qu'il restait un résidu d'air phlogistiqué; mais le fait est que quand l'air nitreux et l'air vital qu'on emploie sont purs, les deux airs s'absorbent en entier, et se convertissent en acide nitreux sans reste, et poids pour poids: il faut donc ou renoncer au phlogistique dans l'explication de cette expérience, ou bien dire avec M. Macquer, qu'il passe à travers les vaisseaux.

Mais si le nouveau système imaginé par M. Macquer, pour concilier la doctrine de Stahl avec les découvertes modernes, satisfait à un assez grand nombre de phénomènes, il est un nombre tout aussi grand de circonstances dans lesquelles il est absolument en défaut. M. Macquer admet d'abord avec toute l'école de Stahl, que le phlogistique est un corps pesant; cependant tous les phénomènes de la nature, le consentement unanime de tous les physiciens, nombre d'expériences décisives, ne permettent pas de supposer à la lumière une pesanteur susceptible d'être appréciée, ni même aperçue dans des expériences chimiques.

Mais quand on accorderait encore à M. Macquer cette supposition, quand on admettrait contre toute apparence, contre l'évidence des faits, que la lumière peut se combiner et s'accumuler dans les corps, au point de devenir une partie constituante de leur poids; il resterait encore bien des phénomènes que son système ne peut expliquer. Si le phlogistique était la pure matière de la lumière, toutes les chaux métalliques devraient se revivifier au verre ardent comme elles se revivifient par le contact du charbon. Cependant toutes les substances métalliques, à l'exception de l'or, de l'argent et du mercure, se calcinent au verre ardent; leurs chaux, loin d'y reprendre l'état métallique, s'y fondent en des espèces de verre; tandis que ces mêmes chaux reprennent subitement leur état métallique dès qu'on les met en contact avec du charbon à un degré de chaleur convenable. La matière qui existe dans le charbon n'est donc pas la même que celle qui constitue les rayons solaires; le phlogistique n'est donc pas la pure matière de la lumière.

M. Macquer a cru échapper à cette objection en disant que la revivification des métaux ne peut avoir lieu tant qu'ils ont le contact de l'air, par la raison qu'ils se recalcinent à mesure qu'ils se revivifient, et que c'est par cette raison que les chaux métalliques se vitrifient au verre ardent sans passer à l'état métallique : mais cette réponse de M. Macquer peut se détruire par une expérience décisive; c'est que les chaux métalliques ne se revivifient pas à l'aide des rayons solaires, lors même qu'on les expose sous des cloches remplies de mofette atmosphérique; cependant alors il n'y a point de principe qui puisse recalciner les métaux à mesure qu'ils se revivifient, ils sont dans des circonstances toutes semblables à celles qui ont lieu dans les vaisseaux fermés; et puisqu'ils y demeurent constamment dans l'état de chaux, il faut en conclure que les rayons solaires, la matière de la lumière, n'agissent pas de la même manière que le charbon, et que par conséquent le phlogistique n'est pas la pure matière de la lumière.

Ces objections contre le système de M. Macquer ont été plus ou moins senties par les chimistes, et c'est sans doute par cette raison qu'il n'a été complètement adopté par aucun d'eux : il s'est établi un grand nombre de doctrines particulières dans lesquelles on n'a conservé que le nom de phlogistique; chacun a attaché à ce mot une idée vague que personne n'a rigoureusement définie, et on a réuni, sans s'en apercevoir, dans le même être, des propriétés inconciliables et contradictoires. Quelques exemples rendront ceci plus sensible.

Lorsqu'on brûle du charbon très-pur dans de l'air vital, la totalité du charbon disparaît, et l'air vital se convertit en air fixe. Si l'opération s'est faite dans un vaisseau fermé, exactement pesé avant et après la combustion, on n'éprouve ni augmentation, ni diminution de poids, mais l'air de l'intérieur du vaisseau dans lequel s'est opérée la combustion, au lieu de peser o grains 47317 le pouce cube, pèse o grains 695, et l'augmentation de pesanteur absolue qu'a éprouvée cet air, se trouve exactement égale au poids du charbon qui a été employé.

Si on demande au plus grand nombre des chimistes, partisans de la doctrine de Stahl, l'explication de ce qui se passe dans cette expérience, ils seront forcés de reconnaître, 1° qu'il se dégage de la matière de la chaleur et de la lumière, laquelle s'échappe à travers les vaisseaux et se dissipe; or, comme le poids des vaisseaux dans lesquels on opère, n'augmente ni ne diminue, ils sont obligés de convenir que la matière de la chaleur et de la lumière n'a pas de pesanteur sensible : ils seront forcés en second lieu de reconnaître qu'il se forme pendant la combustion, un acide particulier, l'air fixe : or, comme le poids de cet acide est égal au poids réuni de l'air vital et du charbon, il en résulte évidemment, que, indépendamment de tout système, il existe dans le charbon une matière pesante qui ne peut pas s'échapper à travers les vaisseaux de verre, et qui par conséquent n'est pas la matière de la chaleur et de la lumière. On voit donc que dans la combustion du charbon, les disciples de Stahl donnent le nom de *phlogistique* à deux matières très-différentes, à la matière non pesante qui s'échappe à travers les pores des vaissseaux, et à la matière pesante qui s'unit avec l'air vital pour former l'air fixe : voilà donc deux substances bien distinctes que confondent les disciples de Stahl, un phlogistique non pesant et un phlogistique pesant; l'un qui est la matière de la chaleur, l'autre qui ne l'est pas, et c'est en empruntant les propriétés, tantôt de l'une, tantôt de l'autre de ces substances, qu'ils parviennent à tout expliquer.

Les disciples de Stahl admettent également, sans s'en apercevoir, deux espèces de phlogistiques dans les réductions métalliques; celle des chaux d'or, d'argent ou de mercure, s'opère, comme l'on sait, par la simple chaleur et sans addition; on a d'une part le métal revivifié, de l'autre l'air vital qui lui était combiné, et le poids réuni de l'air et du métal est égal à celui qu'avait la chaux avant la réduction. On ne peut expliquer ces sortes de réductions dans le système de Stahl, qu'en disant avec M. Macquer, que la matière de la lumière qui se dégage des charbons ardens qui brûlent dans le fourneau, se tamise à travers les pores des vaisseaux, et se combine avec le métal : et puisque dans cette expérience le poids de l'air qu'on obtient et celui du métal ne surpassent pas le poids de la chaux métallique, il est clair que s'il s'est combiné du phlogistique du métal, ce phlogistique ne pèse pas.

Dans la réduction au contraire des autres métaux, on est obligé d'ajouter une substance charbonneuse quelconque; on obtient alors de l'air fixe et le métal réduit; mais le produit total se trouve augmenté de tout le poids du charbon qui a été employé : voilà donc encore ici un phlogistique matériel et pesant, et les disciples de Stahl qui sont encore obligés de donner le nom *phlogistique* à deux corps très-différens, à la matière de la lumière ou à l'élément du feu qui ne pèsent pas, et à la matière charbonneuse qui pèse.

La réduction des chaux métalliques fournit encore contre eux un argument embarrassant : la substance qui est combinée avec le métal pour constituer la chaux métallique, est, comme on ne peut en douter, l'air vital, le principe oxygine : cependant ce principe se dégage dans l'état d'air fixe quand on a ajouté du charbon : le phlogistique du charbon s'est donc uni à l'air vital pour le constituer air fixe; et en effet on retrouve dans l'air fixe le poids de l'air vital et du charbon qui ont été employés; mais si tout le poids du charbon est entré dans la composition de l'air fixe, il ne s'en est donc point uni au métal ou, au moins, ce qui s'est uni au métal n'a pas de pesanteur. Il faudrait donc admettre ici un phlogistique qui pèse, et qui, combiné avec l'air vital, constitue l'air fixe, et un phlogistique qui ne pèse pas, et qui, combiné avec la chaux, lui donne les propriétés métalliques; d'où il résulte encore que les disciples de Stahl donnent le même nom à deux substances différentes. Indépendamment de ces difficultés qui sont communes aux différentes modifications qui ont été apportées à la doctrine du phlogistique, le système de M. Macquer en présente une qui lui est particulière; si, comme il le prétend, le phlogistique n'est autre chose que la pure matière de la lumière et de la chaleur, il en résulte que les métaux, dans leur état métallique, doivent contenir beaucoup plus de matière de la chaleur que les chaux métalliques; et cependant les expériences de M. Crawfort, celles de M. Wilke, celles de M. de la Place et les miennes, prouvent le contraire : ainsi de deux choses l'une, ou le phlogistique n'est point, comme l'avance M. Macquer, la pure matière de la chaleur et de la lumière, ou les métaux contiennent moins de phlogistique que les chaux de ces mêmes métaux; or, ces deux conséquences dont il est cependant nécessaire d'admettre l'une ou l'autre, sont également destructives du système de M. Macquer et de la doctrine du phlogistique en général.

Les partisans de la doctrine de Stahl sont perpétuellement dans de semblables embarras; si on leur demande ce qui se passe lorsque l'on calcine du mercure dans l'air vital, les physiciens anglais répondront qu'à mesure que le phlogistique se dégage du métal, il se combine avec l'air dans lequel on opère, et qu'il le change en air fixe ou en air phlogistiqué, mais cette assertion est encore absolument contraire aux faits. Lorsque l'on opère sur de l'air vital absolument pur, on peut l'absorber jusqu'à la dernière goutte, et si l'on interrompt l'opération avant que l'absorption ait été complète, la portion d'air vital qui reste n'est nullement altérée, elle ne contient exactement que la même quantité d'air méphitique qui était contenue originairement dans la totalité de l'air qu'on a employé. Le phlogistique, dans cette expérience, ne s'est donc point combiné avec l'air, comme le prétendent les physiciens anglais, et alors il faut admettre, avec M. Macquer, qu'il s'est échappé sous la forme du feu libre, de matière de la lumière, à travers les pores des vaisseaux; mais si le phlogistique peut ainsi passer librement à travers les pores des vaisseaux, si, lors de la calcination des métaux dans l'air vital, il a la propriété de pénétrer le verre, s'il a cette même propriété dans la révivification des chaux d'or, d'argent et de mercure, pourquoi n'en jouit-il pas à l'égard des autres chaux métalliques? Ainsi les partisans de la doctrine de Stahl, après avoir été forcés de dire que le phlogistique tantôt pèse, et tantôt ne pèse pas, sont encore obligés de convenir que, même dans son état de liberté, tantôt il pénètre à travers les pores des vaisseaux les plus compacts, tantôt qu'il n'y pénètre pas; toutes qualités incompatibles dans un même être, et qui prouvent de plus en plus qu'on a donné le même nom à des choses fort différentes.

On peut faire un raisonnement semblable sur la formation et la destruction de l'air nitreux; cet air, suivant les partisans de la doctrine de Stahl, résulte de la combinaison de l'acide nitreux et du phlogistique; mais ils ne s'aperçoivent pas qu'ils sont encore obligés d'accorder ici au phlogistique deux qualités incompatibles.

Lorsque l'on combine ensemble, dans des proportions convenables, de l'air nitreux et de l'air vital dans leur plus grand état de pureté, les deux airs se pénètrent et s'absorbent réciproquement; ils perdent leur état aériforme et se convertissent en entier en une liqueur qui est l'acide nitreux; les partisans de l'opinion de Stahl sont obligés de convenir que dans cette expérience il y a dégagement de phlogistique; mais comme on n'obtient que de l'acide nitreux, qu'il ne reste rien dans les vaisseaux après la combinaison, ils sont forcés d'admettre que le phlogistique a passé à travers les pores des vaisseaux et s'est échappé: le phlogistique dont il est question ici est donc le phlogistique de M. Macquer, la matière de la lumière; mais alors en combinant l'air nitreux avec la matière de la lumière pure, en le faisant simplement chauffer, on devrait former de l'air nitreux, tandis qu'il faut, au contraire, que le corps qui contient le phlogistique, soit immédiatement en contact avec l'acide nitreux: on se trouve donc forcé, en soutenant cette hypothèse, d'admettre, pour la formation de l'air nitreux, un phlogistique qui ne passe pas à travers les vaisseaux; et pour la composition de l'acide nitreux, un phlogistique qui passe à travers les vaisseaux.

La doctrine du phlogistique est également en contradiction avec elle-même dans le plus grand nombre des explications chimiques; on nous enseigne que le phlogistique est le principe des couleurs: et cependant c'est en proportion que les chaux métalliques en sont privées davantage, qu'elles deviennent plus colorées: la chaux de plomb est d'abord grise; à mesure qu'elle perd son phlogistique, elle devient jaune et rouge; la chaux de fer est d'abord jaune, elle passe ensuite au rouge et au brun; la chaux de mercure est rouge, celles de cuivre sont vertes et bleues, etc. Si donc le phlogistique est le principe des couleurs, ces chaux contiennent du phlogistique; les chaux métalliques ne sont donc pas des métaux privés de phlogistique.

Il est vrai que plusieurs substances métalliques, telles que l'antimoine, l'étain et quelques autres, donnent des chaux parfaitement blanches, mais ce n'est pas le plus grand nombre, et l'exception se trouve ici plus habituelle que la règle même. J'observerai d'ailleurs que les partisans de la doctrine de Stahl, n'ont pas des idées justes sur ce qu'on doit entendre par un corps sans couleur; le blanc, loin d'être l'absence de toute couleur, comme ils le supposent, en est au contraire la réunion; si donc le phlogistique est le principe des couleurs, il faut admettre que toutes les chaux métalliques contiennent du phlogistique, puisque quelques-unes réunissent toutes les couleurs, et que d'autres en présentent de particulières. Les mêmes difficultés nous suivent, si nous passons des substances métalliques aux substances végétales et animales; du papier, du linge qu'on brûle laissent échapper du phlogistique dans le système de Stahl, et en grande abondance, puisque ce sont à peu près les corps les plus combustibles que nous connaissions; l'un et l'autre, en brûlant, se convertissent en une substance charbonneuse noire; si donc la couleur noire est le caractère de la présence du phlogistique, si la couleur blanche est le caractère de son absence, les partisans de la doctrine de Stahl ne peuvent se dispenser de convenir que le papier brûlé contient plus de phlogistique que le papier blanc, ce qui est contraire à l'évidence des faits, puisque la majeure partie de la matière du feu s'étant échappée par la combustion, il en doit rester d'autant moins dans le résidu.

Il en est à peu près de même de la causticité : le phlogistique, dans le système de Stahl, est le principe du goût et de la causticité ; les métaux qui sont abondamment pourvus de phlogistique devraient donc être éminemment caustiques, et cependant la plupart sont même dépourvus de goût ; les chaux métalliques, au contraire, qui sont privées de phlogistique, devraient être dans un état terreux, insolubles dans l'eau et sans aucun goût, et cependant, par un effet tout contraire, la calcination des métaux les rapproche de l'état salin, leur donne de la solubilité dans l'eau, les rend corrosives. Il est vrai que dans ces derniers temps on a expliqué d'une manière assez heureuse la causticité qu'acquièrent les substances métalliques, quand on les prive de phlogistique ; cette causticité, a-t-on dit, est l'effet de la tendance qu'elles ont à reprendre ce principe partout où elles le retrouvent ; mais cette explication est encore un exemple de la facilité avec laquelle l'hypothèse du phlogistique se prête à tout, puisqu'on explique la causticité également par l'absence et par la présence du phlogistique, par la grande quantité qu'elles en contiennent, et par la tendance qu'elles ont à le reprendre.

Les effets de la matière du feu se manifestent plus clairement à l'égard des odeurs : on peut, en général, distinguer trois sortes de corps odorans ; les corps vaporisés, les corps dissous dans l'air, enfin ceux dont les molécules sont tellement divisées, qu'elles flottent en l'air et sont charriées par lui ; or, il est bien sûr que les corps vaporisés, même ceux dissous dans l'air, sont combinés avec la matière du feu; on peut donc dire dans ce sens, non pas que le feu est le principe des odeurs, mais qu'il en est le véhicule; ce qui se rapproche, jusqu'à un certain point, de l'opinion des partisans de Stahl.

Toutes ces réflextions confirment ce que j'ai avancé, ce que j'avais pour objet de prouver, ce que je vais répéter encore, que les chimistes ont fait du phlogistique un principe vague qui n'est point rigoureusement défini, et qui en conséquence s'adapte à toutes les explications dans lesquelles on veut le faire entrer : tantôt ce principe est pesant, et tantôt il ne l'est pas; tantôt il est le feu libre, tantôt il est le feu combiné avec l'élément terreux; tantôt il passe à travers les pores des vaisseaux, tantôt ils sont impénétrables pour lui : il explique à la fois la causticité et la non-causticité, la diaphanéité et l'opacité, les couleurs et l'absence des couleurs. C'est un véritable protée qui change de forme à chaque instant.

Il est temps de ramener la chimie à une manière de raisonner plus rigoureuse, de dépouiller les faits dont cette science s'enrichit tous les jours, de ce que le raisonnement et le préjugé y ajoutent; de distinguer ce qui est de fait et d'observation d'avec ce qui est systématique ou hypothétique; enfin de faire en sorte de marquer le terme auquel les connaissances chimiques sont parvenues, afin que ceux qui nous suivront puissent partir de ce point et procéder avec sûreté à l'avancement de la science : mais avant de développer mes idées sur la combustion et la calcination, qu'il me soit permis de m'arrêter à quelques considérations sur la nature de la chaleur et sur les effets généraux qu'elle produit.

Lorsqu'on échauffe un corps quelconque, solide ou

fluide, ce corps augmente de dimension dans tous les sens, il occupe un volume de plus en plus grand : si la cause échauffante cesse, à mesure que le corps se refroidit, il repasse par les mêmes degrés d'extension qu'il a parcourus; enfin, si on le ramène au même degré de température qu'il avait dans le premier instant, il reprend sensiblement le même volume qu'il avait d'abord.

Il résulte de là, que les molécules des corps ne se touchent point, qu'il existe entre elles une distance que la chaleur augmente et que le froid diminue.

On ne peut guère concevoir ces phénomènes, qu'en admettant l'existence d'un fluide particulier dont l'accumulation est la cause de la chaleur, et dont l'absence est la cause du froid : c'est sans doute ce fluide qui se loge entre les particules des corps, qui les écarte et qui occupe la place qu'elles laissent entre elles. Je nomme, avec le plus grand nombre des physiciens, ce fluide quel qu'il soit, *fluide igné*, *matière de la chaleur et du feu*.

Je ne nie pas que l'existence de ce fluide ne soit jusqu'à un certain point hypothétique ; mais en supposant que ce soit une hypothèse, qu'elle ne soit pas rigoureusement prouvée, c'est la seule que je serai obligé de former. Les partisans de la doctrine du phlogistique ne sont pas plus avancés que moi sur cet article ; et si l'existence du fluide igné est une hypothèse, elle est commune à leur système et au mien.

On conçoit que dans cet état des choses, les molécules des corps n'auraient aucune liaison entre elles, qu'il n'y aurait aucun corps solide si elles n'étaient retenues par une autre force, par l'attraction qui, quelle qu'en soit la cause, est une loi générale de la nature à laquelle toute la matière paraît être soumise.

D'après ce premier aperçu, tous les corps de la nature obéissent à deux forces, le fluide igné, la matière du feu qui tend continuellement à en écarter les molécules, et l'attraction qui contre-balance cette force : tant que la dernière de ces forces, l'attraction, est victorieuse, le corps demeure dans l'état solide; ces deux forces sont-elles dans un état d'équilibre, le corps devient liquide; enfin lorsque la force expansive de la matière de la chaleur l'emporte, le corps prend l'état aériforme. Mais s'il n'existait que ces deux forces au moment où les corps cessent d'être dans l'état solide, le moindre accroissement de chaleur qu'ils recevraient suffirait pour les vaporiser, et non-seulement ils passeraient brusquement à l'état aériforme, mais encore leurs molécules s'écarteraient de plus en plus indéfiniment. Mais il est une troisième force qui empêche que cet effet n'ait lieu, c'est la pesanteur de l'atmosphère; sans cette pression, au moment où l'eau cesserait d'être glace, à zéro du thermomètre, elle se réduirait en un fluide aériforme, tandis qu'au contraire cet effet n'a lieu qu'à une chaleur de 80 degrés, sous une pression de 28 pouces.

Pour nous former des idées nettes sur une matière aussi abstraite, empruntons une comparaison des objets qui nous sont les plus familiers : supposons pour un moment un espace, une caisse si l'on veut, dont les parois soient imperméables à la matière de la chaleur : si l'on enferme dans cette caisse un certain nombre de corps, la matière de la chaleur qui sera renfermée avec eux se mettra dans une espèce d'équilibre dans tous; si, par quelque moyen que ce soit, on introduit dans cette même caisse une nouvelle quantité de matière de la chaleur, il en résultera une nouvelle force qui écartera de nouveau les molécules des corps toujours jusqu'au point d'équilibre : mais on conçoit que cette matière de la chaleur ne se répartira pas également dans chacun des corps, qu'elle ne se répartira pas même en proportion de leur poids, ni de leur volume : la quantité que chacun pourra en admettre, dépendra de la grandeur des pores, des intervalles que laisseront entre elles les molécules, de l'attraction plus ou moins grande que ces mêmes molécules exerceront les unes sur les autres; enfin de l'affinité plus ou moins grande qui existera entre les mêmes molécules et celles de la matière de la chaleur.

Ainsi, par exemple, plus les molécules seront près les unes des autres, moins elles admettront entre elles de matière de la chaleur, et on peut en concevoir deux raisons; la première, parce qu'il existera peu d'espace entre elles, par conséquent peu de place pour y loger de la matière de la chaleur; la seconde, parce que plus les molécules seront près, plus l'attraction mettra d'obstacle à leur écartement. La mesure de cette quantité de matière de la chaleur que chaque corps peut recevoir par un changement quelconque de température, a été nommée *capacité* pour contenir la matière de la chaleur : un moment de réflexion sur ce qui se passe dans l'eau, rendra tout ceci beaucoup plus sensible.

Si on plonge dans ce fluide des morceaux de différens bois égaux entre eux, par exemple, d'un pied cube, l'eau s'introduira peu à peu dans leurs pores; ils se gonfleront, et augmenteront de poids : mais chaque espèce de bois admettera une quantité d'eau différente; les plus légers et les plus poreux en logeront davantage, ceux qui seront compactes et serrés n'en laisseront pénétrer qu'une très-petite quantité; enfin la quantité d'eau qu'ils recevront, dépendra encore de l'affinité plus ou moins grande que les molécules de ces bois auront avec l'eau. On pourra dire que chaque espèce de bois a une capacité différente pour recevoir de l'eau; on pourra même, par l'augmentation du poids, connaître ce qu'ils en auront absorbé; mais comme on ignorera la quantité d'eau qu'ils contenaient avant d'avoir été plongés dans l'eau, il ne sera pas possible de connaître la quantité absolue qu'ils contiendront en en sortant.

Toutes les mêmes circonstances se retrouvent dans les corps qui sont plongés dans le fluide igné, dans le fluide de la chaleur, avec cette différence seulement, que l'eau est un fluide incompressible, tandis que le fluide igné est doué d'une grande élasticité, et qu'il doit présenter des phénomènes particuliers dépendans de cette qualité.

Me voilà maintenant en état de désigner, par des définitions précises, les différens états du fluide igné, ou principe de la chaleur. J'apellerai *feu combiné*, *chaleur combinée*, la portion qui est unie à un corps, tellement qu'on ne peut la lui enlever sans le décomposer, telle est celle qui existe dans l'acide nitreux, et qui ne devient libre que par la décomposition de cet acide : la matière de la chaleur, dans cet état, paraît dépouillée de son élasticité, elle n'est plus dans un état d'agrégation, mais elle fait partie constituante des corps, et ne produit plus d'effet échauffant.

Je désignerai sous le nom de *chaleur libre*, toute celle qui n'est point engagée dans une combinaison. Mais il est aisé de concevoir que comme nous ne pouvons opérer que dans des milieux pour lesquels la matière de la chaleur a de l'affinité, elle ne peut être dans un état de liberté absolue; d'ailleurs, comme au moment où elle se dégage, elle se répartit dans les différens corps environnans, elle les mouille, pour ainsi dire, et elle y tient avec une adhérence plus ou moins grande.

D'après ces définitions, la chaleur qui disparaît au moment où la glace se convertit en eau, est de la chaleur qui passe de l'état libre à l'état combiné; cette quantité de chaleur est constante et déterminée. On a observé, en effet, que pour fondre une livre de glace, il fallait une livre d'eau à 60 degrés d'un thermomètre à mercure, divisé en 80 parties : il n'existe plus de glace quelques instans après ce mélange, et toute l'eau est exactement à zéro du thermomètre. Il est clair que dans cette expérience la quantité de chaleur nécessaire pour élever une livre d'eau de zéro du thermomètre à 60 degrés, a été employée à fondre une livre de glace ou, en d'autres termes, que cette chaleur a passé de l'état libre à l'état combiné.

Ce phénomène n'est pas particulier à la liquéfaction de la glace, il a généralement lieu dans le passage de tous les corps de l'état solide à l'état liquide; il y a toujours une portion de chaleur libre qui disparaît et qui devient chaleur combinée; c'est ce qu'on observe pour la cire à 49 degrés $\frac{1}{3}$ du thermomètre, et pour le suif à 31 degrés $\frac{3}{4}$.

On en peut dire autant du passage des corps de l'état liquide à l'état aériforme; il y a également dans ce cas une quantité considérable de chaleur libre qui passe à l'état de chaleur combinée, et cette chaleur reparaît et redevient libre lorsque le corps repasse de l'état aériforme à l'état liquide.

J'appellerai, avec M. Crawffort, *chaleur spécifique*

la quantité de chaleur libre nécessaire pour élever la température d'un corps quelconque d'un certain nombre de degrés : cette quantité est variable dans tous les corps, mais elle est constante pour chacun, au moins dans l'intervalle d'un petit nombre de degrés; par exemple, depuis la congélation jusqu'à l'eau bouillante.

Il est clair *à priori*, et indépendamment de toute hypothèse, que plus les molécules des corps sont écartées les unes des autres, plus elles doivent laisser entre elles de capacité pour contenir de la matière de la chaleur, et plus par conséquent leur chaleur spécifique sera grande; ainsi la chaleur spécifique d'un corps liquide doit être moindre que celle du même corps lorsqu'il était dans l'état aériforme : elle doit être moindre encore quand il est dans l'état solide, et c'est en effet le résultat constant des expériences qui ont été faites jusqu'à présent sur ce sujet.

Il me reste encore à dire un mot sur ce qu'on doit entendre par l'expression de chaleur sensible. En général, nous n'avons de sensation que par le mouvement; en sorte qu'on pourrait poser comme axiome, *point de mouvement, point de sensation* : plus on réfléchira sur cette assertion, plus on en reconnaîtra la vérité. Ce principe s'applique au sentiment du froid et du chaud : lorsque nous touchons un corps froid, la chaleur, qui tend à se mettre en équilibre dans tous les corps, passe de notre main dans le corps que nous touchons, et alors nous avons la sensation du froid. L'effet contraire arrive lorsque nous touchons un corps chaud; la matière de la chaleur passe du corps chaud à notre main, et nous avons la sensation du chaud. Si le corps et la main sont de même température, nous n'éprouvons aucune sensation, ni de chaud ni de froid, parce qu'encore une fois il n'y a point de sensation sans un mouvement qui l'occasione. On pourrait donner à cette chaleur le nom de *chaleur sensible*, si M. Crawffort et quelques physiciens anglais modernes n'eussent donné un autre sens à cette expression.

Lorsque le thermomètre monte, c'est une preuve qu'il y a un écoulement de chaleur libre qui se répand dans les corps environnans : le thermomètre, qui est au nombre de ces corps, en prend sa part, en raison de sa masse et de la capacité qu'il a lui-même pour contenir la matière de la chaleur. Le changement du thermomètre n'annonce donc qu'un déplacement de la matière de la chaleur ; il n'indique tout au plus que la portion qu'il en a prise ; mais il ne mesure pas la quantité totale qui a été dégagée, déplacée ou absorbée : nous n'avons encore de moyen exact pour remplir cet objet, que celui imaginé par M. de la Place. (Voyez *Mémoires de l'Académie*, 1780, page 364.) Il consiste à placer le corps ou la combinaison d'où se dégage la chaleur, au milieu d'une sphère creuse de glace : la quantité de glace fondue est une mesure exacte de la quantité de chaleur qui s'est dégagée.

Par une suite nécessaire des différentes notions que je viens de donner, toutes les fois qu'un corps passera de l'état aériforme à l'état solide, il y aura un dégagement considérable de chaleur, c'est-à-dire une quantité considérable de chaleur qui passera de l'état de chaleur combinée à l'état de chaleur libre. Or, l'air atmosphérique, ou plutôt l'air vital contenu dans l'air de l'atmosphère, étant de tous les fluides élastiques aériformes que nous connaissons, celui qui contient le plus de chaleur combinée, il en faut conclure que c'est celui de tous qui doit laisser échapper le plus de chaleur libre lorsqu'il passe de l'état aériforme à l'état concret.

Ces principes une fois posés, considérons un moment les principaux phénomènes qui accompagnent la combustion ; ils sont au nombre de quatre :

Premièrement, il n'y a de combustion réelle, de dégagement de flamme et de lumière, qu'autant que le corps combustible est environné d'air vital, et qu'il est en contact avec cet air : non-seulement la combustion n'a pas lieu dans le vide, ni dans aucune autre espèce d'air, mais elle cesse d'avoir lieu dès qu'on y plonge le corps enflammé ou allumé, de la même manière que si on le plongeait dans de l'eau ;

Secondement, dans toute combustion il y a absorption de l'air dans lequel se fait la combustion, et si on opère dans de l'air vital très-pur, on parvient, en prenant les précautions convenables, à l'absorber en totalité ;

Troisièmement, dans toute combustion il y a augmentation dans le poids du corps brûlé, et cette augmentation est exactement égale au poids de l'air qui a été absorbé ;

Quatrièmement, dans toute combustion il y a dégagement de chaleur et de lumière.

L'explication de ces phénomènes généraux de la combustion n'a rien d'embarrassant, d'après les détails dans lesquels je suis entré sur la constitution de l'air : si c'est du phosphore qu'on brûle, l'air et le phosphore disparaissent, et on trouve à la place un acide concret en poudre blanche qui attire l'humidité avec une étonnante facilité : si c'est du soufre, on obtient de l'acide vitriolique, soit dans un état de concrétion, soit dans l'état d'une liqueur épaisse, et d'une pesanteur spécifique double de celle de l'eau : si c'est un métal qu'on a calciné, le résultat de l'opération est une chaux concrète. L'air vital passe donc dans la combustion du phosphore et du soufre, de l'état aériforme à l'état solide, ou au moins d'un fluide très-dense ; il doit donc, dans ces deux cas, abandonner la matière de la chaleur qui lui était combinée, et qui le constituait fluide aériforme : mais la lumière et la flamme doivent être plus vives dans la combustion du phosphore que dans celle du soufre, par deux raisons : la première, parce qu'il s'absorbe plus d'air dans la combustion du phosphore que dans celle du soufre ; la seconde, parce que la combustion du phosphore étant plus rapide que celle du soufre, il y a plus d'air décomposé dans un temps donné, et par conséquent plus de matière de la chaleur qui devient libre à la fois.

S'il n'y a pas de chaleur et de lumière aussi sensibles dans la calcination des métaux, c'est qu'en général la décomposition de l'air est extrêmement lente dans cette opération ; mais lorsqu'il est possible de la rendre plus prompte, comme dans la calcination du fer et du zinc dans l'air vital, alors la calcination devient une véritable combustion, et elle est accompagnée de dégagement de flamme, de chaleur et de lumière.

Je n'ai parlé jusqu'ici que d'un cas très-simple de la combustion, c'est celui où l'air passe de l'état aériforme à l'état concret ou liquide, mais cette circonstance ne se rencontre pas dans toutes les combustions : dans celle du charbon, par exemple, le résultat de la combustion est de l'air fixe ou acide charbonneux, et cet acide est encore dans l'état aériforme. Si donc l'air vital ne laisse échapper la matière du feu qui lui était unie qu'autant qu'il perd l'état aériforme, il ne devrait pas y avoir de dégagement de chaleur dans la combustion du charbon : cette circonstance qui semble contrarier les idées générales que j'ai cherché à donner de la combustion, exige quelques détails particuliers.

J'observerai d'abord que dans la formation de l'air fixe, ou, ce qui est la même chose, dans la combustion du charbon dans l'air vital, le charbon disparaît en entier, et que la quantité de cette substance qui se trouve dissoute ainsi dans l'air vital est de plus du tiers de son poids; mais loin que l'air qui a reçu une aussi grande quantité de matière, et qui l'a logée entre ses molécules constituantes, ait augmenté de volume, il se trouve au contraire diminué d'un dix-neuvième : il est donc évident que les particules élémentaires de l'air vital se sont rapprochées; que les intervalles qu'elles laissent entre elles ont été diminués, et que par cette seule cause une partie de la matière de la chaleur qui y était logée a dû en être chassée. Il est évident, d'un autre côté, que les molécules élémentaires du charbon n'ont pu se loger entre celles de l'air vital sans en chasser la matière de la chaleur, puisqu'une molécule de matière ne peut occuper la place d'une autre molécule; il a donc dû y avoir encore, par cette seconde cause, une portion de matière de la chaleur expulsée qui est devenue libre.

Cette considération se trouve appuyée par une expérience décisive, c'est qu'il faut moins de matière de la chaleur pour élever la température de l'air fixe d'un certain nombre de degrés, que pour élever celle de l'air vital du même nombre de degrés; l'air fixe a donc moins de capacité que l'air vital pour contenir la matière de la chaleur; donc toutes les fois que de l'air vital se convertira en air fixe, il y aura une portion de chaleur qui deviendra libre, et c'est ce qu'on observe dans la combustion du charbon ; si cette combustion se fait avec moins d'activité que celle du phosphore, c'est par la raison que le produit qui en résulte étant une substance aériforme, l'air fixe, qui demande une certaine quantité de matière de la chaleur pour être tenue dans l'état d'élasticité, il y en a moins qui devient libre.

On demandera peut-être comment il est possible que l'air vital diminue de volume en se convertissant en air fixe, quoiqu'il reçoive pendant la combustion une addition considérable de matière, je répondrai que cet effet remarquable s'explique d'une manière très-heureuse, d'après les principes que j'ai exposés dans ce Mémoire. On doit, en effet, concevoir deux manières de diminuer le volume d'un corps ; la première, en soutirant une partie de la matière de la chaleur logée entre les parties, et qui les écarte ; la seconde, en augmentant l'attraction que les molécules exercent les unes contre les autres ; la diminution de volume qu'on observe au moment où l'air vital se convertit en air fixe, tient probablement à cette dernière cause : les molécules de l'air vital acquièrent plus de masse par l'addition du charbon qui s'y combine ; leur attraction doit donc être augmentée proportionnellement à l'augmentation de la masse ; et puisque le volume des fluides élastiques dépend de l'équilibre entre l'attraction des molécules et la force répulsive occasionée par la chaleur, il est clair que, l'attraction augmentant, le volume doit diminuer.

Il suit de ces réflexions que les circonstances les plus favorables, toutes choses d'ailleurs égales, pour obtenir une combustion forte, c'est-à-dire un grand dégagement de matière de la chaleur, sont 1° lorsque les deux corps que l'on combine sont, chacun séparément, dans l'état aériforme avant la combustion, parce que l'un et l'autre fournissent alors la plus grande quantité possible de chaleur et de lumière; 2° quand ces mêmes corps, en se combinant, se réduisent à l'état concret; 3° lorsque l'effet est instantané. Il n'y a aucune combustion dans laquelle ces trois circonstances se rencontrent: la combustion de l'air inflammable et de l'air vital en réunit bien deux, mais le produit, qui est de l'eau, est dans l'état liquide et non pas dans l'état concret; et il y a lieu de croire que cette combustion serait plus rapide et plus vive, si on opérait dans une température très-froide et fort inférieure au terme de la congélation, parce que les deux airs passeraient tout d'un coup de l'état aériforme à l'état concret, et laisseraient échapper toute la matière de la chaleur qui constitue l'eau dans l'état liquide; cette combustion n'en produit pas moins une détonation violente et une forte chaleur, surtout si l'on considère la médiocrité du poids des matériaux qu'on y emploie.

Il ne sera pas inutile, en parlant d'air inflammable, de distinguer ce qu'on doit entendre par *ignition*, par *inflammation*, par *détonation*; ces trois expressions, dans l'état actuel de nos connaissances, ne peuvent pas être employées l'une pour l'autre, et il est nécessaire de les définir.

L'ignition a lieu toutes les fois que le corps combustible n'est pas dans l'état aériforme, ni susceptible de prendre l'état aériforme par la chaleur de la combustion; c'est ce qui a lieu dans la combustion du charbon bien calciné: alors il n'y a point de flamme, et la combustion se fait à la surface même du corps combustible.

L'inflammation, au contraire, a lieu lorsque le corps combustible est naturellement aériforme, ou qu'il est susceptible de prendre l'état aériforme par la chaleur même de la combustion; l'air inflammable est, dans le premier cas, l'esprit-de-vin, l'éther, les huiles essentielles; quelquefois les métaux sont dans le second; ces substances ne sont point combustibles dans leur état liquide, il faut qu'elles aient été réduites en vapeurs, c'est-à-dire dans l'état aériforme, avant de pouvoir s'enflammer, et c'est la chaleur même de la combustion qui produit cet effet, ou au moins qui le continue.

A l'égard des huiles fixes, communément appelées *huiles grasses*, et qui sont toutes tirées des végétaux par expression et sans le secours de la distillation, on sait qu'il entre dans leur composition une grande quantité d'air inflammable et qu'elles en sont principalement composées; la chaleur même, occasionée par la combustion, suffit pour dégager cet air qui s'enflamme ensuite; en sorte que dans la combustion des huiles fixes il y a deux opérations très-distinctes: la décomposition de l'huile, c'est-à-dire sa résolution en air inflammable, et son inflammation. La mèche de coton qu'on emploie dans les lampes n'y agit point comme combustible, et ce qui le prouve, c'est qu'on peut y substituer des mèches d'amiante et d'autres substances incombustibles; la mèche n'est donc qu'un assemblage de tuyaux capillaires rangés à côté les uns des autres, qui agissent *mécaniquement* pendant la combustion, ce sont ces tuyaux qui portent à la flamme la quantité d'huile qu'elle est capable de décomposer et de réduire en air inflammable; tandis que si l'huile n'eût point été divisée, si elle eût été présentée en masse à la flamme, elle n'aurait point acquis le degré de chaleur supérieure à l'eau bouillante, qui est nécessaire pour la décomposer.

Les mêmes circonstances se retrouvent dans la combustion du bois: il y a de même décomposition, dégagement d'air inflammable, et inflammation; lorsque ensuite les matériaux susceptibles de prendre l'état aériforme sont épuisés, le charbon qui reste n'est plus inflammable, et présente les phénomènes de l'ignition.

Enfin, la détonation est une troisième sorte de combustion toute particulière (1); dans l'inflammation il y a deux fluides aériformes, l'air inflammable et l'air vital, qui se combinent, qui laissent subitement échapper la matière du feu avec laquelle ils étaient combinés, et qui se condensent sous la forme d'eau; dans l'ignition, c'est un corps concret, le charbon, qui se combine avec une substance aériforme, l'air vital qui le convertit en air fixe, et qui chasse une partie de la matière de la chaleur qui était logée dans ses interstices, ou plutôt qui y existait dans un état de combinaison; dans la détonation, au contraire, ce sont deux corps concrets qui se combinent l'un avec l'autre, et qui chassent réciproquement la matière de la chaleur qui leur était combinée; mais cette matière de la chaleur est fournie principalement et presque exclusivement par le nitre; une foule de raisons portent à le croire, et j'en ai exposé quelques-unes lorsque j'ai parlé de la combinaison de l'air nitreux avec le prin-

(1) C'est de la détonation du nitre dont on entend parler ici, à l'égard de la détonation de l'air vital et de l'air inflammable dans les vaisseaux fermés, le bruit et l'explosion dont elle est accompagnée, est un effet de la dilatation subite de l'eau qui se forme, et qui occupe un espace plus considérable que celui des deux airs, lorsqu'elle est dans l'état de vapeurs; mais bientôt elle se condense, et alors le volume des deux airs disparaît.

cipe oxygine, et de la formation de l'acide nitreux.

On voit, par tout ce qui vient d'être dit, que la combustion en général, et à un très-petit nombre d'exceptions près, est un phénomène dépendant de la constitution de notre atmosphère; qu'un corps combustible est celui qui a la propriété de décomposer l'air vital, celui avec lequel le principe oxygine a plus d'affinité qu'avec la matière de la chaleur; enfin que la combustion elle-même n'est autre chose que l'effet qui a lieu dans le moment où le principe oxygine abandonne la matière de la chaleur pour s'engager dans une nouvelle combinaison.

Il est aisé de voir que cette doctrine est diamétralement opposée à celle de Stahl et de tous ses disciples: c'est dans les corps combustibles qu'ils plaçaient la matière de la chaleur, le feu combiné, le phlogistique qui s'échappe au moment de la combustion; j'avance, au contraire, et je crois avoir démontré que l'air et le corps combustibles y contribuent chacun, 1° en raison de la chaleur spécifique; 2° en raison de la portion de chaleur combinée qui devient libre; mais comme l'expérience et l'analogie prouvent également que la chaleur spécifique de l'air et celle qui lui est combinée est infiniment plus abondante que celle de quelque corps combustible que ce soit, si ce n'est l'air inflammable, il en résulte que c'est l'air qui fournit la très-majeure partie de la matière de la chaleur qui se dégage pendant la combustion.

Quelques physiciens, entre autres M. Monge, qui adoptent ces mêmes principes, en poussent encore plus loin les conséquences; ils regardent comme une espèce de combustion tout mélange, toute combinaison dans laquelle il se dégage de la matière de la chaleur; ainsi, lorsqu'on jette dans l'eau de l'esprit de vin, de l'acide vitriolique concentré, de la chaux vive, il s'excite une chaleur considérable. Comme dans les deux premiers de ces mélanges les liqueurs réunies occupent moins de volume qu'elles n'en occupaient chacune séparément, les interstices qui existaient entre leurs molécules sont nécessairement diminués; il reste donc moins d'espace pour loger la matière de la chaleur; elle est donc obligée de se répandre au dehors dans l'état de chaleur libre, et de se répartir dans les corps environnans. C'est l'eau, dans cette combinaison, qui fournit la majeure partie de la chaleur, et on ne saurait en douter, quand on considère qu'elle contient beaucoup plus de chaleur spécifique que l'acide vitriolique et l'esprit de vin.

Je ferai remarquer ici un phénomène très-particulier qui a lieu dans le mélange de l'acide vitriolique avec l'eau, et qui me paraît confirmer d'une manière frappante ce que j'avance ici: si on prend de l'acide vitriolique très-concentré, et qu'on y mêle partie égale d'eau, il s'opère une grande chaleur, et la diminution du volume est considérable; si on ajoute à ce mélange, quand il est refroidi, une nouvelle partie d'acide vitriolique, la chaleur est moindre, et la diminution du volume est également moindre; l'addition d'une troisième partie ne produit plus qu'une chaleur à peine sensible, et la diminution de volume se trouve moindre dans la même proportion. Enfin, ce n'est que lorsqu'on n'observe plus de diminution dans la somme des volumes des deux liqueurs mélangées, qu'il n'y a plus de chaleur. Il y a donc une relation entre la diminution du volume et la quantité de chaleur dégagée; quand l'une est à son *maximum*, l'autre y est aussi; quand l'une est réduite à zéro, l'autre y est également réduite. N'est-ce pas une nouvelle preuve que le fluide de la chaleur occupe les interstices des corps; que toutes les fois que les interstices diminuent, il y a de la chaleur qui en est chassée et qui devient libre; que toutes les fois qu'ils augmentent, il se forme en quelque sorte un vide qui se remplit aux dépens de la chaleur de tous les corps environnans? Je dirais presque que tous les corps de la nature sont pour la matière de la chaleur ce qu'une éponge est pour l'eau; pressez l'éponge, vous diminuez les petites cellules qui retiennent l'eau; faites en sorte de la dilater, aussitôt les cellules augmentées se trouvent en état de loger une plus grande quantité d'eau. Ces idées, au surplus, sur le dégagement de la matière de la chaleur qui a lieu lorsqu'on diminue le volume des corps, ne me sont point propres. MM. Vandermonde et Monge ont avancé la même chose dans un Mémoire lu à l'Académie.

Les variations que tous les corps éprouvent par l'effet du chaud et du froid sont une suite de ce phénomène; on ne peut y introduire une plus grande quantité de matière de la chaleur sans en écarter les parties, et c'est cet écartement qui fait place à la matière de la chaleur; réciproquement, toutes les fois qu'on parvient à les amplifier, à augmenter leur volume d'une manière quelconque, ils acquièrent en même temps une plus grande capacité pour contenir la matière de la chaleur, et ils sont alors disposés à en recevoir de tous les corps environnans. Il est possible que ce soit à cet effet que tienne la chaleur très-sensible que prennent les métaux lorsqu'on les écrouit ou qu'on en diminue le volume d'une manière quelconque; c'est une manière de presser l'éponge et d'exprimer le fluide qu'elle contient.

On m'objectera peut-être que, si l'explication que je

donne de la chaleur qui se dégage du mélange de l'eau avec l'acide vitriolique, avec l'acide nitreux, avec l'esprit de vin, était vraie, il devrait également y avoir chaleur lors de la dissolution des sels dans l'eau; car il y a diminution de volume dans presque toutes ces dissolutions, c'est-à-dire que le volume de la dissolution est moindre n'était la somme du volume de l'eau et du sel à dissoudre. Je répondrai que le principe, qu'il y a dégagement de chaleur toutes les fois qu'il y a diminution de volume, n'est vrai que dans la combinaison des liquides entre eux; il ne peut plus en être de même lorsqu'un des deux corps combinés change d'état par le résultat de la combinaison; c'est ce qui arrive aux sels que l'on dissout dans l'eau; ils passent de l'état solide et concret à l'état liquide : or ce passage ne peut avoir lieu sans une absorption de matière de la chaleur, sans qu'une portion de matière de la chaleur ne se combine avec eux pour les constituer dans l'état liquide. Le refroidissement qu'on observe dans la dissolution des sels ne prouve donc autre chose, sinon qu'il y a plus de la matière de la chaleur employée pour dissoudre le sel, qu'il ne s'en dégage des interstices de l'eau par l'effet de la diminution du volume; toute cette chaleur, au surplus, qui a été employée à dissoudre les sels, reparaît au moment où ils cristallisent, ce qui prouve encore que leur passage de l'état liquide à l'état concret, est assujetti à la loi commune, comme leur passage de l'état concret à l'état liquide.

Je n'ai eu pour objet dans ce Mémoire que de donner de nouveaux développemens à la théorie de la combustion que j'ai publiée en 1777, de faire voir que le phlogistique de Stahl est un être imaginaire dont il a supposé gratuitement l'existence dans les métaux, dans le soufre, dans le phosphore, dans tous les corps combustibles; que tous les phénomènes de la combustion et de la calcination s'expliquent d'une manière beaucoup plus simple et beaucoup plus facile sans phlogistique qu'avec le phlogistique. Je ne m'attends pas que mes idées soient adoptées tout d'un coup; l'esprit humain se plie à une manière de voir, et ceux qui ont envisagé la nature sous un certain point de vue, pendant une partie de leur carrière, ne reviennent qu'avec peine à des idées nouvelles; c'est donc au temps qu'il appartient de confirmer ou de détruire les opinions que j'ai présentées; en attendant, je vois avec une grande satisfaction que les jeunes gens qui commencent à étudier la science sans préjugé, que les géomètres et les physiciens qui ont la tête neuve sur les vérités chimiques, ne croient plus au phlogistique dans le sens que Stahl l'a présenté, et regardent toute cette doctrine comme un échafaudage plus embarrassant qu'utile pour continuer l'édifice de la science chimique.

Je donnerai dans un Mémoire particulier quelques détails sur les phénomènes de la détonation du nitre avec différens corps.

RÉFLEXIONS

SUR LA CALCINATION ET LA COMBUSTION,

A l'occasion d'un ouvrage de M. Scheele, intitulé : *Traité chimique de l'air et du feu* (1);

PAR LAVOISIER.

Lorsque nous avons fait à l'Académie, M. Berthollet et moi, dans le mois d'août dernier, le rapport d'une traduction faite par M. le baron Dietrich, de l'ouvrage de M. Scheele, intitulé; *Traité chimique de l'air et du feu*, elle a paru désirer que nous lui fissions connaître d'une manière plus particulière les expériences contenues dans cet important ouvrage: je m'acquitte aujourd'hui, dans ce Mémoire, de l'engagement que j'en ai pris.

Il ne s'agit de rien moins, dans l'ouvrage de M. Scheele, que de changer toutes les idées reçues en physique et en chimie; d'ôter au feu et à la lumière la qualité d'élément qui leur a été attribuée par les philosophes anciens et modernes; de décomposer et de recomposer le feu dans nos laboratoires, et d'étendre ainsi considérablement le domaine de la physique et de la chimie.

M. Scheele établit d'abord, au commencement de son ouvrage, les propriétés générales de l'air commun dans l'état actuel de nos connaissances.

Premièrement, ce fluide élastique ne peut entretenir que pendant un temps limité la combustion, la vie des

(1) Extrait des *Mémoires de l'Académie des Sciences*, ann. 1781, pag. 396.

animaux qui respirent, et la végétation des plantes. Secondement, il y a dans toute combustion une diminution d'un tiers ou d'un quart du volume de l'air dans lequel se fait la combustion, à moins que le corps qu'on brûle ne se résolve en un fluide élastique qui remplace celui qui est absorbé.

M. Scheele fait voir ensuite que si on met une portion d'air atmosphérique en contact avec du foie de soufre, soit à base d'alkali fixe, soit à base d'alkali volatil, ou à base terreuse, cet air diminue insensiblement et se réduit du quart de son volume.

Des linges imbibés de sel sulfureux de Stahl, produisent sur l'air un effet semblable: il en est de même de toutes les huiles essentielles; elles ont également la propriété de diminuer d'un quart le volume de l'air dans lequel on les renferme: pendant cette opération les huiles se convertissent en une substance résineuse; et les huiles animales de Dippel, qui étaient limpides et sans couleur, s'épaississent et deviennent noires.

Les chaux métalliques, même par la voie humide, exercent encore la même action sur l'air: si on précipite le fer du vitriol de mars par un alkali caustique, on a un précipité d'un vert foncé; si on met ce précipité en contact avec de l'air de l'atmosphère, il jaunit bientôt, se change en safran de mars; en même temps l'air dans lequel on opère, se trouve diminué d'un peu plus d'un quart de son volume: on a un résultat semblable avec de la limaille de fer humectée avec de l'eau; l'air diminue également de volume, et la limaille se change en safran de mars. L'air qui reste après ces différentes opérations, loin d'être spécifiquement plus pesant que l'air de l'atmosphère, est au contraire plus léger, il ne peut plus entretenir la vie des animaux ni la combustion.

De ces faits, M. Scheele conclut que l'air de l'atmosphère est composé de deux fluides élastiques différens; que l'air respirable en forme environ le quart, et la partie nuisible environ les trois quarts. Sans prétendre rien retrancher du mérite des expériences de M. Scheele, je ne puis me dispenser d'observer ici que j'avais donné, dès 1773, une partie des expériences qu'il rapporte, notamment celle de la calcination du fer par la voie humide, dans une quantité donnée d'air, et que j'en ai conclu précisément comme lui, que l'air de l'atmosphère contenait au moins deux fluides élastiques très-différens l'un de l'autre (1). Après avoir examiné les effets de différentes substances sur l'air, M. Scheele passe à la combustion, et il commence par celle des corps qui ne fournissent point en brûlant de fluide élastique aériforme.

Il a brûlé du phosphore dans les vaisseaux fermés, et il a observé dans l'air une diminution de $\frac{9}{30}$, c'est-à-dire de près d'un tiers. J'ai fait la même expérience avec les mêmes précautions que M. Scheele, à l'exception que j'ai opéré sur du mercure, au lieu d'opérer sur de l'eau, et j'ai observé que la diminution du volume de l'air n'allait qu'à un quart tout au plus (2).

La combustion de l'air inflammable obtenue de la dissolution, soit de la limaille de fer, soit de celle de zinc, par l'acide vitriolique, diminue, suivant M. Scheele, également d'un quart le volume de l'air dans lequel se fait la combustion; l'air qui reste ne précipite point l'eau de chaux, et comme celui qui reste après la com-

(1) Voyez *Opuscules chimiques*; et le *Recueil des Mémoires de l'Académie* pour l'année 1776, pag. 69.

(2) Voyez *Opuscules chimiques*.

bustion du phosphore, il est plus léger que celui de l'atmosphère.

M. Scheele passe ensuite aux effets de la combustion des chandelles, de celle du charbon et de l'esprit de vin; il trouve comme je l'avais annoncé (*Mémoires de l'Académie des Sciences*, année 1777, page 199), qu'il n'y a qu'une très-légère diminution du volume de l'air dans ces opérations; la raison qu'il donne, et que j'en ai donnée moi-même dans les Mémoires ci-dessus cités, est qu'il se produit, à mesure que le corps brûle, de l'air fixe ou acide crayeux aériforme: quand on est parvenu à séparer par l'eau de chaux, cet acide, l'air se trouve diminué d'un dix-neuvième de son volume, suivant M. Scheele, dans la combustion des chandelles, et d'une fraction plus petite suivant moi: l'air qui reste n'est point encore dépouillé de tout son air vital, ainsi que je l'ai fait voir (*Mémoires de l'Académie*, 1777, page 201), il est encore susceptible d'entretenir la vie des animaux, et c'est par cette raison qu'une chandelle est une épreuve sûre pour connaître si un air qu'on soupçonne d'être altéré, est encore respirable; on peut être assuré en général, que tant que la chandelle y brûle, les animaux peuvent y vivre.

M. Scheele a fait la même expérience sur la combustion du soufre: il trouve que dans cette opération la diminution du volume de l'air est peu considérable et moindre qu'elle ne devrait être, parce qu'il se forme de l'acide sulfureux aériforme qui remplace l'air; mais si on absorbe cet acide, soit avec de l'eau, soit avec des alkalis, alors l'air dans lequel s'est fait la combustion se trouve très-sensiblement diminué de volume.

M. Scheele a répété la plupart de ces expériences

dans l'air déphlogistiqué, qu'il appelle l'*air du feu*, et que j'appellerai *air vital* avec l'historien de cette Académie : il a principalement obtenu cet air de la distillation du nitre par l'acide vitriolique à la manière de Glauber, et du nitre lui-même calciné dans les vaisseaux fermés ; il a observé comme moi (Voyez *Mémoires de l'Académie*, vol. de 1776 et 1777), que dans la plupart des calcinations ou combustions faites dans cet air, la totalité ou au moins la majeure partie de l'air était absorbée et disparaissait entièrement. Enfin, il ne lui a pas échappé non plus qu'à moi, que cette disparition de l'air était accompagnée de chaleur; que cette chaleur était d'autant plus grande que la diminution de l'air était plus rapide, qu'elle allait jusqu'à l'inflammation dans la combustion du phosphore, du soufre, de l'air inflammable, jusqu'à la seule ignition dans la combustion du charbon et du pyrophore; que dans la calcination des métaux, soit par la voie sèche, soit par la voie humide, il y avait simple chaleur, mais que cette chaleur était d'autant plus forte que la destruction de l'air était plus rapide.

L'explication de ces différens phénomènes était simple; si M. Scheele eût examiné, comme je l'ai fait, le poids des matières qui avaient opéré la diminution du volume de l'air, ou plutôt l'absorption totale de l'air vital, il se serait aperçu que ces substances se trouvaient augmentées de tout le poids de la quantité d'air manquante, il aurait alors reconnu évidemment que l'air se combinait, se fixait dans toutes ces opérations, soit avec les métaux, soit avec le soufre, le phosphore, etc., et que ces substances passaient par l'accession de ce nouveau principe, à l'état de chaux ou à celui d'acide, comme je l'ai démontré dans plusieurs Mémoires : quant à l'inflammation et à la chaleur, ou plus généralement, quant au dégagement plus ou moins rapide de matière du feu, qui a constamment lieu dans toutes les calcinations, combustions et fixations d'air, il aurait été conduit comme moi, à conclure qu'elle pouvait venir ou du corps brûlé, ou de l'air dans lequel il brûle; et que la question se réduisait par conséquent à déterminer par expérience, à laquelle de ces deux opinions on doit s'arrêter.

Au lieu de ces conclusions simples et qui suivent immédiatement de l'expérience, M. Scheele a été obligé de recourir à un système très-compliqué et très-extraordinaire. Il a supposé que dans les combustions ou dans les autres opérations analogues, le phlogistique des corps combustibles s'unissait, se combinait à l'air; que le résultat de cette combinaison était la chaleur elle-même, laquelle passait à travers les vaisseaux : la plus grande partie de l'ouvrage de M. Scheele est employée à étayer cette singulière théorie; mais il ne sera pas difficile de faire voir qu'elle est absolument contraire aux faits: pour y parvenir, je vais tâcher de faire suivre à mes lecteurs le fil des idées de M. Scheele, et de leur faire sentir le point auquel il s'est égaré.

M. Scheele a observé que dans toutes les calcinations et combustions il y avait une diminution très-sensible, non-seulement dans le volume de l'air, mais encore dans la pesanteur spécifique de la portion restante; il en résultait évidemment que la diminution observée dans le volume de l'air, ne tenait pas à une simple diminution de son élasticité, qu'il y avait une perte réelle de matière, une diminution dans la masse des substances contenues dans le système des vaisseaux; d'où il a conclu que la portion d'air qui lui manquait, avait passé à travers les vaisseaux, qu'elle s'était échappée à travers les pores du verre : or, comme la matière du feu et de la chaleur, est à peu près la seule de toutes celles connues, qui pénètre le verre, il a été conduit à penser que l'air se changeait en chaleur par sa combinaison avec le phlogistique dans les calcinations, les combustions et autres procédés analogues. C'est ici que M. Scheele a commencé à tirer des conséquences qui ne découlaient pas immédiatement des expériences : tout son système étant appuyé sur le point de fait, qu'il y a perte de matière dans les calcinations et les combustions, c'est cet article qu'il est important de constater; or, si je fais voir que le fait est faux, qu'il n'est qu'une supposition inadmissible et démentie par des expériences décisives, tout le système ingénieux imaginé pour l'expliquer, sera démontré également faux.

Je n'ai pas besoin de chercher ici d'autres preuves que celles rapportées dans mes Opuscules physiques; j'y ai fait voir que le phosphore, en brûlant, augmentait de plus de moitié son poids, et que cette augmentation était due à la fixation de l'air qui se combinait avec lui, et le convertissait en acide phosphorique. Les expériences rapportées dans le volume de 1774, p. 351 (*Mém. de l'Acad. des Sc.*), sont encore plus décisives : j'ai introduit une quantité déterminée d'étain dans de grandes cornues de verre, je les ai scellées hermétiquement, je les ai pesées, je les ai ensuite exposées à un feu suffisant pour entretenir l'étain en fusion et pour le calciner; ayant repesé les cornues après la calcination, et avant de les ouvrir, je me suis assuré qu'elles n'avaient éprouvé ni augmentation ni diminution de poids : or si, comme le prétend M. Scheele, l'air et le phlogistique s'étaient combinés ensemble pendant la calcination, si la chaleur qui en avait résulté, s'était échappée à travers les pores des vaisseaux, le poids total aurait dû être diminué, et de ce qu'il ne l'a pas été, il en résulte évidemment que M. Scheele est parti d'une supposition fausse.

La question n'est donc plus aujourd'hui de savoir ce que devient l'air dans les combustions, les calcinations et autres opérations analogues; il est bien clair qu'il se combine avec le résidu, et qu'on le retrouve ou dans la matière mise en expérience, ou dans le fluide aériforme qui s'est formé : tout se réduit à savoir d'où provient la matière du feu, de la chaleur et de la flamme; si elle est due à la décomposition du corps qui brûle, ou à celle de l'air sans lequel aucune combustion ne peut avoir lieu : tel est l'état auquel se trouve réduite la question, d'après les découvertes modernes sur cette matière.

M. Scheele a essayé, comme M. Priestley l'a fait le premier, et comme je l'ai fait depuis lui, de renfermer des animaux dans des quantités données d'air, et d'examiner les effets qui en résultaient; il a reconnu, ainsi que moi (*Mémoires de l'Académie*, année 1777, p. 185), que le volume de l'air n'était pas beaucoup diminué par la respiration des animaux, qu'une portion était convertie en air fixe, et qu'il s'opérait une diminution de volume exactement proportionnelle, sur la quantité d'air vital contenu originairement dans l'air de l'atmosphère.

Les abeilles ont sur l'air vital la même action que les autres animaux qui respirent : si on renferme dans une quantité donnée d'air, des abeilles, l'air vital se trouve au bout d'un certain temps converti en air fixe, et elles périssent ensuite si on ne renouvelle pas l'air : le temps que les abeilles peuvent vivre dans une quantité donnée d'air, est assez exactement en raison inverse du nombre de ces insectes.

Si, suivant M. Scheele, on met du sang de bœuf dans une quantité déterminée d'air commun, son volume n'est ni augmenté ni diminué, mais une portion considérable de l'air vital est convertie en air fixe. Ce résultat très-singulier jette un grand jour sur les phénomènes de la respiration, puisqu'elle produit sur l'air exactement le même effet. (Voyez les expériences que j'ai publiées à ce sujet, *Mémoires de l'Académie*, année 1777, p. 185.) M. Scheele a répété les mêmes expériences, en substituant l'air vital à celui de l'atmosphère; il a essayé de respirer lui-même cet air, et il a observé qu'après cinquante-six inspirations et expirations il n'était point diminué de volume; il ajoute qu'il contenait peu d'air fixe.

La végétation a encore sur l'air une action plus marquée et plus vive que la respiration des animaux; ce genre d'expériences paraît appartenir exclusivement à M. Scheele. Des pois qu'il avait mis à germer dans de l'eau, dans un vaisseau dont le surplus de la capacité était rempli d'air atmosphérique, en ont transformé un quart en air fixe; alors la végétation a été absolument suspendue, et ils ont cessé de croître; d'où M. Scheele conclut que la végétation, comme la respiration, convertit en air fixe la portion d'air vital contenue dans l'air de l'atmosphère.

Cette partie des expériences de M. Scheele, ne cadre pas entièrement avec ce qui a été publié depuis sur la végétation par M. Ingenhouse et par M. Sennebier, et elles paraissent demander confirmation.

Une autre singularité, c'est que la végétation des pois, suivant M. Scheele, fait peu de progrès dans l'air vital.

Pour expliquer tous ces faits d'une manière conforme à sa première hypothèse, M. Scheele est obligé de supposer que l'air vital, l'air déphlogistiqué de M. Priestley, n'est autre chose qu'un acide subtil, l'air fixe dulcifié par le phlogistique : d'après cela, lorsque l'air vital est inspiré par les animaux, il se décompose, suivant lui, dans leur poumon, il y dépose le phlogistique, et en ressort dans l'état d'air fixe. On voit clairement, sans qu'il soit besoin de s'arrêter à réfuter cette explication, qu'elle est une suite du système que M. Scheele s'est primitivement formé; or comme j'ai fait voir que tout ce système était appuyé sur un fait faux, sur une supposition inadmissible, je puis me dispenser de discuter séparément toutes les conséquences qu'il en a tirées; je ferai remarquer cependant que M. Scheele, en admettant que l'air se déphlogistique dans le poumon, se sépare de tout le reste des physiciens et des chimistes; en effet, M. Priestley et beaucoup d'autres sont, au contraire, persuadés que l'air se déphlogistique par l'acte de la respiration. Dans le fait, cette dernière opinion n'est guère plus soutenable que la première; il y a une grande apparence qu'elle est également appuyée sur une supposition fausse, et c'est ce que je me réserve de discuter ailleurs.

Enfin, j'ajouterai que, si on admettait avec M. Scheele que l'air vital est réellement une dulcification de l'air fixe par le phlogistique, on ne pourrait plus concevoir en quoi l'air vital diffère de la chaleur, puisque la chaleur n'est également, suivant lui, que la combinaison de l'air vital avec le phlogistique; d'où l'on voit qu'indépendamment de ce que le système de M. Scheele est appuyé sur des bases fausses, il est encore formé de parties absolument incohérentes entre elles.

Après avoir prétendu prouver que la chaleur est une combinaison d'air fixe surchargé de phlogistique, M. Scheele examine les effets de la combinaison de la chaleur avec différentes substances.

Il regarde les alkalis caustiques, les chaux métalliques, etc., comme des sels neutres dans lesquels la chaleur joue le rôle d'un acide. Ainsi, par exemple, si l'on pousse au feu de la magnésie ou du spath calcaire, etc., la chaleur, qui a plus d'affinité avec les substances alkalines que n'en a l'air fixe, le chasse et prend sa place dans la combinaison, et il en résulte un corps caustique, c'est-à-dire un corps saturé de la matière du feu ; plus la quantité de chaleur reçue et combinée dans les terres sera grande, plus elles seront dissolubles, parce que c'est une propriété des sels avec excès d'acides, d'être plus dissolubles dans l'eau que les autres.

Toute cette partie du système de M. Scheele n'est absolument que l'opinion de M. Mayer, présentée sous une nouvelle forme. Ce qu'il appelle chaleur, M. Mayer l'appelle *acidum pingue ;* mais toute cette doctrine a été détruite et renversée par celles de MM. Black, Macquer et autres. On peut consulter à cet égard le premier volume de mes Opuscules, et le Dictionnaire de chimie de M. Macquer, article *Causticité.*

M. Scheele suit les effets de la chaleur, considérée comme acide dans la décomposition des terres calcaires dissoutes dans les acides. Si l'on verse un acide quelconque sur de la chaux, on a une vive chaleur, par la raison que la chaux n'est autre chose que la combinaison de la terre calcaire avec la chaleur; or tous les acides ont plus d'affinité avec les terres calcaires que n'en a la chaleur: donc cette dernière doit être chassée et dégagée. Il n'est pas difficile de voir qu'indépendamment de ce que cette explication n'est point de M. Scheele, mais qu'elle appartient à M. Mayer, il se trouve ici une contradiction: en effet, si la chaleur est un acide dulcifié, si elle résulte de la combinaison de l'air avec le phlogistique, dès-lors c'est une substance neutre; et loin de se combiner avec les corps à la manière d'un acide, elle devrait s'y combiner plutôt à la manière des soufres.

Quoi qu'il en soit, M. Scheele continue à expliquer un grand nombre de phénomènes chimiques d'après les mêmes principes. Si on verse, dit-il, un acide sur du savon tenu en dissolution dans l'eau, il y a décomposition du savon, l'acide s'unit à l'alkali, forme un sel neutre, et l'huile surnage. Que devient, dans cette expérience, la chaleur qui était combinée avec l'alkali, et qui le constituait dans l'état caustique? M. Scheele pense qu'elle se combine avec l'huile, et que c'est elle qui lui donne la propriété de se dissoudre dans l'esprit de vin, et qui la rapproche des huiles essentielles.

M. Scheele passe ensuite aux observations qu'il a faites sur l'air inflammable. On a vu plus haut que la chaleur unie avec très-peu de phlogistique, suivant lui devenait lumière; si on la surcharge de phlogistique, elle devient air inflammable. Lorsqu'on dissout un métal dans un acide, le fer, par exemple, dans l'acide vitriolique, la dissolution s'opère, dans ce système, en vertu d'une double affinité; d'une part, l'acide se combine avec la terre métallique; de l'autre, le phlogistique et la chaleur du métal se combinent ensemble et forment l'air inflammable. On voit qu'ici M. Scheele se rapproche beaucoup des autres chimistes, et qu'il donne au mot *chaleur* la même acception qu'on a coutume de donner au mot *phlogistique*. Ce n'est pas seulement par la dissolution des métaux dans les acides, qu'on parvient à former de l'air inflammable; on en tire par la combinaison du zinc avec les alkalis fixes, caustiques et non caustiques; et c'est ce qu'a fait voir M. de Lassonne dans un Mémoire imprimé parmi ceux de 1775.

Les alkalis caustiques étant, suivant M. Scheele, composés d'une substance alkaline combinée avec la chaleur, il est tout simple qu'il se forme de l'air inflammable par leur combinaison avec les métaux; la substance métallique fournit le phlogistique, et l'alkali caustique fournit la chaleur.

Il rapporte à cette occasion des expériences d'autant plus intéressantes, qu'elles peuvent jeter quelque lumière sur la nature du charbon : si on broie de l'alkali caustique avec du charbon, et qu'on distille dans une cornue de verre, garnie d'une vessie, l'alkali caustique devient effervescent, et la vessie se remplit d'air inflammable.

Si on calcine des charbons seuls dans une cornue à laquelle est adaptée une vessie, il passe une espèce d'air méphitique, accompagné d'un peu d'air fixe; mais les charbons en se refroidissant réabsorbent cet air; ils réabsorbent de même l'air de l'atmosphère, quand on les y expose chauds.

Si on pousse des charbons au feu dans une cornue, et qu'on les entretienne rouges et embrasés, ils donnent de l'air inflammable, mais on n'en peut obtenir qu'une quantité déterminée, après quoi ils ne fournissent plus rien : si on les retire de la cornue, et qu'on les allume, qu'on les éteigne ensuite et qu'on les redistille à la cornue, ils donneront de nouveau de l'air méphitique, puis de l'air inflammable.

M. Scheele pense qu'il arrive dans cette expérience la même chose que quand on met de l'alkali caustique avec du charbon, et qu'il ne se forme de l'air inflammable par le charbon seul, qu'en raison d'une petite portion d'alkali fixe qui a été rendu libre par la combustion ; cette explication est au moins très-ingénieuse : c'est par l'air inflammable que fournissent les charbons, que M. Scheele explique pourquoi ils répandent de la flamme quand on les pousse à une forte chaleur.

M. Scheele a reconnu, comme moi, que l'air inflammable tiré du charbon, même lorsqu'il a été entièrement dépouillé d'air fixe par le lait de chaux, laisse cependant un résidu considérable d'air fixe après la combustion ; il prétend que la cause de ce fait tient à ce qu'il y a une portion de charbon volatil, mêlée avec l'air inflammable. On peut voir à cette occasion les conséquences que j'ai tirées du même fait (*Mémoires de l'Académie*, année 1777), et celles qu'en a tirées M. Bucquet, dans un mémoire lu à une des rentrées publiques de l'Académie.

M. Scheele termine son ouvrage par des expériences sur une espèce d'air qu'il appelle *air puant de soufre ;* cet air est celui qui se dégage par l'addition d'un acide sur du foie de soufre ; tous les chimistes savent à quel point son odeur est désagréable : si on prend de l'alkali fixe parfaitement caustique, qui ne fasse aucune effervescence avec les acides, qu'on y ajoute du soufre et qu'on fasse la combinaison dans une cornue, on a un véritable foie de soufre qui fait effervescence avec les acides, et qui donne de l'air puant de soufre ; on a le même air en combinant dans une cornue, du soufre et du charbon, du soufre et de l'huile.

Si on combine de la même manière trois onces de limaille de fer avec deux onces de soufre, on a un résidu pesant quatre onces, dont on peut retirer ce même air puant par l'addition d'un acide.

Cet air s'absorbe en partie dans l'eau, il ne précipite point l'eau de chaux, une lumière s'y éteint; si on y ajoute une certaine quantité d'air de l'atmosphère, par exemple deux parties contre une, alors il est inflammable; il se précipite un peu de soufre sur les parois du vase dans lequel se fait l'inflammation: M. Scheele regarde cet air comme un composé de soufre, de chaleur et de phlogistique.

Ce que je viens de rapporter de l'ouvrage de M. Scheele, a eu principalement pour objet de donner à l'Académie une idée de sa doctrine chimique, et de faire voir qu'elle est appuyée sur des suppositions qui ne cadrent pas avec les faits: son ouvrage n'en aura pas moins le plus grand mérite aux yeux des physiciens et des chimistes, par la multitude d'expériences intéressantes qu'il contient, par la simplicité des appareils, par la précision des résultats qu'il a obtenus dans plusieurs circonstances: j'ai passé sous silence un grand nombre d'expériences d'un autre genre, qui ne sont pas moins intéressantes, mais qui s'écartent trop de l'objet que je me suis proposé de traiter dans ce Mémoire.

DÉTAILS HISTORIQUES

Sur la cause de l'augmentation de poids qu'acquièrent les substances métalliques lorsqu'on les chauffe pendant leur exposition à l'air (1);

PAR LAVOISIER.

Je n'ai point pour objet de présenter dans ce Mémoire un historique complet des opinions qui ont été successivement adoptées par les physiciens et les chimistes, sur la cause de l'augmentation qu'acquièrent les substances métalliques lorsqu'on les soumet à l'action du feu : cet exposé ne servirait qu'à faire voir combien l'esprit humain est susceptible de s'égarer lorsqu'il se livre à l'esprit de système, et avec quelle facilité le raisonnement nous trompe, lorsque ses opérations ne sont pas continuellement redressées par l'expérience.

Un des auteurs qui ont le plus anciennement écrit sur cet objet, est un médecin presque ignoré, nommé Jean Rey, qui vivait au commencement du dix-septième siècle, à Bugue en Périgord, et qui était en correspondance avec le petit nombre des personnes qui cultivaient les sciences à cette époque.

Descartes ni Pascal n'avaient point encore paru; on ne connaissait ni le vide de Boyle, ni celui de Toricelli, ni la cause de l'ascension des liqueurs dans les

(1) Ce Mémoire est inséré tome II, pag. 78, du *Recueil* que Lavoisier rédigeait au moment de sa mort, et dont on a retrouvé partie du premier volume, le second tout entier, et soixante-quatre pages du quatrième.

tubes vides d'air : la physique exprimentale n'existait pas; l'obscurité la plus profonde régnait dans la chimie. Cependant Jean Rey, dans un ouvrage publié en 1630 sur la recherche de la cause pour laquelle le plomb et l'étain augmentent de poids quand on les oxide, développa des vues si profondes, si analogues à tout ce que l'expérience a confirmé depuis, si conformes à la doctrine de la saturation et des affinités, que je n'ai pu me défendre de soupçonner long-temps que les essais de Jean Rey avaient été composés à une date très-postérieure à celle que porte le frontispice de l'ouvrage.

Jean Rey, après avoir écarté victorieusement, non par des faits (car à cette époque l'art de faire des expériences était encore dans son enfance), mais par des raisonnemens très-concluans, les différentes causes auxquelles on pouvait attribuer l'augmentation de poids des oxides métalliques, s'explique ainsi dans son seizième Essai : « A cette demande doncques, appuyée sur les « fondemens jà posés, je réponds et soutiens glorieuse« ment que le surcroît de poids vient de l'air qui dans « le vase a été espessi, appesanti et rendu aucunement « adhésif par la véhémente et longuement continuée « chaleur du fourneau; lequel air se mesle avecque la « chaux (à ce aidant l'agitation fréquente), et s'attache « à ses plus menues parties : non autrement que l'eau « appesantit le sable que vous jettés et agités en icelle, « pour l'amoitir et adhérer à ses moindres grains. »

Jean Rey combat, dans cet ouvrage, l'opinion de Cardan (liv. 5 de la Subtilité) sur l'augmentation de poids des oxides métalliques; celle de Scaliger, celle de Cæsalpin, qui attribuaient cette augmentation à une suie condensée et réfléchie par le fourneau, et qui, suivant eux, retombait sur le métal. Il fait voir encore que l'augmentation du poids ne vient ni du vase, ni d'aucun principe émané du charbon, ni de l'humidité répandue dans l'air. On ne conçoit pas comment, sans expériences, et manquant d'un grand nombre de données préliminaires, Jean Rey a pu s'élever à ces conséquences par la seule force du raisonnement.

Il paraît que vers la fin du dernier siècle, lorsque Boyle et quelques auteurs contemporains créèrent une science nouvelle, la physique expérimentale, dont les anciens n'avaient eu aucune idée, l'ouvrage de Jean Rey était entièrement tombé dans l'oubli. Boyle n'en fait aucune mention dans son Traité de la pesanteur de la flamme et du feu, publié en 1670, c'est-à-dire quarante ans environ après la publication de l'ouvrage de Jean Rey : fondé sur quelques expériences illusoires, il soutenait encore, à cette époque, que l'augmentation de poids qu'éprouvent les métaux en s'oxidant, était due à la fixation du feu.

Lemery, observateur exact et scrupuleux, a embrassé la même opinion : c'est également à l'union des corpuscules ignés, combinés avec le métal, qu'il attribuait, et leur conversion en oxides, et l'augmentation de poids qui accompagne cette opération.

Charras, contemporain de Lemery, attribuait cette augmentation aux acides du bois et du charbon, qu'il supposait pénétrer à travers la substance des vaisseaux, et se combiner avec le métal. Depuis, le même acide du bois et du charbon a reparu sous le nom d'*acidum pingue*, *acide igné*, et sous plusieurs autres dénominations qu'il serait superflu de rappeler.

Stahl ne pouvait ignorer le fait de l'augmentation de

poids des métaux exposés au feu; cependant, non-seulement il ne s'est occupé en aucune manière de l'expliquer, mais le système auquel il a ramené toute la doctrine chimique, et auquel on a donné, depuis lui, une si grande extension, se trouve entièrement en contradiction avec ce fait capital.

Stahl supposait que les métaux étaient un composé d'une terre métallique et d'un principe inflammable, qu'il a nommé *phlogiston* ou *phlogistique;* il prétendait qu'ils perdaient ce principe par l'oxidation, et qu'ils ne pouvaient repasser à l'état métallique, à moins qu'on ne leur rendît ce qu'ils avaient perdu.

Il était difficile de concevoir comment les métaux acquéraient du poids, tandis que, dans l'opinion de Stahl, ils perdaient une partie de leur substance; et réciproquement, comment ils diminuaient de poids au moment où ils reprenaient un des principes qu'ils avaient perdu: c'était une des principales difficultés qu'on pouvait opposer au système de Stahl, difficulté cependant qui n'a pas empêché qu'il n'ait eu un succès éphémère.

Guyton-Morveau a fait des efforts infructueux pour pallier cette contradiction, dans la dissertation qu'il a publiée sur cet objet, sous le titre de *Digressions académiques:* il a supposé que le phlogistique avait moins de pesanteur que l'air de l'atmosphère; et il en a conclu que tous les corps qui acquièrent du phlogistique, doivent perdre une partie de leur poids; que ceux, au contraire, auxquels on enlève du phlogistique doivent en acquérir. Cette explication aurait été soutenable, si l'augmentation de poids, acquise par les oxides métalliques, n'eût été que d'une quantité égale à celle de l'air déplacé; ou, ce qui revient au même, si elle eût disparu lorsqu'on les pesait dans le vide : mais cette augmentation est beaucoup trop grande pour qu'on puisse l'attribuer à cette cause, puisqu'elle va, dans quelques métaux, au-delà du tiers de leur poids. Il faut donc, ou abandonner l'explication donnée par Guyton-Morveau, ou aller jusqu'à supposer au phlogistique une pesanteur négative, une tendance à s'éloigner du centre de la terre; supposition qui se trouve en contradiction avec tous les faits avoués et reconnus par les disciples de Stahl.

Tel était l'état des connaissances, lorsqu'une suite d'expériences, entreprises en 1772, sur les différentes espèces d'air ou de gaz qui se dégagent dans les effervescences et dans un grand nombre d'opérations chimiques, me firent connaître, d'une manière démonstrative, quelle était la cause de l'augmentation de poids qu'acquièrent les métaux lorsqu'on les expose à l'action du feu. J'ignorais alors ce que Jean Rey avait écrit à ce sujet en 1630; et quand je l'aurais connu, je n'aurais pu regarder son opinion à cet égard que comme une assertion vague, propre à faire honneur au génie de l'auteur, mais qui ne dispensait pas les chimistes de constater la vérité de son opinion par des expériences. J'étais jeune, j'étais nouvellement entré dans la carrière des sciences, j'étais avide de gloire, et je crus devoir prendre quelques précautions pour m'assurer la propriété de ma découverte. Il y avait, à cette époque, une correspondance habituelle entre les savans de France et ceux d'Angleterre; il régnait, entre les deux nations, une sorte de rivalité qui donnait de l'importance aux expériences nouvelles, et qui portait quelquefois les écrivains de l'une ou de l'autre nation à les contester à leur véritable auteur; je crus donc devoir déposer, le 1er novembre 1772, l'écrit suivant, cacheté, entre les mains du secrétaire de l'Académie. Ce dépôt a été ouvert à la séance du 5 mai suivant, et mention du tout a été faite en tête de l'écrit. Il était conçu en ces termes :

« Il y a environ huit jours que j'ai découvert que le « soufre en brûlant, loin de perdre de son poids, en ac- « quérait au contraire, c'est-à-dire que, d'une livre de « soufre, on pouvait retirer beaucoup plus d'une livre « d'acide *vitriolique*, abstraction faite de l'humidité de « l'air; il en est de même du phosphore : cette augmen- « tation de poids vient d'une quantité prodigieuse d'air « qui se fixe pendant la combustion, et qui se combine « avec les vapeurs.

« Cette découverte, que j'ai constatée par des expé- « riences que je regarde comme décisives, m'a fait pen- « ser que ce qui s'observait dans la combustion du soufre « et du phosphore, pouvait bien avoir lieu à l'égard de « tous les corps qui acquièrent du poids par la combus- « tion et la *calcination*, et je me suis persuadé que l'aug- « mentation de poids des *chaux* métalliques tenait à la « même cause. L'expérience a complètement confirmé « mes conjectures : j'ai fait la réduction de la *litharge* « dans des vaisseaux fermés avec l'appareil de Hales, et « j'ai observé qu'il se dégageait, au moment du passage « de la *chaux* en métal, une quantité considérable d'air, « et que cet air formait un volume au moins mille fois « plus grand que la quantité de *litharge* employée. « Cette découverte me paraissant une des plus intéres- « santes qui ait été faite depuis Stahl, j'ai cru devoir « m'en assurer la propriété, en faisant le présent dépôt « entre les mains du secrétaire de l'Académie, pour de-

« meurer secret jusqu'au moment où je publierai mes « expériences.

« A Paris, ce 1er novembre 1772.

« *Signé* LAVOISIER. »

En rapprochant cette première notice de celle que j'avais déposée à l'Académie, le 20 octobre précédent, sur la combustion du phosphore, du Mémoire que j'ai lu à l'Académie, à sa séance publique de Pâques 1773; enfin, de ceux que j'ai successivement publiés, il est aisé de voir que j'avais conçu, dès 1772, tout l'ensemble du système que j'ai publié depuis sur la combustion.

Cette théorie, à laquelle j'ai donné de nombreux développemens en 1777, et que j'ai portée, presque dès cette époque, à l'état où elle est aujourd'hui, n'a commencé à être enseignée par Fourcroy que dans l'hiver de 1786 à 1787; elle n'a été adoptée par Guyton-Morveau qu'à une époque postérieure; enfin, en 1785, Berthollet écrivait encore dans le système du phlogistique. Cette théorie n'est donc pas, comme je l'entends dire, la théorie des chimistes français : elle est *la mienne*, et c'est une propriété que je réclame auprès de mes contemporains et de la postérité. D'autres, sans doute, y ont ajouté de nouveaux degrés de perfection, mais on ne pourra pas me contester, j'espère, toute la théorie de l'oxidation et de la combustion; l'analyse et la décomposition de l'air par les métaux et les corps combustibles, la théorie de l'acidification, des connaissances plus exactes sur la nature d'un grand nombre d'acides, notamment des acides végétaux; les premières idées de la composition des substances végétales et animales; la théorie de la respiration à laquelle Séguin a concouru avec moi : ce Recueil présentera toutes les pièces sur lesquelles je me fonde avec leur date; le lecteur jugera.

SUR

LA COMBUSTION EN GÉNÉRAL (1);

PAR LAVOISIER.

Autant l'esprit de système est dangereux dans les sciences physiques, autant il est à craindre qu'en entassant sans ordre une trop grande multiplicité d'expériences, on obscurcisse la science au lieu de l'éclaircir; qu'on en rende l'accès difficile à ceux qui se présenteront pour en franchir l'entrée; enfin qu'on n'obtienne, pour prix de longs et pénibles travaux, que désordre et confusion. Les faits, les observations, les expériences, sont les matériaux d'un grand édifice; mais il faut éviter, en les rassemblant, de former encombrement dans la science; il faut au contraire s'attacher à les classer, à distinguer ce qui appartient à chaque ordre, à chaque partie de l'édifice, afin de les disposer d'avance à faire partie du tout auquel ils appartiennent.

Les systèmes de physique considérés sous ce point de vue, ne sont plus que des instrumens propres à soulager la faiblesse de nos organes : ce sont, à proprement parler, des méthodes d'approximation qui nous mettent sur la voie de la solution du problème; ce sont des hypo-

(1) Lu à l'Académie des sciences le 5 septembre 1777. Extrait des *Mémoires de l'Académie des sciences*, année 1777, page 592.

thèses qui, successivement modifiées, corrigées, et changées à mesure qu'elles sont démenties par l'expérience, doivent nous conduire immanquablement un jour, à force d'exclusions et d'éliminations, à la connaissance des vraies lois de la nature.

Enhardi par ces réflexions, je hasarde de proposer aujourd'hui à l'Académie une théorie nouvelle de la combustion; ou plutôt, pour parler avec la réserve dont je me suis imposé la loi, une hypothèse, à l'aide de laquelle on explique d'une manière très-satisfaisante tous les phénomènes de la combustion, de la calcination, et même en partie ceux qui accompagnent la respiration des animaux. J'ai déjà jeté les premiers fondemens de cette hypothèse, pages 279 et 280 du premier tome de mes *Opuscules physiques et chimiques;* mais j'avoue que peu confiant dans mes propres lumières, je n'osai pas alors mettre en avant une opinion qui pouvait paraître singulière, et qui était directement contraire à la théorie de Stahl, et à celle de plusieurs hommes célèbres qui l'ont suivi.

Quoique une partie des raisons qui m'ont arrêté subsistent peut-être encore aujourd'hui, cependant les faits qui se sont multipliés depuis cette époque, et qui me paraissent favorables à mes idées, m'ont affermi dans mon opinion : sans être peut-être plus fort, je suis devenu plus confiant, et je crois avoir assez de preuves, ou au moins de probabilités, pour que ceux même qui ne seraient pas de mon avis, ne puissent me blâmer d'avoir écrit.

On observe en général, dans la combustion des corps, quatre phénomènes constans qui paraissent être des lois dont la nature ne s'écarte jamais; quoique ces phénomènes se trouvent implicitement énoncés dans d'autres

Mémoires, je ne puis cependant me dispenser de les rappeler ici.

Premier phénomène. Dans toute combustion, il y a dégagement de matière du feu ou de la lumière.

Second phénomène. Les corps ne peuvent brûler que dans un très-petit nombre d'espèces d'airs, ou plutôt même, il ne peut y avoir combustion que dans une seule espèce d'air, dans celle que M. Priestley a nommée *air déphlogistiqué*, et que je nommerai ici *air pur*. Non-seulement les corps auxquels nous donnons le nom de *combustibles*, ne brûlent ni dans le vide, ni dans aucune autre espèce d'air, mais ils s'y éteignent au contraire aussi promptement que si on les plongeait dans de l'eau ou dans un autre fluide quelconque.

Troisième phénomène. Dans toute combustion, il y a destruction ou décomposition de l'air pur, dans lequel se fait la combustion, et le corps brûlé augmente de poids exactement dans la proportion de la quantité d'air détruit ou décomposé.

Quatrième phénomène. Dans toute combustion, le corps brûlé se change en un acide, par l'addition de la substance qui a augmenté son poids: ainsi, par exemple, si on brûle du soufre sous une cloche, le produit de la combustion est de l'acide vitriolique; si l'on brûle du phosphore, le produit de la combustion est de l'acide phosphorique; si on brûle une substance charbonneuse, le produit de la combustion est de l'air fixe, autrement dit de l'acide crayeux (1),

La calcination des métaux est soumise exactement à ces mêmes lois, et c'est avec très-grande raison que

(1) J'observerai ici en passant que le nombre des acides est infiniment plus considérable qu'on ne pense.

M. Macquer l'a considérée comme une combustion lente : ainsi, 1° dans toute calcination métallique, il y a dégagement de matière du feu ; 2° il ne peut y avoir de véritable calcination que dans l'air pur ; 3° il y a combinaison de l'air avec le corps calciné, mais avec cette différence, qu'au lieu de former un acide avec lui, il en résulte une combinaison particulière, connue sous le nom de *chaux métallique*.

Ce n'est point ici le lieu de faire voir l'analogie qui existe entre la respiration des animaux, la combustion et la calcination; j'y reviendrai dans la suite de ce Mémoire.

Ces différens phénomènes de la calcination des métaux et de la combustion s'expliquent d'une manière très-heureuse dans l'hypothèse de Stahl; mais il faut supposer avec lui qu'il existe de la matière du feu, du phlogistique fixé dans les métaux, dans le soufre et dans tous les corps qu'il regarde comme combustibles : or, si l'on demande aux partisans de la doctrine de Stahl, de prouver l'existence de la matière du feu dans les corps combustibles, ils tombent nécessairement dans un cercle vicieux, et sont obligés de répondre que les corps combustibles contiennent de la matière du feu parce qu'ils brûlent, et qu'ils brûlent parce qu'ils contiennent de la matière du feu; or, il est aisé de voir qu'en dernière analyse, c'est expliquer la combustion par la combustion.

L'existence de la matière du feu, du phlogistique dans les métaux, dans le soufre, etc., n'est donc réellement qu'une hypothèse, une supposition, qui, une fois admise, explique, il est vrai, quelques-uns des phénomènes de la calcination et de la combustion; mais si je fais voir que ces mêmes phénomènes peuvent s'expliquer d'une manière tout aussi naturelle dans l'hypothèse opposée, c'est-à-dire sans supposer qu'il existe de matière du feu, ni de phlogistique dans les matières appelées *combustibles*, le système de Stahl se trouvera ébranlé jusque dans ses fondemens.

On ne manquera pas sans doute de me demander d'abord ce que j'entends par la matière du feu. Je répondrai avec M. Franklin, Boërhaave, et une partie des philosophes de l'antiquité, que la matière du feu ou de la lumière est un fluide très-subtil, très-rare, très-élastique, qui environne de toutes parts la planète que nous habitons, qui pénètre avec plus ou moins de facilité les corps qui la composent, et qui tend, lorsqu'il est libre, à se mettre en équilibre dans tous.

J'ajouterai, en empruntant le langage chimique, que ce fluide est le dissolvant d'un grand nombre de corps; qu'il se combine avec eux de la même manière que l'eau se combine avec les sels, que les acides se combinent avec les métaux; et que les corps ainsi combinés et dissous par le fluide igné, perdent en partie les propriétés qu'ils avaient avant la combinaison, et en acquièrent de nouvelles qui les rapprochent de celles de la matière du feu.

C'est ainsi, comme je l'ai fait voir dans un Mémoire déposé au secrétariat de cette Académie (1), que tout fluide aériforme, toute espèce d'air, est un résultat de la combinaison d'un corps quelconque solide ou fluide, avec la matière du feu ou de la lumière; et c'est à cette combinaison que les fluides aériformes doivent leur élas-

(1) Ce Mémoire a été lu depuis, et il se trouve imprimé page 420 de ce volume (*année* 1777).

ticité, leur légèreté spécifique, leur rareté, et toutes les autres propriétés qui les rapprochent du fluide igné.

L'air pur, d'après cela, celui que M. Priestley nomme *air déphlogistiqué*, est une combinaison ignée dans laquelle la matière du feu ou de la lumière entre comme dissolvant, et dans laquelle une autre substance entre comme base : or si dans une dissolution quelconque, on présente à la base une substance avec laquelle elle ait plus d'affinité, elle s'y unit à l'instant, et le dissolvant qu'elle a quitté devient libre.

La même chose arrive à l'air pendant la combustion; le corps qui brûle lui ravit sa base : dès lors la matière du feu, qui lui servait de dissolvant, devient libre; elle reprend tous ses droits, et s'échappe avec les caractères qu'on lui connaît, c'est-à-dire avec flamme, chaleur et lumière.

Pour éclaircir ce que cette théorie peut présenter d'obscur, faisons-en l'application à quelques exemples: lorsqu'on calcine un métal dans l'air pur, la base de l'air, qui a moins d'affinité avec son propre dissolvant qu'avec le métal, s'unit à ce dernier dès qu'il est fondu, et le convertit en chaux métallique : cette combinaison de la base de l'air avec le métal est démontrée, 1° par l'augmentation de poids qu'éprouve ce dernier pendant la calcination; 2° par la destruction presque totale de l'air contenu sous la cloche : mais si la base de l'air était tenue en dissolution par la matière du feu, à mesure que cette base se combine au métal, la matière du feu doit devenir libre, et produire en se dégageant de la flamme et de la lumière. On conçoit que plus la calcination du métal sera prompte, c'est-à-dire que plus il y aura de fixation de la base de l'air dans un temps donné, plus aussi il y aura de matière du feu qui deviendra libre à la fois, et plus par conséquent la combustion sera sensible et marquée.

Ces phénomènes qui sont extrêmement lents et difficiles à saisir dans la calcination des métaux, sont presque instantanés dans la combustion du soufre et du phosphore : j'ai fait voir, par des expériences contre lesquelles il me paraît difficile de faire aucune objection raisonnable, que dans ces deux combustions, l'air, ou plutôt la base de l'air, était absorbé ; qu'elle se combinait avec le soufre et avec le phosphore, pour former l'acide vitriolique ou l'acide phosphorique; mais la base de l'air ne peut passer dans une nouvelle combinaison sans laisser son dissolvant libre, et ce dissolvant, qui est la matière du feu même, doit se dégager avec lumière et avec flamme.

Le charbon et toutes les matières charbonneuses ont la même action sur la base de l'air; elles se l'approprient et forment avec elles, par la combustion, un acide *suí generis*, connu sous le nom d'*air fixe* on d'*acide crayeux;* le dissolvant de la base de l'air, la matière du feu, est encore dégagé dans cette opération, mais en moindre quantité que dans la combustion du soufre et du phosphore, parce qu'une portion se combine avec l'acide méphitique, pour le constituer dans l'état de vapeur et d'élasticité dans lequel nous l'obtenons.

J'observerai ici en passant, que la combustion du charbon, faite dans une cloche renversée dans du mercure, n'occasione pas une diminution très-considérable dans le volume de l'air dans lequel on le fait brûler, lors même qu'on emploie de l'air pur dans l'expérience, par la raison que l'acide méphytique qui se forme, demeure dans l'état aériforme, à la différence de l'acide vitriolique et de l'acide phosphorique, qui se condensent sous forme concrète à mesure qu'ils sont formés.

Je pourrais appliquer successivement la même théorie à toutes les combustions; mais comme j'aurai de fréquentes occasions de revenir sur cet objet, je m'en tiens dans ce moment à ces exemples généraux : ainsi, pour résumer, l'air est composé, suivant moi, de la matière du feu comme dissolvant, combinée avec une substance qui lui sert de base et en quelque façon qui la neutralise; toutes les fois qu'on présente à cette base une substance avec laquelle elle n'a plus d'affinité, elle quitte son dissolvant; dès lors la matière du feu reprend ses droits, ses propriétés, et reparaît à nos yeux avec chaleur, flamme et lumière.

L'air pur, l'air déphlogistiqué de M. Priestley, est donc dans cette opinion le véritable corps combustible, et peut-être le seul de la nature, et on voit qu'il n'est plus besoin, pour expliquer les phénomènes de la combustion, de supposer qu'il existe une quantité immense de feu fixée dans tous les corps que nous nommons *combustibles*, qu'il est très-probable au contraire qu'il en existe peu dans les métaux, dans le soufre, dans le phosphore et dans la plupart des corps très-solides, très-pesans et très-compacts; et peut-être même, qu'il n'existe dans ces substances que de la matière du feu libre, en vertu de la propriété qu'a cette matière de se mettre en équilibre avec tous les corps environnans.

Une autre réflexion frappante, qui vient encore à l'appui des précédentes, c'est que presque tous les corps peuvent exister dans trois états différens, ou sous forme solide, ou sous forme liquide, c'est-à-dire fondus ou dans l'état d'air et de vapeurs : ces trois états ne dépendent que de la quantité plus ou moins grande de matière du feu dont ces corps sont pénétrés et avec laquelle ils sont combinés. La fluidité, la vaporisation, l'élasticité, sont donc les propriétés caractéristiques de la présence du feu et d'une grande abondance de feu; la solidité, la compacité au contraire sont les preuves de son absence: autant donc il est prouvé que les substances aériformes et l'air lui-même contiennent une grande quantité de feu combiné, autant il est probable que les corps solides en contiennent peu.

Je sortirais des bornes que je me suis prescrites et que les circonstances exigent, si j'entreprenais de faire voir combien cette théorie jette de jour sur tous les grands phénomènes de la nature; je ne puis cependant me dispenser de faire encore remarquer avec quelle facilité elle explique pourquoi l'air est un fluide élastique et rare: en effet le feu étant le plus substil, le plus élastique et le plus rare de tous les fluides, il doit communiquer une partie de ses propriétés aux substances auxquelles il s'unit, et de même que les dissolutions des sels par l'eau conservent toujours une partie des propriétés aqueuses, de même aussi les dissolutions par le feu doivent conserver une partie des propriétés ignées.

On conçoit encore pourquoi il ne peut y avoir de combustion ni dans le vide, ni même dans aucune combinaison aériforme, où la matière du feu a une très-grande affinité avec la base avec laquelle elle est combinée.

On n'est point obligé non plus, dans ces principes, d'admettre de la matière du feu fixée et combinée en une immense quantité jusque dans le diamant même, et dans un grand nombre de substances qui n'ont aucune qualité analogue à celle de la matière du feu, et qui en présentent même d'incompatibles : enfin on n'est point obligé de soutenir, comme le fait Stahl, que des corps qui augmentent de poids perdent une partie de leurs substances.

J'ai annoncé plus haut que la théorie exposée dans ce Mémoire pouvait s'appliquer à l'explication d'une partie des phénomènes de la respiration; et c'est par où je terminerai cet essai.

J'ai fait voir dans un Mémoire que j'ai lu à la séance publique de Pâques dernier, que l'air pur, après être entré dans le poumon, en ressortait en partie dans l'état d'air fixe ou d'acide crayeux. L'air pur, en passant par le poumon, éprouve donc une décomposition analogue à celle qui a lieu dans la combustion du charbon : or, dans la combustion du charbon, il y a dégagement de matière du feu; donc il doit y avoir également dégagement de matière du feu dans le poumon dans l'intervalle de l'inspiration à l'expiration, et c'est cette matière du feu sans doute, qui, se distribuant avec le sang dans toute l'économie animale, y entretient une chaleur constante de 32 degrés $\frac{1}{2}$ environ, au thermomètre de M. de Réaumur. Cette idée paraîtra peut-être hasardée au premier coup d'œil; mais avant de la rejeter ou de la condamner, je prie de considérer qu'elle est appuyée sur deux faits constans et incontestables, savoir sur la décomposition de l'air dans le poumon, et sur le dégagement de matière du feu qui accompagne toute décomposition d'air pur, c'est-à-dire tout passage de l'air pur à l'état d'air fixe : mais ce qui confirme encore que la chaleur des animaux tient à la décomposition de l'air dans le poumon, c'est qu'il n'y a d'animaux chauds dans la nature que ceux qui respirent *habituellement*, et que cette chaleur est d'autant plus grande que la respiration est plus fréquente, c'est-à-dire qu'il n'y a aucune relation constante entre la chaleur de l'animal et la quantité d'air entrée ou au moins convertie en air fixe dans ses poumons.

Au reste, je le répète, en attaquant ici la doctrine de Stahl, je n'ai pas pour objet d'y substituer une théorie rigoureusement démontrée, mais seulement une hypothèse qui me semble plus probable, plus conforme aux lois de la nature, qui me paraît renfermer des explications moins forcées et moins de contradictions.

Les circonstances ne m'ont permis de donner ici que l'ensemble du système et un aperçu des conséquences; mais je me propose de reprendre successivement chaque partie, d'en donner le développement dans différens Mémoires; et j'ose assurer d'avance que l'hypothèse que je propose explique d'une manière très-heureuse et très-simple les principaux phénomènes de la physique et de la chimie.

DÉCOMPOSITION
DE
L'AIR ATMOSPHÉRIQUE.

SECTION PREMIÈRE.
DÉCOMPOSITION DE L'AIR PAR LES COMBUSTIBLES NON MÉTALLIQUES.

CHAPITRE PREMIER.
DÉCOMPOSITION DE L'AIR PAR LE PLOMB.

MÉMOIRE
Sur la combustion du fluide élastique avec les subtances métalliques, par la calcination (1);

PAR LAVOISIER.

Je n'ai jusqu'ici prouvé l'existence d'un fluide élastique fixé dans les chaux métalliques, que par le dégagement qui a lieu dans le moment de la réduction. Quoique les expériences que j'ai rapportées paraissent à cet égard de nature à ne laisser aucun doute, il faut avouer néanmoins qn'on ne parvient à convaincre en physique qu'autant qu'on arrive au même but par des routes différentes.

Je vais faire voir en conséquence dans le cours de ce chapitre que, de même que toutes les fois qu'une chaux métallique passe de l'état de chaux à l'état de

(1) Cet article forme le chapitre VI des *Opuscules physiques et chimiques*, publiés en 1774.

métal, il y a dégagement de fluide élastique; de même aussi toutes les fois qu'un métal passe de l'état de métal à celui de chaux, il y a absorption de ce même fluide, et que la calcination même est à peu près proportionnelle à la quantité de cette absorption.

EXPÉRIENCE Ire.

Calcination du plomb au verre ardent, sous une cloche de cristal renversée dans de l'eau.

PRÉPARATION DE L'EXPÉRIENCE.

J'ai mis dans l'appareil représenté fig. 8, 3 gros de plomb en lames roulées, et je les ai exposés au foyer de la grande lentille de Tchirnausen de 33 pouces de diamètre, dont j'ai déjà parlé plus haut. Le foyer de cette lentille était rétréci et raccourci par le moyen d'une seconde qui avait été ajoutée à la première à une distance convenable. Un morceau de grès dur, de la nature de ceux qu'on emploie pour le pavé de Paris, servait de support au plomb; il était creusé dans le milieu, pour l'empêcher de couler lorsqu'il serait fondu.

EFFET.

Le plomb a fondu au même instant qu'il a été présenté au foyer; il a commencé bientôt après de s'en élever une fumée blanchâtre qui s'est rassemblée sur les parois intérieures de la cloche et qui y a formé un dépôt jaunâtre. En même temps, il s'est formé à la surface du plomb une légère couche de chaux qui, par le progrès de la calcination, a pris une couleur jaune de massicot. Ces différens effets ont eu lieu pendant les cinq premières minutes, après quoi, ayant continué de tenir exactement le plomb au foyer, j'ai vu avec surprise que la calcination n'avait pas lieu. J'ai persisté pendant une demi-heure à suivre cette expérience, sans que je me sois aperçu que la couche de chaux formée sur le plomb ait augmenté de la moindre chose. On conçoit que l'air contenu sous la cloche devait être fort échauffé, et que, par sa dilatation, il devait avoir fait baisser la surface G H de l'eau; mais à mesure que les vaisseaux se sont refroidis, elle a remonté, et enfin, lorsque tout l'appareil a été ramené au même degré de température qu'avant l'opération, il s'est trouvé une diminution dans le volume de l'air de 7 pouces cubes environ.

Le plomb, ayant été retiré, s'est trouvé tout aussi malléable qu'avant l'opération, à la petite couche près de chaux dont il était recouvert, mais qui était extrêmement mince. Il avait perdu près d'un demi-grain de son poids; mais il était évident, par l'inspection des fleurs jaunes qui tapissaient le dôme de la cloche, que cette diminution venait de l'évaporation, et qu'en rapprochant leur poids de celui du plomb, il y aurait eu une augmentation de plusieurs grains.

EXPÉRIENCE II.

Calcination de l'étain.

J'ai exposé au foyer de la même lentille, et sous le même appareil, 2 gros d'étain; la calcination a été plus difficile encore que celle du plomb; le métal s'est couvert d'une petite couche de chaux, mais infiniment mince; il y a eu un peu de fumée. J'ai continué l'opération pendant vingt minutes, sans m'apercevoir que la calcination fît aucun progrès. Lorsque les vaisseaux ont eu repris la même température qu'avant l'expérience, il ne s'est trouvé qu'une diminution insensible dans le volume de l'air; l'étain, ayant été repesé, avait augmenté d'un huitième de grain environ; du reste il était malléable comme avant l'opération, et n'avait qu'une couche extrêmement mince de chaux à sa surface.

EXPÉRIENCE III.

Calcination d'un alliage de plomb et d'étain.

J'ai voulu essayer si la calcination de l'étain et du plomb mêlés ensemble ne s'opérerait pas avec plus de facilité; j'ai composé en conséquence un alliage de parties égales de plomb et d'étain, et j'en ai exposé deux gros au foyer du verre ardent; la cloche n'avait tout au plus que moitié de la capacité de celle de l'expérience première de ce chapitre, et n'avait que 5 pouces ½ de diamètre.

Les matières se sont fondues sur-le-champ; il s'en est élevé beaucoup de fumée blanche, dont partie s'est attachée à la partie supérieure de la cloche, partie s'est déposée sur la surface de l'huile. L'opération a été continuée pendant vingt minutes, après quoi la calcination paraissait beaucoup plus avancée que dans les expériences précédentes; il y avait même des espèces de végétations à la surface: les vaisseaux refroidis, il s'est trouvé une diminution de 5 à 6 pouces cubes dans le volume de l'air, la cloche contenait une grande quantité de fleurs, et le bouton d'étain et de plomb était diminué de 4 grains: il y a apparence qu'on les aurait retrouvés et au-delà dans la portion qui s'était sublimée. Quoique la calcination fût un peu plus avancée dans cette expérience que dans les précédentes, cependant la plus grande partie de l'alliage était encore malléable, et dans l'état métallique.

Les expériences précédentes, quoique confirmatives de celles faites dans le chapitre V, me laissaient encore cependant quelque inquiétude : 1° parce que la surface de l'huile renfermée sous la cloche se trouvant exposée à un degré de chaleur assez considérable, il était possible qu'elle produisît de l'air pendant la calcination, ou qu'elle en absorbât; 2° parce que la chaleur du foyer étant trop violente, elle volatilisait le plomb et l'étain, à mesure qu'ils se calcinaient, de sorte que je ne pouvais obtenir aucun résultat fixe sur l'augmentation de pesanteur de ces métaux. J'ai cherché à remédier à ces deux inconvéniens dans l'expérience qui suit.

EXPÉRIENCE IV.

Calcination du plomb sous un vase de cristal renversé dans du mercure.

PRÉPARATION DE L'EXPÉRIENCE.

Je me suis servi d'un appareil à peu près semblable à celui représenté par la figure 8 : il en différait cependant, 1° en ce qu'à la place de la capsule ou cuvette B D C E, j'avais employé une forte terrine de terre cuite et vernissée; 2° en ce qu'au lieu de l'emplir d'eau, j'y avais versé 80 livres de mercure; 3° enfin, en ce qu'à la cloche F G H, j'avais substitué une cucurbite de verre sans pontis. L'objet de ce dernier changement était d'avoir un vase de la même capacité que la cloche, mais dont l'ouverture fût plus étroite, afin d'employer moins de mercure. Ces dispositions faites, j'ai placé sur la colonne I K, un grès creusé, contenant 3 gros de plomb : le creux du grès avait un bon pouce de diamètre et 4 lignes environ de profondeur; il était plat par le fond, afin que le métal présentât plus de surface aux rayons solaires, j'ai ensuite recouvert le tout avec la cucurbite de verre, qui me tenait lieu de cloche; j'ai élevé le mercure avec le siphon L M, jusqu'à la hauteur G H; j'ai très-soigneusement marqué le point auquel répondait sa surface avec une bande de papier qui faisait presque le tour du vase; enfin, j'ai présenté tout l'appareil au grand verre ardent, en observant que le plomb fût à un bon pouce du véritable foyer, et qu'il n'éprouvât qu'une chaleur peu supérieure à celle nécessaire pour le faire fondre.

EFFET.

Au même instant que le plomb a fondu, quoiqu'il eût été tiré du centre d'un gros morceau, qu'il fût brillant sur toutes ses faces, et qu'il n'eût pas la moindre apparence de crasse, il s'est formé cependant sur-le-champ une pellicule à sa surface. Par le progrès de la calcination, cette pellicule est devenue jaune de massicot; il s'y est fait des rides dans le sens du méridien; après quoi, au bout de 10 ou 12 minutes, la calcination s'est arrêtée, et on n'a plus observé d'effet sensible; il arrivait seulement que dans les instans où la chaleur était un peu plus vive, le massicot fondait en quelques endroits et formait un verre jaunâtre; il s'élevait ensuite des portions ainsi vitrifiées une fumée assez abondante qui ternissait le haut de la cucurbite. Je m'opposais, autant qu'il était possible, à cette évaporation en éloignant de plus en plus le plomb du vrai foyer de la lentille.

Le plomb a été ainsi exposé à l'effet du grand verre brûlant pendant une heure quarante-cinq minutes; mais comme, pendant cet intervalle, le soleil a été de temps en temps obscurci par de petits nuages, il ne faut guère compter que sur une heure quinze minutes de véritable effet.

L'opération finie et les vaisseaux parfaitement refroidis, la surface du mercure s'est trouvée remontée de 2 lignes $\frac{1}{2}$ au-dessus de son niveau : le diamètre de la cucurbite en cet endroit était de 4 pouces $\frac{8}{10}$, ce qui donne 3 pouces cubiques $\frac{3}{4}$ pour la quantité d'air absorbée. Le plomb ayant été soigneusement détaché du support de grès, s'est trouvé peser 3 gros 1 grain $\frac{3}{4}$: j'ai évalué à $\frac{3}{4}$ de grain environ les vapeurs jaunâtres attachées aux parois de la cucurbite; l'augmentation totale du poids pendant la calcination avait donc été de 2 grains $\frac{1}{2}$ environ, c'est-à-dire de $\frac{3}{4}$ de grain par chaque pouce d'air. Il en résulte que la quantité de l'absorption est assez exactement proportionnelle à l'augmentation du poids de la chaux métallique.

La partie vide de la cucurbite, autrement dit, le volume d'air dans lequel s'est faite la calcination, était de 75 pouces cubiques, d'où il suit que l'absorption a été précisément d'un vingtième.

EXPÉRIENCE V.

Effet de l'air dans lequel on a calciné du plomb, sur les corps enflammés.

J'ai calciné comme dans l'expérience précédente, et dans le même appareil, 3 gros de plomb. L'opération finie, j'ai retourné brusquement la cucurbite F G H, fig. 8; je l'ai tournée de manière que son ouverture fût dirigée vers le haut, et j'y ai introduit sur-le-champ une bougie : elle y a brûlé assez bien dans le premier instant, mais insensiblement elle a commencé à languir, et elle s'est éteinte au bout d'une minute environ.

EXPÉRIENCE VI.

Effet de l'air dans lequel on a calciné les métaux, sur l'eau de chaux.

J'ai opéré dans cette expérience de la même manière que dans la précédente, avec cette différence seulement, qu'au lieu d'introduire une bougie dans la cucurbite, j'y ai versé de l'eau de chaux : j'ai ensuite bouché son ouverture et j'ai agité fortement; l'eau de chaux a pris un petit coup d'œil louche presque imperceptible ; mais il n'y a point eu de précipitation.

RÉFLEXIONS.

Il résulte de ces deux expériences, que l'air dans lequel on a calciné des métaux n'est point dans le même état que celui dégagé des effervescences et des réductions métalliques.

EXPÉRIENCE VII.

Calcination du fer par la voie humide.

J'ai mis dans une capsule de verre 4 onces de limaille de fer que j'ai humectées avec un peu d'eau distillée, et j'ai recouvert le tout avec une cloche de verre dont la partie vide était environ de 200 pouces cubiques de capacité. Pendant les premiers jours, il n'y a pas eu d'effet sensible; la limaille de fer la plus fine nageait sur la surface de l'eau sans se réduire en rouille, le reste était au fond. Au bout de huit jours, il y avait un peu de rouille formée, et la diminution du volume de l'air était de 6 ou 8 pouces; au bout de quinze jours elle l'était de 15 pouces; au bout d'un mois, de 36; enfin au bout de deux mois, elle a été portée jusqu'à 50 pouces environ; ce terme a été celui auquel l'absorption a cessé d'avoir lieu, car au bout de sept mois l'appareil était encore dans le même état, et l'absorption n'avait pas augmenté de la moindre chose.

CONCLUSION.

Il résulte de ces expériences : 1° que la calcination des métaux, lorsqu'ils sont renfermés dans une portion d'air contenue sous une cloche de verre, ne se fait pas, à beaucoup près, avec autant de facilité qu'à l'air libre;

2° Que cette calcination même a des bornes, c'est-à-dire que lorsqu'une certaine portion de métal a été réduite en chaux dans une quantité donnée d'air, il n'est plus possible de porter au-delà la calcination dans le même air;

3° Qu'à mesure que la calcination s'opère, il y a une diminution dans le volume de l'air, et que cette diminution est à peu près proportionnelle à l'augmentation de poids du métal;

4° Qu'en rapprochant ces faits de ceux rapportés dans le chapitre précédent, il paraît prouvé qu'il se combine avec les métaux pendant leur calcination un fluide élastique qui se fixe, et que c'est à cette fixation qu'est due leur augmentation de poids;

5° Que plusieurs circonstances sembleraient porter à croire que tout l'air que nous respirons n'est pas propre à se fixer pour entrer dans la combinaison des chaux métalliques; mais qu'il existe dans l'atmosphère un fluide élastique particulier qui se trouve mêlé avec l'air, et que c'est au moment où la quantité de ce fluide contenue sous la cloche est épuisée, que la calcination ne peut plus avoir lieu. Les expériences que je rapporterai dans le chapitre IX, donneront quelques degrés de probabilité de plus à cette opinion.

Les expériences dont je viens de rendre compte sembleraient encore conduire aux deux conséquences qui suivent : 1° que la calcination des métaux ne peut avoir lieu dans des vaisseaux exactement fermés, ou au moins qu'elle ne peut y avoir lieu qu'en raison de la portion d'air fixable qui y est renfermée ; 2° que dans le cas où la calcination pourrait s'opérer dans des vaisseaux exactement fermés et privés d'air, elle devrait alors se faire sans augmentation de poids, et par conséquent avec des circonstances fort différentes de celles qui s'observent dans les calcinations faites dans l'air.

La suite d'expériences que MM. Darcet et Rouelle ont annoncée dans un Mémoire inséré dans le Journal de Médecine du mois de janvier dernier, sur la calcination des métaux dans des vaisseaux de porcelaine exactement fermés, jettera sans doute une grande lumière sur cet objet. Peut-être cette calcination ne sera-t-elle qu'une simple privation de phlogistique dans le sens que Stahl l'entendait. Quoi qu'il en soit, les savans ne peuvent qu'attendre avec beaucoup d'impatience la publication de ces expériences, et la réputation que ces deux chimistes se sont justement acquise, répond suffisamment de l'exactitude qu'on doit en attendre.

Nota. Je n'avais point de connaissance des expériences de M. Priestley, lorsque je me suis occupé de celles rapportées dans ce chapitre. Il a observé comme moi et avant moi, ainsi qu'on l'a vu dans la première partie de cet ouvrage, qu'il y avait une diminution dans le volume de l'air pendant la calcination des métaux : cette diminution, dans quelques expériences, a été jusqu'au cinquième, même au quart du volume de l'air qu'il avait employé. Quoique je me sois servi de la lentille la plus forte connue, je n'ai pu porter cette diminution au-delà d'un seizième par la voie sèche. Cette circonstance me porterait à soupçonner que le fluide élastique fixable répandu dans l'air y est peut-être plus abondant dans un temps ou dans un lieu que dans un autre, qu'il se trouve mêlé dans une plus grande proportion avec l'air atmosphérique dans les lieux habités, dans nos laboratoires, etc., que dans les plaines, les jardins, et en général dans les endroits où l'air est perpétuellement renouvelé. Au reste, M. Priestley s'est persuadé que la diminution du volume de l'air qu'il a observée, venait d'une surabondance de phlogistique qui lui était fourni par la calcination du métal, et il ne paraît pas avoir soupçonné que la calcination elle-même fût une absorption, une fixation du fluide élastique.

CHAPITRE II.

DÉCOMPOSITION DE L'AIR PAR L'ÉTAIN.

MÉMOIRE

Sur la calcination de l'étain dans les vaisseaux fermés, et sur la cause de l'augmentation de poids qu'acquiert ce métal pendant cette opération (1);

Par LAVOISIER.

Il résulte des expériences dont j'ai rendu compte dans les chapitres V et VI de l'ouvrage que j'ai publié au commencement de cette année, sous le titre d'*Opuscules physiques et chimiques*, que lorsqu'on calcine au verre ardent du plomb ou de l'étain sous une cloche de verre, plongée dans de l'eau ou dans du mercure, le volume de l'air diminue d'un vingtième environ par l'effet de la calcination, et que le poids du métal se trouve augmenté d'une quantité à peu près égale à celle de l'air détruit ou absorbé.

(1) Lu à l'Académie des Sciences le 11 novembre 1774. (Extrait des *Mémoires de l'Académie*, année 1774, pag. 351.)

J'ai cru pouvoir conclure de ces expériences qu'une portion de l'air lui-même ou d'une matière quelconque, contenue dans l'air, et qui y existe dans un état d'élasticité, se combinait avec les métaux, pendant leur calcination, et que c'était à cette cause qu'était due l'augmentation de poids des chaux métalliques.

L'effervescence, qui a constamment lieu dans toutes les revivifications de chaux métalliques, c'est-à-dire toutes les fois qu'une substance métallique passe de l'état de chaux à celui de métal, est venue à l'appui de cette théorie; je crois avoir prouvé que cette effervescence est due au dégagement d'un fluide élastique d'une espèce d'air qu'on peut retenir et mesurer, et il a résulté des expériences multipliées auxquelles je l'ai soumis, que lorsqu'il avait été séparé des métaux, par l'addition de la poudre de charbon ou d'une matière quelconque, contenant du phogistique, il ne différait en rien de la substance à laquelle on a donné le nom d'air fixe, air fixé, gaz méphitique, acide méphitique, toutes expressions synonymes, et que ce gaz était exactement le même, soit qu'il fût dégagé des chaux métalliques, par la poudre de charbon, des végétaux par la fermentation, ou des alkalis salins et terreux par leur dissolution dans les acides.

Quelque décisives que parussent ces expériences, elles étaient en contradiction avec celles publiées par Boyle, dans son Traité de la pesanteur de la flamme et du feu : ce célèbre physicien avait essayé de calciner du plomb et de l'étain dans des vaisseaux de verre, scellés hermétiquement; il était parvenu à les y calciner en effet, du moins en partie, et les chaux qu'il avait obtenues s'étaient trouvées de quelques grains plus pesantes que le métal employé; Boyle en avait conclu que la matière de la flamme et du feu pénétrait à travers la substance du verre, qu'elle se combinait avec les métaux, et que c'était à cette union qu'était due la conversion des métaux en chaux, et l'augmentation de poids qu'ils acquéraient.

Des expériences aussi précises, faites par un physicien tel que Boyle, étaient bien capables de me mettre en garde contre ma propre opinion, quelque démontrée qu'elle fût à mes yeux, et je me suis proposé en conséquence, non-seulement de les répéter telles qu'elles ont été faites par Boyle, mais d'y ajouter toutes les circonstances qui me paraîtraient propres à les rendre plus concluantes encore s'il était possible.

Voici d'abord le raisonnement que je me suis fait à moi-même : si l'augmentation de poids des métaux calcinés dans les vaisseaux fermés est due, comme le pensait Boyle, à l'addition de la matière de la flamme et du feu qui pénètre à travers les pores du verre et qui se combine avec le métal, il s'ensuit que si, après avoir introduit une quantité connue de métal dans un vaisseau de verre, et l'avoir scellé hermétiquement, on en détermine exactement le poids ; qu'on procède ensuite à la calcination par le feu des charbons, comme l'a fait Boyle ; et enfin, qu'on repèse le même vaisseau après la calcination, avant de l'ouvrir, son poids doit se trouver augmenté de toute la quantité de matière du feu qui s'est introduite pendant la calcination.

Si au contraire, me suis-je dit encore, l'augmentation de poids de la chaux métallique n'est point due à la combinaison de la matière du feu ni d'aucune matière extérieure, mais à la fixation d'une portion de l'air contenu dans la capacité du vaisseau, le vaisseau ne devra point être plus pesant après la calcination qu'auparavant, il devra seulement se trouver en partie vide d'air, et ce n'est que du moment où la portion d'air manquante sera rentrée, que l'augmentation de poids du vaisseau devra avoir lieu.

D'après ces réflexions, je me suis muni de plomb et d'étain très-purs, que j'ai coulés en baguettes ou cylindres de trois à quatre lignes de diamètre au plus, afin d'avoir la facilité de les introduire dans des cornues de verre d'une ouverture étroite. Pour parvenir à les couler ainsi en cylindres, je m'y suis pris ainsi qu'il suit: j'ai coupé avec des ciseaux, de petites bandes de papier de six à huit lignes de largeur, je les ai roulées en spirales de manière à former des moules ou cylindres creux; pour donner plus de consistance à ces moules, je les ai garnis de plusieurs tours de ficelle fine; enfin, je les ai étranglés par le bout qui devait former le fond du moule par un tour de ficelle bien serré: lorsque mes moules ont été ainsi préparés, j'ai versé dans chacun d'eux, avec un entonnoir de carte, du plomb ou de l'étain, et lorsque le métal a été suffisamment refroidi, j'ai retiré leur enveloppe de papier, et j'ai nettoyé très-exactement la surface des cylindres en les grattant avec un couteau.

Cette petite opération faite, j'ai rassemblé une certaine quantité de cornues neuves de verre blanc, de capacité convenable, et parfaitement propres en dedans; j'ai introduit dans chacune huit onces de plomb ou d'étain, pesées avec l'exactitude la plus scrupuleuse, après quoi j'ai tiré l'extrémité de leur col à la lampe d'émailleur, de manière qu'il se terminât en un tube capillaire très-fin que j'ai laissé ouvert.

D'un grand nombre de cornues, de capacités différentes, que j'avais ainsi préparées, les trois quarts et demi au moins ont cassé, soit à la lampe d'émailleur, soit pendant la fusion ou le refroidissement du métal : je dois observer même que ce genre d'expérience n'est pas sans danger, et que lorsque les vaisseaux ont été une fois scellés hermétiquement, on ne doit point opérer sans avoir le visage couvert d'un masque solide, par exemple de fer-blanc, et garni de glaces très-épaisses à l'endroit des yeux.

Ces difficultés se sont trouvées telles dans le détail des opérations, que je n'ai pu amener que deux expériences à bien pour l'étain, et à peine une pour le plomb ; mais indépendamment des conséquences précises et certaines que j'ai pu tirer de celles qui ont eu un succès complet, quelques-unes des autres n'ont pas été absolument perdues, soit relativement au but de ce Mémoire, soit relativement à d'autres objets que je n'avais pas directement en vue.

Calcination de l'étain dans une cornue de verre de quarante-trois pouces cubiques de capacité.

J'ai pris une des cornues préparées comme je viens de l'exposer, c'est-à-dire dont le col avait été rétréci à la lampe en un tube capillaire ; cette cornue contenait, comme toutes les autres, huit onces d'étain, pesées très-exactement ; l'ayant pesé pour connaître le poids de la cornue, indépendamment de 8 onces d'étain qu'elle contenait, j'ai eu le résultat qui suit :

SAVOIR :

	onces.	gros.	grains.
Poids de l'étain.	8	0	0,00
Poids de la cornue. . . .	5	2	2,50
Total. . . .	13	2	2,50

La balance dont je me suis servi pour toutes les expériences contenues dans ce Mémoire, a été construite par M. Chemin, ajusteur de la Monnaie, avec des précautions particulières; elle peut peser jusqu'à 8 et 10 livres, et j'ai lieu de croire qu'il n'existe aucun instrument de ce genre qui soit plus parfait. J'ai déjà eu occasion de parler de cette même balance dans un Mémoire sur le changement d'eau en terre, qui se trouve dans les *Mémoires de cette Académie*, année 1772.

Après avoir ainsi déterminé le poids de la cornue et de l'étain qu'elle contenait, je l'ai présentée sur un feu de charbon, en la tenant d'une main par le col à une distance convenable du feu, et en ayant soin de chauffer lentement pour éviter les fractures : j'ai ainsi continué à faire chauffer jusqu'à ce que l'étain commençât à fondre; alors, sans retirer la cornue de dessus le feu, j'ai fait sceller avec un chalumeau l'ouverture capillaire qui restait au bout du col de la cornue, puis j'ai fait refroidir le vaisseau aussi lentement que je l'avais échauffé.

Cette précaution de faire sortir une portion de l'air contenu dans la cornue avant de la fermer hermétiquement est indispensable, sans quoi on s'exposerait à des explosions dangereuses, ou bien on serait obligé d'employer des cornues d'un verre très-épais, et alors leur grande pesanteur rendrait la balance moins sensible, et il en résulterait une nouvelle source d'incertitude et d'erreur.

Lorsque la cornue a été ainsi vidée d'une partie de l'air qu'elle contenait et qu'elle a été scellée hermétiquement, je l'ai rapportée de nouveau à la balance, et j'ai trouvé pour son poids,

		Onces.	Gros.	Grains.	Pesanteur moyenne. Onces.	Gros.	Grains.
Dans les bassins.	N° 1..........	13	1	67,00	13	1	68,75
	N° 2..........	13	1	70,50			

J'ai recommencé la même pesée trois jours après, et j'ai eu

Dans les bassins	N° 1..........	13	1	68,00	13	1	69,00
	N° 2..........	13	1	70,00			
Total des deux pesanteurs moyennes.......					26	3	65,75
Et pour la moitié que je regarderai comme la pesanteur effective..............................					13	1	68,87

Quelque exactes que soient les balances qu'on emploie, cette manière de peser, en changeant de bassin et en prenant un milieu entre les résultats, est la seule qui puisse conduire à une exactitude rigoureuse.

	Onces.	Gros.	Grains.
Le poids, avant la sortie de l'air et avant que la cornue eût été scellée hermétiquement, était de......	13	2	2,50
Il s'est trouvé ensuite de..............................	13	1	68,87
Partant, poids de l'air qui avait été chassé par la chaleur..............................	0	0	5,63

Ce poids équivaut à peu près à douze pouces cubiques; la capacité de la cornue était de quarante-trois pouces cubiques environ; d'où il suit que j'avais fait sortir par la chaleur, avant de sceller hermétiquement la cornue, à peu près les $\frac{2}{7}$ de la quantité totale d'air contenue dans sa capacité.

Ces différentes opérations préliminaires faites, j'ai procédé à la calcination, et je vais transcrire à cet égard ce qui se trouve sur mon Journal d'expériences, à l'article du 14 février de cette anné 1774.

La cornue a été présentée au feu à 10 heures 45 minutes du matin, mais l'étain n'a été mis en fusion complète qu'à 10 heures 52 minutes, c'est-à-dire au bout de 7 minutes. Bientôt sa surface a perdu le brillant qu'elle avait dans le premier instant; elle s'est couverte d'une pellicule qui, peu à peu, a pris plus de consistance, et qui s'est comme ridée : il s'y est formé en même temps des espèces de flocons noirs. Peu de temps après je me suis aperçu qu'il se déposait au fond du vase, sous l'étain, une poudre noire plus pesante que le métal en fusion; cette espèce de chaux ne paraissait pas se former à la surface du métal comme dans la calcination à l'air libre, mais au contraire au fond et sous le métal. Au bout d'une demi-heure, la quantité de poudre noire a cessé d'augmenter, la surface même du métal s'est nettoyée; il ne s'y est plus montré de pellicule ni de flocons noirs, elle était seulement un peu moins brillante que n'était le métal dans le premier instant de la fusion.

La poudre noire dont je viens de parler, quoique plus lourde que le métal en fusion, était dans un tel état de division, que lorsqu'on agitait la cornue il s'en élevait une portion qui voltigeait dans son intérieur comme une espèce de suie très-légère qui se déposait aux parois intérieures du vaisseau.

Au bout d'une heure 10 minutes, voyant qu'il ne se présentait aucune circonstance nouvelle dans l'expérience et que toutes choses demeuraient dans le même état, j'ai commencé à laisser refroidir : quoique j'eusse beaucoup ménagé le feu pendant le cours de l'opération, le fond de la cornue cependant s'était un peu déformé et s'était allongé en forme de poire, ce qui semblerait indiquer qu'il ne s'était pas fait, pendant le cours de l'opération, de pression extérieure qui tendît à la faire rentrer sur elle-même, ou au moins que cette pression avait été plus que contre-balancée par le poids des 8 onces d'étain qui pesaient sur le fond de la cornue.

Lorsque le vaisseau a été suffisamment refroidi, je n'ai rien eu de plus pressé que de le peser de nouveau sans l'ouvrir, et avant même qu'il fût entièrement refroidi; j'ai eu les résultats qui suivent :

Pesanteur totale avant la rentrée de l'air.

	Onces.	Gros.	Grains.	Onces.	Gros.	Grains.
Dans les bassins { N° 1.........	13	1	66,90	13	1	68,60
N° 2.........	13	1	70,30			
La pesanteur de la même cornue scellée hermétiquement avant la calcination, était de...............				13	1	68,87
Différence en moins........................				00	0	0,27

Cette différence est si petite, qu'elle peut être regardée comme nulle; on verra d'ailleurs dans la suite, qu'il existe d'autres causes d'incertitude et d'erreur que je ne connaissais pas alors, et qui peuvent occasioner des différences plus considérables.

D'après cette première observation, on peut déjà regarder comme constant qu'il ne se combine avec les métaux pendant leur calcination, rien d'extérieur à la cornue; en supposant donc, comme la suite de cette expérience va le faire voir, qu'il y eût augmentation de poids du métal, il fallait en chercher la cause dans l'intérieur même de la cornue.

Cette première vérité reconnue, j'ai procédé à l'ouverture de la cornue en la chauffant brusquement vers le milieu de sa panse avec un charbon ardent, et en mouillant ensuite la place échauffée avec un peu d'eau; je suis parvenu, à l'aide de cet artifice, à former une languette ou félure, que j'ai conduite ensuite avec un charbon ardent, et j'ai divisé ainsi la cornue en deux portions presque égales. J'ai eu soin de faire cette opération sur une grande feuille de papier blanc, afin de m'assurer qu'il ne s'était pas perdu le moindre petit fragment de la cornue.

Lorsque la cornue a été ainsi ouverte et que l'air de l'extérieur a été remis en équilibre avec celui de l'intérieur du vaisseau, j'ai repesé de nouveau le tout ensemble; savoir, la cornue, le plomb et la poudre noire ou chaux, et j'ai trouvé,

Pesanteur totale après la rentrée de l'air.

	Onces.	Gros.	Grains.	Onces.	Gros.	Grains.
Dans les bassins { N° 1.........	13	2	6,75	13	2	5,63
Dans les bassins { N° 2.........	13	2	4,50			
Cette même cornue pleine d'air pesait, avant la calcination......................................				13	2	2,50
Donc, augmentation de poids pendant la calcination.				00	0	3,13

On vient de voir que tant que la cornue était demeurée scellée hermétiquement, il n'y avait eu aucune augmentation de poids par l'effet de la calcination; que cette augmentation n'avait eu lieu qu'après la rentrée de l'air extérieur; donc dans cette opération il s'est trouvé plus d'air dans la cornue après qu'avant la calcination, et c'est évidemment à cet excès d'air qu'est due l'augmentation du poids: si donc cette même augmentation de poids se trouve dans le métal, il sera prouvé que l'excès d'air qui est rentré, a servi à remplacer la portion qui s'était combinée avec le métal pendant la calcination, et qui en avait augmenté le poids: j'ai en conséquence pesé séparément la cornue, le plomb et la chaux que j'avais obtenus, et j'ai eu les résultats qui suivent:

SAVOIR :

Poids de l'étain.

		Onces.	Gros.	Grains.	Pesanteur moyenne. Onces.	Gros.	Grains.
Dans les bassins	N° 1........	7	6	37,75	7	6	37,50
	N° 2.........	7	6	37,25			
	N° 1.........	7	6	37,50	7	6	37,25
	N° 2.........	7	6	37,00			
Somme des deux pesanteurs..............					15	5	2,75

	Onces.	Gros.	Grains.
Moitié ou pesanteur effectif....................	7	6	37,37
Poids de la poudre noire ou chaux d'étain à la balance d'essai..................................	0	1	37,75
Total du poids tant de l'étain que de la chaux......	8	0	3,12
Ce même étain ne pesait, avant la calcination, que	8	0	0
Augmentation..............................	0	0	3,12

Pour faire ma preuve, j'ai pesé les deux morceaux de ma cornue, et j'ai eu,

	Onces.	Gros.	Grains.
Poids de la cornue seule.........................	5	2	2,50
Poids de l'étain..................................	7	6	37,37
Poids de la poudre noire ou chaux d'étain.........	0	2	37,75
Pesanteur totale après la calcination.............	13	2	5,62
Pesanteur avant la calcination...................	13	2	2,50
Augmentation............................	00	0	3,12

La quantité d'air contenue dans la cornue était de 43 pouces cubiques, c'est-à-dire d'environ 21 grains ; on en avait chassé, comme on l'a vu plus haut, 5 grains $\frac{2}{3}$ avant de sceller hermétiquement le vaisseau; la calcination ne s'était donc opérée que dans 15 grains $\frac{1}{3}$ d'air, et l'absorption avait été d'un cinquième environ. L'expérience suivante ayant été faite dans un vaisseau beaucoup plus grand, présentera une augmentation de poids plus marquée, et donnera par conséquent des résultats plus satisfaisans.

Calcination de l'étain dans une cornue de verre de 250 pouces cubiques de capacité.

J'ai pris une cornue de 250 pouces cubiques environ de capacité, j'y ai introduit 8 onces d'étain en baguette, et j'en ai tiré l'extrémité du col à la lampe en un tube capillaire comme ci-dessus.

Le poids réuni de l'étain et de la cornue, pesait dans cet état, c'est-à-dire avant que j'eusse fermé l'ouverture capillaire de la cornue,

		Onces.	Gros.	Grains.	Pesanteur moyenne. Onces.	Gros.	Grains.
Dans les bassins	N° 1.........	20	6	56,00	20	6	51,75
	N° 2.........	20	6	47,50			
Ce qui donne pour le poids de la cornue seule......					12	6	51,75

J'ai ensuite fait fondre doucement l'étain sur un feu de charbon, et j'ai fermé comme ci-dessus l'ouverture capillaire avec un chalumeau, après quoi ayant pesé de nouveau la cornue j'ai eu,

		Onces.	Gros	Grains.	Pesanteur moyenne. Onces.	Gros.	Grains.
Dans les bassins	N° 1.........	20	5	16,50	20	6	16,88
	N° 2.........	20	6	17,25			
Différence occasionée par la sortie de l'air..........					00	0	34,87

J'ai ensuite procédé à la calcination comme dans l'expérience précédente, et j'ai commencé à 6 heures 15 minutes. A 6 heures 45 minutes, l'étain a commencé à se fondre, mais la fusion n'a été complète et l'étain bien coulant qu'à 7 heures 15 minutes : jusque-là, la chaleur n'avait pas été probablement assez forte, et l'étain semblait conserver la consistance d'un amalgame. Dès 7 heures 15 minutes, la surface du métal commençait à être terne et ridée, mais de cet instant, la fusion étant devenue très-parfaite, il a commencé à se former une quantité très-considérable de poudre noire, qui d'abord nageait en flocons à la surface de l'étain, mais qui bientôt après, devenant spécifiquement plus pesante, gagnait le fond et devenait d'un noir plus décidé. Vers 7 heures 45 minutes, la surface de l'étain s'est presque entièrement nettoyée; elle est demeurée seulement un peu terne, comme du mercure sur lequel on a respiré; à compter de cet instant, la calcination n'a plus fait aucun progrès sensible: j'ai eu soin de laisser souvent la poudre noire à découvert, en penchant la cornue, afin qu'ayant le contact immédiat de l'air, elle se calcinât plus complètement; j'ai aussi poussé beaucoup davantage la chaleur sur la fin de l'opération: enfin, voyant qu'il ne s'opérait plus absolument aucun changement, j'ai cessé la calcination à 8 heures 45 minutes.

J'ai pesé sur-le-champ la cornue, c'est-à-dire avant qu'elle fût entièrement refroidie, et j'ai eu,

Pesanteur totale après la calcination, mais avant la rentrée de l'air.

		Onces.	Gros.	Grains.	Pesanteur moyenne. Onces.	Gros.	Grains.
Dans les bassins	N° 1..........	20	6	16,25	20	6	15,88
	N° 2..........	20	6	15,50			
Cette même cornue pesait, avant la calcination......					20	6	16,88
Diminution apparente de pesanteur..................					00	0	01,00

Cette même cornue est restée jusqu'au lendemain sans être ouverte, et ayant été curieux de la repeser pour vérifier l'opération de la veille, j'ai trouvé

		Onces.	Gros.	Grains.	Onces.	Gros.	Grains.
Dans les bassins	N° 1.........	20	6	19,50	20	6	18,50
	N° 2.........	20	6	17,50			
Elle pesait, avant la calcination................					20	6	16,88
Augmentation apparente de poids pendant la calcination..................................					00	0	01,62

J'ai d'abord été singulièrement étonné de voir que la même cornue chaude pesait moins que la même cornue froide : j'aurais été moins surpris d'un résultat tout contraire, et malgré les soins que j'avais pris et la grande perfection de l'instrument que j'employais pour peser, j'étais tenté de l'attribuer à son défaut de précision ; cependant, en réfléchissant plus attentivement sur ce phénomène, je n'ai pas tardé à en apercevoir la cause : la chaleur, comme l'on sait, dilate le verre comme presque tous les corps ; d'où il suit que la cornue chaude devait occuper plus d'espace que la cornue froide, elle devait donc déplacer un volume d'air plus considérable, et sa pesanteur devait par conséquent être moindre de tout le poids de l'excès du volume d'air déplacé : cette circonstance suffira pour faire sentir combien les expériences de ce genre sont délicates, et combien les moindres détails sont intéressans à constater.

Après avoir ainsi confirmé le résultat de la première expérience, et prouvé de nouveau que l'augmentation de poids du métal, calciné dans les vaisseaux fermés, ne vient point, comme le pensait Boyle, de l'addition d'aucune matière extérieure; j'ai cassé le bout de la soudure hermétique, et j'ai conservé soigneusement le morceau que j'en ai détaché, comme faisant partie du poids de la cornue: aussitôt l'air est rentré avec un sifflement considérable qui a duré 5 à 6″, après quoi, ayant pesé la cornue avec l'étain qu'elle contenait et le petit morceau de verre que j'en avais détaché, j'ai eu,

Première pesée.

		Onces.	Gros.	Grains.	Onces.	Gros.	Grains.
Dans les bassins	N° 1	20	6	62,00	20	6	61,50
	N° 2	20	6	61,00			

Seconde pesée faite le lendemain.

Dans les bassins	N° 1	20	6	63,00	20	6	62,12
	N° 2	20	6	61.25			

Somme des pesanteurs moyennes	41	5	51,62
Moitié ou pesanteur effective	20	6	61,81
La pesanteur de la même cornue avant la calcination, et lorsqu'elle avait encore une libre communication avec l'air, était de	20	6	51,75
Augmentation de poids par l'effet de la calcination ...	00	0	10,06

Il ne s'agissait plus que d'opérer, comme je l'avais fait dans la première expérience, pour déterminer si c'était réellement au métal calciné qu'appartenait l'augmentation de poids observée : pour cela, j'ai essayé de faire un fêlure ou languette à la cornue, comme je l'avais fait la précédente fois, et de la promener tout autour avec un charbon ardent pour la séparer en deux parties horizontalement par son milieu; mais cette opération n'ayant pas réussi comme je le désirais, ma cornue s'est séparée en quatre morceaux au lieu de deux, ce que je ne rapporte ici, au surplus, que pour l'exactitude des faits, cette circonstance étant peu importante relativement à l'objet de l'expérience.

J'ai ensuite détaché le plus soigneusement qu'il m'a été possible, toute la poudre noire qui s'était formée et qui occupait un volume au moins égal à celui de l'étain;

après quoi, ayant repesé les quatre morceaux qui composaient la cornue et le petit bout que j'en avais séparé, j'ai obtenu le résultat qui suit :

Poids de la cornue seule.

		Onces.	Gros.	Grains.	Pesanteur moyenne. Onces.	Gros.	Grains.
Dans les bassins	N° 1.........	12	6	49,75	12	6	51,62
	N° 2.........	12	6	53,50			

Ce qui revient très-exactement au poids qu'elle avait avant l'opération.

J'ai ensuite séparé, à peu près, l'étain de la poudre noire qui s'était formée pendant la calcination ; je dis à peu près, parce que quelque soin que j'aie pris, il est nécessairement resté dans la poudre noire ou chaux d'étain beaucoup de portions de grenailles d'étain non-calcinées : après quoi, ayant pesé séparément l'étain et la poudre noire, j'ai eu les résultats qui suivent.

SAVOIR :

	Onces.	Gros.	Grains.
Poudre noire..............................	2	7	2,75
Étain..............................	5	1	7,25
Total du poids après la calcination..............	8	0	10,00
Poids avant la calcination..............	8	0	00,00
Augmentation par l'effet de la calcination..........	0	0	10,00

PREUVE.

	Onces.	Gros.	Grains.
Poids des fragmens de la cornue..................	12	6	51,62
Poids de l'étain..............................	5	1	7,25
Poids de la poudre noire..........................	2	7	2,75
Total du poids après la calcination..........	20	6	61,62
Total avant la calcination..............	20	6	51,75
Augmentation de poids par l'effet de la calcination...	00	0	09,87

On a vu que la cornue dans laquelle j'avais opéré avait 250 pouces cubiques de capacité, chaque pouce cubique d'air pèse assez exactement 0,48 grains; d'où il suit que cette cornue devait contenir 120 grains d'air : mais on a vu, qu'avant de fermer l'ouverture capillaire du col de la cornue, j'en avais fait sortir 34,87 grains par la dilatation : il ne s'est donc réellement trouvé que 85,13 grains d'air dans la cornue pendant le temps de la calcination; d'où il suit que l'absorption a été entre un huitième et un neuvième.

J'ai essayé de répéter sur le plomb les mêmes expériences dont je viens de rendre compte sur l'étain, mais, comme je l'ai déjà dit, je n'ai pu amener à bien qu'une seule expérience, encore présente-t-elle des résultats extraordinaires et qui me laissent de l'incertitude, c'est ce qui m'a engagé à différer de la donner au public.

Pour résumer les conséquences que présentent les deux expériences dont je viens de rendre compte sur la calcination de l'étain, il me paraît qu'on ne peut se refuser d'en conclure :

Premièrement, qu'on ne peut calciner qu'une quantité déterminée d'étain dans une quantité donnée d'air.

Secondement, que cette quantité de métal calcinée est plus grande dans une grande cornue que dans une petite, sans qu'on puisse cependant assurer encore que la quantité du métal calciné soit exactement proportionnelle à la capacité des vaisseaux.

Troisièmement, que les cornues scellées hermétiquement, pesées avant et après la calcination de la portion d'étain qu'elles contiennent, ne présentent aucune différence de pesanteur, ce qui prouve évidemment que l'augmentation de poids qu'acquiert le métal, ne provient ni de la matière du feu ni d'aucune matière extérieure à la cornue.

Quatrièmement, que dans toute calcination d'étain, l'augmentation de poids du métal est assez exactement égale au poids de la quantité d'air absorbée, ce qui prouve que la portion de l'air qui se combine avec le métal pendant sa calcination, est à peu près de pesanteur spécifique égale à celle de l'air de l'atmosphère.

Je pourrais ajouter, que d'après des considérations particulières, puisées dans les expériences même que j'ai faites sur la calcination des métaux dans les vaisseaux fermés, considérations qu'il me serait difficile de faire saisir au lecteur sans entrer dans un trop long détail, je serais porté à croire que la portion de l'air qui se combine avec les métaux est un peu plus lourde que l'air de l'atmosphère, et que celle qui reste, au contraire, après la calcination, est un peu plus légère. L'air de l'atmosphère, dans cette supposition, formerait un résultat moyen entre ces deux airs, relativement à la pesanteur spécifique; mais il faut des preuves plus directes que je n'en ai pour pouvoir prononcer sur cet objet, d'autant plus que ces différences sont très-peu considérables.

Le lecteur s'apercevra aisément, et je ne m'en aperçois que trop moi-même, que malgré tout le soin et l'exactitude que j'ai cherché à apporter dans ces expériences, elles laissent encore beaucoup à désirer. C'est le sort de tous ceux qui s'occupent de recherches physiques et chimiques, d'apercevoir un nouveau pas à faire sitôt qu'ils en ont fait un premier, et ils ne donneraient jamais rien au public, s'ils attendaient qu'ils eussent atteint le bout de la carrière qui se présente successivement à eux, et qui paraît s'étendre à mesure qu'ils avancent pour la parcourir.

Je sais, par exemple, qu'il aurait été important pour compléter ce travail de faire une suite de calcinations métalliques dans des vaisseaux d'un grand nombre de capacités différentes, afin de pouvoir déterminer avec quelque précision la loi que suit l'augmentation de poids du métal, relativement au volume d'air dans lequel il est calciné. Il n'aurait pas été moins intéressant de tenter des calcinations dans des vaisseaux très-petits, même dans le vide de la machine pneumatique; mais les expériences de ce genre demandent tant de temps et d'attention pour être bien faites, elles sont si pénibles et exigent des appareils si embarrassans et si difficiles à exécuter, que je n'ai pas encore eu le courage de suivre plus loin ce travail.

Il n'en a pas été de même d'une nouvelle route que ces expériences m'ont ouverte : on vient de voir qu'une portion de l'air est susceptible de se combiner avec les substances métalliques pour former des chaux, tandis qu'une autre portion de ce même air se refuse constamment à cette combinaison; cette circonstance m'a fait soupçonner que l'air de l'atmosphère n'est point un être simple, qu'il est composé de substances très-différentes, et le travail que j'ai entrepris sur la calcination et la revivification des chaux de mercure, m'a singulièrement confirmé dans cette opinion. Sans anticiper sur les conséquences qui résultent de ce travail, je crois pouvoir annoncer ici que la totalité de l'air de l'atmosphère n'est pas dans un état respirable, que c'est la portion salubre qui se combine avec les métaux pendant leur calcination, et que ce qui reste après la calcination est une espèce de moffette, incapable d'entretenir la respiration des animaux ni l'inflammation des corps. Non-seulement l'air de l'atmosphère me paraît évidemment composé de deux fluides élastiques de nature très-différente, mais je soupçonne encore que la partie nuisible et méphitique, est elle-même fort composée.

Depuis la rédaction de ce Mémoire, et depuis l'extrait détaillé que j'en ai lu à la scéance publique de l'Académie, extrait qui a été imprimé dans le Journal de M. l'abbé Rozier, j'ai reçu du père Beccaria, physicien célèbre, la lettre qui suit, datée du 12 novembre 1774.

« Je crois devoir vous indiquer une expérience par » laquelle j'ai démontré depuis très-long-temps l'incalci- » nabilité des métaux dans les vaisseaux fermés : le docteur » Cigna en a fait mention dans le second volume du » *Miscellanea de Turin*, page 176.

» Je fonds de la raclure d'étain dans une bouteille de » verre très-forte, scellée hermétiquement; il s'y forme » une pellicule de chaux très-mince, mais elle n'augmente » pas davantage. Si à cette bouteille je soude hermétiquement des vaisseaux de verre, la portion de chaux » qui se forme croît en proportion de leur capacité; la » somme totale du poids (en ayant la précaution d'en- » lever de la bouteille le léger enduit que forme la » flamme de l'esprit de vin, dont je me sers pour cette » opération) reste la même, mais les flacons ajoutés, qui » avant la calcination se trouvaient en équilibre avec la » bouteille sur un certain point, cessent d'y être après » l'opération, les flacons se trouvent plus légers et la » bouteille emporte. »

Cette expérience très-ingénieuse, dont le père Beccaria

ne m'a communiqué les détails que depuis la rédaction de ce Mémoire, est une nouvelle démonstration du fait que j'ai établi; savoir, qu'il se fixe une portion d'air avec le métal pendant sa calcination; et que c'est à cette fixation qu'est due l'augmentation de poids qu'il acquiert.

CHAPITRE III.

DÉCOMPOSITION DE L'AIR PAR LE MERCURE.

MÉMOIRE

Sur la nature du principe qui se combine avec les métaux pendant la calcination, et qui en augmente le poids (1);

PAR LAVOISIER (2).

Existe-t-il différentes espèces d'air? Suffit-il qu'un corps soit dans un état d'expansibilité (3) durable pour constituer une espèce d'air? Enfin les différens airs que

(1) Lu à l'Académie des sciences à la rentrée de Pâques 1775. (Extrait des *Mémoires de l'Académie*, année 1775, pag. 520.)

(2) Les premières expériences relatives à ce Mémoire ont été faites il y a plus d'un an; celles sur le mercure précipité *per se*, ont d'abord été tentées au verre ardent, dans le mois de novembre 1774, et faites ensuite avec toutes lse précautions et les soins nécessaires, dans le laboratoire de M. de Montigny, conjointement avec M. Trudaine, les 28 février, 1er et 2 mars de cette année; enfin elles ont été répétées de nouveau le 31 mars dernier, en présence de M. le duc de La Rochefoucault, de MM. Trudaine, de Montigny, Macquer et Cadet.

(3) Le mot d'*expansibilité* que j'emploierai dans ce Mémoire, est aujourd'hui consacré pour les physiciens et pour les chimistes, depuis qu'un auteur moderne en a fixé le sens dans un article très-étendu, rempli des vues les plus vastes et les plus neuves. (V. *Encycl.* t. VI, p. 274, art. *Expansibilité*.

la nature nous offre, ou que nous parvenons à former, sont-ils des substances à part, ou des modifications de l'air de l'atmosphère? Telles sont les principales questions qu'embrasse le plan que je me suis formé, et dont je me suis proposé de mettre successivement le développement sous les yeux de l'Académie; mais le temps consacré à nos séances publiques, ne me permettant pas de traiter aucune de ces questions dans toute son étendue, je me renfermerai aujourd'hui dans un seul cas particulier, et je me bornerai à faire voir que le principe qui s'unit aux métaux pendant leur calcination, qui en augmente le poids et qui les constitue dans l'état de chaux, n'est autre chose que la portion d'air la plus salubre et la plus pure; de sorte que si l'air, après avoir été engagé dans une combinaison métallique, redevient libre, il en ressort dans un état éminemment respirable, et plus propre que l'air de l'atmosphère à entretenir l'inflammation et la combustion des corps.

La plupart des chaux métalliques ne se réduisent, c'est-à-dire ne reviennent à l'état de métal, que par le contact immédiat d'une matière charbonneuse, ou d'une substance quelconque qui contienne ce qu'on nomme le *phlogistique*. Le charbon qu'on emploie, se réduit en entier dans cette opération, lorsque la dose est bien proportionnée; d'où il suit que l'air qui se dégage des réductions métalliques par le charbon n'est pas un être simple, qu'il est en quelque façon le résultat de la combinaison du fluide élastique dégagé du métal, et de celui dégagé du charbon; donc, de ce qu'on obtient ce fluide dans l'état d'air fixe, on n'est point en droit d'en conclure qu'il existait dans cet état dans la chaux métallique avant sa combinaison avec le charbon.

Ces réflexions m'ont fait sentir combien il était essentiel pour débrouiller le mystère de la réduction des chaux métalliques, de diriger toutes mes expériences sur celles qui sont réductibles sans addition ; les chaux de fer m'offraient cette propriété : en effet, de toutes celles, soit naturelles, soit artificielles, que nous avons exposées au foyer des grands verres ardens, soit de M. le Régent, soit de M. de Trudaine, il n'en est aucune qui n'ait été réduite en totalité sans addition.

J'ai essayé en conséquence de réduire, à l'aide du verre ardent, plusieurs espèces de chaux de fer sous de grandes cloches de verre renversées dans du mercure, et je suis parvenu à en dégager par ce moyen une grande quantité de fluide élastique; mais, comme en même temps, ce fluide élastique se trouvait mélangé avec l'air commun, contenu dans la capacité de la cloche, cette circonstance jetait une grande incertitude sur mes résultats; aucune des épreuves auxquelles je soumettais cet air n'était parfaitement concluante, et il m'était impossible d'assurer si les phénomènes que j'obtenais, dépendaient de l'air commun, de celui dégagé de la chaux de fer, ou de la combinaison des deux ensemble. Ces expériences n'ayant point rempli mon objet, j'en supprime ici le détail; elles trouveront d'ailleurs leur place naturelle dans d'autres Mémoires.

Comme ces difficultés tenaient à la nature même du fer, à la qualité réfractaire de ses chaux, et à la difficulté de les réduire sans addition, je les ai regardées comme insurmontables, et j'ai cru dès-lors devoir m'adresser à une autre espèce de chaux d'un traitement plus facile, et qui eût, comme les chaux de fer, la propriété de se réduire sans addition : le mercure précipité *per se*, qui n'est autre chose qu'une chaux de mercure, comme l'ont déjà avancé quelques auteurs, et comme on en sera mieux convaincu encore par la lecture de ce Mémoire, le mercure précipité *per se*, dis-je, m'a paru propre à remplir complètement l'objet que j'avais en vue : personne en effet n'ignore plus aujourd'hui que cette substance est réductible sans addition à un degré de chaleur très-médiocre. Quoique j'aie répété un grand nombre de fois les expériences que je vais rapporter, je n'ai pas cru devoir donner ici le détail de chacune d'elles en particulier, dans la crainte de trop grossir ce Mémoire, et j'ai confondu en conséquence en un seul récit des circonstances qui appartiennent à plusieurs répétitions de la même expérience.

Pour m'assurer d'abord si le mercure précipité *per se* était une véritable chaux métallique, s'il donnait les mêmes résultats, la même espèce d'air par la réduction, suivant la méthode ordinaire, c'est-à-dire, pour me servir de l'expression reçue, avec addition de phlogistique ; j'ai mêlé une once de cette chaux avec 48 grains de charbon en poudre, et j'ai introduit le tout dans une petite cornue de verre de deux pouces cubiques au plus de capacité, que j'ai placée dans un fourneau de réverbère proportionné à sa grandeur. Le col de cette cornue avait environ un pied de longueur, et trois à quatre lignes de diamètre ; il avait été coudé en différens endroits à la lampe d'émailleur, et son extrémité était disposée de manière à pouvoir s'engager sous une cloche de verre suffisamment grande, remplie d'eau et renversée dans un baquet également rempli d'eau : l'appareil qui est maintenant sous les yeux de l'Académie, suffira pour lui donner une idée de l'opération. Cet appareil, tout simple qu'il est, est d'autant plus exact, qu'il n'y a ni soudure, ni lut, ni enfin aucun passage à travers lequel l'air puisse s'introduire ou s'échapper.

Sitôt que le feu a été mis sous la cornue, et qu'elle a ressenti les premières impressions de la chaleur, l'air commun qu'elle contenait s'est dilaté, et il en a passé quelque peu dans la cloche; mais vu la petitesse de la partie vide de la cornue, cet air ne pouvait pas faire d'erreur sensible, et sa quantité, en évaluant tout au plus haut, pouvait à peine monter à un pouce cubique. A mesure que la cornue a commencé à s'échauffer davantage, l'air s'est dégagé avec beaucoup de rapidité, et a monté à travers de l'eau dans la cloche; l'opération n'a pas duré plus de trois quarts d'heure, encore le feu a-t-il été ménagé pendant cet intervalle. Lorsque la totalité de la chaux de mercure a été réduite, et que l'air a cessé de passer, j'ai marqué la hauteur où l'eau s'était arrêtée dans la cloche, et j'ai trouvé que la quantité d'air dégagé avait été de 64 pouces cubiques, sans compter la portion qui avait dû nécessairement être absorbée par l'eau en la traversant.

J'ai soumis cet air a un grand nombre d'épreuves dont je supprime le détail, et il en a résulté: 1º qu'il était susceptible de se combiner avec l'eau par l'agitation, et de lui communiquer toutes les proprietés des eaux acidules, gazeuses ou aériennes, telles que sont celles de Seltz, de Pougues, de Bussang, de Pirmont, etc.; 2º qu'il faisait périr en quelques secondes les animaux qu'on y plongeait; 3º que les bougies et généralement tous les corps combustibles s'y éteignaient à l'instant; 4º qu'il précipitait l'eau de chaux; 5º qu'il se combinait avec une grande facilité avec les alkalis, soit fixes, soit volatils, qu'il leur ôtait leur causticité, et leur donnait la propriété de cristalliser. Toutes ces qualités sont précisément celles de l'espèce d'air connu sous le nom d'*air fixe*, tel que je l'ai obtenu de la réduction du minium par la poudre de charbon, tel qu'il se dégage des terres calcaires et des alkalis effervescens par leur combinaison avec les acides, des matières végétales en fermentation, etc. Il était donc constant que le mercure précipité *per se* donnait les mêmes produits que les autres chaux métalliques, par la réduction avec addition de phlogistique, et qu'il rentrait par conséquent dans la classe générale des chaux métalliques.

Il n'était plus question que d'examiner cette chaux seule, de la réduire sans addition, de voir s'il s'en dégageait de même quelque fluide élastique, et, en supposant qu'il s'en dégageât, d'en déterminer la nature. Pour remplir cet objet, j'ai mis dans une cornue, également de deux pouces cubiques de capacité, une once de mercure précipité *per se* seul; j'ai disposé l'appareil de la même manière que dans l'expérience précédente, et j'ai fait en sorte que toutes les circonstances fussent exactement les mêmes; la réduction s'est faite cette fois un peu plus difficilement que par l'addition du charbon; elle a exigé plus de chaleur, et il n'y a eu d'effet sensible, que lorsque la cornue a commencé légèrement à rougir; alors l'air s'est degagé peu à peu, a passé dans la cloche, et en soutenant le même degré de feu pendant deux heures et demie, la totalité du mercure a été réduite.

L'opération achevée, il s'est trouvé d'une part, tant dans le col de la cornue que dans un vaisseau de verre, que j'avais disposé au-dessous de l'eau sous son bec, 7 gros 18 grains de mercure coulant; de l'autre, la quantité d'air passé dans la cloche s'est trouvée de 78 pouces cubiques ; d'où il suit qu'en supposant que toute la perte de poids dût être attribuée à l'air, chaque pouce cubique devait peser un peu moins de deux tiers de grain, ce qui ne s'écarte pas beaucoup de la pesanteur de l'air commun.

Après avoir ainsi fixé ces premiers résultats, je n'ai rien eu de plus pressé que de soumettre les 78 pouces cubiques d'air que j'avais obtenus à toutes les épreuves propres à en déterminer la nature, et j'ai reconnu avec beaucoup de surprise ;

1° Qu'il n'était pas susceptible de se combiner avec l'eau par l'agitation ;

2° Qu'il ne précipitait pas l'eau de chaux, mais qu'il la troublait seulement d'une manière presque insensible ;

3° Qu'il ne contractait aucune union avec les alkalis fixes ou volatils ;

4° Qu'il ne diminuait en rien leur qualité caustique ;

5° Qu'il pouvait servir de nouveau à la calcination des métaux ;

6° Enfin, qu'il n'avait aucune des propriétés de l'air fixe : loin de faire périr, comme lui, les animaux, il semblait au contraire plus propre à entretenir leur respiration ; non-seulement les bougies et les corps embrasés ne s'y éteignaient pas, mais la flamme s'élargissait d'une manière très-remarquable ; elle jetait beaucoup plus de lumière et de clarté que dans l'air commun ; le charbon y brûlait avec un éclat presque semblable à celui du phosphore, et tous les corps combustibles, en général, s'y consumaient avec une étonnante rapidité. Toutes ces circonstances m'ont pleinement convaincu que cet air, loin d'être de l'air fixe, était dans un état plus respirable, plus combustible; et par conséquent qu'il était plus pur que l'air même dans lequel nous vivons.

Il paraît prouvé, d'après cela, que le principe qui se combine avec les métaux pendant leur calcination et qui en augmente le poids, n'est autre chose que la portion la plus pure de l'air même qui nous environne, que nous respirons, et qui passe, dans cette opération, de l'état d'expansibilité à celui de solidité; si donc on l'obtient dans l'état d'air fixe, dans toutes les réductions métalliques où l'on emploie le charbon, c'est à la combinaison de ce dernier avec la portion pure de l'air qu'est dû cet effet, et il est très-vraisemblable que toutes les chaux métalliques ne donneraient, comme celles de mercure, que de l'air éminemment respirable, si l'on pouvait toutes les réduire sans addition, comme on réduit le mercure précipité *per se*.

Tout ce qu'on vient de dire de l'air des chaux métalliques, peut s'appliquer naturellement à celui qu'on obtient du nitre par la détonation; on sait, par nombre d'expériences déjà publiées, et dont j'ai répété le plus grand nombre, que la plus grande partie de cet air est dans l'état d'air fixe, qu'il est mortel pour les animaux qui le respirent; qu'il a la propriété de s'unir facilement avec la chaux et les alkalis, de les adoucir et de les faire cristalliser; mais comme, en même temps, la détonation du nitre n'a lieu que par l'addition du charbon ou d'un corps quelconque qui contient du phlogistique, on ne peut guère douter qu'il ne s'opère encore dans cette circonstance une conversion d'air éminemment respirable en air fixe; d'où il suivrait que l'air combiné dans le nitre, et qui produit les explosions terribles de la poudre à canon, est la portion respirable de l'air de l'atmosphère, privé de son expansibilité, et qui est un des principes constituans de l'acide nitreux.

Puisque le charbon disparaît en entier dans la revivification de la chaux de mercure, et qu'on ne retire dans cette opération que du mercure et de l'air fixe, on est forcé d'en conclure que le principe auquel on a donné jusqu'ici le nom d'*air fixe*, est le résultat de la combinaison de la portion éminemment respirable de l'air avec le charbon; et c'est ce que je me propose de développer d'une manière plus satisfaisante, dans la suite des Mémoires que je donnerai sur cet objet.

SECTION DEUXIÈME.

DÉCOMPOSITION DE L'AIR PAR LES COMBUSTIBLES NON MÉTALLIQUES.

CHAPITRE PREMIER.

DÉCOMPOSITION DE L'AIR PAR LE PHOSPHORE.

ARTICLE PREMIER.

MÉMOIRE

Sur la combustion du phosphore et la formation de son acide (1);

Par LAVOISIER.

EXPÉRIENCE PREMIÈRE.

Combustion du phosphore sous une cloche renversée dans de l'eau.

PRÉPARATION DE L'EXPÉRIENCE.

J'ai mis dans une petite capsule d'agate, 8 grains de phosphore de Kunckel; j'ai placé cette petite capsule sous une cloche de verre renversée dans de l'eau, et j'ai introduit avec un entonnoir recourbé, une petite couche d'huile sur la surface de l'eau: cet appareil est le même que celui représenté fig. 8. J'ai ensuite fait tomber sur le phosphore le foyer d'une lentille de verre de 8 pouces de diamètre.

(1) Cet article forme le chapitre IX des *Opuscules physiques et chimiques*, publiés en 1774.

EFFET.

Bientôt le phosphore a fondu, puis il s'est allumé en donnant une belle flamme; en même temps, il s'en élevait une grande quantité de vapeurs blanches qui s'attachaient à la surface intérieure de la cloche, et qui la ternissaient; ces vapeurs ensuite, en quelques minutes, sont tombées en *deliquium*, et ont formé des gouttes d'une liqueur claire et limpide. Dans le premier instant, l'eau de la cloche a un peu baissé, en raison de la dilatation occasionée par la chaleur; mais bientôt elle a commencé à remonter sensiblement même pendant la combustion, et lorsque les vaisseaux ont été refroidis, elle s'est arrêtée à un pouce 5 lignes au-dessus de son premier niveau.

RÉFLEXIONS.

Le diamètre intérieur de cette cloche était de quatre pouces $\frac{1}{10}$; d'où il suit que l'absorption de l'air avait été de 19 pouces $\frac{2}{3}$. Ayant retiré la capsule de dessous la cloche, il s'est trouvé au fond une matière jaune qui n'était autre chose que du phosphore à demi décomposé; je l'ai lavé et séché, après quoi il pesait entre 1 et 2 grains, d'où il suit qu'il n'y avait eu réellement que 6 à 7 grains de phosphore de brûlé, et que l'absorption d'air avait été environ de trois pouces par chaque grain de phosphore.

La portion de la cloche au-dessus de l'eau était de 109 pouces cubiques de capacité. L'absorption d'air avait donc été de $\frac{2}{11}$, ou, ce qui est la même chose, entre un cinquième et un sixième de la quantité totale d'air contenu sous la cloche.

EXPÉRIENCE II.

Combustion du phosphore sous une cloche renversée dans du mercure.

PRÉPARATION DE L'EXPÉRIENCE.

J'ai répété cette expérience avec la même cloche que ci-dessus; j'y ai employé également 8 grains de phosphore. Enfin, j'ai fait en sorte que toutes les circonstances fussent absolument les mêmes, à la seule différence, qu'au lieu de renverser la cloche de verre dans un vase rempli d'eau et recouvert d'une couche d'huile, je l'ai renversée dans un vase rempli de mercure.

EFFET.

La combustion s'est faite à peu près comme dans l'expérience précédente, avec cette différence, que les vapeurs qui s'attachaient à la cloche étaient en flocons beaucoup plus légers, beaucoup plus blancs, et qu'ils ne sont point tombés de même en *deliquium*. Indépendamment de ceux attachés à la cloche, la petite capsule en était couverte. L'absorption d'air a été de 16 pouces cubiques $\frac{3}{4}$, c'est-à-dire d'un peu moins de 3 pouces par grain de phosphore. Il restait de même dans la capsule un peu de résidu phosphorique jaune à demi décomposé.

EXPÉRIENCE III.

Combustion du phosphore sur le mercure, à moindre dose que dans les expériences précédentes.

J'ai essayé de brûler sous la même cloche, et également sur du mercure, du phosphore à moindre dose, c'est-à-dire, en quantité moindre que 8 grains: la quantité d'air absorbé a diminué en proportion que je diminuais la quantité de phosphore, et elle a constamment été entre 2 pouces $\frac{1}{4}$ et 2 pouces $\frac{3}{4}$ par chaque grain, déduction faite de la petite portion de résidu jaune qui restait à chaque combustion.

EXPÉRIENCE IV.

Déterminer la plus grande quantité de phosphore qu'on puisse brûler, dans une quantité donnée d'air, et quelles sont les limites de l'absorption.

PRÉPARATION DE L'EXPÉRIENCE.

J'ai mis dans le même appareil, c'est-à-dire sous une cloche plongée dans du mercure, 24 grains de phosphore dans une capsule d'agate.

EFFET.

La combustion s'est faite, dans le premier moment, de la même manière que si la quantité de phosphore n'eût été que de 6 à 8 grains, à l'exception cependant qu'elle a été plus rapide, plus instantanée, et que la dilatation a été plus forte; mais bientôt, quoiqu'il y eût encore une quantité considérable de phosphore non brûlée, la combustion a cessé, et il ne m'a plus été possible de la rétablir à l'aide du verre ardent : je parvenais bien à fondre le phosphore, à le faire bouillonner, à le sublimer même, mais il ne s'enflammait plus. La portion d'air absorbée dans cette expérience, s'est trouvée de 17 à 18 pouces environ, et en comparant la quantité restante du phosphore avec celle que j'avais employée, il s'est trouvé que la quantité brûlée n'avait encore été que de 6 à 7 grains.

RÉFLEXIONS.

J'ai répété un grand nombre de fois ces expériences, et les résultats ont toujours été les mêmes, à quelque différence près dans les quantités d'air absorbé : jamais il ne m'a été possible de porter cette absorption au-delà de 20 ou 21 pouces dans une cloche de 109 pouces de capacité, c'est-à-dire, qu'elle a approché beaucoup du cinquième du volume total sans pouvoir y arriver. Souvent, après avoir laissé refroidir les vaisseaux pendant plusieurs heures, j'essayais de rendre l'air sous la cloche en la soulevant : sitôt que le phosphore recevait le contact du nouvel air, il se rallumait sur-le-champ, et lorsque je le couvrais de nouveau avec une autre cloche à peu près de même capacité, il s'en brûlait encore 6 à 8 grains, après quoi le phosphore s'éteignait sans qu'il fût possible de le rallumer autrement qu'en lui rendant de nouvel air.

Ces expériences semblaient déjà conduire à penser que l'air de l'atmosphère, ou un autre fluide élastique quelconque contenu dans l'air, se combinait, pendant la combustion, avec les vapeurs du phosphore; mais il y avait bien loin d'une conjecture à une preuve, et le point essentiel était d'abord de bien établir qu'il se faisait en effet une combinaison d'une substance quelconque avec la vapeur du phosphore pendant sa combustion. Les expériences suivantes m'ont paru propres à fournir cette preuve.

EXPÉRIENCE V.

Déterminer avec autant de précision que ce genre d'expérience le comporte, l'augmentation de poids des vapeurs acides du phosphore qui brûle.

PRÉPARATION DE L'EXPÉRIENCE.

J'ai introduit, fig. 22, dans une bouteille P de cristal à large gouleau, une petite capsule de verre B, dans laquelle j'ai mis 8 grains de phosphore; j'ai bouché très-exactement cette bouteille avec un bouchon de liège, et j'ai pesé le tout jusqu'à la précision d'un demi-grain; j'ai ensuite débouché la bouteille, et je l'ai placée sur-le-champ sous la cloche de cristal A C G, qui m'avait servi précédemment; enfin, j'ai élevé le mercure jusqu'en C G, et j'ai allumé le phosphore avec un verre ardent.

EFFET.

L'acide phosphorique s'est sublimé en flocons blancs qui se sont attachés la plupart aux parois intérieures de la bouteille P et sur la capsule B; un quart au moins est sorti au-dehors de la bouteille, et s'est déposé, partie sur la surface du mercure, partie sur les parois intérieures de la cloche, partie enfin sur la surface extérieure de la bouteille.

Lorsque les vaisseaux ont été refroidis, l'absorption s'est trouvée de 16 à 17 pouces cubiques, et il restait une petite portion de matière jaune non brûlée. J'ai alors enlevé la cloche A avec les précautions convenables, et en moins de quatre secondes j'ai rebouché la bouteille P avec son bouchon de liège. Il est aisé de sentir qu'en un si court intervalle de temps l'air contenu dans la bouteille P ne pouvait avoir été renouvelé et remplacé par de l'air chargé d'humidité, ou au moins que, si cet effet avait pu avoir lieu, ce ne pouvait être que pour une quantité presque insensible.

La bouteille P ayant été très-exactement essuyée et nettoyée en dehors, je l'ai portée à la balance, et j'ai trouvé son poids augmenté de 6 grains, c'est-à-dire qu'au lieu de 8 grains de phosphore que j'avais mis dans la bouteille, il s'y trouvait 14 grains, soit d'acide phosphorique concret, soit de phosphore à demi décomposé; mais on se rappelle qu'il était sorti pendant la combustion au moins un quart de vapeurs hors de la bouteille, c'est-à-dire 3 à 4 grains; d'où il suit que 6 à 7 grains de phosphore donnent 17 à 18 grains d'acide phosphorique concret, autrement dit que 6 à 7 grains de phosphore absorbent 10 à 12 grains d'une substance quelconque contenue dans l'air enfermé sous la cloche. Cette expérience laisse trop de marge pour qu'on puisse raisonnablement établir quelque doute sur son résultat, et tous les argumens qu'on pourrait faire ne tendraient tout au plus qu'à réduire l'augmentation de poids à 8 ou 10 grains, au lieu de 10 ou 12.

RÉFLEXIONS.

La quantité d'air absorbé était de 17 pouces, au plus; combinés avec le phosphore pour former l'acide phosphorique, ils lui ont communiqué une augmentation de poids de 10 à 12 grains, d'où il suit que le fluide élastique absorbé pèse environ $\frac{2}{3}$ de grain le pouce cube, c'est-à-dire à peu près un quart de plus que l'air que nous respirons.

Mais si la matière attirée par le phosphore pendant la combustion est la partie la plus pesante de l'air, pourquoi ne serait-ce pas l'eau elle-même que ce fluide tient en dissolution, et qui est répandue dans l'atmosphère en si grande abondance et dans une espèce d'état d'expansion? Sans doute, me suis-je dit à moi-même, l'eau est nécessaire à l'aliment de la flamme; tant que l'air en contient, il est propre à entretenir la combustion; en est-il dépouillé? la combustion ne peut plus avoir lieu.

Ce sentiment était probable et se présentait avec un

air de vérité propre à séduire; aussi me suis-je empressé de le soumettre à l'épreuve de l'expérience, et voici le raisonnement que j'ai fait. Si cette théorie de l'absorption de l'eau est vraie, il doit en résulter trois choses : 1° qu'en rendant à l'air, renfermé sous une cloche dans laquelle on brûle du phosphore, de l'eau réduite en vapeurs à mesure qu'il y en a d'absorbé, la combustion, loin de cesser, doit se prolonger très-long-temps; 2° que dans ce cas il ne doit plus y avoir de diminution dans le volume de l'air à mesure que le phosphore brûle; 3° qu'en rendant à un volume d'air dans lequel on a brûlé du phosphore, qui a été épuisé par conséquent d'eau, et qui a été diminué de près d'un cinquième de l'eau réduite en vapeurs, on doit produire dans son volume une augmentation égale à la diminution qu'il avait essuyée pendant la combustion. Ces réflexions m'ont conduit aux expériences qui suivent.

EXPÉRIENCE VI.

Brûler du phosphore sous une cloche plongée dans du mercure, en entretenant sous la même cloche une atmosphère d'eau réduite en vapeur.

PRÉPARATION DE L'EXPÉRIENCE.

J'ai mis suffisante quantité de mercure dans une petite terrine; j'y ai fait nager deux petites capsules d'agate, l'une contenant 8 grains de phosphore, l'autre environ 1 gros d'eau; je les ai recouvertes toutes deux avec une cloche de cristal, et j'ai élevé le mercure dans la cloche à une hauteur convenable.

J'ai fait tomber d'abord le foyer du verre ardent sur la capsule qui contenait l'eau; en quelques minutes elle s'est échauffée; puis elle a bouilli, et il s'en est élevé des vapeurs qui se condensaient en gouttes et qui coulaient le long des parois intérieures de la cloche. Lorsque j'ai été parfaitement assuré qu'il existait sous la cloche une atmosphère abondante de vapeurs aqueuses, j'ai cessé de faire bouillir l'eau, et j'ai fait tomber le foyer du même verre ardent sur le phosphore.

EFFET.

La combustion s'est faite comme à l'ordinaire; il y a eu même quantité d'air absorbé, et l'expérience n'a différé de toutes celles faites sur le mercure, qu'en ce que l'acide, au lieu d'être en fleurs blanches et sous forme concrète, s'est déposé en gouttes sur les parois de la cloche en raison de la quantité d'eau qui lui avait été fournie.

EXPÉRIENCE VII.

Rendre de l'humidité à l'air dans lequel a brûlé le phosphore.

J'ai répété la même expérience, en observant de brûler d'abord le phosphore, et de faire bouillir l'eau ensuite, par le moyen du verre ardent.

EFFET.

Les vapeurs acides se sont déposées sur les parois de la cloche en flocons d'un blanc moins beau que dans l'expérience précédente; et en quelques minutes, ils sont tombés en *deliquium*, en raison de l'humidité que l'eau, quoique froide, avait fournie sous la cloche. Les vaisseaux refroidis, l'absorption de l'air s'est trouvée à peu près égale à celle éprouvée dans les expériences précédentes; j'ai fait alors tomber le foyer du verre ardent sur l'eau contenue dans la capsule, et je l'ai fait bouillir; la vapeur s'est bientôt répandue dans la capacité de la cloche, elle s'est même rassemblée en gouttes le long de ses parois; mais la hauteur du mercure n'a ni augmenté ni diminué, c'est-à-dire que le volume de l'air est resté très-exactement le même.

EXPÉRIENCE VIII.

Essayer si, à l'aide d'une atmosphère d'eau réduite en vapeur, on peut brûler une plus grande quantité de phosphore dans une quantité donnée d'air.

PRÉPARATION DE L'EXPÉRIENCE.

J'ai employé dans cette expérience les deux capsules d'agate employées dans les précédentes; j'ai mis dans l'une un peu d'eau distillée; dans l'autre, 18 grains de phosphore; j'ai fait bouillir l'eau à l'aide du verre ardent; enfin, j'ai allumé le phosphore.

EFFET.

Il ne s'en est brûlé que 7 à 8 grains; après quoi la combustion a cessé, et il ne m'a pas été possible de la ranimer à l'aide du verre ardent: la plus grande partie du phosphore non brûlé était restée dans la capsule; quelques portions s'étaient sublimées aux parois intérieures de la cloche; l'absorption d'air était de 18 pouces $\frac{1}{2}$, c'est-à-dire toujours à peu près la même que dans les autres expériences.

RÉFLEXIONS.

Il paraît constant, d'après ces expériences, que la diminution du volume de l'air qui s'observe pendant la combustion du phosphore, ne tient point à l'absorption de l'eau qui y était contenue, que la plus ou moins grande quantité d'eau introduite sous la cloche et combinée avec l'air qui y est enfermé, ne change rien aux phénomènes; et que la seule différence qui en résulte est d'avoir l'acide ou concret ou fluor. Ce n'est pas que je veuille nier que l'acide phosphorique, en se formant, ne puisse enlever à l'air une portion de l'humidité dont il est chargé; il est même très-probable que cet effet a lieu; et c'est, sans doute, en raison de cette humidité que l'augmentation de pesanteur, observée dans l'Expérience V, s'est trouvée un peu plus grande qu'elle n'aurait dû l'être, proportionnellement à la quantité d'air absorbée; mais il ne m'en paraît pas moins prouvé par tout ce qui a précédé: 1° que la plus grande partie de la substance, absorbée par le phosphore pendant sa combustion, est autre chose que de l'eau; 2° que c'est à l'addition de cette substance que l'acide phosphorique doit la plus grande partie de son augmentation de poids; 3° enfin, que c'est à sa soustraction que l'air dans lequel on a brûlé du phosphore doit sa diminution de volume. Une dernière expérience que je vais faire précéder par quelques réflexions préliminaires portera, à ce que j'espère, ces vérités jusqu'à l'évidence.

Je suppose qu'une bouteille, ou un autre vase quelconque à gouleau étroit, soit exactement remplie d'eau distillée, de manière qu'il ne soit plus possible d'en ajouter une seule goutte sans en répandre par-dessus les bords. Si ensuite on introduisait dans cette bouteille de l'acide phosphorique, ou un autre acide quelconque dans un état de concentration absolue, c'est-à-dire, absolument privé d'eau, il est clair qu'il arriverait de deux choses l'une; ou cet acide se logerait entre les particules d'eau et se combinerait avec elle sans en augmenter le volume, ou bien, ce qui est plus probable, en se mêlant avec l'eau, il en écarterait les parties, et il résulterait du mélange un volume plus grand que n'était celui de l'eau ; alors il y aurait une quantité de fluide excédente à ce que la bouteille pourrait contenir, et cet excédant s'écoulerait par-dessus ses bords.

Je suppose que la quantité d'acide introduite fût inconnue; il ne serait pas difficile de la déterminer dans le premier cas : il ne s'agirait que de peser la bouteille, et l'augmentation de poids qu'elle aurait acquise serait égale au poids de l'acide ajouté.

Il n'en serait pas de même dans le second cas; alors, pour avoir la quantité d'acide introduite dans la bouteille, il faudrait ajouter à l'augmentation de poids qu'elle aurait acquise, le poids du fluide qui se serait écoulé par-dessus ses bords; mais il demeurerait toujours pour constant, et l'on pourrait regarder comme démontré que dans les deux cas la quantité d'acide ajouté, si elle n'est plus grande, est au moins égale à l'augmentation de poids que la bouteille a acquise. Ces réflexions vont s'appliquer tout naturellement à l'expérience qui suit.

EXPÉRIENCE IX.

Examen du rapport de pesanteur de l'acide phosphorique avec l'eau distillée, et des conséquences qu'on en peut tirer.

J'ai pris un grand plat de faïence émaillée, au milieu duquel j'ai placé une petite soucoupe d'agate, et j'ai recouvert le tout avec une grande cloche de verre, de manière cependant que les bords du plat débordassent ceux de la cloche. J'avais préalablement humecté l'un et l'autre vase avec un peu d'eau distillée. L'appareil ayant été ainsi disposé, j'ai mis dans la soucoupe d'agate deux ou trois grains de phosphore, je les ai enflammés par le moyen d'une lame de couteau légèrement échauffée, que je passais sous la cloche, et avec laquelle je touchais le phosphore. Sitôt que l'inflammation avait lieu, il s'élevait du phosphore une colonne de vapeurs blanches très-épaisses qui se répandaient dans la cloche ; mais ce qui est remarquable, c'est que quoique la cloche fût simplement posée sur le plat, et qu'elle ne le touchât pas même exactement dans tous les points, la vapeur qui circulait dans son intérieur, au lieu d'être chassée en dehors par la dilatation occasionée par la chaleur, semblait au contraire être repoussée en dedans par des bouffées d'air extérieur qui s'introduisaient sous la cloche. Cette circonstance n'empêchait cependant pas que, dans quelques autres instans, il ne s'échappât quelque peu de vapeurs.

Il fallait environ une heure pour condenser la totalité des vapeurs contenues sous la cloche ; après quoi je recommençais la même opération avec la précaution seulement de réimbiber la cloche, soit avec de l'eau distillée, soit avec de l'eau même qui avait déjà servi et qui devenait de plus en plus acide.

Il est bon d'observer qu'à la fin de la combustion, il restait constamment au fond de la soucoupe d'agate quelques portions de la matière jaune dont j'ai parlé plus haut, et qui n'est autre chose que du phosphore à demi décomposé ; j'avais grand soin de les mettre à part. J'ai continué à brûler ainsi du phosphore, jusqu'à concurrence de 2 gros 42 grains ; après quoi, ayant lavé et séché la matière jaune qui me restait, je l'ai trouvée du poids de 32 grains ; la quantité de phosphore que j'avais brûlée n'était donc réellement que de 2 gros 10 grains.

La liqueur résultante de cette opération était claire et

limpide, sans couleur, sans odeur, et avait une saveur acide comme aurait eu de l'huile de vitriol étendue dans beaucoup d'eau. Il était clair que cette liqueur n'était autre chose qu'une eau distillée dans laquelle on avait introduit une certaine quantité d'acide phosphorique, et je pouvais lui appliquer les réflexions qui ont précédé cette expérience.

J'ai choisi, en conséquence, une fiole à peu près capable de contenir tout l'acide phosphorique que j'avais obtenu, et comme, après y avoir mis cet acide, il restait encore une petite portion vide pour arriver jusqu'au gouleau, je l'ai remplie avec un peu d'eau distillée, et j'ai lié un fil exactement à l'endroit jusqu'auquel venait la surface de la liqueur : la bouteille ayant été portée à la balance, le poids de l'acide, déduction faite de la tarre, s'est trouvé de 6 onces 7 gros 69 grains $\frac{1}{2}$.

J'ai ensuite vidé la bouteille ; je l'ai très-exactement rincée, et j'y ai introduit de l'eau distillée jusqu'à la même marque. Le poids de cette eau, déduction faite de la tarre, s'est trouvé de 6 onces 4 gros 42 grains, ce qui donnait pour l'excédant de poids de l'acide sur l'eau distillée, 3 gros 27 grains $\frac{1}{2}$.

Il est clair, d'après ce qui a été dit plus haut, qu'un excès de poids de 3 gros 27 grains $\frac{1}{2}$, annonçait au moins qu'il existait dans la liqueur 3 gros 27 grains $\frac{1}{2}$ d'acide, dans les suppositions même les plus défavorables ; cependant la quantité de phosphore employée n'était que de 2 gros 10 grains : d'où il suit évidemment que le phosphore avait attiré, pendant la combustion, au moins 1 gros 17 grains d'une substance quelconque. Cette substance ne pouvait être de l'eau, parce que l'eau n'aurait pas augmenté la pesanteur spécifique de l'eau ; c'était donc ou de l'air lui-même, ou un autre fluide élastique quelconque contenu dans une certaine proportion dans l'air que nous respirons. Cette dernière expérience me paraît si démonstrative, que je ne prévois pas par quelle objection on pourrait l'attaquer.

ARTICLE II.

EXPÉRIENCES

Sur la combustion et la détonation dans le vide (1);

Par LAVOISIER.

Si la combustion du phosphore consiste essentiellement, comme les expériences précédentes paraissent le prouver, dans l'absorption de l'air, ou d'un autre fluide élastique contenu dans l'air, il doit en résulter que la combustion du phosphore ne peut se faire sans air; qu'elle ne peut par conséquent avoir lieu dans le vide de la machine pneumatique, et j'ai été curieux de me procurer ce nouveau complément de preuve.

EXPÉRIENCE PREMIÈRE.

Essayer la combustion du phosphore dans le vide.

J'ai placé sous le récipient d'une machine pneumatique, un petit morceau de phosphore, et j'ai fait un vide aussi parfait que la machine pouvait le comporter. J'ai fait ensuite tomber sur le phosphore le foyer d'une len-

(1) Cet article forme le chapitre X des *Opuscules physiques et chimiques* publiés en 1774.

tille de 8 pouces de diamètre : aussitôt il a fondu, il a bouillonné, il a pris une couleur jaune un peu plus foncée qu'auparavant ; enfin il s'est sublimé, mais il n'y a point eu de combustion. Ayant rendu l'air sous le récipient, et ayant goûté les vapeurs aqueuses qui s'étaient attachées à ses parois intérieures, je ne les ai pas même trouvées sensiblement acides ; d'où il suit qu'il n'y avait point eu de combustion.

EXPÉRIENCE II.

Soufre dans le vide.

Le soufre exposé dans le vide de la machine pneumatique à la chaleur du verre ardent, s'est sublimé comme le phosphore, et il n'a pas été possible de l'y enflammer.

EXPÉRIENCE III.

Poudre à canon dans le vide.

J'ai mis sous le récipient de la machine pneumatique, de la poudre à canon, et j'ai fait le vide aussi exactement qu'il était possible ; ayant fait ensuite tomber le foyer du verre ardent sur la poudre, elle s'est fondue, le soufre s'est sublimé à la voûte du récipient, mais il n'y a eu ni inflammation ni détonation : je me servais également, dans cette expérience, d'une lentille de 8 pouces de diamètre.

Ayant introduit un peu d'air sous le récipient, à peu près la vingtième partie de ce qu'il pouvait en contenir, la détonation s'est faite aisément, et à peu près avec le bruit d'une vessie faible qui se crève. Ce bruit est d'autant moindre que le récipient est plus grand.

EXPÉRIENCE IV.

Nitre et soufre dans le vide.

Parties égales de soufre et de nitre ne donnent dans le vide aucune espèce de détonation ; le soufre se sublime sans brûler, de la même manière que s'il était seul.

ARTICLE III.

SECOND MÉMOIRE

Sur la combustion du phosphore (1);

PAR LAVOISIER.

J'ai déjà exposé, chapitre IX de la seconde partie de mes *Opuscules physiques et chimiques*, quelques-uns des principaux phénomènes de la combustion du phosphore et de la formation de son acide; mais les connaissances que j'ai acquises depuis la publication de cet ouvrage, me mettant à portée de présenter ici des résultats plus précis, et de donner des explications plus sûres, je vais reprendre sommairement cet objet; et dire un mot de la formation de l'acide phosphorique, avant de parler des résultats qu'on en obtient en le combinant avec différentes substances minérales et végétales.

Si on allume, à l'aide d'un verre ardent, du phosphore de Kunckel, sous une cloche de verre plongée dans du mercure, on observe :

1° Qu'on ne peut brûler qu'une quantité donnée de

(1) Extrait des *Mémoires de l'Académie des Sciences*, ann. 1777, pag. 65.

phosphore dans une quantité déterminée d'air, et que cette quantité est d'environ 1 grain pour 16 à 18 pouces cubiques d'air;

2° Que cette quantité une fois brûlée, le phosphore qui a servi à l'expérience, s'éteint sans qu'il soit possible de le rallumer par aucun moyen, si ce n'est en lui rendant le contact de nouvel air, et qui n'a point encore servi à la combustion;

3° Que de nouveau phosphore, introduit sous la même cloche, n'y brûle pas mieux que le premier;

4° Que pendant que le phosphore brûle, il se forme une très-grande abondance de fleurs ou flocons blancs assez semblables à de la neige très-fine, qui s'attachent de toutes parts aux parois intérieures de la cloche et qui ne sont autre chose que de l'acide phosphorique concret;

5° Que, dans le premier instant de la combustion, il se fait une dilatation assez considérable de l'air contenu sous la cloche, en raison de la chaleur occasionée par la combustion; mais que, ce premier moment passé, ce même air éprouve une diminution considérable de volume, au point que lorsque les vaisseaux sont refroidis, il n'occupe plus que les quatre cinquièmes ou les cinq sixièmes tout au plus de l'espace qu'il occupait avant la combustion. Si, par un moyen quelconque, on parvient à rassembler les fleurs ou flocons blancs qui se sont formées pendant cette opération, et à les peser avant qu'elles aient reçu le contact de nouvel air et sans qu'elles aient pu en attirer l'humidité, on observe qu'elles ont deux fois et demie le poids du phosphore qui a servi à les former, autrement dit qu'avec 1 grain de phosphore, on a formé 2 grains $\frac{1}{2}$ d'acide phosphorique concret.

Cette augmentation énorme de poids est assez exactement proportionnelle à la quantité d'air absorbée ; en effet, l'absorption est environ de 3 pouces cubiques d'air, pour chaque grain de phosphore brûlé ; or 3 pouces cubiques d'air pèsent environ 1 grain $\frac{1}{2}$, lequel grain $\frac{1}{2}$, ajouté à 1 grain de phosphore, doit donner 2 grains $\frac{1}{2}$ de fleurs acides, comme on l'observe en effet.

L'air qui a été ainsi diminué, autant qu'il le peut être, par la combustion du phosphore, n'est pas plus dense que l'air de l'atmosphère ; sa pesanteur spécifique même se trouve plutôt diminuée qu'augmentée ; il n'est plus susceptible de servir à la respiration des animaux, d'entretenir la combustion ni l'inflammation des corps ; en un mot, il est absolument dans l'état de moffette ; et en conséquence, pour éviter de le confondre avec aucune autre espèce d'air, je le désignerai dans ce Mémoire, et dans quelques autres que je publierai à la suite, sous le nom de *moffette atmosphérique* ; mais si à cet air ainsi décomposé, et qui ne conserve plus les principaux caractères de l'air ordinaire, on ajoute une quantité d'air déphlogistiqué ou air éminemment respirable, tiré de la chaux de plomb ou de mercure, égale au volume d'air qui a été absorbé pendant la combustion ; il redevient respirable, susceptible d'entretenir la respiration des animaux, la combustion des corps, etc. En un mot, il reprend toutes les propriétés qu'il avait avant la combustion.

Si après avoir ainsi rétabli l'air par une addition d'air éminemment respirable, on y brûle de nouveau phosphore, on observe exactement les mêmes effets que dans la première combustion : il y a diminution de volume de près d'un cinquième, les quatre cinquièmes restans sont méphitiques, comme la première fois, mais ils sont susceptibles d'être rétablis dans l'état d'air commun par une nouvelle addition d'air déphlogistiqué ou air éminemment respirable, et ainsi un grand nombre de fois.

Il faut cependant observer que si l'on voulait pousser un peu loin cette expérience, on ne pourrait se dispenser d'ajouter chaque fois une portion d'air éminemment respirable, un peu plus grande que celle qui a été absorbée lors de la combustion précédente, par la raison que cet air n'est jamais parfaitement pur, qu'il contient toujours une petite portion de moffette atmosphérique; aussi la quantité de cette dernière se trouve-t-elle augmentée de quelque chose à chaque combustion, mais d'une quantité peu considérable, et d'autant moins sensible que l'air éminemment respirable qu'on a employé était de meilleure qualité. La précision, dans ces expériences, peut être portée au point de pouvoir déterminer d'avance la quantité d'air éminemment respirable qu'on sera obligé d'ajouter, suivant qu'on l'aura reconnu plus ou moins pur par l'épreuve de l'air nitreux.

On sait, par différentes expériences dont j'ai donné ailleurs le détail, que l'air de l'atmosphère contient environ un quart d'air déphlogistiqué ou éminemment respirable; l'absorption qui a lieu pendant la combustion du phosphore, ne va cependant jamais au-delà d'un cinquième, et elle est presque toujours au-dessous; il en résulte que la combustion du phosphore n'épuise pas la totalité de l'air éminemment respirable contenu dans l'air de l'atmosphère; souvent la quantité restante, et qui se trouve mêlée avec la moffette atmosphérique, est encore d'un douzième et même davantage; aussi cet air qui a été épuisé et rendu nuisible par la combustion du phosphore, lorsqu'il a été bien lavé, est-il susceptible de redevenir respirable, d'entretenir la combustion, etc. Et voici ce qui se passe à cet égard.

Quoique la partie méphitique de l'air de l'atmosphère, la moffette atmosphérique, se combine difficilement avec l'eau, elle s'y unit cependant et s'y dissout en quelque façon, lorsqu'on emploie beaucoup d'eau pour faire le lavage, et qu'on aide la combinaison par une agitation long-temps continuée. L'air éminemment respirable se refuse, au contraire, beaucoup davantage à son union avec l'eau; on conçoit d'après cela que si l'on agite long-temps dans l'eau l'air dans lequel on a brûlé du phosphore, et qui est composé, comme on l'a vu plus haut, de $\frac{1}{12}$ d'air éminemment respirable, et de $\frac{11}{12}$ de moffette atmosphérique; l'air éminemment respirable, qui ne formait d'abord qu'un douzième, se trouve insensiblement former une fraction plus considérable du tout, et que cette fraction augmente à mesure qu'une partie de la moffette est absorbée par l'eau. L'air qui a servi à la combustion du phosphore lavé à grande eau, et battu pendant long-temps avec elle, doit donc passer par tous les états intermédiaires, depuis le degré auquel il avait été réduit par la combustion, jusqu'à celui d'air très-respirable; mais cette transformation ne peut avoir lieu, comme je viens de le dire, sans une diminution de volume qui se fait pour la très-grande partie aux dépens de la portion nuisible.

Toute cette théorie de la combustion du phosphore et de la formation de son acide, peut s'appliquer également à la combustion du soufre et à la formation de l'acide vitriolique; avec cette différence cependant que la combustion du soufre étant moins facile à entretenir que celle du phosphore, et cette substance s'éteignant plus aisément, il est beaucoup plus difficile de dépouiller par le soufre une quantité donnée d'air, de la quantité d'air éminemment respirable qu'il contient, que par le phosphore; en conséquence, sitôt qu'un dixième ou un huitième de cet air a été consommé, le soufre refuse de brûler, tandis que d'autres corps plus combustibles et plus susceptibles d'être entretenus dans l'état d'ignition comme le phosphore, y brûleraient encore. Cette difficulté d'entretenir la combustion du soufre m'a empêché d'obtenir avec cette substance des résultats aussi précis qu'avec le phosphore, et c'est par cette raison que je n'en donne pas dans ce moment les détails; mais ce que je peux assurer, c'est que si l'on brûle du soufre sous une cloche de verre renversée dans du mercure, il y a dans le volume de l'air une diminution proportionnelle à la quantité du soufre qui se consume, qu'il se forme en même temps un acide vitriolique très-concentré; enfin que cet acide pèse le double ou le triple de la quantité du soufre qui a été employé pour les former. Je me propose de revenir un jour sur ce travail, et de lui donner le degré de précision dont il est susceptible.

J'espère qu'on me trouvera suffisamment autorisé à conclure des expériences que je viens de rapporter, tant sur le soufre que sur le phosphore: 1° que l'air de l'atmosphère, comme je l'ai avancé déjà plusieurs fois, est composé d'un quart environ d'air déphlogistiqué ou air éminemment respirable, et de trois quarts d'un air méphitique et nuisible, d'une espèce de gaz de nature inconnue; 2° que le phosphore en brûlant n'agit que sur la portion d'air éminemment respirable, sans avoir aucune action sur la moffette, qu'on peut regarder comme un milieu purement passif, et qui paraît être absolument le même après et avant la combustion; 3° que les acides vitriolique et phosphorique sont composés de plus de moitié de leur poids d'air éminemment respirable. Je ferai voir dans la suite comment on peut décomposer ces deux mêmes acides, et comment on peut parvenir à retrouver par la voie des combinaisons ce même air éminemment respirable qui entre dans leur composition.

L'acide phosphorique concret qui s'est formé par la combustion du phosphore sous une cloche de verre plongée dans du mercure, se résout presque sur-le-champ en liqueur, lorsqu'il a le contact de l'air; il tombe en *deliquium*, et il en résulte un acide très-concentré et très-pesant, qui n'a pas plus d'odeur que l'acide vitriolique concentré, qui a comme lui une apparence huileuse, et qui lui ressemble en tous points.

Cet acide est celui dont je me suis servi dans toutes les expériences dont je vais rendre compte dans ce Mémoire, je l'ai seulement obtenu par une méthode un peu plus expéditive et moins embarrassante; elle consiste à brûler le phosphore sous de grandes cloches de cristal, dans l'intérieur desquelles on a promené un peu d'eau distillée; lorsque les vapeurs formées par une première combustion sont dissipées, on introduit sous la cloche une nouvelle quantité de phosphore qu'on fait brûler comme la première, et on procède ainsi de suite pendant plusieurs jours, jusqu'à ce qu'on ait rassemblé la quantité d'acide phosphorique dont on a besoin; l'acide qu'on obtient par cette manière de procéder est, comme on en peut juger, moins concentré que le premier, puisqu'il est étendu d'eau distillée; mais il est, à cela près, exactement de même nature, et il peut servir à toutes les expériences qui n'exigent pas un acide très-concentré.

Après avoir fait voir comment se forme l'acide, il me reste à le suivre dans les différentes unions qu'il est susceptible de contracter. Pour ne rien confondre, et pour faciliter les recherches qu'on pourrait faire sur les expériences contenues dans ce Mémoire, je diviserai cette seconde partie en plusieurs articles.

(Cette seconde partie sera rapportée dans la section de ce recueil qui traitera des acides du phosphore.)

ARTICLE IV.

De l'air dans lequel on a brûlé du phosphore (1);

PAR LAVOISIER.

EXPÉRIENCE PREMIÈRE.

Effet de l'air dans lequel on a brûlé le phosphore, sur les animaux.

J'ai fait passer dans un bocal, au moyen de la pompe P P, et par un appareil à peu près semblable à celui de la fig. 10, de l'air dont le volume avait été diminué d'un onzième par la combustion du phosphore. J'y ai jeté un oiseau, je l'y ai laissé pendant une bonne demi-minute. Je ne me suis pas aperçu qu'il eût la respiration plus difficile que dans l'air ordinaire, et rien ne m'a annoncé qu'il y souffrît : on peut se rappeler, au contraire, qu'un animal de même espèce, jeté dans l'air fixe, y périt presque à la première inspiration.

EXPÉRIENCE II.

Effet de l'air dans lequel on a brûlé du phosphore, sur les bougies allumées.

J'ai fait passer une autre portion du même air dans un

(1) Cet article forme le chapitre XI des *Opuscules physiques et chimiques*, publiés en 1774.

bocal étroit, et j'y ai plongé une bougie allumée; elle s'y est éteinte sur-le-champ, comme dans le fluide élastique des effervescences et des réductions. Ayant rallumé la bougie à plusieurs reprises, elle s'y est constamment éteinte. J'ai observé cependant que cette expérience ne pouvait pas être répétée un si grand nombre de fois avec cet air qu'avec celui des effervescences et des réductions; ce qui me porte à croire qu'il se mêle plus aisément et plus promptement avec l'air de l'atmosphère.

EXPÉRIENCE III.

Mélanger une portion de fluide élastique des effervescences, avec l'air dans lequel on a brûlé du phosphore.

J'ai été curieux, relativement à des vues dont je rendrai compte dans un autre temps, d'observer si le mélange d'un tiers de fluide élastique des effervescences, corrigerait l'air qui avait servi à la combustion du phosphore, et lui rendrait la propriété d'entretenir les corps enflammés. Le mélange fait, j'en ai rempli un bocal étroit, et j'y ai introduit une bougie; mais elle s'y est éteinte sur-le-champ.

ARTICLE V.

NOUVELLES RÉFLEXIONS

Sur l'augmentation de poids qu'acquièrent en brûlant le soufre et le phosphore, et sur la cause à laquelle on doit l'attribuer (1);

PAR LAVOISIER.

Lorsqu'on brûle du phosphore dans une quantité d'air

(1) Extrait des *Mémoires de l'Académie des Sciences*, ann. 1783, p. 416.

vital renfermée par du mercure, il y a pendant la combustion une absorption considérable de cet air, et on retrouve dans l'acide phosphorique qui s'est formé, une augmentation de poids fort exactement correspondante à la quantité d'air vital qui a été absorbée.

Si l'air vital qu'on a employé était parfaitement pur, la portion qui reste après la combustion est encore à peu près du même degré de pureté qu'auparavant; et si on laisse condenser les vapeurs acides qui se sont formées, on peut y brûler une nouvelle quantité de phosphore, et ainsi successivement jusqu'à ce que la totalité de l'air vital ait disparu.

J'ai conclu de ces expériences, dans différens Mémoires, -imprimés dans les recueils de 1776, 1777 et 1778, que dans l'acte de la combustion il se combinait une portion considérable d'air vital avec le phosphore, que ce principe devenait une partie constituante de l'acide phosphorique, et que c'était principalement et peut-être uniquement à lui qu'il devait sa qualité acide.

M. Bergman, dans une nouvelle édition de son Mémoire sur les attractions électives, qu'il a inséré dans le troisième volume de ses Opuscules, cite les expériences que je viens de rapporter, mais il combat les conséquences que j'en ai tirées; il convient bien que le phosphore, ainsi que le soufre et plusieurs autres substances, acquièrent du poids en brûlant; mais il observe en même temps que la chaleur spécifique des acides qui se sont formés, est plus grande que n'était celle du phosphore, et en général de la substance brûlée, et c'est à cette augmentation de chaleur spécifique qu'il attribue l'augmentation de poids qu'on observe.

A l'égard de la diminution qui a lieu dans la quantité

d'air vital dans lequel s'opère la combustion, il l'attribue, avec M. Scheele, à la combinaison qui s'est faite de l'air vital avec le phlogistique pour former la chaleur.

Je ferai d'abord remarquer que M. Bergman, en paraissant s'éloigner de mon opinion, se trouve cependant forcé de l'adopter en partie. En effet, j'attribue l'augmentation de poids qu'acquiert le phosphore en brûlant, à l'absorption et à la fixation de l'air vital; M. Bergman au contraire l'attribue à la fixation de la chaleur : or, puisque, dans le système de M. Bergman l'air vital est un des élémens du principe de la chaleur, mon assertion est implicitement contenue dans la sienne. Il n'est donc plus question entre nous de discuter si l'air vital se fixe dans les acides pendant leur combustion, puisque nous sommes d'accord sur ce point, mais s'il se combine auparavant avec le phlogistique pour se changer en chaleur.

La question ramenée à ce point de simplicité, m'a paru susceptible d'être terminée par des expériences décisives : d'abord, en supposant même avec M. Bergman, qu'une portion de chaleur spécifique se fixe dans l'acide phosphorique pendant la combustion du phosphore, on ne peut se dispenser de convenir avec M. Scheele, qu'une portion très-considérable de cette même chaleur se dissipe et s'échappe à travers les pores des vaisseaux : le témoignage des sens suffit seul pour établir cette vérité; nous avons d'ailleurs fait voir, M. de la Place et moi, dans un Mémoire lu à l'Académie, et imprimé dans le recueil de 1780, comment il était possible de retenir cette chaleur, et d'en mesurer la quantité par le poids de la glace qu'elle peut fondre; nous avons reconnu que celle qui s'échappe d'une once de phosphore qui brûle, pouvait fondre 6 livres 4 onces 0 gros 48 grains de glace.

Mais si l'on admettait, avec M. Bergman, que la chaleur a une pesanteur appréciable et sensible, comme on est forcé de convenir qu'une partie s'échappe à travers les pores des vaisseaux pendant la combustion, il s'ensuivrait, par une conséquence nécessaire, qu'en opérant une combustion de soufre et de phosphore dans des vaisseaux scellés hermétiquement, on devrait observer une diminution de poids à mesure que la chaleur se dégage et se met en équilibre avec les corps environnans. Si donc l'expérience et l'observation démentent cette conséquence, il faudra en conclure que le principe dont elle a été déduite est faux : c'est cette vérification du principe par la conséquence que j'ai eu en vue dans l'expérience suivante.

J'ai introduit dans un flacon de cristal très-fort, une petite capsule d'agate qui contenait 6 grains de phosphore; j'ai bouché très-exactement le vaisseau avec un bouchon de cristal que j'ai ficelé solidement avec du fil de laiton : j'ai pesé le tout avec une grande exactitude, puis j'ai allumé le phosphore par le moyen des rayons du soleil, avec une petite lentille de verre : lorsque la combustion a été finie et que le vaisseau a été refroidi, je l'ai repesé, et j'ai retrouvé très-exactement le même poids qu'auparavant; la balance dont je me suis servi trébuchait très-sensiblement à un quart de grain.

Je préviens ceux qui pourraient se proposer de répéter cette expérience, qu'elle doit être faite avec beaucoup de précautions, qu'on doit employer un vaisseau très-fort et capable de résister à la dilatation de l'air, qui est très-considérable; qu'il faut bien prendre garde qu'il ne s'éclabousse, pendant la combustion, de petits morceaux de phosphore allumé, qui, s'attachant aux parois du vase, le feraient immanquablement casser, et occasioneraient une explosion dangereuse (1).

Quoique d'après cette expérience il parût suffisamment prouvé que la chaleur n'a pas de pesanteur sensible, j'ai bien conçu que pour avoir un résultat plus satisfaisant, il serait important d'opérer sur des quantités plus considérables. Le premier moyen qui se présentait, était d'employer des vaisseaux plus grands, et de substituer l'air vital à l'air commun; alors j'aurais pu opérer la combustion d'une quantité beaucoup plus grande de phosphore, et avoir un résultat plus sensible: mais d'un autre côté le risque de l'explosion aurait considérablement augmenté, et l'expérience aurait été très-dangereuse: d'ailleurs, en augmentant la grandeur des vaisseaux, leur poids serait devenu plus grand; j'aurais été obligé de me servir d'une balance moins sensible, et j'aurais perdu d'un côté plus que je n'aurais gagné de l'autre: j'ai donc été obligé d'adopter un autre plan.

Il résulte des expériences faites par M. de la Place et par moi, que la quantité de chaleur qui se dégage de 92 grains de phosphore qui brûle, est capable de faire fondre juste une livre de glace; ainsi la différence de chaleur qui se trouve entre une livre de glace à zéro du thermomètre, et une livre d'eau également à zéro, est égale à celle qui se dégage de 92 grains de phosphore qui brûle; donc par une conséquence nécessaire, si la chaleur avait une pesanteur appréciable, en enfermant une livre d'eau dans un vaisseau de verre scellé hermétiquement, et en la faisant geler, j'aurais dû obtenir une diminution de

(1) On prévient une partie de ce danger en mettant au fond du flacon un peu de sablon très-pur et très-sec, ou de verre pilé.

poids égale à celle que j'aurais éprouvée en brûlant 92 grains de phosphore.

Pour vérifier ce fait, j'ai pris de petits matras de verre très-mince, dont j'ai tiré le col à la lampe d'émailleur, pour le réduire en tube très-fin ; j'y ai introduit une livre d'eau, puis j'ai fondu avec un chalumeau l'extrémité du tube, pour sceller hermétiquement le vaisseau ; j'ai ensuite pesé avec une scrupuleuse exactitude le vase et l'eau qu'il contenait : je me suis servi à cet effet d'une balance de Meignié, qui, chargée de 18 à 20 onces, trébuche au dixième de grain. Ce poids bien déterminé, j'ai fait geler l'eau du matras en le plaçant dans un bain de sel et de glace, puis l'ayant repesé bien sec au dehors, j'ai retrouvé exactement le même poids qu'auparavant : ayant refondu et reformé la glace à plusieurs reprises, je n'ai pas éprouvé la plus légère différence de poids, soit que je la pesasse dans l'état d'eau, soit que je la pesasse dans l'état de glace.

Puisque, d'après l'exactitude de ma balance, je puis répondre des pesées à un dixième de grain près, il en résulte que la chaleur qui se dégage d'une livre d'eau à zéro, lorsqu'elle se convertit en glace, ou ce qui est la même chose, que la quantité de chaleur qui se dégage de 92 grains de phosphore qui brûle, ne pèse pas un dixième de grain, et que par conséquent la matière de la chaleur peut être considérée comme n'ayant pas de pesanteur sensible dans les expériences de chimie.

Il est vrai que dans cette expérience on ne pèse que la quantité de chaleur qui se dégage pendant la combustion : M. Bergman pourrait donc encore objecter que la chaleur qui se dégage est infiniment moindre que celle qui se fixe, et qu'il n'est par conséquent pas extraordinaire que sa pesanteur soit au-dessous d'un dixième de grain, tandis que celle qui se fixe pèse beaucoup davantage; mais cette dernière assertion ne cadre pas mieux avec les faits, et c'est ce dont on peut s'assurer par un calcul fort simple.

92 grains de phosphore acquièrent, en brûlant, une augmentation de poids de 1 gros 62 grains $\frac{1}{6}$, ou de 134 grains $\frac{1}{6}$: en supposant donc que la pesanteur de la chaleur qui s'échappe soit d'un dixième de grain, il faudrait supposer que celle qui reste dans l'acide est treize cent quarante-deux fois plus considérable; or, nos expériences, celles de M. Crawford, celles de M. Wilke, prouvent que la chaleur qui se fixe dans les acides, loin d'être plus forte, est au contraire beaucoup moindre que celle qui se dégage dans l'acte de la combustion.

Concluons de tout ceci, que la quantité de chaleur qui s'échappe de 92 grains de phosphore qui brûle, quelque considérable qu'elle paraisse à nos sens, n'a point de pesanteur sensible, ou au moins que cette chaleur ne pèse pas $\frac{1}{10}$ de grain; que le principe de la chaleur n'est pas par conséquent composé, comme le suppose M. Scheele, et d'après lui M. Bergman, d'air vital et de phlogistique, puisqu'un corps qui pèse ne peut pas entrer dans la composition d'un corps qui ne pèse pas :

Que l'augmentation très-considérable, et de près de cent cinquante pour cent, que prend le phosphore en brûlant, et celle qu'acquiert le soufre ainsi que plusieurs autres corps, ne peuvent pas être expliquées par la fixation de la chaleur, à moins qu'on ne parte de suppositions évidemment fausses et démenties par les faits :

Qu'il faut donc en revenir aux conséquences que j'ai déduites dès mes premiers Mémoires, et reconnaître que le soufre et le phosphore absorbent, en brûlant, de l'air vital, ou plutôt qu'ils le décomposent; qu'ils s'emparent de sa base que j'ai désignée, dans de précédens Mémoires, sous le nom de *principe oxigine*, et que la matière de la chaleur qui existe en une extrême abondance dans l'air vital, devenue libre par la nouvelle combinaison que sa base a subie, se répand dans tous les corps environnans.

Ces explications si simples, si naturellement liées avec les faits, seraient adoptées depuis long-temps, si les chimistes préoccupés de l'existence d'un principe phlogistique dont on n'a pu donner jusqu'ici que des idées très-confuses, que chacun définit à sa manière, ou plutôt que le même chimiste définit souvent très-différemment, suivant la nature des faits qu'il veut expliquer, si les chimistes, dis-je, n'avaient fait les plus grands efforts pour accorder la théorie ancienne avec les expériences modernes.

Ce qui s'observe au surplus dans la combustion du soufre et du phosphore, arrive également dans toutes les combustions, mais avec cette différence que dans celles où le résultat demeure dans l'état de gaz, par exemple dans toutes les combustions que je nomme *charbonneuses*, il faut, pour retrouver l'augmentation de poids qui résulte de la fixation de l'air, tenir compte du poids de l'air fixe ou acide crayeux qui s'est formé, et qui reste dans l'état gazeux.

J'ai détaillé ailleurs les phénomènes qui accompagnent la combustion de l'air inflammable, et de celles en général dont le résultat est de l'eau.

ARTICLE VI.

MÉMOIRE

Sur la combustion du phosphore employé comme moyen eudiométrique (1) ;

Par M. A. SÉGUIN.

L'eudiométrie, ainsi que l'indique sa racine (ευδια, *aëris bonitas, serenitas* ; μετρον, *mensura*), est une science dont le but est de déterminer le degré de salubrité des fluides respirables. Les moyens qu'on emploie pour arriver à cette détermination, se nomment *méthodes eudiométriques* ; et les instrumens dont on se sert dans ces méthodes se nomment *eudiomètres.*

Pour avoir de véritables connaissances eudiométriques, il faut nécessairement ; 1° connaître quelles sont les substances qui sont favorables, et quelles sont celles qui sont nuisibles à la respiration ; 2° être en état de déterminer, par des méthodes sûres et à l'aide d'instrumens exacts, quels sont les principes qui entrent dans la composition des fluides respirables sur lesquels on opère : or comme, dans l'état actuel de nos connaissances, il nous est impossible de remplir ces diverses conditions, il en résulte que l'eudiométrie, proprement dite, n'atteindra le but qu'indique sa racine, que lorsque nous aurons quelque prise sur les miasmes dissous dans les fluides respirables.

(1) Ce Mémoire a été lu à l'Académie des Sciences le 28 mars 1791. Extrait du *Recueil* dont Lavoisier commençait l'impression en 1793, t. II, p. 143.

Que nous apprennent en effet nos différentes méthodes eudiométriques, sinon que tel fluide respirable contient plus ou moins d'air vital que tel autre? Or suffit-il, pour déterminer le degré de salubrité d'un fluide respirable, de savoir combien il contient d'air vital; et ne faudrait-il pas, pour arriver à ce but, connaître les miasmes qu'il peut tenir en dissolution, et sur lesquels cependant nous n'avons aucune prise? Si nous entrons, par exemple, dans une chambre qui contienne un très-grand nombre d'individus, nous sentons sur-le-champ une odeur suffocante; mais si, à l'aide de nos eudiomètres, nous analysons cet air infect, et que nous le comparions à l'air atmosphérique environnant, nous ne trouvons qu'une différence presque insensible dans les proportions des principes qui constituent ces fluides respirables.

Nous sommes donc encore fort éloignés d'avoir une science que l'on puisse appeler proprement eudiométrie. Les bornes étroites des connaissances que nous avons acquises jusqu'ici relativement à cet objet, ne sont pas cependant une raison de les rejeter; nous devons chercher au contraire à les étendre, à les perfectionner, et tel a été le but des nouvelles recherches que je viens soumettre au jugement de l'Académie. Ces recherches méritent, je crois, quelque attention, parce qu'elles donnent un moyen de déterminer, avec la plus grande exactitude, le volume des gaz qui entrent presque toujours dans la composition des fluides respirables (1).

C'est au docteur Priestley que nous devons la découverte de la première méthode eudiométrique. La propriété qu'il reconnut au gaz nitreux d'absorber l'air vital que

(1) Je dois observer que je me sers du mot *air*, pour désigner des fluides respirables, et du mot *gaz*, pour désigner ceux qui ne le sont pas.

contiennent les fluides respirables, lui fournit l'idée de cette méthode, qui depuis a été perfectionnée, autant que le comporte le principe qui lui sert de base, par MM. Fontana, Ingen-Housz, Landriani, Magellan, etc. Je ne décrirai point ici les eudiomètres construits d'après ce principe, ils sont assez généralement connus; j'observerai seulement que, malgré les travaux des physiciens recommandables que je viens de citer, cette méthode, sujette d'ailleurs à beaucoup de sources d'erreurs, indique seulement que le fluide sur lequel on opère, contient plus ou moins d'air vital que tel autre, sans jamais déterminer le volume absolu de ce principe vivifiant.

M. Volta imagina depuis un autre eudiomètre, fondé sur la détonation du gaz hydrogène; mais, en le supposant exempt de toute cause d'erreur, il ne peut, de même que celui dont nous venons de parler, servir à compléter l'analyse des fluides respirables, puisqu'il n'indique que d'une manière comparative, et jamais d'une manière absolue, la quantité d'air vital que contiennent ces fluides.

Scheele proposa ensuite les sulfures; mais le temps qu'exige chaque expérience, lorsqu'on se sert de cette méthode, restreignit beaucoup son usage.

Ce sont ces diverses raisons qui avaient déterminé plusieurs physiciens, et particulièrement Guyton, Lavoisier, Fourcroy, Vauquelin, etc., à se servir de la combustion du pyrophore et du phosphore, pour déterminer les proportions de l'air vital et du gaz azote qui constituent l'atmosphère.

L'exactitude que comportent ces combustions avait même fait soupçonner à Guyton, Reboul, Achard, et peut-être aussi à plusieurs autres physiciens, qu'on pourrait construire avec le phosphore, des eudiomètres préférables à ceux qui existaient déjà ; mais ces savans ne suivirent pas apparemment cette idée, puisqu'ils ne publièrent rien sur cet objet. Quant à nous, si nous avons réalisé leur soupçon, nous avouerons avec franchise que c'est au hasard que nous devons en grande partie cette réussite.

Dans les premières expériences que nous avons faites, Lavoisier et moi, sur la respiration, nous déterminions, à l'aide du procédé suivant, le volume de l'air vital que contenaient nos fluides respirables.

Nous en faisions passer 12 ou 15 pouces cubes dans une petite cloche pleine de mercure (1); nous y introduisions une petite capsule de fer de 9 lignes de diamètre, sur laquelle nous placions, avec un tube de verre, un morceau de phosphore que nous allumions à l'aide d'un fer chaud recourbé. Pour opérer une combustion aussi complète qu'il nous était possible, nous plongions dans la petite capsule le bout du fer recourbé ; il s'y attachait un peu de phosphore embrasé; et nous le promenions alors dans la partie supérieure de la cloche, afin de multiplier les contacts. Lorsque le phosphore ne brûlait plus, nous retirions le fer, nous laissions refroidir l'appareil, et au bout d'un quart d'heure environ, nous recommencions la même opération ; si la première épreuve avait été faite avec soin, le phosphore ne brûlait plus à la seconde, mais nous l'échauffions tellement qu'il se volatilisait ; nous nous mettions par ce moyen dans les circonstances les plus favorables pour opérer l'entière décomposition de

(1) Cette cloche avait environ 3 pouces de diamètre, sur 5 ou 6 de hauteur.

l'air vital. Nous faisions ensuite passer dans la cloche un peu d'alkali caustique, afin d'absorber le gaz acide carbonique et le gaz acide phosphoreux qui pouvaient s'être formés.

Cette méthode de manipulation, quoique exacte, avait cependant de grands inconvéniens. Lorsque l'air vital était pur, la combustion se faisait avec la plus grande rapidité, et le haut de la cloche, échauffé trop brusquement, ne résistait point à ce changement subit de température, et se fendait avant la fin de l'expérience. L'humidité qui pouvait régner sur le mercure facilitait encore cet accident. Après plusieurs essais infructueux, nous reconnûmes enfin que les cloches de verre vert, et plates à la partie supérieure, étaient préférables aux cloches de cristal. Il faut cependant convenir qu'on en casse encore très-souvent. On n'éprouve pas le même inconvénient lorsqu'on opère sur de l'air atmosphérique, ou sur de l'air vital moins pur; mais le désagrément de passer le fer à plusieurs reprises, devait faire désirer qu'on perfectionnât cette méthode, qui nous offrait d'ailleurs un moyen de déterminer avec beaucoup d'exactitude le volume de l'air vital contenu dans nos fluides respirables. Nous ne nous serions pas cependant occupés de cet objet, si le hasard ne nous eût favorisés. Nous voulûmes un jour opérer sur 100 pouces cubes, mais notre cloche étant trop petite pour faire cet essai en une seule fois, nous commençâmes par en consommer vingt pouces, et, pour abréger l'opération, d'autant plus que le résidu n'était guère que d'un pouce, nous crûmes inutile de nettoyer la cloche, et nous nous déterminâmes à y introduire tout de suite 20 autres pouces du fluide respirable que nous analysions, pensant toujours que nous serions obligés de passer encore le fer rouge pour allumer le phosphore qui était resté dans la capsule, de même que celui que nous comptions y remettre ensuite ; mais nous fûmes très-étonnés lorsque nous vîmes que notre phosphore s'enflammait aussitôt qu'il était en contact avec les petites bulles que nous faisions passer dans la cloche. Nous continuâmes ainsi jusqu'à ce que nos 100 pouces cubes fussent employés, en ayant soin seulement de ne les faire passer que bulle à bulle, afin de ne pas produire instantanément une température trop élevée.

Ce phénomène ne nous surprit que parce que nous n'y fîmes pas assez de réflexion dans le moment. En effet, nous avions déjà observé que quand nous retirions notre petite capsule, le phosphore qu'elle contenait encore, s'enflammait aussitôt qu'il se trouvait en contact avec l'air atmosphérique, probablement à cause de son premier degré d'oxidation ; mais nous n'avions pas songé à tirer parti de cette observation, et ce n'est qu'après l'examen du dernier phénomène que je viens de décrire, que nous crûmes qu'il était possible de construire un nouvel eudiomètre, préférable sous tous les points de vue à ceux qui avaient été employés jusqu'alors. Je fis donc divers essais, et le succès surpassa mes espérances. Voici l'appareil dont je me sers. C'est un tube de verre ou de cristal d'un pouce environ de diamètre, sur 7 ou 8 de hauteur, fermé à sa partie supérieure, et évasé à sa partie inférieure. On le remplit de mercure, on y fait passer un petit morceau de phosphore qui, en vertu de sa moindre pesanteur spécifique, monte à la partie supérieure ; on fait fondre ce phosphore à l'aide d'un charbon rouge que l'on approche de l'extérieur de la cloche(1), et l'on fait passer ensuite dans le tube de petites portions de l'air qu'on veut essayer, et que l'on a préalablement jaugé dans une cloche graduée avec soin. La combustion se continue jusqu'à la fin de l'opération; mais, pour plus d'exactitude, on échauffe encore fortement le résidu, et, lorsqu'il est froid, on le passe dans une petite cloche jaugée en même temps que la première; la différence des deux volumes indique la quantité d'air vital que contenait l'air soumis à l'expérience.

Lorsque la température de l'atmosphère est de 15 ou 20 degrés, on n'a même pas besoin d'échauffer le phosphore au commencement de chaque essai; il suffit de le faire fondre à la première expérience, il s'allume ensuite de lui-même, lorsqu'on le met en contact avec de l'air vital, et fait l'effet d'un briquet phosphorique: je crois que son premier degré d'oxidation contribue à cette facile inflammation.

A défaut de tubes semblables à ceux dont je viens de parler, on peut se servir d'entonnoirs fermés à la lampe d'émailleur; ils sont même très-propres à cet usage.

Ces entonnoirs fermés ne coûtent que cinq sols, les eudiomètres cylindriques ne coûtent que 8 sols, et n'en coûteront même que quatre lorsque les verriers auxquels j'en ai commandé, les auront fait construire en verre blanc. Cette méthode eudiométrique est donc très-prompte, très-exacte, très-peu coûteuse, et aussi parfaite enfin qu'il est possible qu'elle le soit lorsqu'on ne veut que déterminer le volume des gaz qui entrent dans la com-

(1) On doit souffler sur le charbon pour produire une plus forte chaleur, mais il faut avoir soin qu'il ne touche pas le verre.

position des fluides respirables. J'exposerai à l'Académie, dans un second Mémoire, les recherches que j'ai faites pour construire avec le phosphore un eudiomètre dont on puisse se servir sur l'eau; j'indiquerai alors les différentes précautions qu'exige l'usage de cet eudiomètre et de celui que je viens de décrire; et je ferai connaître les nouveaux moyens que j'ai imaginés pour déterminer la nature des gaz qui peuvent se rencontrer dans les fluides respirables, et pour obtenir de l'air vital parfaitement pur (1).

ARTICLE VII.

OBSERVATIONS

Sur les propriétés eudiométriques du phosphore (2);

PAR BERTHOLLET.

Un Mémoire de Gottling sur l'action que le phosphore exerce sur le gaz azote annonçait des phénomènes qui ne pouvaient se concilier avec les résultats auxquels est parvenue la chimie. (*Journal de Physique de Gren.* 1795.)

Non-seulement le phosphore était plus lumineux dans le gaz azote pur, que dans l'air atmosphérique, mais il l'absorbait, et se changeait par-là en acide. Deux autres chimistes, Lempe et Lampadius, ajoutaient, dans un

(1) Les circonstances ne m'ont pas encore permis de mettre dans ces dernières recherches toute l'exactitude dont elles sont susceptibles; c'est ce qui m'empêche de les publier dans ce moment.

(2) Extrait du tom. 1er, 2e partie du *Journal de l'Ecole Polytechnique*, pag. 274.

autre Mémoire, que le phosphore qui brûlait dans l'air atmosphérique ne laissait pour résidu que de l'air pur.

Des assertions si extraordinaires de trois chimistes inquiètent ma curiosité: nous nous occupons à l'instant, Welter et moi, des expériences qui doivent fixer notre opinion.

Le phosphore placé dans du gaz azote, provenant de la décomposition de l'ammoniaque par l'acide muriatique oxigéné et lavé avec soin, a été lumineux dans l'obscurité, et au jour il a formé des vapeurs blanches, vapeurs qui sont un indice de la lumière qu'on aperçoit dans l'obscurité; mais ces apparences n'ont duré que peu de temps, et elles ont été beaucoup moins longues et moins fortes que dans l'air atmosphérique; celui-ci a continué d'être lumineux, jusqu'à ce que l'oxigène ait entièrement été absorbé; alors si on ajoute de l'oxigène, tout le gaz devient lumineux; mais dans le gaz oxigène seul, on n'aperçoit, à une température basse, ni lumière ni aucune diminution de volume, ainsi que l'a annoncé Gottling.

Ces expériences variées de différentes manières prouvent que le gaz azote a la propriété de dissoudre le phosphore (1); qu'au moyen de cette dissolution, l'oxigène s'unit avec lui, et que c'est ainsi que s'opère cette combustion lente qu'on a observée dans le phosphore exposé à l'air, et dont on s'est servi pour le convertir en acide

(1) Guyton a reconnu positivement la dissolution du phosphore ou d'un gaz phosphoreux, par le gaz azote (*Encyclop. Méth.* Chim. pag. 707). Vauquelin a parlé de cette propriété du gaz azote dans un rapport fait à la Société Phylomatique. Fourcroy a remarqué que le phosphore perdait au milieu de l'air vital une grande partie de sa propriété lumineuse, si bien entretenue par l'air atmosphérique (*Mém. de l'Acad.* 1788).

phosphorique; mais que si l'azote ne l'a pas dissous préalablement, le gaz oxigène ne peut le dissoudre lui-même qu'à une température plus élevée, et lorsque la chaleur a détruit la force de cohésion qui réunissait les molécules du phosphore, et s'opposait à leur combinaison avec d'autres principes; alors la combustion commence; c'est ainsi que se fait l'inflammation ardente du phosphore.

Toutes les circonstances confirment cette explication. Si l'on fait passer des bulles de gaz oxigène dans le gaz azote qui a dissous le phosphore, celui-ci devient tout lumineux; si on y laisse le phosphore et que l'on continue d'ajouter successivement du gaz oxigène, la lumière se maintient, et lorsqu'elle a fini, le gaz oxigène a disparu.

La lumière est d'autant plus vive que la proportion du gaz azote est plus forte, excepté cependant l'extrême; elle dure d'autant plus long-temps que la proportion de l'oxigène est plus grande. Dans le cas d'une grande proportion d'oxigène, la lumière commence avec peine; elle demande une température plus élevée; elle est d'abord faible, elle augmente graduellement, le phosphore entre en fusion, et après cela l'inflammation ardente s'établit.

Le gaz oxigène qui se trouve avec le gaz azote, disparaît donc, et de sa combinaison avec le phosphore résulte l'acide phosphorique; mais comme le phénomène se prolonge, la chaleur qui se dégage devient peu sensible.

La combinaison lente du phosphore me paraît un moyen eudiométrique qui égale ou surpasse tous ceux qui ont été présentés jusqu'ici; surtout lorsque les proportions ne s'éloignent pas beaucoup de celles de l'air atmosphérique.

Cet eudiomètre a une plus grande précision que ceux

dans lesquels la diminution se partage entre deux gaz, comme dans l'épreuve par le gaz nitreux et par le gaz hydrogène; il est moins embarrassant et d'une action plus prompte que le sulfure de potasse, ou le mélange de soufre et de fer; et il a l'avantage de présenter un indice certain de la fin de l'absorption; car alors l'atmosphère du phosphore devient transparente et cesse d'être lumineuse. J'invite les météorologistes a tenter l'usage d'une méthode par laquelle ils pourront facilement rendre compte des variations qui peuvent arriver dans les proportions des deux parties de l'atmosphère.

On n'a qu'à introduire dans un tube gradué qui contienne le gaz dont on veut faire l'épreuve, un cylindre de phosphore, fixé sur un tube de verre; le cylindre de phosphore approche, par sa longueur, de celle de la portion du tube qui contient le gaz, et plus celui-ci est étroit, plus l'absorption de l'oxigène est prompte; on peut l'accélérer, si la température est basse, en appliquant au verre la simple chaleur de la main; il faudrait tempérer au contraire la chaleur, si elle était trop élevée, car on doit éviter l'inflammation du phosphore, qui est toujours précédée de sa fusion; lors donc qu'on aperçoit des indices de fusion, il faut abaisser le phosphore sous l'eau: une épreuve peut être terminée en moins d'une demi-heure.

Si l'on avait à éprouver un gaz où l'azote se trouverait en trop petite proportion, on n'aurait qu'à ajouter un volume déterminé d'air atmosphérique.

Déjà plusieurs chimistes ont proposé de se servir du phosphore pour cet objet; mais ils ont employé la combustion rapide, qui exige un appareil embarrassant et sujet à se briser; d'ailleurs l'inflammation finit, non lorsque le gaz oxigène est épuisé, mais lorsque sa proportion est baissée jusqu'à un certain point ; depuis là, c'est par la combustion lente que l'absorption peut s'achever.

L'état lumineux que prend le gaz azote lorsqu'on y plonge le phosphore, est dû à une petite portion d'oxigène que le gaz a enlevé, soit à l'acide nitrique, soit à l'acide muriatique oxigéné dont on s'est servi pour l'obtenir, soit à l'eau même à travers laquelle on le fait passer; ce qui le prouve, c'est que lorsqu'il est saturé de phosphore, il suffit de le faire passer à travers l'eau pour le rendre lumineux. Si pour cette expérience on le balance dans l'eau, on n'aperçoit rien de lumineux dans le tube, trois ou quatre pouces au-dessous de la surface de l'eau, parce que dans cette partie l'oxigène a été absorbé par l'acide phosphoreux qu'il s'y est mêlé à mesure qu'il se formait; mais plus loin le gaz devient lumineux, jusqu'à ce que le phosphore qu'il contient soit brûlé, après quoi il reprend de l'oxigène, redevient lumineux; lorsqu'on y plonge le phosphore, cesse d'être lumineux, reprend cette apparence en passant dans l'eau, et ainsi successivement.

Lorsque après avoir exposé de l'azote sur le sulfure de potasse, on le mêle avec le gaz oxigène, le phosphore n'a point d'action sur ce mélange; de sorte que l'azote ne peut plus dissoudre du phosphore, parce qu'il est saturé du sulfure, ou du soufre, ou peut-être du gaz hydrogène sulfuré, ce qui reste à déterminer; si même on place sur une dissolution de sulfure, du gaz azote saturé de phosphore, il perd bientôt la propriété de devenir lumineux; il paraît résulter de là que le phosphore a moins d'affinité avec le gaz azote, que le principe que celui-ci a pris au sulfure: nous avons tenté en vain de produire le même effet en échauffant, au degré de l'eau bouillante, du soufre pur, placé dans le gaz atmosphérique.

Les chimistes n'ont d'abord aperçu dans le gaz azote que des propriétés négatives, celle de ne pas entretenir la vie et la lumière, et de n'être pas diminué par les substances qui ont de l'action sur les autres gaz; ils ont appris ensuite qu'il entrait dans la formation de l'acide nitrique et de l'ammoniaque; nous voyons aujourd'hui qu'il agit, par son affinité, sur le phosphore, et probablement sur le soufre, et il a sans doute sa part dans un grand nombre de phénomènes atmosphériques.

Ces affinités de l'azote peuvent nous conduire à la détermination des forces qui tendent à composer les substances animales, dans lesquelles on sait que ce principe sert à former le caractère qui les distingue principalement des substances végétales.

Si l'on considère le lait comme un premier résultat de la digestion, on voit que les substances qui ont servi d'alimens, et dont les parties ont été désunies par les forces qui opèrent la digestion, sont déterminées par les affinités qui sont en action, à former trois composés; la sérosité, la partie caséeuse et la partie butireuse. Dans la sérosité, on peut regarder l'oxigène comme le principe qui domine et qui détermine la combinaison. Dans la partie caséeuse, c'est l'azote qui réunit, pour ainsi dire, autour d'elle, le phosphore et le soufre avec une forte proportion d'hydrogène et du carbone: c'est l'hydrogène, dans qui la partie butireuse devient le centre de la combinaison; il s'associe un peu d'oxigène et du carbone.

La première combinaison, celle où l'oxigène domine,

est bientôt détruite par la force qui détermine la combinaison intime de ce principe avec l'hydrogène seul pour former l'eau.

Ces effets ont beaucoup d'analogie avec les combinaisons qui se détruisent ou qui se forment par l'élévation de température, dans la distillation, dans laquelle une substance végétale se réduit en grande partie en eau, en acide et en huile; et une substance animale, en huile et en ammoniaque.

ARTICLE VIII.

OBSERVATIONS EUDIOMÉTRIQUES (1);

PAR BERTHOLLET.

Depuis que l'on sait que l'air atmosphérique est composé de gaz oxigène et de gaz azote, on a cherché à déterminer les proportions de ces deux gaz, et les variations qui peuvent y survenir; mais on n'est point encore d'accord sur la méthode qu'on doit préférer, et sur le résultat auquel on doit s'arrêter.

On se servit d'abord de la propriété qu'a le gaz nitreux d'absorber le gaz oxigène; mais on se contenta de comparer les diminutions qu'on produisait dans l'air soumis à l'expérience, et l'on regardait la pureté de l'air comme proportionnelle à la diminution qu'il éprouvait.

Ensuite on chercha quelle était la quantité réelle de gaz oxigène qui se combinait avec le gaz nitreux, pour

(1) Extrait des *Annales de Chimie*, an VIII (1800), pag. 73.

déterminer, par la diminution qui s'opère dans les deux gaz qu'on mêle ensemble, la proportion du gaz oxigène et du gaz azote qui se trouvent dans l'air atmosphérique.

Mais le gaz nitreux ne donne des résultats constans, qu'en observant avec soin les mêmes manipulations, ainsi qu'Ingenhousz l'a fait voir depuis long-temps; et, lorsqu'on veut en conclure la proportion de gaz oxigène, on n'a point de base fixe pour établir la part de la diminution qui doit être attribuée au gaz oxigène, et celle qui est due à la partie du gaz nitreux qui se concentre avec lui.

J'apprends, par un extrait qui se trouve dans le Bulletin de la Société Philomatique, qui nous est parvenu, que M. Humboldt a cherché, par des expériences ingénieuses, à faire disparaître l'incertitude qui provient de la différence qui se trouve dans les gaz nitreux, et qu'il a proposé, comme rigoureux, un moyen de déterminer, par ce gaz, la proportion exacte du gaz oxigène, en introduisant plusieurs corrections dans les évaluations; mais je prouverai, par des expériences dont je m'occupe encore (1) avec le cit. Champy fils, que cette méthode est fondée sur des suppositions qui ne peuvent être admises.

L'épreuve par le gaz hydrogène que l'on doit à Volta, a beaucoup plus de précision, surtout lorsqu'elle se fait avec un air de gaz oxigène; mais elle exige un appareil compliqué, et le gaz hydrogène peut différer par la

(1) Ces expériences n'étaient pas achevées quand j'ai quitté le Caire: je n'en ai point apporté les notes, qui contiennent plusieurs évaluations; j'ai donc été obligé de recommencer ces expériences, que je ne tarderai pas à faire connaître.

quantité de charbon qu'il tient en dissolution; ce qui peut faire varier sensiblement le résultat. Néanmoins cette méthode peut être regardée comme suffisamment exacte lorsqu'on veut comparer simplement différens airs, et qu'on se sert pour cette comparaison, du même gaz hydrogène; mais on n'obtient pas la même exactitude lorsqu'on veut déterminer la quantité de l'oxigène: on connaît avec une précision suffisante les proportions, en poids, de l'oxigène et de l'hydrogène qui entrent dans la composition de l'eau; mais les rapports des pesanteurs spécifiques des deux gaz ne sont point encore assez bien déterminés, et ils changent trop par la différence des gaz hydrogènes, pour qu'on puisse juger exactement de la partie de la diminution opérée par la combustion, qui doit être attribuée au gaz hydrogène et au gaz oxigène, et établir par-là la quantité de gaz oxigène qui appartient à l'air qu'on éprouve.

Le sulfure d'alkali liquide présente le double avantage de donner en même temps l'état comparatif des différens airs qu'on éprouve, et la proportion de gaz oxigène qui s'y trouve; car toute la diminution doit être attribuée au gaz oxigène pendant qu'elle doit se partager entre le gaz oxigène et le gaz nitreux, et le gaz hydrogène, dans les méthodes précédentes. Il n'a besoin d'autres corrections que celles qu'exige la différence de température et de pression de l'atmosphère, entre le moment où l'on met l'air en expérience, et celui où l'on mesure la diminution qu'il a opérée.

On ne peut soupçonner que l'absorption de l'oxigène ne soit pas complète lorsqu'on emploie une eau suffisamment chargée de sulfure alkalin; car il y a une grande différence entre la force qu'exerce le sulfure sur le gaz oxigène, et la faible action que peut exercer l'azote dans l'état gazeux sur le gaz oxigène; et si l'on éprouve quelque diminution dans le gaz azote qui a été isolé par ce moyen, en le mêlant avec le gaz nitreux, je ferai voir qu'on ne doit pas l'attribuer à l'oxigène.

Il faut convenir qu'on ne peut pas dire que le volume réel du gaz azote soit précisément celui qu'on obtient, parce que l'azote fait une dissolution de sulfure, ou très-probablement de l'hydrogène sulfuré, qui existe toujours dans le sulfure liquide, et effectivement il en a l'odeur, mais cette odeur disparaît en le lavant un peu dans l'eau, sans que son volume diminue sensiblement; de sorte que la différence de volume qui provient de cette dissolution, ne peut être qu'extrêmement petite.

On ne peut craindre que l'azote soit absorbé par le sulfure: car si cette absorption avait lieu, elle continuerait. Or le volume du gaz azote exposé sur le sulfure reste constant dès que l'oxigène est absorbé.

On peut donc déterminer, par le sulfure liquide, la proportion d'oxigène qui se trouve dans un air qu'on veut éprouver, avec toute la précision qu'on peut raisonnablement espérer en chimie.

Un inconvénient de cette méthode, c'est que le sulfure agit lentement, et exige plusieurs jours, surtout à une température basse, et qu'il ne donne aucun autre indice certain pour reconnaître si la diminution est complétée, que la cessation de cette diminution, qui exige encore du temps pour être constatée.

Guyton a proposé de se servir du sulfure sec, en appliquant la chaleur d'une bougie à un appareil qu'il a décrit. Je n'ai pas éprouvé cette méthode; mais il me paraît à craindre que le contact d'une petite masse avec le volume d'air mis en expérience, n'assure pas l'absorption de tout l'oxigène; et l'épreuve ne présente pas d'indice qui en constate la sûreté.

J'ai proposé qu'on se servît de la combustion lente du phosphore (1) : pour cela on place un cylindre de phosphore, fixé sur une tige de verre, dans un vase étroit, où l'air qu'on éprouve est contenu sur l'eau : si la température est fort élevée, on abaisse le vase sous l'eau, pour que le posphore ne se liquéfie pas; car l'évaporation de la surface de l'eau la tient à une température inférieure de quelques degrés à celle de l'atmosphère. Ainsi, pendant les expériences que j'ai faites ici, le thermomètre s'est tenu aux environs du 36ᵉ degré du thermomètre centigrade, et le bain où les épreuves se faisaient était à 6 degrés au-dessous de cette température. Aussitôt que le phosphore est introduit dans l'air, on voit se former un nuage qui descend et vient se mêler à l'eau. Lorsque l'opération est finie, on n'aperçoit plus ce nuage, qui est lumineux dans l'obscurité; et dès qu'il a disparu, il ne se fait plus d'absorption sensible, même dans l'espace de plusieurs jours; de sorte qu'on a, par ce moyen, un indice certain de la fin de l'opération : si elle se fait dans un tube étroit, elle n'exige pas plus de deux heures à la température dont j'ai parlé (2).

On a mesuré, dans un tube gradué, l'air qu'on soumet à l'épreuve; quand l'opération est finie, on mesure dans

(1) *Journal de l'Ecole Polytechnique.*

(2) A Paris, où j'ai répété ces expériences à une température de 6 à 10 degrés du thermomètre centigrade, il n'a fallu que six à huit heures pour que l'opération fût complètement achevée. M. Humboldt parle d'épreuves qui ont duré plusieurs jours, et après lesquelles le gaz rougissait encore avec le gaz nitreux. Il faut que nous ayons employé des méthodes très-différentes, pour expliquer une si grande différence dans les résultats.

le même tube, le gaz résidu avec les précautions connues et les corrections que peuvent exiger les changemens de température ou de pression de l'atmosphère survenus pendant l'épreuve.

La diminution qu'on obtient par le phosphore se trouve toujours moins considérable que celle qu'on obtient par le sulfure, mais dans un rapport constant, parce que le phosphore se dissout dans le gaz azote, ainsi que je l'ai prouvé; et il prend, en se dissolvant, l'état gazeux, ainsi que toutes les substances qui se dissolvent dans un gaz. Le volume du gaz azote se trouve donc augmenté: plusieurs expériences m'ont prouvé que cette augmentation était, à bien peu de chose près, d'un quarantième (1).

On ne peut pas attribuer la différence de la diminution de volume entre le phosphore et le sulfure, à ce que l'un soustrait moins exactement le gaz oxigène que l'autre; car l'action du phosphore sur l'oxigène est si énergique lorsqu'il est dissous dans le gaz azote, qu'il suffit de faire passer l'azote phosphoré dans l'eau pour qu'il devienne lumineux en brûlant avec le gaz oxigène qu'il y rencontre.

Il me paraît que l'hydrogène sulfuré qui se dissout dans le gaz azote, en précipite en grande partie le phosphore; car si l'on met l'azote phosphoré sur du sulfure d'alkali, son volume diminue; cependant la diminution totale n'est pas aussi grande qu'elle l'aurait été si l'on avait primitivement placé l'air en contact avec le sulfure. L'azote phosphoré, qui a été diminué ainsi par le sulfure, n'est plus rendu lumineux par le contact du gaz oxigène.

(1) L'expérience répétée à Paris m'a donné le même rapport.

Si j'introduis du phosphore dans le gaz azote qui est en contact avec le sulfure, il n'y produit aucun effet sensible; mais si je lave cet azote en lui faisant traverser de l'eau pure, cela suffit pour que le phosphore y devienne ensuite lumineux; de sorte que l'eau retient la plus grande partie de l'hydrogène sulfuré, et cède une très-petite quantité d'oxigène au gaz azote, qui, par cette opération, a été mis en état de dissoudre du phosphore, et d'agir sur la plus petite quantité de gaz oxigène.

Quoi qu'il en soit de ces explications, j'observe que le gaz azote qui a été exposé sur le sulfure, ne perd ni n'acquiert un volume sensible lorsqu'on le passe à travers l'eau, et que la combustion qui se fait ensuite lorsqu'on y introduit du phosphore, est un effet si petit qu'il est difficile à apprécier.

Je conclus de tout ce qui précède que la méthode du phosphore réunit la précision à la commodité, et que sa durée n'est pas embarrassante: elle donne des résultats certains, lorqu'on ne veut que comparer les airs: elle exige une correction d'un quarantième du volume du gaz résidu, quand on veut déterminer la proportion du gaz oxigène avec la précision qu'on peut obtenir par le sulfure, et qui me paraît être l'approximation la plus exacte à laquelle on puisse parvenir par les moyens connus (1).

(1) M. Humboldt prétend qu'il se forme une combinaison ternaire de phosphore, d'azote et d'oxigène (*Ann. de Chim.* 30 thermid. an VI). Son opinion est fondée sur des expériences dans lesquelles il a observé que le phosphore produisait des diminutions inégales dans l'air atmosphérique exposé à son action dans des tubes égaux et dans les mêmes circonstances. La différence entre deux tubes a été de 115 à 156. C'est sur cette donnée seule qu'il établit l'existence des phosphores d'azote oxidés. Je n'ai rien aperçu de cette différence dans les expériences nombreuses que j'ai faites au Caire et à Paris dans deux époques.

Plusieurs épreuves que le cit. Champy fils et moi avons faites dans le laboratoire de l'Institut d'Egypte, avec un sulfure alkalin et avec le phosphore, et pour lesquelles nous avons employé les corrections qu'exigeaient les changemens de température, ainsi que la dilatation du gaz azote par le phosphore, nous ont prouvé que la proportion du gaz oxigène dans l'air atmosphérique était ici d'un peu moins de 22 parties sur 100 : nous n'avons pas eu, dans un grand nombre d'épreuves, des différences de plus d'un demi-centième, et il est plus naturel d'attribuer une si petite variation aux imperfections inévitables de tout procédé physique, qu'à un changement réel dans l'état de l'atmosphère.

Des épreuves multipliées que j'ai faites à Paris par les mêmes moyens, me paraissent prouver que la proportion de l'oxigène y est, à très-peu de chose près, la même qu'ici. Cependant je dois avertir que je n'ai pas un souvenir assez positif de ces épreuves, pour que je puisse affirmer une égalité parfaite des résultats; il faudra donc répéter ces opérations à Paris, pour établir la comparaison d'une manière indubitable (1).

Plusieurs célèbres chimistes et physiciens attribuent au gaz oxigène une proportion plus élevée que celle que je viens de déterminer: ils prétendent trouver des variations

(1) Les expériences que je viens de faire à Paris me donnent environ 1/200 de plus en résidu; elles coïncident parfaitement avec celles que j'y avais faites précédemment. Il me paraît vraisemblable que cette petite différence provient de ce que l'air très-sec du Caire, au temps où j'y opérais, se saturait d'eau pendant l'expérience, et éprouvait par là une légère dilatation, plutôt que d'une différence entre les parties constituantes des deux atmosphères; mais il en résulte que la proportion du gaz oxigène doit être fixée un peu au-dessus de 22 sur 100.

L'expérience décidera facilement entre l'opinion de M. Humboldt et la considérables dans l'air des différens lieux et dans les temps différens. Récemment Humboldt fait varier les proportions de gaz oxigène de 23 à 29 centièmes. Je n'ai point observé ces différences à la distance du Caire à Paris, dans des temps éloignés, dans un climat bien opposé : elles doivent être attribuées au gaz nitreux qu'on emploie ordinairement. On convient que les épreuves de cette espèce ne sont pas comparables, s'il se trouve une différence dans l'eau dont on se sert, dans le gaz nitreux, dans les dimensions du tube, dans la manipulation : on accumule, avec subtilité, des corrections fondées sur des suppositions qui sont loin d'être justifiées par l'expérience, et l'on rejette des méthodes constantes auxquelles on n'a point fait de reproche qui ne soit détruit par l'observation ; mais on les trouve peut-être trop simples en Europe.

En effet, comment peut-on concevoir que l'atmosphère, continuellement agitée par des mouvemens qui la transportent rapidement, qui changent ses contacts et la renouvellent, puisse varier considérablement d'un village à un autre : il y a cependant une exception à faire pour les lieux qui sont fort élevés au-dessus du niveau de la mer. La différence de pesanteur spécifique entre le gaz oxigène et le gaz azote, qui, dans l'état élastique, n'exercent réciproquement qu'une très-faible action, explique celle qui a été trouvée dans leurs proportions.

mienne. Il suffit d'examiner s'il est vrai que le phosphore et le sulfure liquide produisent un résultat uniforme et constant, ainsi que je l'affirme ; je ne parle pas de la combustion vive du phosphore, sur laquelle il y a d'autres considérations à faire. Quand on éprouvera l'action lente du phosphore, le cylindre de phosphore devra occuper une grande partie de la hauteur du tube où se fait l'épreuve, pour que tout l'air atmosphérique en subisse l'effet.

ARTICLE IX.

On trouve dans le tome 81, pag. 109, année 1812, des anciennes *Annales de Chimie*, une note de M. Thenard ayant pour titre : *Résultats d'expériences sur le phosphore*, dans laquelle l'auteur annonce un Mémoire qui n'a pas été publié; mais son *Traité de chimie*, article *Air atmosphérique*, contient des expériences qui probablement faisaient partie de ce Mémoire, et qu'il est important de consigner pour compléter tout ce qui tient à la décomposition de l'air par le phosphore. Si on lit avec attention les dix articles de ce chapitre, on jugera que le sujet n'est pas encore épuisé, et qu'il appelle de nouvelles recherches. La *Bibliothèque du Chimiste* doit toujours être lue dans ce double but : 1° de connaître la marche de la science; 2° de chercher dans les résultats connus ce qu'elle attend encore pour que ses doctrines soient complètes.

Les numéros qui commencent chaque paragraphe sont ceux qu'ils portent, soit dans la note des *Annales*, soit dans le *Traité de Chimie*, sixième édition. Nous allons transcrire, et non donner un extrait.

9° Lorsqu'on met en contact le phosphore bien sec avec de l'air sur le mercure dans une éprouvette, il ne s'absorbe qu'une très-petite quantité d'oxigène, même en vingt-quatre heures, et bientôt le phosphore cesse d'être lumineux; mais si on fait passer un peu d'eau dans l'éprouvette, le phosphore redevient lumineux et l'absorption de l'air a lieu en très-peu de temps. Ce phénomène est dû à ce que, dans le premier cas, le phosphore se recouvre d'une couche d'acide phosphoreux qui s'oppose à son contact avec l'air, au lieu que dans le second, l'acide phosphoreux étant dissous par l'eau hygrométrique, la combustion doit avoir lieu, tant qu'il y a de l'oxigène. On pourrait croire que l'eau joue un autre rôle; qu'elle est nécessaire à la constitution de l'acide phosphoreux; mais je me suis assuré du contraire.

10° Le gaz azote ne dissout qu'un atome de phosphore. 6 litres de gaz azote (pression et temp. ordinaires) dissolvent au plus 5 centigrammes de phosphore: on conçoit d'après cela pourquoi la combustion du phosphore est si lente, et pourquoi elle est accompagnée d'un si faible dégagement de lumière. Le gaz azote phosphoré occupe le même volume que le gaz azote qu'il contient. Ce gaz est décomposé, quand on l'agite avec le mercure; il en résulte un peu de phosphure de mercure; il est également décomposé, quand on l'agite avec l'eau pure.

11° Lorsqu'on brûle lentement le phosphore dans l'air, on n'obtient pas seulement de l'acide phosphoreux; on obtient encore du gaz acide carbonique, provenant du charbon contenu dans le phosphore. Ce gaz acide carbonique fait 2 à 3 centièmes de l'air employé: c'est pourquoi toutes les fois qu'on s'est servi du phosphore pour analyser l'air, on n'a trouvé que 18 à 19 centièmes de gaz absorbé. En tenant compte de l'acide carbonique, et en l'absorbant par la potasse, on pourra se servir désormais de la combustion lente du phosphore pour analyser l'air.

12° Lorsqu'au lieu de faire brûler lentement le phosphore dans l'air, on l'y fait brûler rapidement, il ne se fait point d'acide carbonique. Aussi de 100 parties d'air, obtient-on par ce moyen une absorption d'environ 21 (*Ann. chim.* tome 81, page 111 à 112).

118. Quoique le gaz oxigène n'ait aucune action sur le phosphore au-dessous de + 20° à 25°, l'air atmosphérique en a une bien remarquable, même au-dessous de zéro, sur ce corps combustible. Lorsqu'on met de l'air en contact avec le phosphore à la température de l'atmosphère, tout le gaz oxigène qu'il contient est absorbé peu à peu, et il en résulte, 1° de l'acide phosphatique qui,

par lui-même, est solide, mais qui se dissout dans l'eau de l'air, paraît et tombe sous forme de fumée; 2° un dégagement de calorique et de lumiere, mais si faible que le thermomètre le plus sensible ne s'élève que de quelques degrés, et qu'on n'aperçoit la lumière que dans l'obscurité; 3° du gaz azote chargé de très-peu de phosphore, qui occupe le même volume que le gaz azote pur. Rien de plus facile à prouver que telle est l'action de l'air sur le phosphore: remplissez une petite éprouvette de mercure, et faites-y passer une certaine quantité d'air, par exemple 200 parties, à une température et à une pression données; introduisez-y ensuite un cylindre de phosphore et un ou deux grammes d'eau, qui, en raison de leur pesanteur spécifique moindre que celle du mercure, s'élèveront à sa surface (1): bientôt tous les phénomènes dont il vient d'être question se présenteront. Lorsque, au bout de deux ou trois heures, vous n'apercevrez plus de vapeurs dans l'appareil, et que le portant, au moyen d'une capsule, dans un lieu obscur, vous verrez que le phosphore n'est plus lumineux, l'opération sera terminée. Cependant, pour être certain que tout l'oxigène est absorbé, il vaudra mieux attendre encore quelque temps. Mesurant alors le résidu, et tenant compte des changemens éprouvés de température et de pression que pourra avoir l'atmosphère, vous le trouverez de 158 à 159 parties, et vous reconnaîtrez facilement qu'il sera formé tout entier de gaz azote, ou du moins qu'il ne contiendra

(1) Il faut mettre un peu d'eau en contact avec le phosphore, parce que, sans cela, la combustion ne tarderait pas à s'arrêter (120).

L'on doit faire l'expérience sur le mercure, et non sur l'eau, parce qu'en la faisant sur l'eau, il serait possible qu'il se dégageât de celle-ci une portion de l'azote qu'elle tient en dissolution.

qu'une très-petite quantité de phosphore qui se dissoudra tout à coup, par l'agitation, dans le mercure ou dans une dissolution de potasse.

119. Pour expliquer ce qui vient d'être dit, il faut admettre que l'azote favorise la combustion, soit en isolant les molécules d'oxigène, soit en s'unissant au phosphore et le dissolvant. Dans tous les cas, comme à chaque instant il n'y a que très-peu de phosphore dissous, à chaque instant aussi il n'y a qu'un très-faible dégagement de calorique et de lumière; et comme l'acide phosphatique qui se forme a beaucoup d'affinité pour l'eau, il s'empare de celle que l'air contient, et constitue avec elle un liquide très-acide.

120. Outre les observations qu'on vient de faire sur la combustion du phosphore dans l'air, il en est encore une digne de remarque, et qui ne doit pas être passée sous silence: c'est que l'air n'est complètement décomposé par ce corps qu'autant qu'il est humide, et qu'autant même qu'il est en contact avec l'eau. Que l'on fasse passer de l'air ordinaire dans une cloche bien sèche et pleine de mercure, et qu'après avoir bien desséché un cylindre de phosphore avec du papier joseph, on le fasse passer lui-même dans la cloche; d'abord il y répandra des vapeurs blanches et y brûlera avec une lumière très-sensible dans l'obscurité; mais peu à peu ces effets diminueront à tel point, qu'au bout de vingt-quatre heures l'air contiendra encore beaucoup de gaz oxigène; alors qu'on introduise un peu d'eau dans l'éprouvette, tout à coup les vapeurs reparaîtront, le phosphore redeviendra lumineux dans l'obscurité; bientôt enfin tout le gaz oxigène sera absorbé. Comment agit l'eau? On est tenté de croire que c'est par elle que s'opère l'union du phosphore et de

l'oxigène, et que l'acide phosphatique n'est qu'une combinaison d'eau, de phosphore et d'oxigène; mais elle n'agit réellement qu'en dissolvant l'acide phosphatique qui se forme sans cesse à la surface du phosphore, et qui y resterait appliqué, comme une espèce de vernis, si l'air n'est point humide : elle entraîne donc cet acide à mesure qu'il se forme, et entretient un contact continuel entre le phosphore non brûlé et l'air : l'expérience suivante ne laisse aucun doute à cet égard. Après avoir fait sécher deux éprouvettes en les chauffant et en excitant dans leur intérieur un courant d'air avec un soufflet, je les ai remplies toutes deux de mercure bien sec; dans l'une j'ai fait passer d'abord 300 à 400 parties de gaz azote également sec, puis un cylindre de phosphore essuyé avec du papier joseph, et que j'ai soutenu au-dessus du mercure avec un tube creux et élargi en forme d'entonnoir à son extrémité *supérieure*; j'y ai mis enfin 12 à 15 grammes de chlorure de calcium récemment fondu par le feu : d'une autre part, j'ai rempli l'autre éprouvette à moitié de gaz oxigène : j'y ai introduit aussi 12 à 15 grammes de chlorure de calcium récemment fondu, et au bout de deux jours, ayant fait passer en partie ce gaz oxigène dans la cloche qui contenait le gaz azote et le phosphore, tout à coup le phosphore est devenu lumineux, et a continué de brûler, lentement à la vérité, mais pendant plus d'une heure. Or, on ne peut pas dire que les gaz n'étaient pas secs; car quand bien même ils auraient été humides, le chlorure de calcium les aurait desséchés. On ne peut pas dire non plus que le phosphore était humide; car quand bien même il aurait retenu quelques traces d'humidité, il les aurait cédées à l'air, qui les aurait transmises au chlorure. D'ailleurs, l'expérience a été répétée et variée sans obtenir de différence dans les sultats. Au lieu de chlorure de calcium, je me suis rvi de chaux, dont la puissance siccative est très-grande; lieu de gaz azote, j'ai employé du gaz hydrogène ur enlever, à l'aide de la chaux ou du chlorure de lcium, l'eau qui aurait pu adhérer au phosphore; au u de gaz oxigène, j'ai fait usage d'air. Dans tous les s, la combustion du phosphore a lieu: donc le phosore sec peut brûler dans l'air sec: donc l'eau n'agit 'en dissolvant l'acide phosphatique à mesure qu'il se rme.

NOMS DES GAZ.	OXIGÈNE, 40. Autre gaz, 200.	OXIGÈNE, 80. Autre gaz, 120.	OXIGÈNE, 120. Autre gaz, 200.	OXIGÈNE, 160. Autre gaz, 200.	OXIGÈNE, 200. Autre gaz, 200.
Oxigène; et hydrogène.	Combustion totale: lumière vive.	Combustion totale; lumière qui peu à peu s'accroît.	Combustion lente, qui s'achève en 24 heures.	0	0
Oxigène; acide carbonique.	idem.	idem.	0	0	0
Oxigène; protoxide d'azote.	idem.	idem.	0	0	0
Oxigène; hydrogène per-carboné.	0	0	0	0	0
Oxigène; azote, extrait de l'air par une pâte faite avec du fer et du soufre.	0	0	0	0	0
Oxigène; oxide de carbone, provenant du marbre calciné avec le charbon.	Combustion totale; lumière vive.	0	0	0	0
Oxigène; et air en proportion telles que l'oxigène et l'azote se trouvent dans celles ci-dessus indiquées.	Combustion totale; lumière vive.	Combustion totale; lumière vive.	Combustion totale; lumière qui devient bientôt vive.	Combustion totale; lumière.	Combustion totale; lumière.

Le phosphore brûle encore dans un mélange d'air et d'oxigène tel qu'il y ait 4 d'oxigène et 3 d'azote; l'oxigène finit par être absorbé: au-delà, la combustion est pour ainsi dire insensible; elle n'a plus lieu du tout en ne mêlant avec l'oxigène que la moitié de son volume d'azote (Extrait du *Traité de Chimie* de M. Thenard, nos indiqués).

ARTICLE X.

RECHERCHES

Physico-chimiques sur le phosphore (1);

PAR M. ANGELO BELLANI DE MONZA.

Les phénomènes singuliers que présenta le phosphore de Kunckel, du premier moment qu'on connut cette substance singulière, excita la curiosité des physiciens et des chimistes, pour en chercher les lois et en faire des applications utiles. Parmi les propriétés de ce cette substance, placée d'abord dans la classe des substances indécomposées, il y en a deux bien remarquables, c'est-à-dire sa combustion et son application à l'analyse de l'air atmosphérique.

Mais quoique les physiciens se soient très-souvent occupés à faire des recherches sur ces deux points, il s'en faut bien qu'ils les aient épuisés ou éclaircis, de façon qu'il n'y ait plus qu'une opinion à ce sujet.

Par conséquent j'ai cru qu'il m'était permis de faire de nouvelles recherches et expériences, dont je publierai ensuite le résultat dans un Mémoire auquel je donnerai quelque extension; et dans ce moment je demande seulement qu'il me soit permis d'en présenter cet essai au royal Institut.

Par mes expériences multipliées je me flatte d'avoir démontré : 1° que l'application de la combustion du

(1) Extrait du *Bulletin de Pharmacie*, année 1813, pag. 489.

phosphore à l'analyse de l'air atmosphérique, avait encore besoin de quelques corrections aussi intéressantes que peu connues et négligées; 2° que l'explication des phénomènes qu'offre la combustion est erronée, quoiqu'elle soit généralement adoptée; 3° enfin, je donnerai un petit essai de quelques expériences nouvelles qui regardent le degré thermométrique de la fusion, de l'inflammation rapide, de l'ébullition du phosphore.

L'étude de l'eudiométrie doit son origine à la découverte des gaz; et cette nouvelle branche de la physique s'étendit si vite, qu'en 1785, le professeur Scherer, de Prague, en écrivit l'histoire comme on avait écrit celles de l'électricité et de la lumière. L'eudiométrie se perfectionna à mesure que les autres découvertes physiques firent des progrès, jusqu'à ce que, parmi les substances employées dans l'analyse de l'air atmosphérique, la première place fut accordée à la combustion du gaz hydrogène due au célèbre Volta, aux sulfures et au gaz nitreux. Le phosphore fut aussi proposé d'abord, comme un moyen propre à cet objet. Il n'eut pas toujours la même fortune dans les mains d'Achard, de Jobert, de Spallanzani, de Reboul, de Séguin et de Volta; et il était sur le point d'être proscrit de l'usage des bons eudiomètres, lorsque Berthollet en prit la défense, et le releva au degré des autres, après avoir cru reconnaître l'origine de ses irrégularités, et en avoir proposé une correction.

Je passe ici sous silence les différentes modifications que les eudiomètres à phosphore ont subies, et je ne ferai pas même une description de celles que je propose comme les plus convenables et les plus sûres. Je ne parlerai pas non plus des précautions générales qu'il faut avoir dans l'usage de ces instrumens, soit qu'elles aient été imaginées par les autres, soit que je les propose moi-même pour la première fois; et ne voulant parler que des plus intéressantes, je démontrerai :

1° Que, dans la combustion du phosphore, il y a production de gaz acide carbonique;

2° Que la vapeur de l'eau altère toujours les résultats eudiométriques;

3° Que la correction proposée par Berthollet est insuffisante.

Depuis quelques années que je m'occupe d'expériences eudiométriques, j'ai observé souvent des anomalies que je ne savais pas expliquer par la seule correction de Berthollet, et je n'ai pas manqué, soit dans le discours, soit par lettres, de signifier mes doutes à quelques illustres physiciens et chimistes; mais retenu par la célébrité de l'auteur, je n'osais pas les publier. Néanmoins l'extrait des nouvelles expériences de Thenard sur le phosphore, que je lus dans les *Annales de Chimie* publiées à Paris, me donna le courage d'éclaircir mes doutes par de nouvelles expériences, qui m'ont mis à même de connaître les véritables causes des anomalies que je venais d'observer, et par quels moyens je pouvais les éviter.

A chaque combustion du phosphore, imparfaitement pur, soit rapide, soit lente, faite à bain de mercure ou à bain d'eau, on obtient toujours du gaz acide carbonique, qui augmente de deux ou trois centièmes le gaz azote, résidu des expériences faites avec l'air atmosphérique.

Il faut donc conclure que le phosphore, quelque pur qu'on le suppose, est toujours uni à une quantité indéterminée de carbone, à moins qu'on ne veuille supposer (ce qui serait sans une raison suffisante) que le phosphore même se change en carbone.

Mais, durant la combustion, en même temps qu'il y a production de ce gaz, le phosphore passe à l'état d'oxide et ensuite à l'état d'acide phosphorique ou phosphoreux, attirant puissamment et peut-être plus que tout autre corps les vapeurs aqueuses éparses dans l'air de l'eudiomètre.

Ces vapeurs exerçant d'abord dans cet air une tension déterminée par la température et par le degré de saturation, il résulte de leur absorption opérée par le phosphore une diminution dans le volume de l'azote, tandis que par une cause différente, le volume du gaz acide carbonique est augmenté, c'est-à-dire qu'un acide rend le volume qu'un autre acide emporte.

Le différent degré d'humidité et la différente quantité de gaz acide carbonique, sont la cause de toutes les différences qu'on observe dans les expériences eudiométriques quoique faites avec la plus grande diligence. Il me faut par conséquent assigner le moyen facile et sûr d'en séparer les effets relatifs, en rendant à l'air la vapeur, et en absorbant le nouveau gaz qui s'est produit, afin qu'on ait constamment la proportion des gaz qui composent l'air atmosphérique, c'est-à-dire de 21 (en volume) de gaz oxigène, et de 79 d'azote; ce qu'on obtient par les autres méthodes eudiométriques qui ont été adoptées jusqu'à présent et qu'on a cru les plus propres; car le phosphore est préférable aux autres substances par sa simplicité et la facilité de s'en servir.

Il faut cependant observer que la diminution du volume de l'air par la combustion du phosphore, est dans certains cas plus grande que celle que devrait produire la soustraction de la tension vaporeuse. Et puisqu'on n'a pas calculé cette influence de la vapeur dans les expériences eudiométriques, on n'a eu aucun soupçon jusqu'à présent de cette nouvelle propriété du phosphore, qui pendant sa combinaison avec l'oxigène agit de façon que le gaz résidu, quoique dépouillé de toute humidité, continue à se réduire à un moindre volume. Il est vrai que par l'introduction d'une nouvelle eau il est entièrement rendu à son premier état, et par conséquent les résultats de l'expérience n'en sont nullement altérés. Malgré cela on n'expliquait point le phénomène : c'est à quoi je me flatte d'avoir réussi en quelque façon.

C'est peut-être l'expansion rendue à l'air, résidu de la combustion, par les nouvelles vapeurs, qui a fait soupçonner à Berthollet qu'elle était due non à l'eau, mais au phosphore, qui continuant à être en dissolution, comme il le pensait, dans le gaze azote, en augmentait le volume de $\frac{2}{80}$, puisque effectivement telle est à peu près la tension de la vapeur aqueuse à la température moyenne. Et puisqu'il y a à peu près $\frac{2}{80}$ de résidu du gaz acide carbonique, on doit à celà la cause de l'erreur de Berthollet; car, ne soupçonnant pas la formation du gaz acide carbonique, par la soustraction de $\frac{2}{80}$ qu'il attribuait à la vapeur phosphorique, il obtenait un volume d'azote résidu égal, à peu près, à celui qui est indiqué par les autres moyens eudiométriques.

Mais si on n'avait pas rendu à l'azote résidu la première vapeur aqueuse, ce qui arrivait souvent, alors la soustraction de $\frac{2}{80}$ aurait indiqué une absorption plus forte qu'elle n'était réellement. Cependant, dans les expériences communes, où l'on ne calculait ni la vapeur aqueuse ni le gaz acide carbonique, ces deux élémens se compensaient souvent, et l'instrument donnait une indication exacte, ou peu différente de la véritable.

Je ne trouve dans aucun des ouvrages de Berthollet qu'il ait fait des expériences à ce sujet, et je ne connais pas celles de Thenard, qui n'ont pas encore été publiées; mais par des expériences multipliées il m'est démontré que le phosphore n'augmente point le volume de l'azote dans aucune circonstance.

Et dans le raisonnement même de Berthollet, je crois voir l'erreur de son assertion; car, selon lui, l'azote résidu des sulfures alcalins mis en contact avec du phosphore saisit ces vapeurs sans en altérer le volume. Théodore de Sausure, peut-être aussi retenu par l'autorité de Berthollet, modifia seulement la proposition, en disant que l'expansion du gaz azote n'a lieu qu'un jour après que la combustion est achevée; mais l'abaissement barométrique et l'élévation thermométrique, auront donné lieu à cette supposition, puisque le phosphore en contact avec le gaz azote privé entièrement d'oxigène, quel que soit le temps qu'il reste en contact, quand même on l'y laisse fuser et bouillir, ne produit pas le moindre effet sur le volume du gaz, lorsque celui-ci est rendu à la première température et pression. J'ai dit qu'il faut se servir de l'azote entièrement dépouillé d'oxigène; car, s'il ne l'est pas, on pourrait soupçonner que l'augmentation de volume dans le gaz azote est masquée, ou pour mieux dire, compensée par la quantité de gaz oxigène qui pouvait s'y trouver et qui était détruit par la combustion.

D'ailleurs, j'indiquerai les moyens que je crois les plus

propres pour obtenir un gaz azote entièrement dépouillé de gaz oxigène.

La petite quantité des vapeurs que le phosphore peut exhaler dans nos basses températures ne sera jamais capable d'exercer une tension sensible, quoiqu'elle puisse suffire dans une très-petite quantité pour donner dans leur combustion une splendeur remarquable, ainsi qu'une sensation bien distincte à l'odorat. Mais quand même il y aurait une solution chimique du phosphore, comme on le prétend, dans le gaz azote ou dans un autre gaz quelconque, il paraît par analogie avec les autres combinaisons aériformes, liquides ou solides, qu'on devrait obtenir de cette combinaison une diminution de volume. Le même gaz hydrogène, qui à l'état naissant de gaz entre véritablement en combinaison avec le phosphore lorsqu'il est déjà formé, quelle que soit la durée du temps pendant lequel on le tient en contact du phosphore et à quelque température que ce soit, ne présente jamais ni un accroissement, ni une diminution de volume.

L'assertion, quoique sans fondement, que le phosphore se dissout dans le gaz azote, et qu'il en acquiert un accroissement de volume, a donné lieu à une erreur encore plus grande sur laquelle on a fondé la théorie de la combustion du phosphore qui est à présent généralement adoptée. Mais avant que d'en démontrer la fausseté, je suis obligé de rappeler l'époque où les expériences également fausses de Gottling en Allemagne, excitèrent l'attention des chimistes français Fourcroy et Vauquelin, et de Spallanzani en Italie, qui à cette occasion étudièrent mieux les phénomènes que la combustion du phosphore présentait dans les différens gaz. Ce fut alors que les académiciens de Paris, pour expliquer ces phénomènes, publièrent leur hypothèse; laquelle, quoique insoutenable, par l'examen des phénomènes mêmes, n'eut, à ce que je crois, aucun contradicteur, et ne fut pas assujettie à un examen plus scrupuleux.

Presqu'à la même époque, Van-Marum, en Hollande, présenta à l'examen des savans un autre phénomène singulier; c'est-à-dire la combustion du phosphore qui avait eu lieu dans le vide, ou dans l'air atmosphérique très-raréfié et à une température moyenne : phénomène que jusqu'à présent on n'a pas encore bien expliqué, et pour l'explication duquel la Société des Sciences de Midelbourg a proposé un prix qui n'a pas encore été remporté.

J'ose aspirer à la solution du problème, c'est-à-dire à l'explication des phénomènes dont je viens de parler; et c'est à la Société à juger si j'ai atteint le but que je me suis proposé.

Voici quels sont les phénomènes les plus remarquables dans la combustion du phosphore.

1° Le phosphore placé dans le gaz oxigène pur ne s'allume point, ou du moins il ne s'enflamme qu'à la température de 22 degrés du thermomètre de Réaumur (de 80 degrés auquel je m'en rapporterai toujours dans les expériences que je vais exposer). Au-dessous de ce degré le phosphore dans le même gaz s'évapore, sans donner la moindre lueur, dans la proportion de sa propre température et de son éloignement du degré nécessaire à son ébullition, suivant la loi des liquides si bien démontrée par Dalton.

2° Dans les gaz azote, hydrogène, acide carbonique et autres, l'évaporation du phosphore a également lieu, quelle que soit la température, sans émettre aucune lueur, c'est-à-dire sans s'allumer : pourvu que les gaz soient purs et ne contiennent pas de gaz oxigène.

3° Dans l'air atmosphérique l'inflammation n'a point lieu au-dessous du 5e degré; mais il est nécessaire que les principes dont l'air est composé soient dans la proportion reconnue par les physiciens, et que la pression de l'air soit à 28 pouces du baromètre. Cependant la vapeur du phosphore ne manque pas de se former dans tous les degrés inférieurs au 5 +, ou sans entrer en combinaison avec l'oxigène. Toutes ces expériences étaient déjà connues; les suivantes sont nouvelles, et personne, autant que j'en sais, ne les a faites avant moi.

4° Si au gaz oxigène pur qui contient le phosphore, soit en état solide, soit en état de simple vapeur, on mêle du gaz azote ou hydrogène, ou carbonique, le phosphore et sa vapeur commencent à luire à une température d'autant plus inférieure au 22° degré que la quantité de ces différens gaz mêlés ensemble est plus grande, c'est-à-dire à mesure que la proportion du gaz oxigène diminue dans le mélange; et cela jusqu'à plusieurs degrés au-dessous, jusqu'au point où j'ai pu porter l'expérience.

5° Si au lieu de mêler au gaz oxigène pur, ou à l'air atmosphérique, ou autre gaz, on ne fait qu'y produire une raréfaction au moyen de la machine pneumatique, alors le phosphore ou sa vapeur commencent à luire à la même température qui était nécessaire pour luire dans le mélange des autres gaz, pourvu que dans le même espace il y ait une quantité égale de gaz oxigène. Je m'expliquerai par un exemple.

Le phosphore ne luisait qu'à 15° dans un mélange de parties égales d'oxigène et d'azote sous la pression moyenne barométrique; et le même oxigène étant raréfié de moitié, c'est-à-dire sous la pression barométrique de 14 pouces de mercure, le phosphore ne commencera à luire que près de la température de 15°; ainsi le même gaz oxigène pur cesse de luire sous le 5ᵉ degré, c'est-à-dire quand il aura été raréfié cinq fois, ce qui arrive sous la pression de cinq pouces et demi de mercure, parce qu'à une pression égale, lorsque le gaz oxigène n'occupe que $\frac{1}{5}$ du volume, le phosphore cesse de luire à la même température.

6° Si, au contraire, on condense, ou qu'on réduise, par le moyen d'une compression mécanique, à un plus petit volume, le gaz oxigène pur, ou l'air atmosphérique, il faut une température plus haute pour obtenir la combustion, soit rapide, soit lente, en raison directe de la compression, et inverse de la quantité d'autres gaz qui entrent dans le mélange.

Qu'il me soit permis d'ajouter quelques réflexions à ces expériences.

1° L'évaporation du phosphore dans les différens gaz ne doit pas être considérée, ce qu'on a fait jusqu'à présent, comme une véritable solution chimique, mais comme une simple combinaison du fluide igné avec les molécules du phosphore : phénomène analogue à l'évaporation de l'eau, de la glace, et d'autres liquides ou solides, tels que le camphre, le carbonate d'ammoniaque, etc. Cette évaporation a lieu dans une quantité égale, sans y produire la moindre altération chimique, soit dans les différens gaz raréfiés ou comprimés, soit dans le vide. Il y a pourtant cette différence que l'évaporation du phosphore dans un gaz qui contient de l'oxigène, ne peut avoir lieu que dans une température donnée, comme je viens de le dire, au-delà de laquelle on a la combustion, et par conséquent la destruction de la vapeur même.

2° Dans tous les corps évaporans, l'évaporation est d'autant plus prompte et rapide, que le gaz dans lequel elle a lieu est plus raréfié; c'est-à-dire l'évaporation est en proportion inverse des obstacles mécaniques que les molécules du gaz opposent à l'expansion et à la diffusion de la vapeur.

De tout ce que je viens de dire il résulte l'explication la plus simple du phénomène dont il s'agit.

Jusqu'à présent, dans la combustion des corps, on n'a considéré la haute température que comme une force contraire à la force de cohésion des molécules du corps combustible, et qui pourrait déterminer la combinaison de celles-ci avec l'oxigène. Mais, à l'égard du phosphore, et peut-être par rapport à d'autres substances, qu'on n'a pas encore examinées sous ce nouveau point de vue (ce qui paraît résulter des récentes expériences de M. le comte de Rumford sur le charbon), on doit aussi prendre en considération l'attraction que les molécules du gaz oxigène exercent entre elles, laquelle en certain cas peut s'opposer à leur combinaison avec le phosphore, et en empêcher la combustion. Quoique l'oxigène et même tous les gaz aient été jusqu'à présent considérés comme des fluides doués d'une force de répulsion indéfinie entre leurs molécules intégrantes, cependant, à mon avis, cette force expansive n'est pas inhérente aux molécules, mais elle n'appartient essentiellement qu'au fluide igné, libre ou latent, qui les investit : ce fluide tend à éloigner les parties du corps qu'il pénètre, ou avec lesquelles il se combine; mais ces mêmes parties continuent à exercer entre elles la force de cohésion, en raison de leur proximité : par conséquent cette force deviendra moindre à mesure que les molécules d'un même gaz, par exemple de l'oxigène, seront écartées; ce qui arrive soit par une simple raréfaction du gaz dans la machine pneumatique, soit par le mélange d'autres gaz qui n'aient pas avec le premier et dans des circonstances données une affinité prévalente, ce qui arriverait dans un mélange de gaz oxigène avec l'azote ou l'hydrogène.

Dans ce cas, les molécules du gaz oxigène seront, par une loi assez connue, distribuées dans un plus grand espace, soit vide, soit occupé par d'autres gaz; alors la force de cohésion sera affaiblie, et l'affinité desdites molécules pour le phosphore aura plus de force, sans qu'on ait besoin de cet accroissement de température qui est nécessaire dans les combustions ordinaires du phosphore et de tous les autres combustibles.

Il paraît donc que les molécules du gaz oxigène pur, à la pression barométrique moyenne, étant trop rapprochées entre elles, leur attraction avec le phosphore et ses vapeurs ne peut pas avoir une force assez puissante pour les séparer, et produire la combustion. Mais si on élève leur température au-dessus de 22°, alors, même indépendamment de la raréfaction que la température peut produire dans le gaz, la combinaison du gaz oxigène avec le phosphore sera déterminée avec une prédisposition chimique. Par le même principe, si à une basse température on diminue la cohésion qui est entre les molécules de l'oxigène, par une disgrégation mécanique, soit par la diradation du même gaz, soit par l'introduction de molécules hétérogènes parmi les molécules homologues du gaz oxigène, alors la combinaison de celles-ci avec le phosphore aura lieu.

Cette propriété singulière est bien précieuse pour l'eudiométrie; car les autres combustibles cessent d'absorber le gaz oxigène, même dans les hautes températures, lorsque celui-ci a subi une considérable diminution, et le phosphore, même dans les basses températures, se combine avec l'oxigène d'autant plus aisément que celui-ci est plus diminué, jusqu'à l'absorption totale.

Il n'est donc pas nécessaire de chercher des hypothèses pour expliquer comment le phosphore, à la même température, ne s'enflamme pas dans le gaz oxigène pur, et s'enflamme dans l'air atmosphérique.

On a supposé gratuitement que la vapeur du phosphore chimiquement dissoute, quoique non combinée dans le gaz oxigène, exerçait entre ses propres molécules une attraction telle, qu'elle en empêchait la combinaison chimique, et par conséquent aussi la combustion, avec le même gaz dans lequel elle était dissoute, et l'on prétendait qu'on ne pouvait obtenir cette combustion qu'au moyen de la diradation de la même vapeur phosphorique, ce qu'on croyait obtenir par l'introduction du gaz azote : comme si l'introduction du gaz oxigène non phosphoré dans le gaz oxigène phosphoré, ne devait pas produire le même effet, et comme si la solution, ou pour mieux dire, l'évaporation du phosphore dans le gaz oxigène, devait se faire parfaitement dans un instant indivisible, tandis que nous voyons que la nature dans toutes ses opérations n'agit que par degrés; et par conséquent, dans cette hypothèse, la vapeur phosphorique, à mesure qu'elle se formait, était nécessairement détruite, et la prétendue accumulation ne pouvait avoir lieu.

Mais ce qu'il y a de plus étrange encore, et je dirais même incroyable, c'est qu'on a formé une seconde hypothèse tout-à-fait contraire à la première, pour expliquer la combustion du phosphore dans l'air atmosphérique à nos basses températures. On savait par des expériences exactes que le phosphore, quoiqu'il ne s'enflammât pas au-dessous de 22° dans le gaz oxigène pur, néanmoins s'y introduisait en état de vapeur à des températures plus basses, comme il arrivait dans le gaz azote et dans d'autres.

Cependant, ne faisant point cas de ces expériences décisives, on établit que la combustion du phosphore n'a lieu dans l'air atmosphérique qu'autant que le gaz azote dissout en premier lieu le phosphore, qui dans cet état se combine ensuite avec le gaz oxigène, à certains degrés de température.

Mais nous avons vu, sans rappeler ici la propriété inhérente au gaz oxigène, que ce gaz opère la combustion aux mêmes températures que l'air atmosphérique, pourvu qu'il soit raréfié, et qu'on peut même en obtenir la combustion dans ce gaz comme dans l'air atmosphérique à des températures encore plus basses.

Si j'ai réussi, comme j'espère, à éclaircir ce point important de la science physique et chimique d'une manière évidente, la combustion rapide ou l'inflammation du phosphore que Van-Marum a obtenue dans le vide de Boyle, ne sera plus un phénomène inexplicable. Il suffit de réfléchir que, puisque le récipient avait une grande capacité, quoique l'air y fût beaucoup raréfié, toutefois il y en avait encore assez pour la combustion du phosphore et de la vapeur phosphorique pendant quelque temps, et puisque, dans la combustion quoique faible et lente du phosphore, il y a toujours une production de chaleur qui se communique à l'air, et que, dans l'expérience dont il s'agit, l'on avait empêché, par des moyens convenables, de dissiper; il en résulte que par la formation très-rapide de la vapeur phosphorique et par la combinaison instantanée de cette vapeur à son état naissant, avec l'oxigène privé entièrement de sa force de cohésion, la seule température extérieure de dix degrés et demi aura été suffisante pour produire l'inflammation, avec une production considérable de chaleur qui aura été de courte durée, faute d'un nouvel aliment. On doit remarquer ici que la chaleur dans cette expérience aura été moins forte que celle qu'on obtient à une plus haute température dans l'air atmosphérique, sous la pression barométrique ordinaire, d'autant moins forte encore si l'on eût fait l'expérience dans le gaz oxigène pur.

Il paraît donc que le phosphore dans sa combustion suit en quelque façon les lois du fluide électrique, lorsqu'il traverse l'air. Il le traverse aisément s'il n'est pas trop raréfié; mais il ne passe pas à travers du vide parfait, et très-difficilement, et même point du tout, si l'air est très-condensé. Ainsi l'on peut dire que la vapeur du phosphore dans le gaz oxigène pur ou dans l'air atmosphérique, se comporte comme la vapeur de l'eau, qui, sous la machine pneumatique, est consommée par l'acide sulfurique avec la même rapidité avec laquelle elle se forme, et la température de l'acide augmente à proportion.

Mais, revenant à l'extrait de mon Mémoire, j'y parle du carbone, qui se fait voir sur le phosphore par la présence de la lumière, qui est capable de produire des décompositions autant que le fluide électrique, sans qu'il soit nécessaire de supposer une combinaison particulière de la lumière même avec le phosphore, d'autant plus que celui-ci devient alors moins combustible.

Je ne peux pas m'empêcher de faire encore quelque observation sur l'oxide de phosphore, et de proposer mes doutes contre l'opinion de M. Thenard, avec lequel je suis aussi peu d'accord sur d'autres points. Je soutiens qu'il n'y a aucune production d'acide phosphorique ni phosphoreux sans l'intervention de l'eau, et que, sans celle-ci, il n'y a jamais production d'aucun acide ni solide, ni liquide, ni aériforme. Quelques physiciens ont fait des expériences que M. Théodore de Saussure vient de répéter et augmenter sur la propriété qu'ont plusieurs corps, surtout les corps poreux, de retenir une couche d'air de différente nature, selon les corps différens, condensé autour de leurs propres molécules. J'ai reconnu aussi cette propriété sur la surface même lisse d'un verre, quoique fortement échauffée, et placée dans le vide torricellien. De ces expériences on doit conclure que plusieurs substances qu'on croit chimiquement combinées avec un ou plusieurs gaz, et que par conséquent on croit avoir perdu leur état élastique, ne sont que dans l'état d'une simple condensation.

Il faut aussi avertir, en parlant du degré thermométrique du phosphore, que le physicien doit bien distinguer le degré de chaleur nécessaire à un corps qui, de solide, devient liquide, du degré qui lui est nécessaire lorsque de liquide il devient solide; car le degré de liquéfication est constant dans le même corps : au lieu que le degré de solidification ne l'est pas. On avait déjà une preuve de ce phénomène dans l'eau, qui, de l'état solide de la glace, se fond constamment à une température donnée; mais elle ne redevient pas solide au même degré; car elle peut se conserver fluide à plusieurs degrés au-dessous du point de sa liquéfication. Mais le phosphore présente à cet égard des anomalies bien plus singulières; car, lorsqu'il est liquéfié, il peut, sans reprendre sa solidité, résister à une plus basse température, malgré les mouvemens mécaniques qu'on lui communique, de quelque façon que ce soit : et il peut quelquefois se solidifier au simple contact d'un corps très-mince, avec une si grande rapidité, que celui-ci n'a pas le temps de le pénétrer. Dans le passage du phosphore de l'état liquide à l'état solide, il y a toujours une production de chaleur lente. Ayant ainsi exposé la méthode, que je crois être aussi simple qu'exacte, pour déterminer, s'il est possible, non-seulement le degré de fusion, mais aussi celui de l'inflammation spontanée, ou combustion rapide dans l'air atmosphérique, et de l'ébullition même du phosphore, j'en conclus :

1° Que le phosphore se fond à 35 degrés deux tiers, ou à 45 du thermomètre centigrade; que le moindre degré auquel il a cessé d'être liquide a été 13, et que la chaleur qui s'en développe au moment qu'il devient solide, élève la température à 31 degrés; par conséquent la différence est de 17 degrés. — L'intervalle entre le degré auquel il se fond, et le degré qu'il peut soutenir en état de liquide, est de 33 degrés : différences beaucoup au-delà de celles qu'on a jusqu'à présent reconnues, lorsque l'eau passe de l'état liquide à l'état solide;

2° Que l'intervalle de la température à laquelle le phosphore s'enflamme spontanément, est du 40e au 75e degré;

3° Que l'ébullition du phosphore commence à 200 degrés.

Je rapporte ensuite les différentes températures que plusieurs auteurs ont déterminées pour les trois états du phosphore dont je viens de parler; et après ce que j'avais déjà démontré dans un autre Mémoire, touchant le degré de fusion et d'ébullition d'autres substances, je ne fus point surpris quand je trouvai que ces auteurs étaient aussi peu d'accord entre eux qu'avec mes observations.

Et, puisque le phosphore a plusieurs propriétés qui le rapprochent du soufre, j'ai jugé à propos d'en faire la comparaison.

Le soufre se fond à 90 degrés; mais il peut rester liquide en masse jusqu'à 53, et même jusqu'à 15 degrés, quand il est divisé en petites parties : il peut par conséquent se maintenir liquide à 75 degrés au-dessous du point auquel de solide il devient liquide. Lorsqu'il se solidifie, c'est-à-dire qu'il cristallise, sa température s'élève à peine de quelques degrés. On observe dans le soufre un phénomène singulier, et qui paraît contraire aux lois connues de la fluidité des corps : le soufre liquéfié, si l'on continue à l'échauffer sans qu'il s'enflamme, au lieu de devenir plus fluide, commence à se condenser, quand il parvient au 140e degré, et continue jusqu'au 200e, approchant de la densité de la glu et de la térébenthine froide; mais s'il est échauffé au-dessous de ce degré, on le voit regagner sa première fluidité, comme il la regagne si la température s'abaisse au-dessous du 140e. On peut répéter ce phénomène avec le même soufre.

Le soufre devient bouillant à 270 degrés, à peu près à la température à laquelle le mercure entre en ébullition; mais cette température peut encore s'élever, comme il arrive au phosphore et aux huiles fixes et volatiles; ce que j'ai démontré ailleurs. Le soufre s'enflamme spontanément à 240 degrés.

La poudre à canon s'enflamme à 280 degrés. J'ai aussi observé que quelquefois à 250 ou 260 degrés, il ne s'est enflammé que le soufre qui formait une partie de la poudre; et alors le nitre et le charbon, qui faisaient partie de la même poudre, ne se sont plus enflammés, quelle que fût la température à laquelle j'ai pu élever mes thermomètres à mercure.

CHAPITRE II.

DÉCOMPOSITION DE L'AIR PAR LE SOUFRE (1).

ARTICLE PREMIER.

EXPÉRIENCES

Sur la combinaison de l'alun avec les matières charbonneuses, et sur les altérations qui arrivent à l'air dans lequel on fait brûler du pyrophore (2);

PAR LAVOISIER.

Ce serait grossir inutilement ce Mémoire, que de rapporter tout ce qui a été écrit sur le pyrophore de

(1) Nous ne connaissons aucun travail qui traite directement de la décomposition de l'air par le soufre, si ce n'est celui que M. Longchamp a publié au mois d'avril 1833, sous ce titre: *Sur les produits de la combustion du soufre;* mais ce Mémoire trouvera plus convenablement sa place parmi les travaux qui ont pour objet la composition des acides du soufre.

Lavoisier et ses successeurs admettaient que le soufre seul des sulfures agissait sur l'air; mais on a reconnu, depuis environ dix ans, l'existence des sulfures alcalins; par conséquent, dans les deux Mémoires qui composent ce chapitre, ce n'est pas seulement le soufre, mais encore le métal, qui décompose l'air.

(2) Lu à l'Académie le 5 septembre 1777, inséré dans le *Recueil* de ses Mémoires, année 1777, pag. 363.

M. Homberg, et de discuter les différentes opinions qui ont été successivement embrassées sur la cause de son inflammation spontanée; je ne ferais d'ailleurs que répéter ce qui se trouve consigné dans le Recueil que l'Académie publie chaque année; il me suffira donc de renvoyer au Mémoire de M. Homberg, imprimé parmi ceux de 1718, page 238, et surtout à celui de M. de Suvigny, imprimé dans le troisième volume des Mémoires de mathématique et de physique, présentés à l'Académie par des savans étrangers.

Je rappellerai seulement ici qu'il est prouvé par les expériences de M. de Suvigny, 1° que non-seulement l'alun, mais encore tous sels vitrioliques à base d'alkali fixe, tels que le sel de Glauber et le tartre vitriolé, mêlés avec une proportion convenable d'une matière charbonneuse, légère et poreuse, et poussés à un degré de feu capable de faire rougir ces matières, donnent un résidu plus ou moins noir, qui a la propriété de s'enflammer de lui-même à l'air;

2° Que dans toutes ces opérations, l'acide vitriolique se convertit en soufre, de sorte qu'on peut dire que le pyrophore de Homberg, et tous ceux que M. de Suvigny a formés sur les mêmes principes, ne sont autre chose que des foies de soufre charbonneux à base d'alkali fixe ou à base de terre d'alun;

3° Qu'une preuve de la conversion de l'acide vitriolique en soufre, dans la formation du pyrophore, c'est que si on analyse cette substance par tous les moyens que donne la chimie, on n'y retrouve plus un atome d'acide vitriolique ni des sels vitrioliques qui avaient été employés pour le former, mais seulement un foie de soufre et du soufre;

4° Qu'il est possible de faire de très-bon pyrophore sans employer aucun sel vitriolique, mais avec une combinaison de soufre, d'alkali et de poudre de charbon, ce qui confirme encore, de la manière la plus incontestable, que le pyrophore est un véritable foie de soufre; d'après ces préliminaires, je passe aux expériences dont je me suis occupé.

J'ai mêlé ensemble deux parties d'alun et une de sucre, j'ai calciné ce mélange dans une cuiller de fer sans le faire rougir, jusqu'à ce que le sucre fût converti entièrement en charbon, et qu'il ne s'en élevât plus ni fumée ni vapeur.

J'ai pris deux onces de ce mélange ainsi calciné, je les ai mises dans une cornue de verre au bain de sable dans un fourneau de réverbère, et j'ai poussé au feu, en recevant l'air qui se dégageait dans des cloches remplies d'eau; il a d'abord passé environ cent vingt pouces d'air fixe très-pur, que j'appellerai désormais *acide crayeux aériforme*, ensuite environ cent soixante pouces d'air composé à peu près de parties égales du même acide crayeux aériforme et d'air inflammable; enfin, j'ai obtenu pour dernier produit, cent quatre-vingts pouces d'air composé pour les trois quarts d'air inflammable, et pour un quart seulement d'acide crayeux aériforme; les dernières portions même n'étaient plus que de l'air inflammable pur.

On demandera peut-être comment il est possible de séparer avec précision l'acide crayeux aériforme d'avec l'air inflammable? Je répondrai, que l'acide crayeux aériforme étant absorbable par l'eau, tandis que l'air inflammable ne l'est pas sensiblement ou ne l'est au moins qu'avec le secours d'une agitation long-temps continuée, il suffit de laisser reposer, pendant quelques jours, le mélange des deux airs, pour que l'acide crayeux aériforme s'absorbe, et que l'air inflammable reste pur; on peut d'ailleurs accélérer cette séparation en mettant ces mêmes airs en contact avec de l'alkali caustique en liqueur; ce dernier absorbe en entier et en très-peu de temps l'acide crayeux aériforme, et ce qui reste ensuite est de l'air inflammable très-pur. C'est par la réunion de ces deux méthodes que j'ai reconnu que des quatre cent soixante pouces cubiques de fluide élastique que j'avais obtenus dans cette opération, deux cent quinze étaient dans l'état d'air inflammable, et le surplus, c'est-à-dire deux cent quarante-cinq pouces cubiques, étaient dans l'état d'acide crayeux aériforme; au surplus, ces évaluations ne doivent point être regardées comme rigoureusement exactés, relativement à l'acide crayeux aériforme, par la raison que cet acide étant obligé de traverser une masse d'eau assez considérable pour se rassembler au haut de la cloche, une portion est nécessairement absorbée par l'eau pendant le cours de l'opération même, et avant qu'on puisse en déterminer le volume. Cette circonstance occasione une perte, au moins d'un quart ou d'un sixième, dans la quantité d'acide crayeux qu'on obtient; ainsi on peut évaluer au moins à trois cents pouces cubiques la quantité d'acide crayeux aériforme, résultant de cette expérience.

Il s'est dégagé, pendant presque tout le cours de l'opération, une quantité assez considérable de soufre, dont partie se sublimait et se condensait dans le col de la cornue, partie passait en vapeurs à travers de l'eau, et se déposait à la surface en une poudre fine; l'opération a duré environ une heure et demie.

Ce qui restait dans la cornue était le pyrophore de

M. Homberg; il était très-bon, très-vif, et s'allumait dès qu'il avait le contact de l'air.

Après avoir ainsi déterminé les espèces, et à peu près les quantités d'air qui se dégagent pendant la formation du pyrophore de M. Homberg, j'ai procédé aux expériences suivantes.

J'ai mis 2 gros de cette substance sur le bassin d'une balance fort sensible, et j'ai observé qu'il augmentait considérablement de poids, même dans le moment où il brûlait, et que cette augmentation continuait d'avoir lieu pendant plusieurs minutes; pour découvrir à quoi pouvait tenir cette augmentation de poids, j'ai jugé qu'il était nécessaire d'observer avec le plus grand soin toutes les circonstances de la combustion.

J'ai commencé en conséquence par introduire successivement 2 gros de pyrophore sous des cloches remplies d'acide crayeux aériforme et d'air nitreux, il ne s'y est point allumé, et il n'y a eu aucun phénomène remarquable.

Il n'en a pas été de même lorsque j'ai mis du pyrophore sous des cloches de verre remplies d'air commun ou d'air éminemment respirable; comme les circonstances de ces expériences sont très-remarquables, je vais les rapporter dans tout leur détail.

J'ai mis dans un petit bocal de verre environ une demi-once de pyrophore; j'ai recouvert ce bocal avec une petite capsule de verre, et j'ai luté les jointures de manière que tout l'appareil pût passer à travers de l'eau sans qu'il s'en introduisît dans l'intérieur du bocal. Tout étant ainsi disposé, j'ai fait passer le bocal sous une cloche remplie d'air commun; j'ai marqué exactement la hauteur à laquelle répondait l'eau dans la cloche; puis, en passant la main par-dessous la cloche, j'ai soulevé la capsule qui recouvrait le bocal, et j'ai donné une libre communication entre le pyrophore et l'air de la cloche; il s'est produit sur-le-champ une chaleur assez considérable sans combustion : en même temps, il y a eu une diminution du volume de l'air assez rapide dans le premier instant, qui s'est ralentie ensuite au bout de quelques minutes, et qui n'a cessé qu'au bout de trois quarts d'heure ou d'une heure.

Cette diminution de volume de l'air a été plus forte qu'aucune de celles que j'eusse éprouvées jusqu'alors; elle a été, en effet, dans le rapport de 100 à 72 $\frac{1}{2}$, c'est-à-dire de plus d'un quart, tandis que, dans presque toutes les expériences de ce genre, elle va à peine à un cinquième.

J'ai refait la même expérience, en employant de l'eau de chaux au lieu d'eau: la diminution a été à peu près la même, et j'ai observé qu'à mesure qu'elle avait lieu, l'eau de chaux se précipitait, ce qui m'a fait connaître qu'une des causes de cette diminution était la conversion d'une portion d'air de la cloche en acide crayeux aériforme, lequel avait été absorbé par l'eau.

Cette première expérience m'a donné l'idée d'en faire une seconde dans l'air pur ou éminemment respirable; mais j'ai cru en même temps devoir employer une cloche plus grande, afin que les phénomènes fussent plus marqués, et j'ai opéré pour le surplus à peu près de la même manière.

Sitôt que la capsule qui couvrait le bocal a été détachée, et que le pyrophore a été en contact avec l'air pur, il s'est allumé et a brûlé avec pétillement, avec décrépitation, et surtout avec un grand éclat de lumière et une extrême rapidité; bientôt après, la vivacité de la combustion s'est calmée, et l'éclat de la lumière qui en résultait a été en diminuant insensiblement, jusqu'à ce qu'enfin, au bout de quelques minutes, tout s'est éteint.

J'oublie d'observer que le pyrophore, dans cette expérience, ne doit point être mis dans un vase de verre, mais dans un vase de fer-blanc sans soudure, à cause de la grande chaleur qui a lieu, et qui ferait casser le verre et fondre les soudures.

Dans le premier instant, l'extrême chaleur avait produit une légère augmentation dans le volume de l'air contenu sous la cloche; mais cette première dilatation a bientôt été suivie d'une diminution rapide, qui s'est ralentie elle-même après le premier quart d'heure, et qui n'a cessé que lorsque l'air contenu dans la cloche a été réduit au septième du volume qu'il occupait avant la combustion du pyrophore: ce résidu d'air n'était pas encore autant diminué qu'il le pouvait être; l'eau de chaux l'a réduit encore de près de moitié, de sorte qu'il n'est plus resté qu'un douzième ou un treizième du volume d'air primitif.

Ce dernier résidu était encore de l'air éminemment respirable presque pur, dans lequel j'ai fait encore brûler de nouveau pyrophore, et je suis parvenu par ce moyen à rendre les $\frac{143}{144}$ du volume de l'air primitif absorbables par l'eau.

J'ai répété cette expérience un grand nombre de fois, et notamment en présence de M. Franklin et de plusieurs membres de cette Académie; j'en ai varié les circonstances, tantôt en employant de l'eau ordinaire, tantôt en employant de l'eau de chaux, et je me suis convaincu que, dans la combustion du pyrophore, l'air éminemment respirable, l'air déphlogistiqué de M. Priestley, se convertissait en air fixe ou acide crayeux aériforme, sauf la portion absorbée par le pyrophore lui-même, comme je vais l'exposer dans un moment, et que cet acide crayeux se combinait ensuite avec l'eau.

Ces effets de la combustion du pyrophore dans l'air déphlogistiqué, jettent un grand jour sur les phénomènes de cette même combustion dans l'air atmosphérique : les effets sont à peu près les mêmes, mais avec cette différence, que l'air de l'atmosphère ne contenant qu'un quart d'air pur, de véritable air, il n'y a qu'un quart d'acide crayeux aériforme formé et absorbé par l'eau ; les trois quarts qui restent après la combustion et l'absorption sont la partie méphitique de l'air, celle que j'ai appelée ailleurs la *moffette atmosphérique*, espèce d'air dont la nature est encore absolument inconnue, et qui, comme je l'ai fait voir ailleurs, n'est point susceptible d'entretenir la combustion ni la vie des animaux.

Je n'ai parlé jusqu'ici que de la portion d'air pur qui se convertit en acide crayeux aériforme pendant la combustion du pyrophore ; il me reste à rendre compte de quelques circonstances qui me paraissent prouver qu'une portion notable de ce même air est absorbée par le pyrophore, pendant sa combustion, et se combine avec lui, et que c'est le surplus seulement qui se convertit en air fixe.

Premièrement, la diminution du volume de l'air pur dans le premier instant de la combustion du pyrophore est beaucoup plus rapide que ne le pourrait être une simple combinaison de l'acide crayeux aériforme avec l'eau : on sait qu'en général l'eau ne s'imprègne promptement d'air fixe qu'autant qu'on divise l'air et l'eau par l'agitation, et qu'on multiplie les contacts ; ces circonstances ne se rencontrent pas sous la cloche où se fait la combustion du pyrophore, et au contraire, même la chaleur considérable qui a lieu est un obstacle presque absolu à l'union de l'acide crayeux avec l'eau.

Secondement, il est bien reconnu que le pyrophore augmente de poids en brûlant, que cette augmentation de poids est très-rapide, et qu'elle est à peu près proportionnelle à la quantité d'air qu'on peut raisonnablement supposer être absorbée dans cette opération. Il est vrai que ceux qui ont observé l'augmentation de poids du pyrophore, l'ont attribuée à l'humidité de l'air qu'il attirait; et en effet, il est difficile de se refuser à croire que cet effet n'ait pas lieu dans le premier instant; mais lorsqu'une fois le pyrophore est fortement échauffé, lorsqu'il est devenu rouge et embrasé, on ne peut plus supposer alors qu'il attire l'humidité de l'air, et il est évident que cette extrême chaleur la chasserait, au contraire, et la réduirait en vapeur, s'il en existait dans le pyrophore.

Il paraît donc certain, d'après ces deux considérations, que le pyrophore absorbe et fixe une portion notable d'air pur pendant sa combustion. Mais, demandera-t-on, que devient cet air, et quel changement apporte-t-il dans la nature du pyrophore? C'est précisement ce qui me reste à développer dans ce Mémoire, et ce qui servira à établir d'une manière plus convaincante qu'il y a réellement absorption et combinaison d'air dans la combustion de cette substance.

Si l'on goûte du pyrophore avant sa combustion, on ne lui retrouve rien de la stipticité de l'alun, mais à la place un goût de foie de soufre très-désagréable; lorsqu'au contraire on l'a fait brûler dans de l'air pur, toute sa matière charbonneuse est consommée; il est parfaitement blanc, il a une partie de la stipticité de l'alun, et en le lessivant, on en obtient un alun surchargé de sa terre, tel que l'a décrit M. Baumé dans sa *Chimie*.

Cette dernière observation nous dévoile tout ce qui se passe dans la formation et dans la combustion du pyrophore. On voit clairement que l'acide vitriolique de l'alun passe à l'état de soufre, pendant que le pyrophore se forme, tandis qu'au contraire le soufre repasse à l'état d'acide vitriolique et d'alun, pendant que le pyrophore brûle; mais on sait, par les expériences que j'ai données, que le soufre est un acide vitriolique dépouillé d'air éminemment respirable, ou ce qui revient au même, que l'acide vitriolique est une combinaison du soufre avec de l'air éminemment respirable, ou plus exactement encore avec la base de l'air éminemment respirable: donc l'acide vitriolique ne peut passer de l'état d'acide à celui de soufre, sans qu'il ne s'opère un dégagement d'air éminemment respirable, et réciproquement le soufre ne peut passer de l'état de soufre à celui d'acide vitriolique sans qu'il ne s'opère une fixation du même air; et c'est ce qu'on observe dans les expériences rapportées dans ce Mémoire. On a vu, en effet, qu'il s'était dégagé d'un mélange d'alun calciné et de poudre de charbon du poids de deux onces, environ quatre cents pouces cubiques d'air, partie dans l'état d'acide crayeux aériforme, partie dans l'état d'air inflammable; que le pyrophore, au contraire, en brûlant avait absorbé une très-grande quantité d'air pur; ce qui confirme pleinement la théorie que j'ai avancée.

On ne manquera pas sans doute de faire deux questions, relativement aux expériences dont je viens de rendre compte. Premièrement, dira-t-on, pourquoi, si l'acide vitriolique de l'alun contient de l'air éminemment respirable, de l'air déphlogistiqué de M. Priestley, pourquoi retire-t-on principalement de l'acide crayeux aériforme par sa calcination avec le charbon? Secondement, d'où vient cet air inflammable qui passe avec lui? Je répondrai à la première question, que l'air éminemment respirable se convertit en acide crayeux aériforme par sa combinaison avec les matières charbonneuses, ou, ce qui revient au même, que l'acide crayeux aériforme n'est autre chose qu'une combinaison des matières charbonneuses avec l'air éminemment respirable, ou plutôt avec la base de cet air; on en a la preuve dans la réduction des chaux de mercure: si on les revivifie seules et sans addition, elles ne donnent que de l'air éminemment respirable; si on y ajoute de la poudre de charbon ou une autre substance charbonneuse quelconque, elles ne donnent que de l'acide crayeux aériforme; la même chose arrive dans la calcination de l'alun avec le charbon du sucre; l'air éminemment respirable, ou plus exactement la base de cet air qui est contenue dans l'acide vitriolique de l'alun, se combine avec la substance charbonneuse et forme de l'acide crayeux aériforme.

Quant à l'air inflammable qui se dégage dans cette opération, la quantité n'en est pas constante, et elle est d'autant plus grande qu'on a employé plus de charbon; cet air, au surplus, n'est pas de la même nature que celui qu'on obtient par la dissolution de quelques substances métalliques dans l'acide vitriolique et dans l'acide marin; il est moins inflammable, il brûle avec beaucoup plus de difficulté, et ne détonne presque pas lorsqu'on le mêle avec deux tiers d'air commun.

Une propriété très-remarquable qu'a cet air inflammable, est celle de se convertir en acide crayeux aériformé par la combustion; aucun des autres airs inflammables qu'on obtient par la dissolution des métaux, soit dans l'acide vitriolique, soit dans l'acide marin, ne présente le même phénomène, et au lieu de se convertir en acide crayeux aériforme, lors de leur inflammation, ils paraissent donner des acides analogues à ceux dont ils ont été tirés. Ces considérations, et quelques autres qui ne sont pas de nature à pouvoir trouver place dans ce Mémoire, me font soupçonner qu'il existe trois espèces d'air inflammable; savoir, air inflammable vitriolique, air inflammable marin, et air inflammable crayeux; celui qui se dégage pendant la formation du pyrophore est de cette dernière espèce; mais comme cet air inflammable produit en brûlant, sur l'air de l'atmosphère, ou plus exactement sur la portion d'air éminemment respirable contenue dans l'air de l'atmosphère, exactement les mêmes effets que le charbon, je suis très-porté à croire que c'est la substance charbonneuse même, dans l'état de vapeurs et sous forme d'air; par la même raison, les deux airs inflammables me paraissent être, l'un, une espèce de soufre vitriolique, l'autre, une espèce de soufre marin dans l'état vaporeux ou aériforme; au reste, mes expériences n'étant point encore absolument complètes, je ne puis donner qu'un aperçu sur cet objet.

ARTICLE II.

MÉMOIRE

Sur la quantité de l'air vital de l'atmosphère et sur les différentes méthodes de la mesurer (1);

PAR ANTOINE DE MARTI.

Le célèbre Hales avait observé que l'air commun, exposé avec d'autres susbstances, était réduit à un moindre volume. Le docteur Priestley avança plus dans la matière, ayant découvert par ses expériences, que le gaz nitreux causait une diminution d'autant plus considérable à l'air, qu'il était plus propre à la respiration; et qu'au contraire l'air inflammable, la moffette, et d'autres fluides aériformes, incapables de conserver la vie d'un animal, ne diminuaient pas par le même gaz nitreux. D'autres physiciens ont observé ensuite cette diminution de l'air, proportionnée à sa pureté, par le moyen du foie de soufre, par une pâte de soufre et de limaille de fer humectée, par la combustion de l'air inflammable, et par celle du phosphore. Ces substances, qui absorbent l'air respirable avec exclusion des autres corps aériformes qui peuvent y rester mêlés, ont servi pour mesurer la pureté d'un air quelconque. On en a établi différentes preuves eudiométriques, savoir : 1° celle du gaz nitreux; 2° celle

(1) Ce Mémoire a été lu à l'Académie des Sciences de Barcelonne, le 22 mai 1790. Il a été imprimé à Madrid dans le *Mémorial littéraire* de 1795, et inséré en *extrait* dans le tome LII, page 173 du *Journal de Physique*. C'est cet extrait que nous rapportons.

du sulfure; 3° celle de la pâte de soufre et de fer; 4° celle du gaz inflammable; et 5° celle du phosphore. Mais toutes ces épreuves sont parvenues à un tel point de perfection, qu'elles sont aussi commodes qu'exactes. C'est cet examen que je vais exposer dans ce discours, qui me conduira naturellement à l'analyse de l'air de l'atmosphère.

Celui-ci se trouve constamment plus ou moins imprégné de différens corps hétérogènes, et particulièrement d'eau, dont M. de Saussure nous a montré à mesurer la quantité. Mais il contient aussi deux substances aériennes, savoir: de l'air vital et de la moffette, ou gaz azotique.

Dans mon premier Mémoire, de 1787, je rapporte l'opinion de M. Cavendish, que l'air vital à Londres faisait près de la cinquième partie de l'atmosphère; en sorte que 100 parties d'air atmosphérique contiendraient 20 d'air vital, et 80 de moffette. Le docteur Priestley est de sentiment que la quantité d'air vital est entre 0,20 et 0,25. Scheele, qui fit ses expériences à Stockholm pendant l'année 1778, trouva que ladite quantité avait seulement varié entre 0,24 et 0,30. M. Lavoisier et d'autres savans de Paris, croient qu'elle est près de 0,28. De quelques expériences de M. Sénebier on peut inférer que l'air à Genève change de quelques centièmes, et que sa portion vitale passe de 0,25. Mais d'autres observations faites en Europe, qui méritent quelque confiance, semblent déjà avoir prouvé que l'air atmosphérique ne contient pas plus de 30 pour 100 d'air vital, ni moins de 20. Quand, au mois de juin de 1787, je remis à cette Société mes observations sur l'air vital des plantes, j'indiquai déjà que l'air commun que j'avais respiré à Altafulla, ma patrie, pendant les quatre précédens mois, était de 97 à 100 degrés, savoir: que 100 parties d'air nitreux et égale quantité d'air commun, mêlées à la manière d'Ingenhousz, se trouvaient réduites de 100 à 103, ayant par conséquent disparu de 97 à 100 parties. Depuis ce temps-là je continuai mes expériences sur le même objet, tant par ce moyen que par d'autres preuves, pour m'assurer si cette petite inégalité provenait encore des circonstances de l'opération, et non de la nature de l'air.

Epreuve par l'air nitreux.

L'épreuve par l'air nitreux est celle qu'on a cherché le plus à perfectionner. Fontana, Priestley, Ingenhousz et plusieurs autres savans ont fait de grands travaux pour atteindre ce but. Mais cette méthode présente plusieurs difficultés difficiles à vaincre.

1°. L'eau dans laquelle se fait l'expérience n'est jamais pure. Elle contient une plus ou moins grande quantité d'oxigène, d'azote et d'acide carbonique, qu'il n'est point facile de déterminer.

2° L'air nitreux n'est pas toujours de la même pureté.

3° L'air nitreux est absorbé en partie par l'acide nitreux qui est produit.

Epreuve par l'air inflammable.

Il est donc démontré que la preuve eudiométrique, faite avec l'air nitreux, est imparfaite parce qu'on y emploie une matière fluide et élastique: la seconde épreuve dont je dois parler, et qu'on pratique par le moyen du gaz inflammable, qui est un corps aérien, comme le gaz nitreux, sera aussi sujette à la même imperfection. Par cette raison, j'ai non-seulement cessé de m'en servir; mais en considérant la découverte de M. Cavendish exposée dans mon premier Mémoire, qu'une quantité de moffette peut s'unir avec l'air vital dans l'état d'ignition, je dois dire que dans la preuve de l'air inflammable, qu'on brûle avec l'air qu'on veut examiner, il peut non-seulement se perdre toute la portion de l'air vital de ce dernier fluide, mais qu'il restera encore une certaine quantité de moffette absorbée, à moins que les deux airs n'en soient entièrement exempts, c'est ce qu'on ne peut savoir sans une très-grande difficulté; et il faut calculer dans le résidu la disparition du gaz inflammable et azotique, pour pouvoir graduer avec toute exactitude la perte de la quantité de l'air vital, qui est ce qu'on prétend avérer.

Epreuve par le phosphore.

Il est donc préférable que la substance qui sert pour examiner la pureté de l'air ne soit pas aérienne ou gazeuse, ni qu'elle soit à l'état de combustion. Par cette dernière raison le phosphore indiqué par M. Achard, comme propre aux preuves d'eudiométrie, quoiqu'il soit une matière solide, peut être exposé au même inconvénient, car non-seulement l'air vital perdra sa forme élastique, mais une partie de sa moffette sera absorbée.

Epreuve par un mélange de fer et de soufre.

L'épreuve qui semble n'être sujette à aucune erreur, est celle du mélange humecté de soufre et de limaille de fer. D'abord je me servais autant de celle-ci que de celle du sulfure, en les jugeant, avec les autres physiciens, également bonnes; il est vrai que l'une et l'autre de ces substances absorbent seulement la portion d'air vital qui se trouve dans l'air atmosphérique, en laissant intacte la moffette; et ainsi en mesurant l'air résidu du total employé, on trouvera déterminée la quantité de l'air disparu, qui ne peut être autre que le vital. Dans quelques jours de l'an 1787, dans lesquels l'air commun n'avait souffert aucune variation par le moyen de l'air nitreux, puisque 100 parties de chacun des deux restaient réduites à 99 ou à 100, je voulus faire des preuves de comparaison du même air commun par le moyen du fer avec du soufre; et j'observai qu'au même temps, de 100 parties d'air il en restait de 79 à 81, en disparaissant par conséquent de 19 à 21 centièmes. Dans de semblables jours j'exposai 100 parties d'air atmosphérique au sulfure liquide, et je trouvai que l'air perdait entre 21 et 23. Par cette circonstance de trouver toujours plus hauts les résultats de la dernière épreuve, je commençai alors à soupçonner qu'on ne devait pas se servir indifféremment du fer avec du soufre, et du sulfure, mais que celui-ci méritait la préférence. En effet, en me souvenant des observations de M. Lavoisier sur la formation de l'acide vitriolique, et de celle du docteur Priestley, que la pâte de soufre et de limaille de fer donnait de l'air inflammable dans de certaines circonstances, je connus que pendant l'absorption de l'air vital, celui-ci s'unissait avec le soufre, dont la combinaison formait l'acide sulfurique, qui, en exerçant son action sur le fer, produisait un peu d'air inflammable, qui montait pour s'ajouter au gaz azotique restant dans la partie supérieure du vase après l'opération, et quoiqu'il soit réellement disparu de 21 à 23 parties d'air vital qui entrent dans 100 d'air atmosphérique, il semblait qu'il manquait seulement de 19 à 21, puisque hors des 0,77 à 0,79 de moffette, un ou deux centièmes de gaz inflammable s'y ajoutaient, d'où il résultait le nombre de 79 à 81. Non-seulement les expériences de l'air commun, mais aussi celles d'un autre très-supérieur, comme celui extrait de l'agave américaine, mirent en évidence de rester plus diminué d'une petite quantité par le sulfure, que par le mélange du fer avec le soufre; en sorte que l'air tiré de cette plante avec les précautions exposées dans un de mes précédens Mémoires, est si éminent, que quelquefois il m'est sorti libre de toute autre substance aérienne, en restant absorbé par le sulfure sans le résidu d'une centième partie.

Epreuve par le sulfure.

Le sulfure est le moyen le plus propre pour vérifier la quantité d'air vital contenue dans un fluide aérien, puisqu'il laissera la moffette, et les autres airs qui lui sont incombinables, sans crainte de se produire, ni de se perdre d'autres substances aériformes que la quantité d'air vital, qui a seulement de l'affinité avec elle, comme je m'en assurai en 1787; cent parties d'air atmosphérique exposé au sulfure perdaient entre 0,21 et 0,23, et comme d'ailleurs plusieurs épreuves du même air, faites avec le gaz nitreux, m'avaient déjà appris qu'il ne subissait aucune variation sensible, je fus alors persuadé que l'air que nous respirons dans cette province de Catalogne, était constamment composé de 0,21 à 0,23 d'air vital, et de 0,77 à 0,79 de gaz azotique. Pour m'assurer s'il y aurait des variations à l'avenir dans la proportion de ces deux principes qui constituent dans l'atmosphère la substance élastique, dont notre vie dépend principalement, je ne cessai de continuer mes expériences par le moyen du sulfure.

Afin d'abréger l'opération, je me pourvus de quelques flacons de cristal de différentes capacités, qui aboutissaient en un col étroit avec son bouchon usé à l'émeril; j'en remplis un de sulfure calcaire liquide; j'introduisis avec la plus grande promptitude par son orifice submergé dans l'eau de la cuvette, une portion d'air atmosphérique; le flacon bouché fut secoué pendant peu de temps, et en l'examinant immédiatement, je trouvai complète sa diminution. Mes recherches se dirigèrent bientôt à déterminer la quantité d'air qu'il fallait introduire respectivement à celle du sulfure, non-seulement pour m'instruire de la plus grande brièveté possible pour pouvoir effectuer les épreuves, mais aussi pour m'assurer si celles-ci seraient également exactes, faites avec une petite ou une grande portion d'air vital. Différentes expériences, exécutées à cet objet, m'ont fourni les observations suivantes.

Une quantité d'air atmosphérique depuis une quatrième partie de mesure jusqu'à une entière, qui est de la capacité d'une once d'eau, a perdu entre 0,21 et 0,23 dans des flacons d'une et demie à 6 mesures, remplis de sulfure, sans avoir été secoués, en tenant débouché son orifice submergé dans le même liquide contenu dans un vase.

Plusieurs autres expériences m'ont donné les mêmes résultats.

Une quatrième partie de mesure d'air commun secouée avec cinq mesures, ou vingt fois son volume de sulfure, perdit 0,26; je supposai que cette substance, hors les 0,21 à 0,22 d'air vital qui composent l'air atmosphérique, avait aussi absorbé 0,05 de sa moffette. De là je déduisais que si je secouais une autre égale quantité d'air commun dans le même sulfure, que par la manœuvre précédente je le considérais déjà uni avec toute la moffette qu'il pût acquérir, il ne diminuerait plus que de 0,21 à 0,23; et en effet, ce fut le résultat. J'introduisis immédiatement une quantité égale de moffette qui ne subit aucune perte par l'agitation du même sulfure qui devait en être précédemment imprégné. Mais en secouant cette moffette dans un flacon contenant aussi cinq mesures de sulfure entièrement égal à l'autre, avec cette seule différence de n'avoir été auparavant secoué avec aucun air, elle perdait 0,5, qui est la différence de 21 à 26. Il est donc évident que le sulfure est capable de contenir une certaine portion de moffette, et plus il en sera destitué, plus l'absorption d'une quantité d'air atmosphérique sera plus grande. L'expérience suivante me démontra cette vérité. Je remplis un flacon de cinq mesures d'un sulfure récemment fait, et encore bouillant, qui par conséquent se trouvait dépouillé de toute substance aérienne, sans lui donner le temps d'en absorber aucune : je le bouchai, et après avoir été refroidi, j'y introduisis la quatrième partie d'une mesure d'air atmosphérique qui, secoué pendant l'espace régulier de 3 à 5 minutes, perdit 0,50, c'est-à-dire la moitié de son total. Dans ce cas donc, hors les 0,21, il absorba 0,29 de moffette, et réellement je trouvai avoir perdu cette quantité, une quatrième partie d'une mesure de moffette, secouée dans le même flacon, en changeant le sulfure en tout semblable au précédent. Les centièmes qui manquent de 29 à 50, et qui sont 21, indiquent la quantité d'air vital seulement disparu dans l'épreuve de l'air atmosphérique. Après cela on peut facilement entendre que cet air diminuera d'autant plus que la quantité respective de sulfure sera plus considérable.

Je passe à expliquer ma manière d'opérer qui, après plusieurs tentatives, m'a paru la plus simple et la plus exacte. Je m'en sers depuis long-temps sans avoir observé la différence d'un centième dans ses résultats.

Tout mon appareil est un tube de cristal de 5 lignes de diamètre et de 10 pouces de longueur ; il est fermé par une de ses extrémités, et divisé vers ce côté en 100 parties égales, chacune d'une ligne, et qui toutes ensemble contiennent, à peu de différence, la capacité d'une once d'eau. Comme l'air commun se trouve partout, pour en prendre une quantité correspondante aux 100 divisions, il ne faut que remplir le tube d'eau, l'avoir dans une situation perpendiculaire, l'ouverture en bas. On appuie sur celle-ci le gros doigt qu'on lâche par intervalle; l'air extérieur s'introduit dans le tube, et quand il en a occupé les 100 lignes, on l'arrête, en tenant l'orifice bouché avec le doigt également serré; on submerge le tube dans l'eau de la cuvette, afin qu'il en prenne la température: en le retirant, on regarde si l'air surpasse ou non l'espace de 100 lignes, pour en ôter ou ajouter la quantité qu'il en faut, jusqu'à ce qu'il soit exactement de niveau à l'endroit où les divisions commencent. J'introduis ensuite cet air de la manière ordinaire, dans un flacon qui contient depuis deux à quatre fois son volume de sulfure liquide calcaire, précédemment imprégné de gaz azotique; je le bouche, et je le secoue pendant près de cinq minutes; je le renferme pour lui donner immédiatement quelque autre secousse; je transvase quelques autres fois l'air dans le tube gradué, et je trouve que ce fluide aériforme qui occupait auparavant les 100 divisions précises, après l'opération en occupe seulement 79, ayant par conséquent disparu 21 parties. Si le tube gradué aboutit en un col avec son bouchon de cristal usé à l'émeril, en place d'eau on peut d'abord le remplir de sulfure, et en procédant dans la forme exposée, l'opération sera plus prompte, sans avoir besoin d'employer de l'eau, ni de passer l'air dans des flacons et de le transvaser. Cependant, pour éprouver un autre air respirable, qui ne soit pas atmosphérique, de semblables transversions sont indispensables, comme il est évident, et on les exécute avec plus grande commodité par le moyen de la petite mesure de M. Fontana.

Dans l'examen de l'air vital, comme celui qui sort des plantes exposées au soleil, il arrive quelquefois qu'il faut faire l'épreuve eudiométrique avec une petite quantité : si l'air qu'on a recueilli occupe seulement l'espace de 25 lignes en place des 100, il est clair qu'un centième au lieu d'une ligne correspondra seulement à une quatrième partie; mais dans des portions d'air encore moindres, comme les divisions seraient insensibles, il faut se servir d'un autre tube d'un diamètre plus étroit. Avec cette précaution et celle de ne pas oublier de secouer auparavant le sulfure pour l'imprégner de sa moffette correspondante, et d'employer proportionnellement de moindres flacons, on n'aura jamais la différence d'un centième, quiconque ait acquis l'usage et l'adresse requise à de semblables expériences.

Je les ai tant répétées avec l'air atmosphérique, et en un si grand nombre de jours, que l'uniformité dans les résultats démontre non-seulement l'exactitude de cette méthode, mais il semble résulter de mes observations, faites sur la côte méridionale de cette province, 1° qu'aucun vent n'a causé une variation d'un centième dans les quantités respectives d'air vital et de gaz azotique qui composent le fluide élastique de notre atmosphère, puisque j'ai toujours trouvé que cent parties contenaient 79 du dernier et 21 du premier, sans arriver à 22;

2° Que ni l'humidité, ni la sécheresse de l'atmosphère,

ni l'état de celle-ci d'être plus ou moins chargée d'exhalaisons, ni le temps serein, ni le pluvieux, n'ont causé aucune différence. On ne peut pas nier que dans un espace égal de l'atmosphère, le fluide aériforme contenant une plus grande portion d'eau dissoute, et plus imprégné d'autres corps hétérogènes, ne peut pas se trouver en aussi grande quantité comme celui destitué de matières étrangères; mais le nombre 21 de la partie vitale trouvé tant de fois dans les deux cas, montre que les élémens qui constituent sa portion élastique, si précieuse et si abondante, sont respectivement invariables.

3° La proportion de la quantité des deux mêmes principes a été également constante dans des jours que le thermomètre de Réaumur marquait le point de congélation, comme dans ceux pendant lesquels il indiquait 24 degrés de chaleur.

4° Je n'ai non plus observé aucune variation dans l'air pris aussi pendant que le mercure du baromètre était très-bas, comme quand il se trouvait passer les 28 pouces.

Si donc les plus grandes vicissitudes de chaleur et de pression de l'atmosphère, observées dans ce pays-ci, n'ont occasioné aucune variation, quant à la quantité respective des deux fluides aériformes qui la composent, la dilatation ou la compression du même air commun qui est en raison composée des deux variations de chaleur et de pression ne lui ont causé non plus aucune différence. La moffette étant la seule de toutes les substances aériennes que j'ai trouvée incombinable avec de l'eau, cette inaltérabilité me fournit l'idée de composer un instrument permanent pour connaître la plus ou moins grande dilatation que l'air atmosphérique subit, soit par une des deux causes indiquées, soit par les deux enemble. Je pris un tube de verre d'un petit diamètre, je remplis d'eau, j'y introduisis ensuite une quantité de moffette dont l'espace occupé fut divisé en cent parties égales; je mis ce petit tube dans un autre plus grand, contenant également de l'eau jusqu'à une élévation déterminée et constante; il resta ouvert pour recevoir les variations de l'atmosphère, qui chargeant plus ou moins sur la colonne de la moffette, celle-ci reçoit proportionnellement sa plus ou moins grande extension, et avec tant d'exactitude et de permanence qu'elle gardait au bout de quelques mois les mêmes dimensions que le baromètre et le thermomètre indiquaient à un degré correspondant de pression et de chaleur. Ce simple instrument m'apprit à corriger avec la plus grande précision l'erreur venant quelquefois de la différence de la dilatation de l'air que j'examine, et qu'il était facile de survenir pendant le long temps nécessaire pour compléter l'épreuve du sulfure sans secousses, en observant les centièmes qu'elle marquait au commencement et à la fin de l'opération. Par de semblables corrections, cette méthode, quoique de longue durée, correspond exactement avec celle de secouer le sulfure, pendant laquelle le changement de dilatation n'ayant pas lieu, le nombre constamment indiqué est le 21 complet.

Enfin, pendant l'hiver, en été, au printemps, en automne, dans tous les mois et dans différentes heures, j'ai trouvé que l'air de ma patrie, pris au découvert, se composait toujours de 21 à 22 parties d'air vital, et de 78 à 79 de gaz azotique; et si, très-rarement, le résultat s'écartait de quelques centièmes, l'expérience immédiate que je pouvais déjà répéter avec la plus grande facilité, et dans peu de minutes, me démontrait bientôt l'erreur; je restais convaincu que cette petite différence ne provenait pas de la nature de l'air, mais de quelque négligence dans l'opération.

J'ai pris souvent de l'air dans des lieux où il y avait beaucoup de personnes ou près de mares d'eau croupie....., et j'ai trouvé constamment cet air aussi pur que l'air ordinaire.

On ne peut pas nier que les eaux croupies, dont la superficie occupe des dimensions considérables, ne causent des effets insalubres; mais il ne semble pas moins certain que l'insalubrité ne peut pas venir de la disproportion d'air vital et de moffette, dans laquelle peut se trouver l'air de son voisinage, car la différence n'était pas sensible d'une centième partie. On sait que les eaux croupies dégagent trois différens airs; savoir, de la moffette, de l'air inflammable et de l'acide carbonique, tous incapables d'entretenir la vie d'un animal; mais on doit supposer que ces fluides se dégagent en bulles, et en très-petite quantité respectivement à l'atmosphère très-étendue; que le dernier d'eux, étant plus pesant que l'air commun, doit se précipiter immédiatement, ou se mêler avec l'eau qui y est flottante; que le second, pour être plus léger, est forcé à s'élever aux régions supérieures, et qu'enfin le premier étant d'égale densité, doit pénétrer rapidement et se perdre dans l'espace immense.

On ne doit donc pas être surpris que toutes ces substances aériennes altèrent la quantité de la portion élastique de l'atmosphère, en sorte que la différence devienne perceptible de quelques centièmes qu'il peut y avoir entre la quantité d'air vital et celle des autres fluides qu'il est capable de contenir; et si cette variation de l'air pris dans des lieux où l'on sait exister réellement des émanations d'airs non respirables, ne s'élève pas à un centième, comment, encore loin de la sphère d'activité de ces causes partielles, peut-il s'en trouver d'autres plus grandes, que quelques physiciens prétendent avoir observées non-seulement dans différens mois, mais dans des heures d'un même jour? Il faut certainement attribuer à l'imperfection des instrumens, ou à quelque négligence dans la manière d'opérer, si l'on aperçoit quelquefois des inégalités considérables dans la pureté de l'air ouvert; et les expériences répétées me donnent sujet de croire que partout où il est une communication libre avec le vaste réceptacle de l'atmosphère, tous trouveront l'air qu'il respirent constamment composé de 0,21 à 0,22 d'air vital, et de 0,78 à 0,79 de gaz azotique, pourvu qu'on l'examine avec les précautions que j'ai indiquées.

Si les épreuves eudiométriques, d'ailleurs très-recommandables, et qui ne peuvent pas avoir une grande application à la physique, ne suffisent pas pour expliquer les effets dangereux que l'on éprouve au voisinage des eaux croupies, on pourrait peut-être en trouver la cause dans l'analyse de l'eau flottante dans l'air. Les observations de M. Berthollet prouvent que l'alkali est composé des gaz azotique et inflammable dépouillés du feu ou de ce principe qui les conservait auparavant séparés en forme élastique; nous savons que ces deux fluides se dégagent des eaux stagnantes : ne peut-on donc pas présumer que sa portion alkaline, toujours la même dans ses modifications, se décompose en partie, et une bonne quantité non décomposée, soit seule, soit combinée avec quelque autre substance inconnue; et qu'elle reste avidement absorbée par de l'eau, comme sa puanteur semble l'indiquer en s'évaporant, et en conséquence restant dissoute dans l'air immédiat, elle va porter une certaine altération sur la vie des animaux?

Il n'est pas impossible de recueillir une suffisante

quantité de cette eau pour pouvoir l'examiner ; ses produits donnés par le moyen de son analyse, comparés avec ceux d'une autre eau suspendue dans l'air contigu à des eaux courantes, serviraient peut-être à faire connaître les causes de l'insalubrité des eaux stagnantes. Les expériences eudiométriques n'ont pas pu éclaircir cette difficulté, et seulement nous ont appris qu'on ne doit pas attribuer l'insalubrité de certains endroits à ce qu'il y a dans l'atmosphère une quantité plus considérable de fluides aériformes respectivement à la portion de l'air vital.

Mais si cette proportion ne varie pas d'un centième pendant plusieurs mois, et même pendant quelques années, pourrait-elle varier d'une très-petite partie comme d'un millième, qui après long-temps devînt assez sensible pour que l'air vital de l'atmosphère subît une augmentation ou diminution progressive ou périodique? Les expériences que j'ai faites jusqu'à présent ne sont pas suffisantes pour m'assurer s'il peut y avoir une semblable différence de quelques millièmes; et même quand on emploierait des quantités considérables d'air commun et des tubes très-longs, on ne pourrait pas le savoir. En effet, l'observation fait voir que le sulfure peut contenir interposée une certaine portion de moffette, et nous ignorons si elle ne varie pas de quelque petite partie ; d'ailleurs les particules d'eau plus ou moins adhérentes à la superficie intérieure du tube, quelque soin qu'on prenne, la différente température, et d'autres causes réunies, bien qu'on peut les éviter pour ne pas avoir dans le résultat de l'opération une erreur d'un centième, sont capables d'en occasioner quelquefois de moins considérables, comme d'un millième, à moins qu'on n'applique une attention dont peu de personnes sont capables.

Quoique généralement on peut déjà considérer comme exactes les analyses des productions naturelles portées au degré de perfection dans laquelle nous avons les preuves eudiométriques, cependant, d'après plusieurs raisons, il ne serait pas impossible qu'on pût obtenir cette plus grande exactitude, principalement pour résoudre la question proposée. Serait certainement dans l'erreur celui qui voudrait calculer la perte de l'air vital, survenant dans l'atmosphère par les causes déjà connues de sa destruction; il trouverait sûrement qu'il ne pourrait pas se passer plusieurs années sans devenir perceptible; étant exorbitante la quantité que les animaux consument, ainsi que les combustibles avec lesquels il se combine dans l'acte de la combustion. Par conséquent la postérité serait sans doute forcée à respirer un air plus chargé de moffette que celui que nous respirons à présent. Mais si l'on ignorait les moyens dont la divine Providence se sert pour restituer ce fluide actif au réceptacle commun, elle vient d'en montrer un des plus puissans, les plantes, quand elles reçoivent les rayons du plus puissant des astres qu'elle a créés. Mais il n'est pas possible de calculer la quantité d'air vital que l'atmosphère recouvre par ce côté. Il faut aussi attendre que les contemplateurs de la nature découvrent d'autres causes d'addition d'air vital ou peut-être de destruction de moffette dans l'atmosphère, pour compenser les pertes et entretenir constamment la quantité requise à la conservation des habitans de ce globe, sans avoir une augmentation ou diminution continue dans les substances aériennes qui composent l'atmosphère. Quels désordres ne s'ensuivrait-il pas, si quelques centièmes d'air vital y manquaient seulement? Le feu perdrait bien de sa force, les lumières ne répandraient pas leur parfaite clarté, et les vivans recevraient déjà avec difficulté l'air vivificateur. Il ne résulterait pas de moindres inconvéniens si au contraire l'atmosphère se trouvait respectivement plus chargée d'air vital que de moffette. Les animaux obtiendraient vraiment par ce moyen une plus libre respiration. Mais qu'on s'arrête à considérer l'activité que le feu acquiert par un air d'une supérieure pureté. En d'autres occasions on sait que la moindre éteincelle excite la flamme la plus vive au combustible renfermé dans lui, en se propageant jusqu'à consumer dans peu d'instans; les chandelles donc à peine seraient-elles allumées, qu'elles seraient sitôt détruites sans d'autre usage que celui de nous éblouir pour quelques momens; le fer se calcinerait avant de recevoir cette flexibilité propre à le transformer en plusieurs et si utiles instrumens, et qu'il prend d'ailleurs par un feu plus modéré. Rien ne serait capable d'arrêter les progrès de cet élément dévastateur qui se nourrit de l'air vital, si cette substance aériforme n'était pas abondamment enveloppée avec la moffette pour lui servir de frein.

Le Mémoire de M. de Marti est certainement très-remarquable comme travail chimique, mais il est à regretter qu'il n'ait pas été revu sous les yeux de l'auteur par un Français; car sa rédaction est tellement étrangère au génie de notre langue, que souvent il est inintelligible. La ponctuation le rendait aussi inintelligible que le langage, et nous l'avons rectifiée dans un grand nombre d'endroits; mais il aurait fallu récrire le Mémoire en entier, c'est-à-dire en faire une véritable traduction, si nous avions voulu le rendre en français. Alors ce n'aurait plus été le Mémoire de M. de Marti que nous aurions donné ici; et la *Bibliothèque du Chimiste*, qui doit reproduire le texte des auteurs, ne peut admettre la traduction de leur pensée, lorsque l'ouvrage, bien ou mal écrit, est inséré dans un recueil écrit dans notre langue. L.

CHAPITRE III.

DÉCOMPOSITION DE L'AIR PAR LE CARBONE (1).

ARTICLE PREMIER.

MÉMOIRE

Sur la combustion des chandelles dans l'air atmosphérique et dans l'air éminemment respirable (2);

PAR LAVOISIER.

J'ai suffisamment établi dans de précédens Mémoires, que l'air de l'atmosphère n'est point une substance simple, un élément comme le croyaient les anciens, et comme on l'a supposé jusqu'à nos jours; que l'air que nous respirons n'est composé que d'un quart d'air éminemment respirable, et que le surplus est une moffette vraisemblablement très-composée elle-même, qui ne peut

(1) Nous ne connaissons pas de travail qui ait directement pour objet la décomposition de l'air par la combustion du carbone; mais Lavoisier a prouvé dans l'origine de ses travaux sur la décomposition de l'air, que cette décomposition s'opérait par la combustion des chandelles, par la respiration des animaux, et qu'il y avait formation d'air fixe, c'est-à-dire d'acide carbonique, qu'il a ensuite prouvé être composé de carbone et d'oxigène. Il faut faire ici abstraction de la portion d'oxigène qui est absorbée dans la combustion par l'hydrogène; enfin il faut toujours se rappeler qu'il y a peu de travaux qui ne puissent trouver leur place dans plusieurs divisions de cette collection, et par conséquent, ou il fallait rapporter les Mémoires sans aucun ordre, ce qui eût ôté tout intérêt au recueil, ou bien il a fallu se soumettre à une division un peu arbitraire, et nous nous sommes soumis à cette nécessité. L.

(2) Extrait des *Mémoires de l'Académie des Sciences*, ann. 1777, pag. 195.

servir seule à l'entretien de la vie des animaux, à la combustion et à l'inflammation. Je me trouve obligé en conséquence, pour me rendre intelligible dans ce Mémoire, de distinguer quatre espèces d'airs ou de fluides aériformes.

Premièrement, l'air atmosphérique; c'est celui dans lequel nous vivons, que nous respirons, etc.

Secondement, l'air pur, l'air éminemment respirable; c'est celui qui n'entre que pour un quart environ dans la composition de l'air de l'atmosphère, et que M. Priestley a très-improprement nommé *air déphlogistiqué*.

Troisièmemeut, la moffette atmosphérique qui entre pour les trois quarts dans la composition de l'air de l'atmosphère, et dont la nature nous est encore entièrement inconnue.

Quatrièmement, l'air fixe, auquel je donnerai dorénavant, à l'imitation de M. Bucquet, le nom d'*acide de la craie*, d'*acide crayeux*, et que je distinguerai sous le nom d'*acide crayeux aériforme* ou d'*acide crayeux* en liqueur, suivant qu'il se présentera dans l'un ou l'autre de ces deux états.

Presque tous ceux qui se sont occupés d'expériences sur la combustion des chandelles ou bougies, se sont persuadé qu'il se faisait une diminution considérable du volume de l'air pendant la combustion : on a fait, pour le prouver, une expérience très-simple, mais qui n'est rien moins que concluante. On a placé une bougie sur la platine d'une pompe pneumatique, et on a mis par-dessus un récipient; on a observé que la bougie s'éteignait au bout d'un très-court intervalle de temps, et que, lorsque les vaisseaux étaient refroidis, le récipient tenait à la platine; or, cet effet ne pouvait avoir lieu qu'autant que le volume d'air qui restait sous le récipient, après la combustion, était moindre que celui qui le remplissait avant l'introduction de la bougie; mais on n'a pas fait attention qu'on ne peut placer un récipient sur une bougie sans que l'air du récipient ne soit échauffé dans l'instant même où on le place sur la bougie, et avant qu'on l'ait appliqué sur la platine; c'est donc de l'air chaud qu'on enferme sous la cloche: or, de l'air chaud diminue de volume en se refroidissant; il n'est donc pas étonnant que le récipient tienne à la platine quand la lumière est éteinte, et que les vaisseaux sont refroidis.

Il faut observer d'ailleurs qu'il est peu de machines pneumatiques, dans lesquelles il ne puisse passer quelques portions d'air entre les cuirs et les bords du récipient, dans un moment surtout où le récipient, loin de tenir à la platine, en est au contraire repoussé, en raison de l'effort occasioné par la dilatation; il s'échappe donc presque toujours de l'air pendant la combustion de la chandelle; dès lors il ne reste plus sous le récipient assez d'air pour faire équilibre avec la pression de l'atmosphère, et il en résulte une nouvelle cause d'adhésion du récipient à la platine.

Les expériences faites sous des cloches plongées dans de l'eau, ne sont pas plus concluantes: 1° l'air se dilate pendant le temps même qu'on y introduit les lumières, il continue de se dilater pendant le temps de la combustion, et il s'échappe en conséquence une quantité notable d'air par-dessous les bords de la cloche; il est donc impossible de connaître exactement la quantité d'air sur laquelle on a opéré, et de savoir par conséquent s'il y a réellement eu diminution de volume, et de combien; 2° la combustion des chandelles a la propriété de changer en acide crayeux aériforme une portion de l'air atmosphérique, ou plus exactement une portion de l'air pur contenu dans l'air de l'atmosphère; or l'acide crayeux aériforme a la propriété de se combiner avec l'eau; en supposant donc qu'il y ait dans cette expérience une diminution de volume occasionée par la combustion, il est impossible de la distinguer de celle qui a eu lieu en raison de la combinaison de l'acide crayeux aériforme avec l'eau.

Ces réflexions m'ont obligé de prendre une autre route, et j'ai reconnu la nécessité de n'opérer que sur du mercure; en conséquence j'ai commencé par plonger dans un bassin rempli de mercure une cloche de cristal, en l'inclinant sous un angle donné; puis l'ayant redressée, j'ai fait une marque à l'endroit où répondait la surface du mercure; j'ai répété plusieurs fois de suite la même expérience, et je me suis assuré que le mercure répondait à chaque fois à peu près à la marque que j'avais faite la première fois sur la cloche.

Après m'être ainsi assuré qu'avec du soin et de l'attention on pouvait enfermer sous une cloche une quantité d'air à peu près constante, j'ai procédé de la même manière, en tenant la cloche de la main gauche inclinée et en partie plongée dans le mercure, et en introduisant dessous fort promptement, de la main droite, une petite bougie allumée. Introduire la bougie, achever de plonger la cloche et la redresser, doit être l'affaire d'un clin-d'œil, et il faut de nécessité recommencer cette expérience jusqu'à ce qu'on soit arrivé au degré de prestesse nécessaire pour que toutes ces opérations soient faites en un instant presque indivisible.

Quelques instans après que la bougie a été enfermée

sous la cloche, la lumière qu'elle répandait s'est affaiblie, et peu de temps après elle s'est éteinte. On conçoit que le mercure est descendu d'abord fort au-dessous de la marque par l'effet de la chaleur et de la dilatation de l'air contenu sous la cloche; mais lorsque la lumière a été éteinte et que les vaisseaux ont été parfaitement refroidis, il est revenu assez exactement à la marque qui avait été faite avant l'introduction de la bougie; je dis assez exactement, parce qu'il est impossible de répondre de très-petites différences dans cette expérience, attendu que pour peu qu'on incline plus ou moins la cloche, pour peu que quelques circonstances varient en la redressant ou autrement, il peut en résulter de petites erreurs dans la hauteur du mercure.

Ce n'est pas assez que de m'être assuré que la combustion d'une bougie n'occasionait pas de diminution sensible dans le volume de l'air, il fallait encore déterminer l'état de l'air après la combustion et les changemens qui lui étaient survenus; j'ai introduit en conséquence sous la même cloche et dans le même air, dans lequel la bougie venait de s'éteindre, une petite couche d'alkali fixe caustique en liqueur; aussitôt le volume de l'air a commencé à diminuer, et il s'est réduit de 26 pouces cubiques à 23 pouces $\frac{1}{5}$, c'est-à-dire que la diminution a été presque d'un neuvième du volume originaire de l'air; en même temps, la portion d'alkali caustique que j'avais introduite sous la cloche est devenue susceptible de faire effervescence avec les acides, ce qui m'a prouvé que la diminution de volume avait été occasionée par la combinaison de l'acide crayeux aériforme avec l'alkali. J'ai acquis à cet égard un complément de preuve très-satisfaisant, en introduisant sous la même cloche un peu d'acide vitriolique; cet acide s'est combiné avec l'alkali, en faisant une effervescence assez vive; en même temps l'acide crayeux aériforme qui avait été absorbé, s'est dégagé de nouveau, et le mercure est redescendu assez exactement jusqu'à la marque que j'avais faite sur la cloche.

Quoique cette expérience fût parfaitement concluante à quelques égards, elle ne l'était pas encore suffisamment à mes yeux, relativement à la diminution du volume de l'air par la combustion, et il restait encore sous ce dernier point de vue quelque chose à désirer; en effet, il ne s'agissait que d'avoir incliné un peu plus ou un peu moins la cloche, dans l'expérience ci-dessus rapportée, pour occasioner des différences, et il était rigoureusement possible que la diminution de volume de l'air eût été compensée par quelque erreur dans l'expérience; j'ai donc résolu de prendre toutes les précautions possibles pour obtenir un résultat plus certain, plus indépendant de toute erreur, et voici l'expérience qui m'a paru devoir être la plus décisive.

J'ai assujetti au milieu d'une capsule de verre une petite bougie; j'ai fixé à la partie supérieure de la mèche, un petit morceau de phosphore de Kunckel, du poids d'un sixième de grain environ; après quoi j'ai placé la capsule sur un bain de mercure, et je l'ai recouverte avec une cloche de cristal; enfin, avec un siphon de verre qui communiquait de l'intérieur de la cloche à l'extérieur, j'ai élevé en suçant, le mercure jusqu'à une certaine hauteur que j'ai marquée très-exactement avec une bande de papier collé. Lorsque tout a été ainsi disposé, j'ai fait rougir une petite tringle de fer que j'avais recourbée pour cet objet, puis je l'ai passée par-dessous la cloche à travers le mercure pour aller toucher le haut de la bougie et enflammer le petit morceau de phosphore. On conçoit que le morceau de fer rouge a été considérablement refroidi en passant à travers le mercure; cependant il a conservé encore assez de chaleur pour allumer le phosphore, et ce dernier a allumé la bougie, comme je me l'étais proposé.

Il y a eu dilatation de l'air pendant la combustion de la bougie; mais lorsqu'elle a été éteinte, le mercure est remonté insensiblement, à mesure que les vaisseaux se sont refroidis, et il s'est fixé un peu au-dessus de la marque que j'avais faite avant la combustion de la bougie; de ce que le mercure avait excédé la hauteur de la bande de papier, il en résultait qu'il s'était opéré une petite diminution de volume dans l'air, et l'ayant mesuré avec une scrupuleuse attention, elle s'est trouvée très-exactement de trois-quarts de pouce cubique; mais un grain de phosphore absorbe en brûlant environ trois pouces cubiques d'air, ainsi que j'ai établi par plusieurs expériences (Voyez *Opuscules physiques et chimiques*); donc un sixième de grain a dû absorber un demi-pouce, ce qui réduit à un quart de pouce la diminution réelle de l'air, occasionée par la combustion de la bougie; la cloche avait 72 pouces cubiques : en supposant donc que la diminution d'un quart de pouce ne dût pas être attribuée à quelque légère erreur dans les mesures, la diminution occasionée dans l'air commun par la combustion d'une bougie, ne serait que de $\frac{1}{288}$, ce qui peut être regardé comme absolument nul, surtout si l'on fait attention qu'un très-léger changement dans la température du lieu où se faisait l'expérience a pu produire cette différence.

Comme la cloche que j'avais employée pour cette expérience était très longue et très-étroite, j'ai pensé qu'il était possible que la bougie n'eût pas brûlé aussi longtemps qu'elle l'aurait fait si ce vase eût été plus bas, et la circulation de l'air dans son intérieur plus facile.

J'ai donc recommencé la même expérience dans une cloche de cristal plus large, moins haute, et dont la partie vide n'avait que 30 pouces de capacité.

Les circonstances de l'expérience ont été exactement les mêmes que celles de la précédente; le phosphore a été allumé avec un fer chaud de la même manière; il a communiqué la flamme à la bougie, et quand les vaisseaux ont été entièrement refroidis, il s'est trouvé une diminution de volume d'un demi-pouce cubique, ce qui répond exactement à l'absorption qu'aurait occasionée le sixième de grain de phosphore s'il eût été brûlé seul sous la même cloche; la combustion de la bougie n'avait donc pas occasioné de diminution sensible dans le volume de l'air.

D'après ces expériences multipliées, on peut regarder comme constant, 1° que la combustion des chandelles ou bougies ne diminue pas sensiblement le volume de l'air dans lequel on les brûle; 2° que cette combustion a la propriété de convertir en acide crayeux aériforme environ un dixième du volume de l'air; 3° que si l'air dans lequel une chandelle ou une bougie a brûlé se trouve en contact, soit avec de l'eau, soit avec de l'eau de chaux ou de l'alkali caustique, alors il s'opère une diminution d'un dixième dans le volume de l'air, en raison de l'acide crayeux aériforme qui est absorbé.

L'air dans lequel on a ainsi fait brûler des chandelles ou bougies, lorsqu'il a été dépouillé par l'eau, ou par un autre moyen quelconque, de la portion d'acide crayeux aériforme qu'il contient, est, suivant M. Priestley et plusieurs autres physiciens, de l'air en partie phlogistiqué. Ils se persuadent qu'il se dégage des chandelles qui brûlent, des métaux qui se calcinent, etc., une émanation phlogistique qui se combine avec l'air et qui le sature. Je pense au contraire, et j'en ai déjà donné quelques preuves, que ce résidu de la combustion n'est que la moffette qui entre pour les trois quarts dans la composition de l'air de l'atmosphère plus ou moins dépouillé de sa partie pure et respirable; et en effet, si on lui rend ce dixième d'air respirable qu'il a perdu, on le restitue dans son état primitif; or si cet air était phlogistiqué, comme le prétend M. Priestley; s'il était altéré par un principe quelconque qui le rendît malsain, il ne suffirait pas, pour le rétablir dans l'état d'air commun, de lui rendre ce qui lui manque, il faudrait encore lui ôter ce qu'il a de trop. Au reste, comme je suis au moment de combattre par une suite d'expériences la doctrine de Stahl sur le phlogistique, les objections que je ferai contre cette doctrine tomberont également sur la phlogistication de l'air, prétendue par M. Priestley.

L'air de l'atmosphère contient, suivant moi, environ un quart de son volume d'air pur et respirable; la combustion des lumières n'en convertit en air fixe, en acide crayeux aériforme, qu'un dixième; donc en supposant que ce volume de l'air fût 100 avant la combustion, il doit rester après la combustion soixante-quinze parties de moffette atmosphérique et quinze parties d'air respirable; aussi les animaux peuvent-ils vivre encore dans l'air dans lequel les chandelles ont brûlé, on peut encore y brûler une certaine portion de phosphore; et même, après cette dernière épreuve, il reste encore au moins cinq parties d'air éminemment respirable. Cette dernière portion d'air est tellement unie à la moffette atmosphérique, que je ne connais d'autre moyen de l'en séparer que la combustion du pyrophore, ainsi que je le ferai voir dans un prochain Mémoire.

Il ne me reste plus, pour compléter ce que j'ai à dire sur ce sujet, qu'à rendre compte des phénomènes que présente la combustion des chandelles dans l'air éminemment respirable; ces expériences me fourniront encore de nouvelles armes contre la supposition gratuite de la phlogistication de l'air.

J'ai introduit une bougie allumée sous une cloche de cristal remplie d'air pur, tiré du mercure précipité rouge; cette cloche était plongée dans un bassin de mercure; la combustion s'est faite avec une vive lumière, avec une flamme très-élargie, et avec tous les phénomènes décrits par M. Priestley; la chaleur pendant la combustion a été si grande, qu'une portion d'air a passé par-dessous les bords de la cloche, et s'est échappée, mais cette quantité n'a pas été fort considérable; lorsque la lumière a été éteinte, j'ai laissé refroidir les vaisseaux et j'ai introduit une couche d'alkali fixe caustique sur la surface du mercure; aussitôt l'air fixe ou acide crayeux aériforme a été absorbé, et j'ai reconnu par cette épreuve que les deux tiers de l'air pur avaient été convertis, par la combustion, en acide crayeux aériforme; mais ce qui m'a paru plus intéressant, c'est que le tiers restant, après l'absorption de l'acide crayeux aériforme par l'alkali caustique, était encore de l'air presque pur; ayant fait passer cet air sous une cloche plus petite, j'y ai fait brûler de nouveau une bougie; elle y a donné une flamme élargie, la moitié de l'air environ a été convertie en acide crayeux aériforme, et a été absorbée par l'alkali caustique, et ce qui restait

tait encore à peu près du même degré de bonté que l'air commun.

Il suit de-là que lorsqu'on introduit une bougie dans une cloche qui contient cent parties d'air pur ou air éminemment respirable, soixante-six parties sont converties en air fixe ou acide crayeux ; que de trente-quatre parties restantes, vingt-une un quart sont encore dans l'état d'air pur, et susceptibles d'être converties en acide crayeux aériforme ; enfin, qu'il ne reste de cent parties que douze trois quarts, c'est-à-dire environ un huitième d'un air qui éteint les lumières sans précipiter l'eau de chaux, et qui paraît être une portion de moffette atmosphérique que contenait l'air pur ou déphlogistiqué ; sans doute cette portion est d'autant moindre que l'air était plus pur.

Il est aisé de sentir combien ces dernières expériences sont éversives de l'opinion de M. Priestley sur la phlogistication de l'air par la combustion ; en effet, si, comme le prétend ce célèbre physicien, la combustion avait la propriété de phlogistiquer l'air, il devrait se former d'autant plus d'air phlogistiqué que la quantité de matière brûlée aurait été plus considérable. Or à volume égal d'air, la combustion est presque quadruple dans l'air pur que dans l'air atmosphérique ; il devrait donc se former quatre fois plus d'air phlogistiqué, tandis qu'au contraire on en obtient neuf fois moins ; la disproportion de ce qu'on a avec ce qu'on devrait avoir, suivant l'opinion de M. Priestley, est donc dans le rapport de 1 à 36.

Enfin, le résidu que laisse la combustion du phosphore, et surtout du pyrophore, dans l'air pur ou air éminemment respirable, est moindre encore que celui qui reste après la combustion des lumières, et on pourrait presque dire qu'il est nul, tandis que, dans l'opinion de

M. Priestley, il devrait être plus considérable; il est donc faux que ce soit à l'émanation du phlogistique qu'on doive attribuer la formation de l'air méphitique que laisse après la combustion l'air de l'atmosphère; donc cette partie méphitique de l'air existait avant la combustion, comme je l'ai avancé.

Pour récapituler les principaux faits qui paraissent prouvés par les expériences précédentes, il me paraît bien établi :

1° Que la moffette atmosphérique qui entre pour les trois quarts dans la composition de l'air de l'atmosphère, ne contribue pour rien aux phénomènes de la combustion;

2° Que la combustion n'a d'action que sur la portion d'air pur, de celle que M. Priestley a nommée *air déphlogistiqué*, laquelle entre pour un quart dans la composition de l'air de l'atmosphère;

3° Que deux cinquièmes seulement de cet air pur sont convertis en acide crayeux aériforme par la combustion des chandelles, et que les trois autres cinquièmes restent unis à la moffette atmosphérique, sans que la combustion ait la force de les en séparer;

4° Que le phosphore a une force combustible beaucoup plus considérable que les chandelles et les bougies, puisqu'il peut épuiser les quatre cinquièmes de l'air pur, contenu dans l'air de l'atmosphère;

5° Que le pyrophore porte encore son action plus loin, et qu'il paraît convertir presque totalement en air fixe, la quantité d'air pur que contient l'air de l'atmosphère.

Je pourrais porter beaucoup plus loin toutes ces conséquences, et faire voir que l'acide crayeux aériforme qui se forme pendant la combustion des chandelles et des bougies, n'est autre chose que l'air inflammable qui se dégage de la chandelle ou bougie, plus l'air éminemment respirable dans lequel se fait la combustion, moins une portion considérable de la matière du feu qui entrait dans la composition des deux airs primitifs; mais les preuves que je pourrais apporter de ces assertions, supposent des connaissances que mes lecteurs ne peuvent avoir encore, et je suis obligé de suspendre le développement de cette théorie, jusqu'à ce que j'aie prouvé, d'une part, l'existence de la matière du feu dans tous les fluides aériformes, et que j'aie fait voir d'une autre, comment on peut former de l'acide crayeux aériforme en combinant l'air inflammable avec la base de l'air éminemment respirable.

ARTICLE II.

EXPÉRIENCES

Sur la respiration des animaux et sur les changemens qui arrivent à l'air en passant par leur poumon (1);

PAR LAVOISIER.

De tous les phénomènes de l'économie animale, il n'en est pas de plus frappant ni de plus digne de l'attention des physiciens et des physiologistes, que ceux qui accompagnent la respiration. Si d'un côté nous connaissons peu l'objet de cette fonction singulière, nous savons d'un autre qu'elle est si essentielle à la vie, qu'elle ne

(1) Lu à l'Académie le 3 mai 1777, inséré dans le *Recueil* de ses Mémoires, année 1777, pag. 185.

peut être quelque temps suspendue sans exposer l'animal au danger d'une mort prochaine.

L'air, comme tout le monde sait, est l'agent, ou plus exactement, le sujet de la respiration; mais en même temps toutes sortes d'air, ou plus généralement, toutes sortes de fluides élastiques, ne sont pas propres à l'entretenir, et il est un grand nombre d'airs que les animaux ne peuvent respirer, sans périr aussi promptement, au moins, que s'ils ne respiraient point du tout.

Les expériences de quelques physiciens, et surtout celles de MM. Hales et Cigna, avaient commencé à répandre quelque lumière sur cet important objet: depuis, M. Priestley, dans un écrit qu'il a publié l'année dernière à Londres, a reculé beaucoup plus loin les bornes de nos connaissances, et il a cherché à prouver, par des expériences très-ingénieuses, très-délicates et d'un genre très-neuf, que la respiration des animaux avait la propriété de phlogistiquer l'air, comme la calcination des métaux et plusieurs autres procédés chimiques, et qu'il ne cessait d'être respirable qu'au moment où il était surchargé, et en quelque façon saturé de phlogistique.

Quelque vraisemblable qu'ait pu paraître, au premier coup d'œil, la théorie de ce célèbre physicien, quelque nombreuses et quelque bien faites que soient les expériences sur lesquelles il a cherché à l'appuyer, j'avoue que je l'ai trouvée en contradiction avec un si grand nombre de phénomènes, que je me suis cru en droit de la révoquer en doute; j'ai travaillé en conséquence sur un autre plan, et je me suis trouvé invinciblement conduit, par la suite de mes expériences, à des conséquences toutes opposées aux siennes. Je ne m'arrêterai pas dans ce moment à discuter en particulier chacune des expériences de M. Priestley, ni à faire voir comment elles prouvent toutes en faveur de l'opinion que je vais développer dans ce Mémoire; je me contenterai de rapporter celles qui me sont propres, et de rendre compte de leur résultat.

J'ai renfermé dans un appareil convenable, et dont il serait difficile de donner une idée sans le secours de figures, 50 pouces cubiques d'air commun; j'ai introduit dans cet appareil 4 onces de mercure très-pur, et j'ai procédé à la calcination de ce dernier, en l'entretenant pendant douze jours à un degré de chaleur presque égal à celui qui est nécessaire pour le faire bouillir.

Il ne s'est rien passé de remarquable pendant tout le premier jour; le mercure, quoique non bouillant, était dans un état d'évaporation continuelle; il tapissait l'intérieur des vaisseaux de gouttelettes, d'abord très-fines, qui allaient ensuite peu à peu en augmentant, et qui, lorsqu'elles avaient acquis un certain volume, retombaient d'elles-mêmes au fond du vase; le second jour, j'ai commencé à voir nager sur la surface du mercure de petites parcelles rouges, qui, en peu de jours, ont augmenté en nombre et en volume; enfin, au bout de douze jours, ayant cessé le feu et laissé refroidir les vaisseaux, j'ai observé que l'air qu'ils contenaient était diminué de 8 à 9 pouces cubiques, c'est-à-dire environ d'un sixième de son volume; en même temps il s'était formé une portion assez considérable, et que j'ai évaluée environ à 45 grains, de mercure précipité *per se*, autrement dit, *de chaux de mercure*.

Cet air, ainsi diminué, ne précipitait nullement l'eau de chaux; mais il éteignait les lumières, il faisait périr en peu de temps les animaux qu'on y plongeait, il ne donnait presque plus de vapeurs rouges avec l'air nitreux, il n'était plus sensiblement diminué par lui, en un mot, il était dans un état absolument méphitique.

On sait par les expériences de M. Priestley et par les miennes, que le mercure précipité *per se* n'est autre chose qu'une combinaison de mercure avec un douzième environ de son poids, d'un air beaucoup meilleur et beaucoup plus respirable, s'il est permis de se servir de cette expression, que l'air commun; il paraissait donc prouvé que, dans l'expérience précédente, le mercure, en se calcinant, avait absorbé la partie la meilleure, la plus respirable de l'air, pour ne laisser que la partie méphitique ou non respirable; l'expérience suivante m'a confirmé de plus en plus cette vérité.

J'ai soigneusement rassemblé les 45 grains de chaux de mercure qui s'étaient formés pendant la calcination précédente; je les ai mis dans une très-petite cornue de verre, dont le col, doublement recourbé, s'engageait sous une cloche remplie d'eau, et j'ai procédé à la réduction sans addition. J'ai retrouvé, par cette opération, à peu près la même quantité d'air qui avait été absorbée par la calcination, c'est-à-dire 8 à 9 pouces cubiques environ; et, en combinant ces 8 à 9 pouces avec l'air qui avait été vicié par la calcination du mercure, j'ai rétabli ce dernier assez exactement dans l'état où il était avant la calcination, c'est-à-dire dans l'état d'air commun; cet air, ainsi rétabli, n'éteignait plus les lumières, il ne faisait plus périr les animaux qui le respiraient, enfin, il était presque autant diminué par l'air nitreux que l'air de l'atmosphère.

Voilà l'espèce de preuve la plus complète à laquelle on puisse arriver en chimie, la décomposition de l'air et sa recomposition, et il en résulte évidemment : 1° que les cinq sixièmes de l'air que nous respirons sont, ainsi que je l'ai déjà annoncé dans un précédent Mémoire, dans l'état de moffette, c'est-à-dire incapables d'entretenir la respiration des animaux, l'inflammation et la combustion des corps; 2° que le surplus, c'est-à-dire un cinquième seulement du volume de l'air de l'atmosphère, est respirable; 3° que, dans la calcination du mercure, cette substance métallique absorbe la partie salubre de l'air pour ne laisser que la moffette; 4° qu'en rapprochant ces deux parties de l'air ainsi séparées, la partie respirable et la partie méphitique, on refait de l'air semblable à celui de l'atmosphère.

Ces vérités préliminaires sur la calcination des métaux vont nous conduire à des conséquences simples sur la respiration des animaux, et comme l'air qui a servi quelque temps à l'entretien de cette fonction vitale a beaucoup de rapport avec celui dans lequel les métaux ont été calcinés, les connaissances relatives à l'un vont naturellement s'appliquer à l'autre.

J'ai mis un moineau-franc sous une cloche de verre remplie d'air commun, et plongée dans une jatte pleine de mercure, la partie vide de la cloche était de 31 pouces cubiques; l'animal n'a paru nullement affecté pendant les premiers instans : il était seulement un peu assoupi; au bout d'un quart d'heure il a commencé à s'agiter; sa respiration est devenue pénible et précipitée, et, à compter de cet instant, les accidens ont été en augmentant; enfin, au bout de 55 minutes, il est mort avec des espèces de mouvemens convulsifs. Malgré la chaleur de l'animal, qui nécessairement avait dilaté pendant les premiers instans l'air contenu sous la cloche, il y a eu une diminution sensible de volume; cette diminution était d'un quarantième environ à la fin du premier quart d'heure; mais loin d'augmenter ensuite, elle s'est trouvée un peu moindre au bout d'une demi-heure, et lorsque après la mort de l'animal, l'air contenu sous la cloche a eu repris la température du lieu où se faisait l'expérience, la diminution ne s'est plus trouvée que d'un soixantième tout au plus.

Cet air qui avait été ainsi respiré par un animal, était devenu fort différent de l'air de l'atmosphère; il précipitait l'eau de chaux, il éteignait les lumières, il n'était plus diminué par l'air nitreux; un nouvel oiseau que j'y ai introduit n'y a vécu que quelques instans; enfin, il était entièrement méphitique, et à cet égard il paraissait assez semblable à celui qui était resté après la calcination du mercure.

Cependant un examen plus approfondi m'a fait apercevoir deux différences très-remarquables entre ces deux airs, je veux dire, entre celui qui avait servi à la calcination du mercure, et celui qui avait servi à la respiration du moineau-franc; premièrement, la diminution de volume avait été beaucoup moindre dans ce dernier que dans le premier; secondement, l'air de la respiration précipitait l'eau de chaux, tandis que l'air de la calcination n'y occasionait aucune altération.

Cette différence, d'une part, entre ces deux airs, et de l'autre, la grande analogie qu'ils présentaient à beaucoup d'égards, m'a fait présumer qu'il se compliquait dans la respiration deux causes, dont probablement je ne connaissais encore qu'une seule, et pour éclaircir mes soupçons à cet égard, j'ai fait l'expérience suivante.

J'ai fait passer sous une cloche de verre remplie de

mercure et plongée dans du mercure 12 pouces d'air vicié par la respiration, et j'y ai introduit une petite couche d'alkali fixe caustique; j'aurais pu me servir d'eau de chaux pour le même usage, mais le volume qu'il aurait été nécessaire d'en employer aurait été trop considérable, et aurait nui au succès de l'expérience.

L'effet de l'alkali caustique a été d'occasioner dans le volume de cet air une diminution de près d'un sixième; en même temps l'alkali a perdu en partie sa causticité, il a acquis la propriété de faire effervescence avec les acides, et il s'est cristallisé sous la cloche même en rhomboïdes très-réguliers, propriétés que l'on sait ne pouvoir lui être communiquées qu'autant qu'on le combine avec l'espèce d'air ou de gaz, connue sous le nom d'*air fixe*, et que je nommerai dorénavant *acide crayeux aériforme* (1); d'où il résulte que l'air vicié par la respiration contient près d'un sixième d'un acide aériforme, parfaitement semblable à celui qu'on retire de la craie.

Loin que l'air, qui avait été ainsi dépouillé de sa partie

(1) Il y a déjà long-temps que les physiciens et les chimistes sentent la nécessité de changer la dénomination très-impropre d'*air fixe, air fixé, air fixable;* je lui ai substitué, dans le premier volume de mes *Opuscules Physiques et Chimiques,* le nom de *fluide élastique,* mais ce nom générique, qui s'applique à une classe de corps très-nombreux, ne pouvait servir qu'en en attendant un autre: aujourd'hui je crois devoir imiter la conduite des anciens chimistes, ils désignaient chaque substance par un nom générique qui en exprimait la nature, et ils le spécifiaient par une seconde dénomination qui désignait le corps d'où ils avaient coutume de la tirer : c'est ainsi qu'ils ont donné le nom d'*acide vitriolique* à l'acide qu'ils retiraient du vitriol, le nom d'*acide marin* à celui qu'ils tiraient du sel marin, etc. Par une suite de ces mêmes principes je nommerai *acide de la craie, acide crayeux,* la substance qu'on a désignée jusqu'ici sous le nom d'*air fixe,* ou *air fixé,* par la raison que c'est de la craie et des terres calcaires que nous tirons le plus communément cet acide, et j'appellerai *acide crayeux aériforme* celui qui se présentera sous forme d'air.

fixable par l'alkali caustique, eût été rétabli par là dans l'état d'air commun, il s'était au contraire rapproché davantage de l'air qui avait servi à la calcination du mercure, ou plutôt il n'était plus qu'une seule et même chose; comme lui, il faisait périr les animaux, il éteignait les lumières; enfin, de toutes les expériences de comparaison que j'ai faites avec ces deux airs, aucune ne m'a pu laisser apercevoir entre eux la moindre différence.

Mais l'air qui a servi à la calcination du mercure, n'est autre chose, comme on l'a vu plus haut, que le résidu méphitique de l'air de l'atmosphère, dont la partie éminemment respirable s'est combinée avec le mercure pendant la calcination; donc l'air qui a servi à la respiration, lorsqu'il a été dépouillé de la portion d'acide crayeux aériforme qu'il contient, n'est également qu'un résidu d'air commun privé de sa partie respirable; et en effet, ayant combiné avec cet air environ un quart de son volume d'air éminemment respirable, tiré de la chaux de mercure, je l'ai rétabli dans son premier état, et je l'ai rendu aussi propre que l'air commun, soit à la respiration, soit à l'entretien des lumières, de la même manière que je l'avais fait avec l'air qui avait été vicié par la calcination des métaux.

Il résulte de ces expériences que, pour ramener à l'état d'air commun et respirable, l'air qui a été vicié par la respiration, il faut opérer deux effets: 1° enlever à cet air, par la chaux ou par un alkali caustique, la portion d'acide crayeux aériforme qu'il contient; 2° lui rendre une quantité d'air éminemment respirable, ou déphlogistiqué, égale à celle qu'il a perdue. La respiration, par une suite nécessaire, opère l'inverse de ces deux effets, et je me trouve à cet égard conduit à deux conséquences également probables, et entre lesquelles l'expérience ne m'a pas mis encore en état de prononcer.

En effet, d'après ce qu'on vient de voir, on peut conclure qu'il arrive de deux choses l'une, par l'effet de la respiration; ou la portion d'air éminemment respirable, contenue dans l'air de l'atmosphère, est convertie en acide crayeux aériforme en passant par le poumon; ou bien il se fait un échange dans ce viscère; d'une part, l'air éminemment respirable est absorbé; et de l'autre, le poumon restitue à la place une portion d'acide crayeux aériforme presque égale en volume.

La première de ces deux opinions a pour elle une expérience que j'ai déjà communiquée à l'Académie. J'ai fait voir, dans un Mémoire lu à la séance publique de Pâques 1775, que l'air éminemment respirable pouvait être converti en totalité en acide crayeux aériforme par une addition de poudre de charbon, et je prouverai dans d'autres Mémoires qu'il est plusieurs autres moyens d'opérer cette même conversion; il est donc possible que la respiration ait cette même propriété, et que l'air éminemment respirable qui est entré dans le poumon en ressorte en acide crayeux aériforme; mais d'un autre côté, de fortes analogies semblent militer en faveur de la seconde opinion, et porter à croire qu'une portion d'air éminemment respirable reste dans le poumon, et qu'elle s'y combine avec le sang; on sait que c'est une propriété de l'air éminemment respirable de communiquer la couleur rouge aux corps, et surtout aux substances métalliques auxquelles il est combiné; le mercure, le plomb et le fer en fournissent des exemples; ces métaux forment, avec l'air éminemment respirable, des chaux d'un beau rouge, la première, connue sous le nom de *mercure précipité per se* ou de *mercure précipité rouge*; la seconde sous le nom de *minium;* enfin, la troisième sous le nom de *colcothar*. Les mêmes effets, les mêmes phénomènes se retrouvent, comme on vient de le voir, et dans la calcination des métaux et dans la respiration des animaux; toutes les circonstances sont les mêmes, jusqu'à la couleur des résidus; ne pourrait-on pas en induire que la liqueur rouge du sang est due à la combinaison de l'air éminemment respirable, ou plus exactement, comme je le ferai voir dans un prochain Mémoire, à la combinaison de la base de l'air éminemment respirable avec une couleur animale, de la même manière que la couleur rouge du mercure précipité rouge et du *minium* est due à la combinaison de la base de ce même air avec une substance métallique? Quoique M. Cigna, M. Priestley et les auteurs modernes qui se sont occupés de cet objet, n'aient point tiré cette conséquence, j'ose dire qu'il n'est presque aucune de leurs expériences qui ne paraisse tendre à l'établir : en effet, ils ont prouvé, et surtout M. Priestley, que le sang n'est rouge et vermeil qu'autant qu'il est continuellement en contact avec l'air de l'atmosphère ou avec l'air éminemment respirable; qu'il devient noir dans l'acide crayeux aériforme, dans l'air nitreux, dans l'air inflammable, dans tous les airs qui ne sont point respirables, dans le vide de la machine pneumatique; qu'il reprend au contraire sa couleur rouge lorsqu'on le met de nouveau en contact avec l'air, et surtout avec l'air éminemment respirable; que cette restitution de couleur est constamment accompagnée d'une diminution dans le volume de l'air; or, ne résulte-t-il pas de tous ces faits que l'air éminemment respirable a la propriété de se combiner avec le sang, et que c'est cette combinaison qui constitue sa couleur rouge. Au surplus, quelle que soit celle de ces deux opinions qu'on embrasse, soit que la portion respirable de l'air se combine avec le sang, soit qu'elle se change en acide crayeux aériforme en passant par le poumon, soit enfin, comme je serais assez porté à le croire, que l'un et l'autre de ces effets aient lieu pendant l'acte de la respiration, on pourra toujours, en ne s'attachant qu'aux faits, regarder comme prouvé :

1° Que la respiration n'a d'action que sur la portion d'air pur, d'air éminemment respirable, contenue dans l'air de l'atmosphère; que le surplus, c'est-à dire la partie méphitique, est un milieu purement passif qui entre dans le poumon et en ressort à peu près comme il y était entré, c'est-à-dire sans changement et sans altération;

2° Que la calcination des métaux dans une portion donnée d'air de l'atmosphère, n'a lieu, comme je l'ai déjà annoncé plusieurs fois, que jusqu'à ce que la portion de véritable air, d'air éminemment respirable qu'il contient, ait été épuisée et combinée avec le métal;

3° Que de même, si l'on enferme des animaux dans une quantité donnée d'air, ils y périssent lorsqu'ils ont absorbé ou converti en acide crayeux aériforme la majeure partie de la portion respirable de l'air, et lorsque ce dernier est réduit à l'état de moffette;

4° Que l'espèce de moffette qui reste après la calcination des métaux, ne diffère en rien, d'après toutes les expériences que j'ai faites, de celle qui reste après la respiration des animaux, pourvu toutefois que cette dernière ait été dépouillée par la chaux ou par les alkalis caustiques de sa partie fixable, c'est-à-dire de l'acide crayeux aériforme qu'elle contenait; que ces deux moffettes peuvent être substituées l'une à l'autre dans toutes les expériences, et qu'elles peuvent être ramenées toutes deux à l'état de l'air de l'atmosphère par une quantité d'air éminemment respirable égale à celle qu'ils ont perdue. Une nouvelle preuve de cette dernière vérité, c'est que, si l'on augmente ou que l'on diminue dans une quantité donnée d'air de l'atmosphère, la quantité de véritable air, d'air éminemment respirable, qu'elle contient, on augmente ou on diminue dans la même proportion la quantité de métal qu'on peut y calciner, et jusqu'à un certain point le temps que les animaux peuvent y vivre.

Les bornes que je me suis prescrites dans ce Mémoire ne m'ont pas permis d'y faire entrer beaucoup d'autres expériences qui viennent à l'appui de la théorie que j'y expose; de ce nombre sont une partie de celles dont nous nous sommes occupés dans le laboratoire de M. de Montigny, MM. Trudaine, de Montigny et moi, pendant les vacances de l'Académie; ces expériences, suivant ce que nous avons lieu d'espérer, jetteront encore un nouveau jour, non-seulement sur la respiration des animaux, mais encore sur la combustion; opérations qui ont encore entre elles un rapport beaucoup plus grand qu'on ne le croirait au premier coup d'œil.

ARTICLE III.

MÉMOIRE

Sur l'altération qu'éprouve l'air respiré (1);

PAR LAVOISIER.

La chimie moderne nous a fait connaître qu'indépendamment de l'air que nous respirons, il existe, dans la nature, beaucoup de fluides qui ont un grand rapport avec lui par leurs qualités apparentes. Comme l'air de l'atmosphère, ils sont transparens et sans couleur; comme lui, ils sont dilatables, élastiques et compressibles; comme lui, ils ont une transparence et une fluidité si parfaite, qu'ils échapperaient aux sens de la vue et du toucher, si la possibilité de les contenir dans des vaisseaux, et la résistance qu'ils apportent au mouvement des corps, n'avertissaient de leur présence. Mais si ces fluides ont une ressemblance trompeuse avec l'air de l'atmosphère par les qualités extérieures, et qu'on peut regarder comme physiques, ils en diffèrent essentiellement par leurs qualités chimiques : les uns ne sont autre chose que des acides ou des alkalis en vapeurs; les autres sont des substances neutres, d'une nature très-singulière; d'autres enfin sont encore absolument inconnus.

Des recherches plus approfondies sur la nature des

(1) Lu à l'Académie de Médecine en 1785. On y a fait depuis quelques changemens. (*Note de Lavoisier.*)

Ce Mémoire est extrait du tome IV, pag. 13, du *Recueil* dont Lavoisier commençait la publication en 1793.

fluides aériformes ont fait connaître que c'était au calorique qui entrait dans leur composition qu'ils devaient leur fluidité; que toutes les substances volatiles, soit liquides, soit concrètes, étaient susceptibles de se vaporiser, de se fluidifier à un certain degré de chaleur; que le baromètre, par exemple, étant à vingt-huit pouces, c'est-à-dire à sa hauteur moyenne, l'eau prenait l'état aériforme à une chaleur de quatre-vingts degrés, l'alcool à soixante-six, l'éther à trente-deux, etc.; que ces liquides, ainsi transformés en fluides, pouvaient être contenus sous des cloches ou récipiens de verre, être transvasés de l'un dans l'autre, et se prêter à toutes les expériences qu'on peut faire sur l'air de l'atmosphère, sur l'air vital, et en général sur tous les fluides respirables.

L'état de fluidité n'est donc qu'une manière d'être des corps, et le mot fluide n'est qu'une expression générique qui caractérise, non pas une espèce, mais une classe de corps.

Ces considérations générales pouvaient déjà porter à croire que l'air de l'atmosphère n'était point une substance simple; qu'il devait être, au contraire, un mélange de toutes les substances susceptibles de prendre l'état aériforme au degré de chaleur et de pression dans lequel nous vivons, et l'expérience a confirmé ce que l'analogie faisait soupçonner. La chimie moderne a osé entreprendre l'analyse de l'air de l'atmosphère, et elle est parvenue à reconnaître qu'il est composé de 25 parties environ d'un air éminemment propre à la respiration, et qu'on connaît aujourd'hui sous le nom d'air vital, et de 75 parties d'un fluide méphitique, absolument incapable d'entretenir la combustion des corps et la respiration des animaux. Ce fluide est connu dans la ouvelle nomenclature sous le nom de gaz azote. En artant de cette proportion de 75 parties de gaz azote, ntre 25 d'air vital, on trouve pour le nombre de pouces ubes, de chacun des deux fluides, dont le pied cube air atmosphérique est composé, les quantités suivantes :

Air vital........................	432 pouces.
Gaz azote........................	1296
Total..............	1728 ou un pied cube.

Pour exprimer en poids ces mêmes quantités, je me iis assuré, par des expériences nombreuses, dont je endrai compte ailleurs, que le baromètre étant à vingt-uit pouces, c'est-à-dire à sa hauteur moyenne, et le ermomètre de Réaumur à mercure à dix degrés, le ied cube

	Onces.	Gros.	Grains.
D'air atmosphérique, pèse.........	1	3	3
D'air vital........................	1	4	12
De gaz azote......................	1	2	48

D'où il suit qu'un pied cube d'air atmosphérique est omposé comme ci-après :

	Pouces.		Onces.	Gros.	Grains.
Air vital...........	432	pesant.........	0	3	3
Gaz azote...........	1296	id.	1	0	0
Total........	1728		1	3	3

De ces différentes substances qui entrent dans la omposition de l'air de l'atmosphère, l'air vital est la eule qui soit essentielle au maintien de la respiration : e gaz azote n'y concourt en rien, si bien qu'on pourrait nême substituer à ce gaz un autre fluide méphitique, ourvu que ce fluide n'eût point de qualité irritante et délétère; pourvu qu'il ne fût mêlé avec l'air vital que dans la proportion de soixante-douze parties sur cent, il résulterait de cette combinaison un fluide également salubre, également respirable que l'air de l'atmosphère.

Telles sont les connaissances que la physique et la chimie peuvent donner à la médecine, sur la constitution de l'air que nous respirons. Mais quelles sont les altérations qui arrivent à ce même air dans les différentes circonstances de la vie? Quelle est leur influence sur les organes de la respiration? Quel désordre peut-il en résulter dans l'économie animale? Quels sont les moyens de les prévenir ou d'y remédier? C'est l'objet du travail que j'ai entrepris, et dont je rendrai successivement compte dans plusieurs Mémoires.

C'est un fait bien anciennement reconnu que les animaux qui respirent ne peuvent vivre qu'un temps limité dans une quantité donnée d'air de l'atmosphère; bientôt ils y languissent, ils s'y assoupissent; ce sommeil, d'abord paisible, est suivi d'une grande agitation; la respiration devient pénible et précipitée, et les animaux meurent dans des mouvemens convulsifs. Ces accidens se succèdent plus ou moins rapidement, suivant que la quantité d'air dans laquelle les animaux sont renfermés, est plus ou moins grande, relativement à leur volume et à celui de leur poumon : la vigueur de l'animal contribue aussi à prolonger un peu plus long-temps son existence; mais, en partant d'une proportion commune, on a observé qu'un homme ne pouvait pas subsister plus d'une heure dans un volume d'air de cinq pieds cubes.

Pour bien connaître le genre d'altération qui arrive à l'air, lorsqu'il a été ainsi respiré par les animaux, j'ai introduit un cochon d'Inde sous une cloche de cristal renversée sur du mercure; elle contenait 248 pouces cubiques d'air vital. Je l'y ai laissé pendant une heure et un quart; au bout de ce temps, je l'ai retiré de la même manière qu'il y avait été introduit, c'est-à-dire en le faisant passer par le mercure. Je ne me suis pas aperçu que ces deux passages l'eussent aucunement incommodé.

Pour rendre les comparaisons plus faciles, je supposerai que la quantité d'air vital dans lequel le cochon d'Inde a ainsi séjourné, fut d'un pied cube ou de 1728 pouces cubiqes, et je rapporterai, par calcul, les résultats à ce volume. Lorsque le cochon d'Inde a été retiré de dessous la cloche, les 1728 pouces cubiques d'air vital se sont trouvés réduits à 1672 $\frac{3}{4}$; il y avait donc eu une diminution de volume de 55 pouces $\frac{1}{4}$; il s'était formé en même temps 229 pouces $\frac{1}{2}$ d'acide carbonique, ce dont je me suis assuré en introduisant de l'alkali caustique sous la cloche; enfin, les 1443 pouces $\frac{1}{4}$ restans étaient encore de l'air vital fort pur.

En convertissant ces volumes en poids, on aura, pour les quantités d'air restantes sous la cloche après que l'animal en a été retiré :

	Onces.	Gros.	Grains.
Air vital	1	2	10 $\frac{4}{5}$
Acide carbonique	0	2	15 $\frac{1}{5}$
Total	1	4	26

L'air, dans cette expérience, a été diminué d'environ un trente-deuxième de son volume, mais il a augmenté de pesanteur absolue; d'où il résulte évidemment, 1° que l'air extrait quelque chose du poumon pendant l'acte de la respiration; 2° que la substance extraite, combinée avec l'air vital, forme de l'acide carbonique : or, on sait qu'il n'y a que la matière charbonneuse qui ait cette propriété; l'air, par l'acte de la respiration, extrait donc du poumon une matière véritablement charbonneuse.

Mais il est à considérer que cette augmentation de poids, qui ne paraît être que que de 13 grains $\frac{1}{2}$, est réellement beaucoup plus considérable qu'on ne le croirait d'abord : en effet, dans l'expérience que je viens de rapporter, il n'y a eu que 229 pouces et demi d'acide carbonique formés : or, d'après des résultats très-exacts que j'ai discutés ailleurs, cent parties d'acide carbonique en poids, sont composées de 74 parties d'air vital, et de 26 de charbon. Les 229 pouces et demi d'acide carbonique obtenu contenaient donc :

	Grains.
Air vital	117,90
Charbon	41,43

Les 117 grains 90 d'air vital reviennent, en pouces cubes, à 232 pouces deux tiers.

Si donc il n'y avait eu d'air vital employé qu'à faire de l'acide carbonique, la quantité restante après l'opération aurait dû être de :

$$1728 - 232\tfrac{2}{3} = 1495\tfrac{1}{3}$$

Elle ne s'est trouvé que de	$1443\frac{1}{4}$
Déficit	$52\frac{1}{12}$

Il est donc évident qu'indépendamment de la portion d'air vital qui a été convertie en acide carbonique, une portion de celui qui est entré dans le poumon n'en est pas ressortie dans le même état; et il en résulte qu'il se passe de deux choses l'une pendant l'acte de la respiration, ou qu'une portion d'air vital s'unit avec le sang, ou bien qu'elle se combine avec une portion d'hydrogène pour former de l'eau. Je discuterai, dans d'autres Mémoires, les motifs qu'on peut alléguer en faveur de chacune de ces opinions; mais en supposant, comme il y a quelque lieu de le croire, que la dernière soit préférable, il est aisé, d'après l'expérience ci-dessus, de déterminer la quantité d'eau qui se forme par la respiration, et la quantité d'hydrogène qui est extraite du poumon. En effet, puisque pour former cent parties d'eau, il faut employer 85 parties environ en poids d'air vital, et 15 de gaz hydrogène, il en résulte qu'avec les 52 pouces $\frac{1}{12}$ d'air qui se sont trouvés manquer, il a dû se former 31 grains $\frac{6}{600}$ d'eau, et qu'il s'est dégagé du poumon du cochon d'Inde quatre grains $\frac{2}{3}$ d'hydrogène.

La même expérience répétée dans l'air commun, donne des résultats analogues; diminution du volume de l'air; augmentation de poids absolu; formation d'acide carbonique et d'eau; dégagement de matière charbonneuse et d'un peu d'hydrogène qui est enlevé du poumon par l'acte de la repiration: mais le gaz azote qui reste et qui se mêle avec l'acide carbonique et une portion d'air vital non consommée, complique le résultat. En conséquence, lorsqu'un pied cube d'air atmosphérique a été respiré autant qu'il le peut être, et que les animaux ne peuvent plus y demeurer sans courir le risque d'y perdre en quelques instans la vie, il est composé à peu près comme il suit par chaque pied cube: je dis à peu près, car il se trouve de grandes variétés, surtout dans la quantité d'acide carbonique. Il contient:

	Pouces.
Air vital	173
Gaz acide carbonique	200
Gaz azote	1355
Total	1728

Ce qui donne en poids :

	Onces.	Gros.	Grains.
Air vital	0	1	15 $\frac{2}{3}$
Gaz acide carbonique	0	1	66
Gaz azote	1	0	26
Total	1	3	35 $\frac{2}{3}$

Je dois avertir que tous ces résultats ont été déterminés sur l'air de la respiration après qu'il avait été refroidi, et qu'il avait déposé l'humidité surabondante dont il est chargé en sortant du poumon.

Dans l'expérience faite sur le cochon d'Inde enfermé dans de l'air vital, et que je viens de rapporter, je m'étais aperçu que cet animal souffrait considérablement à la fin de l'expérience : cependant on a vu qu'il n'y avait encore qu'une très-petite portion d'air qui fût viciée, c'est-à-dire convertie en acide carbonique, et qu'il restait beaucoup plus d'air vital qu'il n'en fallait pour constituer un air salubre : cette circonstance avait déjà été observée par Priestley ; mais l'objet que je me suis proposé dans ce Mémoire a exigé que je répétasse une partie de ses expériences. C'est toujours sur les cochons d'Inde que j'ai principalement opéré : l'air vital que je leur faisais respirer était à peu près pur, et ne contenait que 5 à 6 parties de gaz azote sur cent. Quoique ces animaux vécussent beaucoup plus long-temps dans un volume de cet air qu'ils ne l'auraient fait dans un pareil volume d'air atmosphérique, ils y périssaient cependant long-temps avant qu'il fût complètement vicié. Pour reconnaître la cause de ce phénomène, Bucquet, qui a bien voulu concourir à quelques-unes de mes expériences, a fait l'ouverture de plusieurs des cochons d'Inde qui y avaient été soumis et qui en avaient été les victimes.

Ils lui ont paru morts d'une fièvre ardente et d'une maladie inflammatoire. Leurs chairs, à l'inspection, étaient fort rouges; le cœur était livide, gorgé de sang, surtout le ventricule et l'oreillette droite; le poumon était très-flasque, mais très-rouge, même au dehors, et très-gorgé de sang.

Nous en avions conclu que l'air salubre consiste dans une juste proportion entre l'air vital et le gaz azote, et qu'il est important pour les animaux qui respirent, que cette proportion, qui est de vingt-cinq parties environ d'air vital sur soixante-quinze de gaz azote, ne varie pas beaucoup ni en dessus ni en dessous; mais depuis nous avons reconnu, Seguin et moi, qu'un air dans lequel il entre une beaucoup plus petite proportion d'air vital est encore respirable, et que les accidens que les animaux éprouvent long-temps avant d'avoir consommé tout l'air vital contenu dans l'air qu'ils respirent, tiennent à la qualité irritante de l'acide carbonique qui se forme. Les expériences que nous rapporterons sur cet objet, dans la suite de nos Mémoires, ne laisseront aucun doute à cet égard.

Puisque l'air de l'atmosphère ne peut entretenir que pendant un certain temps la vie des animaux qui le respirent, puisqu'il s'altère à mesure qu'il est respiré, on peut en conclure que la salubrité de l'air doit être plus ou moins diminuée dans les salles de spectacles, dans les lieux d'assemblées publiques, dans les salles des hôpitaux, dans tous les endroits où un grand nombre de personnes se rassemblent, surtout si l'air y circule lentement et difficilement.

Il m'a paru intéressant de déterminer jusqu'à quel point allait cette altération; pour y parvenir, j'ai choisi, à l'hôpital général, le dortoir le plus bas, celui où un plus grand nombre de personnes se trouvait rassemblé dans un espace étroit; enfin, celui qui, sous ce point de vue, m'a paru le plus malsain; je m'y suis transporté à la pointe du jour et avant l'heure où on en fait l'ouverture; je m'y suis introduit à l'instant où la porte a été ouverte, et j'ai recueilli deux flacons de l'air de cette salle, l'un pris au bas, c'est-à-dire presqu'au niveau du plancher inférieur, l'autre dans la partie haute et le plus près que j'ai pu du plancher supérieur. Le premier de ces deux airs, celui qui avait été pris dans le bas, n'était que médiocrement altéré; il s'est trouvé contenir sur cent parties en volume:

	Parties.
Air vital	23 $\frac{1}{2}$
Gaz acide carbonique	1 $\frac{1}{2}$
Gaz azote	75
Total	100

L'air pris dans le haut de ce même dortoir avait souffert une altération beaucoup plus considérable, il contenait:

	Parties.
Air vital	22
Gaz acide carbonique	3
Gaz azote	75
Total	100

J'ai tenté de faire les mêmes épreuves sur l'air des salles de spectacles. Les comédiens français étaient alors établis aux Tuileries, et c'est dans leur salle que j'ai opéré. J'ai choisi un jour où l'affluence des spectateurs était très-grande, et muni de deux flacons pleins d'eau, j'ai vidé l'un dans le haut de la salle, dans une petite loge qui avait été fermée pendant tout le temps du spectacle; l'autre dans le bas du parterre, quelques instans avant qu'on en sortît.

On conçoit que cette seconde partie de mon opération ne s'est pas faite sans quelque embarras et sans quelques difficultés; le moindre évènement, le moindre mouvement extraordinaire aurait fait sensation au parterre, et n'aurait pas manqué de troubler le spectacle; aussi me suis-je borné à me glisser à l'entrée quelques instans avant la fin de la dernière pièce, à me placer près de la sentinelle que j'avais prévenue, et à y vider mon flacon de cristal. Mais l'air que j'ai ainsi obtenu avait été recueilli trop près de la porte d'entrée; l'eau d'ailleurs, à travers laquelle il avait passé en s'introduisant dans le flacon, avait nécessairement absorbé une portion d'acide carbonique; aussi l'examen auquel je l'ai soumis ne m'a-t-il point présenté des différences très-sensibles avec l'air du dehors: mais il n'en a pas été de même de l'air recueilli dans le haut de la salle; sur cent parties il s'est trouvé contenir :

	Parties.
Air vital	21
Gaz acide carbonique	2 $\frac{1}{2}$
Gaz azoté	76 $\frac{1}{2}$
Total	100

D'où l'on voit que la proportion d'air vital contenue dans l'air se trouvait sensiblement diminuée dans la partie haute de la salle.

Il serait à souhaiter que ces expériences pussent être répétées plus en grand et avec des appareils plus commodes; il faudrait éviter surtout que l'air ne fût lavé au moment où on le recueille; on y parviendrait aisément par le moyen de tuyaux de fer-blanc qui communiqueraient de l'extérieur à l'intérieur de la salle, et à l'extrémité desquels on adapterait des ballons qu'on aurait précédemment vidés d'air par le moyen de la machine pneumatique. On pourrait alors se procurer aisément et sans embarras la quantité d'air nécessaire pour en déterminer la pesanteur spécifique, et les expériences pourraient être faites assez en grand pour que les petites différences devinssent sensibles; enfin on pourrait les répéter un assez grand nombre de fois, pour que les erreurs inévitables dans des opérations aussi délicates pussent disparaître et se compenser. Un pareil travail ne peut être entrepris que de l'aveu du gouvernement; il en résulterait immanquablement des connaissances précieuses sur la construction des salles de spectacles, sur celles des hôpitaux, sur celles de tous les lieux où le public se porte en grande affluence.

Quelque imparfaites que soient, au surplus, ces premières expériences, on aperçoit, en les rapprochant des résultats obtenus en petit, sous des récipiens de verre, que l'air de l'atmosphère, qui naturellement n'est composé que de deux fluides, l'air vital et le gaz azote, se trouve composé de trois dans les salles d'assemblées nombreuses, au moyen de la conversion d'une partie d'air vital en gaz acide carbonique; que ces trois fluides ne sont point mélangés dans des proportions égales dans toutes les parties de la salle; qu'ils tendent au contraire à se disposer en raison de leur gravité spécifique; que le gaz azote, comme plus léger, et favorisé d'ailleurs par la chaleur qui le dilate, se porte naturellement vers le haut; qu'il s'établit en conséquence une espèce de circulation d'air, et qu'à mesure que l'air méphitique parvient à s'échapper par le haut, il est remplacé par de l'air frais qui s'introduit par les ouvertures d'en bas.

Cette circulation existe plus ou moins dans toutes les salles, souvent même en dépit de l'architecte qui en a dirigé la construction ; sans elle, sans le renouvellement d'air qui en résulte, les spectateurs seraient exposés aux accidens les plus fâcheux, avant même que le spectacle finît. Pour s'en convaincre, il ne s'agit que de prendre pour exemple une salle quelconque de spectacle, de trente pieds de long sur vingt-cinq de large, et sur trente de hauteur. Une salle de ces dimensions aurait une capacité de vingt-deux mille cinq cents pieds cubes, et pourrait contenir environ mille spectateurs : or, puisque chaque individu consomme, comme je l'ai exposé plus haut, environ cinq pieds cubes par heure, il en résulte que s'il n'y avait point de renouvellement, l'air de la salle serait complètement méphitique au bout de quatre heures et demie; mais il est probable en même temps que le plus grand nombre des spectateurs serait gravement incommodé, et périrait long-temps avant cette époque.

Le même calcul appliqué à des salles d'assemblées publiques, basses et étouffées, et dont je pourrais citer des exemples (1), expliquerait pourquoi, les jours de grande affluence, l'attention des auditeurs ne peut pas se soutenir au-delà de deux ou trois heures. Au bout de ce temps, il s'établit une impatience machinale, occasionée par le malaise et par une souffrance physique dont on ne se rend pas compte. Malheur, dans ces circonstances, au lecteur auquel on a réservé les derniers instans de la séance! l'intérêt de son sujet ne se commu-

(1) Celle où s'assemblait l'Académie française au Louvre.

nique plus à l'auditoire; on ne lui accorde plus ni bienveillance, ni même attention, et il n'obtient pas le tribut d'applaudissemens et de reconnaissance sur lequel il aurait été en droit de compter dans des circonstances plus favorables.

J'avais pour objet, en commençant ce Mémoire, d'y rendre compte des diverses altérations qui arrivent à l'air dans les circonstances les plus ordinaires de la vie; mais je m'aperçois que je n'ai ébauché qu'un seul point de l'objet que je m'étais proposé de traiter, et je crains déjà d'abuser de l'attention que l'assemblée a bien voulu m'accorder. Je me trouve donc forcé de remettre à une seconde partie ce que j'ai à dire sur les altérations que produisent dans l'air la combustion des lampes, des bougies, des chandelles, du charbon, les enduits de plâtre frais, et la peinture à l'huile. Cette portion de mon travail est à peu près finie, et je serai en état de la communiquer incessamment à la Société.

Il me restera à considérer, dans une troisième partie, l'air de l'atmophère, non pas comme un fluide aériforme susceptible de se décomposer, mais comme un agent chimique qui peut se charger, par voie de dissolution et même d'une sorte de division mécanique, de miasmes d'une infinité d'espèces. On est effrayé quand on pense que, dans une assemblée nombreuse, l'air que chaque individu respire a passé et repassé un grand nombre de fois, soit en tout, soit en partie, par le poumon de tous les assistans, et qu'il a dû s'y charger d'exhalaisons plus ou moins putrides; mais de quelle nature sont ces émanations? Jusqu'à quel point diffèrent-elles dans un sujet ou dans un autre, dans la vieillesse ou dans la jeunesse, dans l'état de maladie ou de santé? Quelles sont les maladies susceptibles de se gagner par ce genre de communication? Quelles précautions pourrait-on prendre pour neutraliser ou pour détruire l'influence dangereuse de ces émanations? Il n'est peut-être aucun de ces points dont l'examen ne puisse donner prise à l'expérience, et il n'en est pas de plus important pour la conservation de l'espèce humaine. Tous les arts marchent rapidement vers leur état de perfection : celui de vivre en société, de conserver dans leur état de force et de santé un grand nombre d'individus réunis ensemble; de rendre les grandes villes plus salubres, la communication des maladies contagieuses moins facile, est encore dans son enfance.

Les grands travaux qu'on peut entreprendre sur un objet aussi important ne peuvent être que l'ouvrage des sociétés savantes : nul homme ne peut se flatter d'avoir les connaissances nécessaires pour remplir seul un plan si étendu. Ce n'est donc qu'en comptant sur les conseils, sur les lumières, sur les secours de la Société, que j'ose entreprendre de défricher quelques parties de ce vaste champ.

ARTICLE IV.

MÉMOIRE

Sur l'action des fleurs sur l'air, et sur leur chaleur propre (1);

PAR M. THÉODORE DE SAUSSURE.

Les fleurs, mêmes celles des plantes aquatiques, ne se

(1) Les principales observations contenues dans ce Mémoire ont été lues à la Société de Physique et d'Histoire naturelle de Genève, le 11 juillet 1822. Ce Mémoire est extrait des *Ann. de Chim. et de Phys.*, t. XXI, pag. 279.

développent pas dans des milieux dépourvus de gaz oxigène; elles exigent, pour soutenir leur végétation, une plus grande proportion de ce gaz que le reste de la plante. Les parties vertes sont souvent assez abondantes dans les feuilles pour qu'elles puissent se former elles-mêmes l'atmosphère nécessaire à leur existence; mais il n'en est pas ainsi pour les fleurs.

Plusieurs d'entre elles, telles que la rose, conservent, il est vrai, moins long-temps leur corolle ou leur forme dans l'air que dans le vide ou dans le gaz azote; mais lorsqu'on croit les en retirer encore fraîches, elles exhalent une odeur infecte; leurs pétales sont corrompus, et l'on voit que cette vie apparente cachait une véritable mort; tandis que la chute de la corolle dans l'air n'est qu'un effet et une preuve de la végétation.

Lorsqu'on place une fleur sous un récipient plein d'air et fermé par du mercure, elle ne change que peu ou point le volume de cet air, tant qu'il contient du gaz oxigène; elle absorbe ce dernier, mais en le remplaçant par un volume à peu près égal d'acide carbonique: je dis *à peu près égal*, parce qu'on observe quelquefois dans cet air une légère diminution de volume; mais comme elle n'excède pas beaucoup l'espace occupé par la fleur, on doit attribuer cet effet à celui qu'elle produit comme corps poreux et aqueux sur l'acide carbonique: une fixation plus stable paraît être ici très-difficile à déterminer.

Je n'ai pu trouver aucune trace de gaz hydrogène dans l'air où les fleurs ont végété: mes premiers essais m'avaient fait présumer qu'elles exhalaient une petite quantité de gaz azote; mais je n'ai pas confirmé ce résultat.

Pour offrir quelques termes de comparaison aux reherches particulières dont je m'occuperai dans la suite, expose dans le tableau suivant les quantités de gaz xigène détruit ordinairement par les fleurs, et j'y joins effet que produisent leurs feuilles dans les mêmes cironstances. Le volume du gaz oxigène consumé se raporte au volume des fleurs ou des feuilles pris pour unité. Ces résultats sont préférables à ceux qui ont été publiés ans mes *Recherches sur la végétation* : le volume des eurs y avait été évalué en mesurant la quantité d'eau éplacée par leur immersion ; mais depuis, j'ai trouvé lus exact de les peser avec leur pédoncule et d'admettre ue leur densité est égale à celle de l'eau, parce que a plupart d'entre elles s'éloignent peu d'avoir cette pesaneur, et parce qu'elles recèlent une multitude de sinuoités pleines d'air que l'eau ne déplace pas, et qui fait araître, par la méthode d'immersion, le volume du végétal plus grand qu'il ne l'est réellement : d'ailleurs, ce lernier procédé n'était pas applicable à des parcelles végétales telles que des étamines.

J'ai obtenu mes nouveaux résultats dans une atmosphères beaucoup plus spacieuse, et dont les fleurs ne léplaçaient que la deux-centième partie. Elles ont été exposées, à cet effet, sous des récipiens pleins d'air, et fermés par du mercure ; et elles y ont soutenu leur végétation en trempant, par un pédoncule long au plus de 6 lignes, dans un vase qui contenait une très-petite quantité d'eau. Après l'expérience, j'ai coupé le pédoncule pour retrancher son poids de celui de la fleur jointe à ce support, l'action de ce dernier sur l'atmosphère pouvant être négligée, surtout en raison de l'eau dont il était environné. Les feuilles ont été traitées dans les mêmes circonstances et par les mêmes procédés que les fleurs.

D'après ce qui précède, le nombre 8,5, qui exprime, dans le tableau, la quantité de gaz oxigène détruit par la capucine simple, indique qu'un centimètre cube, soit un gramme de ces fleurs (déduction faite des pédoncules), a détruit 8 centimètres cubes et demi de gaz oxigène, qui ont été remplacés par 8 centimètres cubes et demi de gaz acide carbonique, dans 200 centimètres cubes d'air.

La durée des expériences ou du séjour des fleurs et des feuilles sous le récipient a été de vingt-quatre heures.

La quantité du gaz oxigène détruit était plus grande dans les douze premières heures que dans les suivantes, principalement parceque, à cette dernière époque, l'air devenait moins pur. Si j'abrégeais l'expérience, un grand nombre de fleurs ne donnaient pas des résultats eudiométriques assez prononcés: l'inconvénient était plus grand encore lorsque, au lieu de prolonger l'épreuve pour augmenter l'effet, j'introduisais un plus grand nombre de fleurs dans le même espace; car alors leur action sur l'air était souvent entravée par son altération dès le commencement de l'expérience.

Tous les résultats exposés dans cette notice ont été obtenus en été, à l'abri de l'action directe du soleil, et à une température comprise entre 18° et 25° centigr. La quantité de gaz oxigène détruite par les fleurs est plus grande au soleil qu'à l'ombre: l'élévation de température augmente d'ailleurs cette destruction.

J'ai inscrit, dans le tableau, l'heure où les fleurs ont été cueillies et placées sous le récipient; ce moment est surtout important pour celles qui ne durent que peu de temps et qui ne s'épanouissent qu'à une époque constante de la journée, comme pour l'*hibiscus speciosus*, le *cucurbita melo-pepo* et le *passiflora serratifolia*. On n'a mis en expérience que des fleurs entièrement développées et dans toute leur vigueur; caractères qui se reconnaissent surtout à l'état des étamines.

NOMS DES FLEURS.	GAZ OXIGÈNE consumé par les fleurs.	GAZ OXIGÈNE consumé par les feuilles.
Giroflée (simple), variété rouge. *Cheiranthus incanus.* 6 heures du soir.	11	4
Giroflée (double), *idem.*	7,7	
Tubéreuse (simple). *Polyanthes tuberosa.* 9 heures du matin.	9	3
Tubéreuse (double), *idem.*	7,4	
Capucine (simple), *Tropæolum majus.* 9 heures du matin.	8,5	8,3
Capucine (double), *idem.*	7,25	
Datura arborea. 10 heures du matin.	9	5
Passiflora serratifolia. 8 heures du matin.	18,5	5,25
Carotte (ombelles de). *Daucus carota.* 6 heures du soir.	8,8	7,3
Hibiscus speciosus. 7 heures du matin.	8,7	5,1
Millepertuis. *Hypericum calycinum.* 8 heures du matin.	7,5	7,3
Courge (fleurs mâles). *Cucurbita melo-pepo.* 7 heures du matin.	12	6,7
Courge (fleurs femelles), *idem.*	3,5	
Lis, *lilium candidum.* 11 heures du matin.	5	2,5
Massette (chatons mâle et femelle). *Typha latifolia.* 9 heures du matin.	9,8	4,25
Chataignier (chaton mâle). *Fagus castanea.* 4 heures du soir.	9,1	8,1

Les résultats que je viens d'exposer indiquent qu'à volume égal, les fleurs détruisent ordinairement plus d'oxigène que les feuilles à l'obscurité, ou que le reste de la plante; car ces dernières en détruisent plus que les tiges et que la plupart des fruits. La différence est plus prononcée et sujette à moins d'exceptions, comme nous le montrerons plus bas, si l'on ne considère dans la fleur que les étamines. On ne doit pas tenir compte des exceptions que peuvent présenter les fleurs qui, étant coupées avant leur épanouissement, ne se développent pas à l'aide de l'eau, et qui ont crû dans un lieu où elles n'auraient jamais pu nouer.

Un seul genre de fleurs, celui des gouets, *arum*, a offert un phénomène bien digne de fixer notre attention, par une production de chaleur auparavant inconnue dans les végétaux. On sait que M. de Lamarck a découvert que lorsque les spadices de l'*arum italicum* ont acquis leur plus grand accroissement, époque où s'opère peut-être la fécondation des fleurs, ils prennent une température qui, suivant cet auteur, les fait paraître presque brûlans, ou beaucoup plus chauds que les corps environnans.

M. Senebier a constaté, au moins en partie, ce fait par le thermomètre; il a vu qu'en appliquant seulement à la surface du spadice de l'*arum maculatum* la boule de cet instrument, il indiquait une température supérieure de 7° R. à celle de l'air environnant. Cette chaleur commence à se développer entre trois et quatre heures de l'après-midi; elle acquiert son *maximum* entre six et huit heures du soir, et elle disparaît ensuite graduellement pour ne plus se manifester (1).

M. Hubert (2) a obtenu des résultats bien plus marqués, à l'Ile-de-France, avec l'espèce de gouet désignée par M. Bory de Saint-Vincent sous le nom d'*arum cor-*

(1) Senebier, *Physiologie végétale*, vol. III, pag. 313.

(2) *Extrait des Voyages* de Bory Saint-Vincent, *Journal de Physique*, tom. LIX, pag. 280.

difolium; il en a lié cinq spadices autour d'un thermomètre qui a indiqué dès lors une température de 44°, tandis qu'elle n'était que de 19° à l'air libre. En faisant la même expérience avec douze spadices, le thermomètre s'est élevé à 49° ½, la plus grande chaleur de cette fleur avait lieu au lever du soleil.

Après avoir coupé l'extrémité de six spadices, il a lié seulement les parties mâles autour du thermomètre; le *maximum* de température a été de 41°. Les parties femelles n'ont pu l'élever, dans les mêmes circonstances, qu'à 30°.

M. Hubert a fait quelques expériences qui indiquent que la présence de l'air est nécessaire au développement de cette chaleur; il a vu qu'elle s'éteignait, soit lorsqu'on enduisait les chatons d'empois, soit lorsqu'on les plongeait dans l'eau ou dans le vinaigre, et qu'elle reparaissait en rétablissant le contact de l'air: il a trouvé cependant qu'elle se conservait dans l'*air* inflammable des marais et dans l'*air* de la fermentation (1).

Cet auteur a reconnu de plus que ces chatons viciaient l'air atmosphérique; mais il n'a pas déterminé l'intensité et la nature de cette altération. D'après cet exposé, l'action des *arum* sur l'air ne nous présente rien que ce qu'on pouvait attendre de toute autre fleur, ou même de toute substance végétale renfermée avec de l'air, à l'ombre ou à l'obscurité.

Il restait donc à déterminer, 1° si les fleurs d'*arum* exercent sur l'air une action extraordinaire (exception que leur singulière structure pourrait autoriser à suppo-

(1) Ces derniers résultats me paraissent douteux, parce qu'on ignore si les gaz employés étaient purs ou dépouillés des petites quantités de gaz oxigène qui y sont souvent mêlées naturellement.

ser); 2° si les autres fleurs n'auraient point aussi une chaleur propre.

La chaleur des *arum* n'est pas toujours très-facile à observer: j'entretiens depuis douze ans, près de Genève, plusieurs pieds d'*arum italicum*, qui est une espèce dont l'effet calorifique n'est pas douteux ; elle a fleuri tous les printemps, mais sans présenter aucune élévation de température, probablement parce que ces plantes n'ont jamais fructifié sur ce sol. L'action de ces fleurs froides d'*arum* sur l'air n'a présenté aucun résultat remarquable, c'est-à-dire qu'elles ont détruit, dans vingt-quatre heures, cinq ou six fois leur volume de gaz oxigène.

L'espèce d'*arum* désignée sous le nom d'*arum maculatum* croît et fleurit en abondance dans la plupart des haies des environs de Genève. J'examine depuis plusieurs années ces fleurs, et je n'en ai rencontré que quatre qui fussent chaudes, et assez rapprochées de mon laboratoire, pour qu'elles aient pu y être transportées sans se refroidir.

L'une de ces fleurs, qui occupait 6,6 centimètres cubes avec sa spathe, a été placée à sept heures du soir dans 1000 centimètres cubes d'air, de la même manière que les autres fleurs dont j'ai parlé précédemment : peu d'instans après l'établissement de l'expérience, les parois intérieures du récipient se sont couvertes d'une assez grande quantité de vapeurs pour que l'*arum* ne pût plus être distingué au travers du verre. Les fleurs qui sont froides ne présentent pas ce résultat. Au bout de vingt-quatre heures, le volume de l'atmosphère de la fleur n'avait pas changé; elle en avait détruit, à un centième près, tout l'oxigène, soit 200 centimètres cubes, en les remplaçant par de l'acide carbonique. Cette quantité, qui équivaut à trente fois le volume de l'*arum*, surpasse de beaucoup celle que j'ai obtenue avec d'autres fleurs, et ne présente sans doute que très-faiblement l'effet qui aurait été produit dans une plus grande atmosphère, et avec un *arum* qui n'eût pas dégagé une partie de sa chaleur avant l'expérience.

J'ai replacé la même fleur sous le même récipient pendant vingt-quatre heures; mais elle n'y a détruit que cinq fois son volume de gaz oxigène : il en était à peu près de même pour tous les *arum* fleuris qui pouvaient être froids par défaut de maturité.

J'ai divisé en trois parties un autre *arum maculatum* en état de chaleur : la première section ne comprenait que le cornet ou la spathe ; la seconde division comprenait la massue ou le spadice coupé au-dessus des organes génitaux ; la troisième section ne renfermait que la partie cylindrique du chaton qui porte les organes sexuels. Elles ont été renfermées séparément pendant vingt-quatre heures dans trois récipiens qui contenaient chacun mille centimètres cubes d'air.

Le cornet n'a détruit que cinq fois son volume de gaz oxigène.

La massue en a détruit trente fois son volume.

La partie du chaton qui porte seulement les organes sexuels en a détruit cent trente-deux fois son volume.

J'ai obtenu, à plusieurs égards, des résultats analogues aux précédens, avec le gouet serpentaire, *arum dracunculus*, qui est originaire des îles Baléares. Les étamines de ce gouet ont, pendant le jour, une chaleur faible, mais que j'ai négligé de déterminer avec le thermomètre : la partie nue du spadice m'a toujours paru froide au toucher ; elle est creuse (1) intérieurement, et elle peut être plus promptement dépouillée de sa chaleur par l'air et par l'évaporation que les spadices des autres *arum* qui sont pleins, et qui offrent moins de surface, relativement à leur poids.

Un gouet serpentaire qui pesait 74 grammes (2) et qui a été mis en expérience à onze heures du matin, a détruit, dans vingt-quatre heures, 965 centimètres cubes, ou treize fois son volume de gaz oxigène (3). Cette quantité est très-inférieure à celle de l'*arum maculatum*, non-seulement parce que ce dernier est beaucoup plus chaud, mais encore parce que la serpentaire, relativement aux organes génitaux, est pourvue d'un cornet plus gros, et qui consume moins de gaz oxigène. Une fleur de serpentaire dépourvue de son cornet a détruit, dans les mêmes circonstances, cinquante-sept fois son volume de gaz oxigène.

J'ai divisé une fleur de serpentaire pesant 74 grammes en quatre portions, qui ont été placées sous des réci-

(1) J'ai exprimé sous l'eau l'air contenu dans un spadice de serpentaire, immédiatement après l'avoir cueilli au soleil : 100 de cet air contenaient 80 d'azote, 15 d'oxigène et 5 d'acide carbonique. Les étamines ont l'odeur agréable de la primevère officinale : l'odeur cadavéreuse de la fleur réside uniquement dans la partie nue du spadice ; il perd cette odeur avec sa chaleur en séjournant pendant vingt-quatre heures sous un récipient, quoique, en sortant de là, il conserve (à l'exception des étamines) son port et sa vigueur ; mais, à l'air libre et sur la plante, il se flétrit entièrement dans cet intervalle.

(2) Ce gouet, avec son spadice plein d'air, occupait 123 centim. c. ; mais si l'on en retranche le volume de cet air, qui était égal à 42 centim. c., l'on trouve que la densité du corps herbacé ne s'éloigne pas beaucoup de celle de l'eau, du moins pour des recherches de ce genre.

(3) Les feuilles de cette plante détruisaient, dans le même temps, quatre fois leur volume de gaz oxigène.

piens pendant le même temps que pour les expériences précédentes.

La première section ne comprenait que le cornet qui pesait 55 grammes ; il a détruit la moitié de son volume de gaz oxigène.

La seconde division était formée de la partie nue du spadice, soit de celle qui surmonte les organes génitaux ; elle pesait 13,7 grammes, et elle a détruit vingt-six fois son volume de gaz oxigène, ou 356 centimètres cubes.

La troisième division, pesant 2 grammes, ne comprenait que la partie du chaton qui porte les organes mâles ; elle a détruit cent trente-cinq fois son volume de gaz oxigène.

La quatrième portion, pesant 3 grammes, ne renfermait que la partie du chaton qui porte les organes femelles ; elle a détruit dix fois son volume de gaz oxigène.

Si l'on ajoute les quantités de gaz oxigène détruites par chacune de ces sections, l'on trouve que la fleur entière aurait dû détruire neuf fois et un quart son volume de gaz oxigène, tandis que la fleur non mutilée en a détruit treize fois son volume. Ces résultats montrent que les fragmens de l'*arum* ont, en grande partie, une action indépendante les uns des autres, ou qui ne présente pas un contraste très-frappant avec celle de leur réunion naturelle.

Puisque la chaleur des *arum* est accompagnée d'une destruction extraordinaire de gaz oxigène, et que cette destruction se trouve jusqu'à un certain point subordonnée, soit à la température des différens *arum*, soit à celle des différentes parties de la même fleur, on peut présumer que la prompte combinaison de l'oxigène avec le carbone du végétal est la cause de leur effet calorifique, et qu'elle pourrait être employée à le reconnaître dans les fleurs dont les organes génitaux sont trop petits pour l'indiquer directement.

J'ai cherché dans ce but, par des épreuves répétées, l'action des organes génitaux de plusieurs fleurs sur l'air, en ne leur laissant que les étamines, le pistil et le réceptacle pourvu d'un court pédoncule qui trempait dans l'eau; on a fait abstraction de ce dernier pour l'estimation du volume des parties qui agissaient sur l'air : cette estimation a été prise d'après leurs poids, ainsi que je l'ai dit précédemment.

Les fleurs entières de la giroflée, *cheiranthus incanus*, variété rouge, ont détruit onze fois et demie leur volume de gaz oxigène dans vingt-quatre heures, tandis que les organes sexuels ont détruit dix-huit fois leur volume de ce gaz.

Les fleurs entières de capucine, *tropæolum majus*, ont détruit dans les circonstances précédentes, 8,5 de gaz oxigène, tandis que les organes sexuels en ont détruit 16,3.

La fleur de millepertuis, *hypericum calycinum*, a détruit, par le même procédé, 7,5 de gaz oxigène, tandis que les organes génitaux en ont détruit 8,5.

La fleur de l'*hibiscus speciosus* a détruit, dans les douze heures de sa floraison, 5,4 de gaz oxigène, tandis que les organes sexuels en ont détruit 6,3.

Une fleur mâle de courge, *cucurbita melo-pepo*, a détruit, entre sept heures du matin et cinq heures du soir, 7,6 de gaz oxigène, tandis que les étamines en ont détruit 16. Cette différence ne s'observe pas dans les fleurs femelles.

Une fleur de cobée, *cobæa scandens*, a détruit, dans

vingt-quatre heures, 6,5 de gaz oxigène, tandis que les organes génitaux en ont détruit 7,6.

Je n'ai pas trouvé de différence notable entre la destruction du gaz oxigène par les organes génitaux et par les fleurs entières, dans le lis blanc et dans le *passiflora serratifolia*; mais ces fleurs ne fructifiaient pas sur le sol qui les avait fait croitre.

Il paraît résulter de ces expériences que l'action intense des organes génitaux des *arum* sur l'air est un phénomène rare, ou fort inférieur pour l'intensité à l'effet des autres fleurs, mais que cette action est cependant subordonnée à un résultat commun à la plupart d'entre elles; c'est que les étamines adhérentes à leur base (1) et au réceptacle, détruisent, au moment de la fécondation, plus d'oxigène que les autres parties de la fleur.

L'observation d'une plus grande destruction de gaz oxigène par les fleurs à l'époque de leur entier développement s'appuie sur les résultats suivans :

Une fleur de *passiflora serratifolia* en bouton a détruit six fois son volume de gaz oxigène, dans les douze heures qui ont précédé l'épanouissement. Cette destruction, dans le même temps, était égale à 12, par une

(1) Les étamines de la courge s'élèvent sur une base large et convexe qui est leur prolongement; sa présence, jointe à celle du réceptacle, augmente la destruction du gaz oxigène; elles détruisaient, avec cette base et le réceptacle, dans dix heures, 16 de ce gaz; tandis qu'à poids égal, elles n'en détruisaient que 11,7 sans ces supports.

Comme le volume des étamines dans la courge est très-petit relativement à celui de la fleur entière, on n'obtient qu'une différence peu marquée entre les volumes du gaz oxigène détruit par une fleur entière et par une fleur de la même espèce, dont on a coupé les étamines au-dessus de leur base, qui peut continuer à produire un grand effet sur l'air.

fleur semblable épanouie. Elle n'en a détruit que 7 dans les douze heures suivantes en se flétrissant.

Une fleur d'*hibiscus speciosus* en bouton, mise en expérience deux jours avant son épanouissement, a détruit, dans vingt-quatre heures, six fois son volume de gaz oxigène. La même espèce de fleur, introduite dans un récipient au moment où elle venait de s'ouvrir, a consumé dans le même temps 8,7 de gaz oxigène; elle n'en a détruit que 7 en faisant l'expérience sur une fleur qui venait de se fermer en se flétrissant.

Une fleur mâle de courge en bouton a détruit, dans vingt-quatre heures, 7,4 de gaz oxigène; elle en a détruit 12 dans le même temps, en commençant l'expérience à l'époque de l'épanouissement. Cette destruction était égale à 10, par une fleur qui commençait à se flétrir.

Ces observations ne peuvent être faites que sur des fleurs qui ont, comme les précédentes, un règne bien déterminé.

Les fleurs simples ont consumé, à volume égal, plus d'oxigène que les fleurs doubles de la même espèce (1). Ces résultats se rallient peut-être aux précédens, en montrant une destruction particulière de ce gaz pendant la fécondation. La durée des fleurs pourrait aussi dépendre de cette destruction qui les décompose elles-mêmes; car le règne de celles qui sont simples est ordinairement plus court que celui des doubles.

Dans la plupart des fleurs monoïques soumises à mes recherches, les fleurs mâles ont détruit, à volume égal, plus d'oxigène que les femelles, qui en consument quel-

(1) *Voyez* le tableau déjà cité.

quefois moins que les feuilles. On a vu la différence qui a lieu, à cet égard, entre les parties mâles et femelles du gouet serpentaire. Voici les résultats obtenus avec d'autres fleurs :

Fleurs de courge (*cucurbita melo-peno*) mises en expérience pendant dix heures.

Le gaz oxigène consumé par les fleurs mâles est égal à . . . . 7,6 ;
par les fleurs femelles. . . . . 3,5 ;
par les étamines séparées de leur base. . . . 11,7 ;
par les pistils séparés de l'ovaire. . . . . . . 4,7.

Chatons de massette (*typha latifolia*) en expérience pendant vingt-quatre heures.

Le gaz oxigène consumé par deux chatons, l'un mâle, l'autre femelle, sur le même axe, est égal à . . . . 9,8 ;
par les chatons mâles. . . . . 15,0 ;
par les chatons femelles. . . . . 6,2.

Fleurs de blé de Turquie (*zea mays*) en expérience pendant vingt-quatre heures.

Le gaz oxigène consumé par les panicules de fleurs mâles est égal à . . . 9,6 ;
par les épis femelles pourvus de leur tunique. . 5,2.

Je n'ai pas trouvé que les chatons mâles de châtaignier détruisissent plus de gaz oxigène que les femelles ; mais, quoique cette exception puisse n'être qu'apparente en dépendant de l'axe du chaton qui est (relativement au poids de ces fleurs) plus considérable dans les mâles que dans les femelles, il faudra un grand nombre d'expériences pour établir la règle que ces résultats paraissent indiquer, et je les poursuivrai dans la suite.

J'exposerai maintenant les recherches immédiates qui ont pour but de reconnaître si d'autres fleurs (1) que

(1) M. Bory de Saint-Vincent (*Journal de Physique*, t. LIX) ayant appliqué

l'*arum* ont une chaleur propre. Les résultats précédens annoncent indirectement que celle qu'elles pourraient avoir doit être en général beaucoup plus faible : il est probable d'ailleurs que, dans le cas contraire, on n'eût pas manqué de la remarquer dans les fleurs qu'on se plaît si communément à sentir.

J'ai soumis à l'expérience d'un thermoscope non-seulement toutes les fleurs citées dans cette notice, mais plus de soixante autres qui, par leur forme, leur réunion, leur grandeur, leurs organes génitaux, paraissaient propres à manifester de la chaleur, et je ne l'ai constatée par des épreuves répétées que dans trois genres dont je m'occuperai bientôt.

Ce thermoscope (décrit par M. Pictet, dans son *Essai sur le feu*, pag. 67) a la forme d'un thermomètre ordinaire à boule et plein d'air : son tube, ouvert supérieurement à l'air libre, contient une goutte d'eau ou d'alcool coloré qui se meut par la dilatation de l'air renfermé dans la boule; celle-ci avait, pour mes expériences, un diamètre de 9 millimètres, et le liquide parcourait un espace de 2 centimètres par une différence de *un* degré du thermomètre centigrade. On peut facilement donner plus de sensibilité à ce thermoscope; mais elle n'ajoute rien à la certitude des résultats dont il s'agit ici, parce qu'ils sont alors trop influencés par des circonstances accidentelles.

de petites lames de beurre de cacao sur les étamines du *pandanus utilis*, et de quelques fleurs non spécifiées de la famille des balisiers, a trouvé qu'elles y laissaient une impression due à la fusion de ce beurre. La preuve qu'il a donnée ainsi de leur chaleur était trop incertaine pour qu'on ait pu l'admettre. L'effet annoncé pouvait dépendre de la présence d'une huile essentielle ou d'une cause analogue. L'application d'un corps gras sur des parties herbacées ne convient pas aux expériences de ce genre.

Pour observer si les fleurs ont une chaleur propre, je les transporte dans un lieu abrité où la température est constante, et je les y laisse assez long-temps pour qu'elles s'y conforment; car elles suivent ordinairement de très-près celle de l'air environnant. Les épis femelles de maïs, les fleurs d'artichaut, de tournesol, acquièrent accidentellement au soleil, en raison de la grandeur et de l'épaisseur de leur réceptacle, une chaleur sensible au toucher, et qui exige souvent plus d'une heure pour disparaître entièrement. Je mets, autant que je le puis, la boule du thermoscope en contact avec les parties les plus intérieures de la fleur, sans la mutiler; celle-ci et l'instrument sont fixés sur des supports séparés et mobiles qui servent à interrompre ou à maintenir ce contact à une certaine distance de l'observateur.

Un grand nombre de fleurs, bien loin d'être chaudes, sont plus froides que l'air, en raison de leur évaporation (1).

De la chaleur des fleurs de courge. Ces fleurs tiennent, entre celles dont je vais m'occuper, le premier rang par la constance de leur chaleur. Lorsque après les précautions indiquées plus haut on applique légèrement, entre sept et dix heures du matin, la boule du thermoscope sur la base des étamines inhérentes à une fleur de courge à gros fruit, *cucurbita melo-pepo*, récemment

(1) Cette évaporation cause souvent une illusion qui, dans des essais rapprochés les uns des autres, fait paraître chaudes des fleurs qui ne le sont pas. Elles déposent sur le thermoscope une liqueur visqueuse, imperceptible, qui n'agit pas sur l'instrument tant qu'il reste en contact avec la fleur; lorsqu'on les sépare, il se refroidit par l'évaporation de cet enduit; mais si on les rapproche avant qu'elle soit achevée, il indique un réchauffement qui est dû seulement à l'interruption de cette évaporation.

épanouie (1), et cueillie sur une jeune plante, on obtient fréquemment une élévation de température qui fait parcourir à la liqueur de cet instrument une espace de 8 ou 10 millimètres (demi-degré centigr.). Je l'ai vu s'élever au double de cette quantité.

J'ai quelquefois éprouvé trente fleurs mâles de courge sans en rencontrer une seule qui ne fût pas chaude. Lorsque les plantes sont vieilles et que leurs feuilles commencent à se couvrir de blanc, la chaleur de ces fleurs est moins commune; elle m'a paru nulle quand elles avaient été exposées à la pluie ou aux brouillards: elle est plus saillante entre le 20° et le 15° centigr. qu'à une température supérieure.

Lorsqu'on a coupé les étamines des fleurs de courge au-dessus de leur base, cette dernière et le fond de la corolle restent chaude; mais je n'ai point trouvé de chaleur aux étamines séparées de la corolle, quoiqu'elles fussent pourvues du réceptacle.

Les fleurs femelles de la courge à gros fruit ont aussi une chaleur propre; elle m'a paru plus faible que celle des mâles, environ dans le rapport de 2 à 3.

Des boutons de fleurs de courge prêts à s'épanouir, et des fleurs de courge flétries depuis dix-huit heures, peuvent offrir un dégagement de chaleur; mais ces effets sont très-rares.

Les fleurs d'une autre espèce de courge, le pépon

(1) Ces fleurs sont très-délicates, et elles souffrent souvent par leur transport dans le lieu abrité où il faut éprouver leur chaleur. On peut éviter cet inconvénient en cueillant leurs boutons la veille du jour où ils doivent s'ouvrir, et en les mettant tremper par leur pédoncule dans de l'eau; leurs fleurs s'épanouissent ainsi dans la chambre où elles sont soumises à l'épreuve du thermoscope.

(*cucurbita pepo*), et principalement les variétés connues sous les noms de *gourgoulette* et de *bonnet d'électeur*, ont aussi une chaleur propre; elle est moins forte que celle de la courge à gros fruit, probablement parce que cette dernière est plus grande.

Je n'ai pu découvrir aucune chaleur dans les feuilles de courge, non plus que dans celles des autres plantes.

Chaleur des fleurs de bignone de Virginie (bignonia radicans). La boule du thermoscope, introduite dans l'intérieur de leur corolle jusqu'à l'endroit où elle se rétrécit en forme de tube, a plusieurs fois éprouvé une élévation de température, correspondant à un centimètre sur mon instrument, ou à un demi-degré centigr.; mais le plus souvent elle était moindre. Elle ne s'est manifestée que pendant le mois de juillet et la première quinzaine d'août; les bignones qui se sont épanouies après ce terme n'étaient plus chaudes.

Ces fleurs recèlent au fond de leur corolle une liqueur sucrée qui empêche quelquefois, par sa surabondance, le développement de leur chaleur: lorsqu'on a extrait cette eau avec du papier brouillard, en le plongeant au fond de la corolle jusqu'à ce qu'il en sorte sec, elles produisent souvent un effet qui n'était pas sensible auparavant.

Plusieurs insectes, avides de cette liqueur, percent la corolle avant qu'elle soit épanouie, et lui ôtent, en la rongeant à sa base, la faculté d'être chaude, quoique la fleur mutilée paraisse en pleine végétation.

Les bignones de Virginie ne végètent point à l'aide de l'eau dans laquelle on les met tremper; leurs boutons n'y font aucun développement; mais, quoique séparées de leur plante, et sans eau alimentaire, les fleurs conservent souvent à l'air libre leur chaleur pendant plus de quatre heures.

J'ai vu des fleurs chaudes de bignone qui, après avoir séjourné pendant vingt-quatre heures sous des récipiens fermés et pleins d'air, manifestaient à leur sortie une chaleur beaucoup plus forte qu'avant leur introduction dans ces vases; la différence de température était dans le rapport de six à un. Elles conservent leur port ou leur vigueur dans cette circonstance (1), tandis qu'à l'air libre ces fleurs, séparées de la plante, se flétrissent au bout de sept ou huit heures. Il conviendrait de rechercher si la clôture n'arrête ou ne suspend pas le développement de la chaleur. Les résultats précédens ont été obtenus dans un volume d'air égal à deux cents fois celui de la fleur.

Les bignones ne consument que très-peu de gaz oxigène : je ne leur en ai vu détruitre au plus que six fois leur volume dans vingt-quatre heures, quoique la chaleur de ces fleurs eût été constatée avant l'expérience. Cette destruction a continué d'être faible, proportionnellement au temps, lorsque leur séjour sous le récipient n'a été que de six heures.

(1) Ce résultat n'est pas extraordinaire : la plupart des autres fleurs, surtout celles dont le règne n'est pas assujetti aux époques fixes d'un jour ou d'une nuit, durent plus long-temps sous un récipient plein d'air et fermé par l'eau qu'à l'air libre. La différence est d'autant plus grande que la température est plus basse. Une fleur de *passiflora quadrangularis* qui trempe dans l'eau commence à se fermer, au bout de deux jours, à l'air libre, à 10 centigr.; tandis que sous un récipient qui contient quatre litres d'air, fermé par l'eau, elle se conserve épanouie pendant dix jours au moins. Les peintres pourraient profiter de cette observation; mais, comme je l'ai dit, elle ne s'applique pas également à toutes les fleurs : ainsi, l'on ne prolonge pas beaucoup par ce moyen le règne du *passiflora serratifolia*, du *cactus grandiflora*, de l'*hibiscus speciosus* et du *cucurbita melo-pepo*.

Comme les étamines des bignones sont anastomosées avec la corolle dans une grande partie de leur longueur, je n'ai pu faire sur la différente influence de ces organes aucune épreuve concluante. Les bignones auxquelles j'ai retranché la partie des étamines qui est libre ont conservé leur chaleur; le calice séparé de la corolle, et adhérent seulement au pistil, la produisait aussi; mais elle était beaucoup moindre que celle de la corolle.

Chaleur de la tubéreuse (*polyantes tuberosa*). La boule du thermoscope, appliquée sur l'orifice de la corolle de ces fleurs tant simples que doubles, a souvent éprouvé une élévation de température qui faisait parcourir à la liqueur de l'instrument une espace de six à sept millimètres, correspondant à 0,3° centig.

La propriété calorifique des tubureuses m'a paru moins commune que dans les genres précédens, je ne l'ai observée que parmi les fleurs qui s'épanouissaient les premières sur leur tige, à la base de l'épi; celles du milieu et du sommet étaient froides.

La tubéreuse est une des fleurs sur lesquelles on a vu paraître des éclairs. On peut présumer que ce phénomène dépendait d'une faculté calorifique plus exaltée, jointe à la présence d'une huile essentielle.

Ici se termine l'énumération des fleurs où j'ai pu reconnaître une production de chaleur. Leur nombre est très-petit relativement à celui des espèces qui m'ont paru froides; mais je ne doute pas que la proportion de ces dernières ne soit fort diminuée lorsqu'on les aura soumises à un examen plus répété (1). La chaleur que j'ai

(1) Parmi les fleurs que j'ai éprouvées, il y en a trois espèces dont la chaleur m'a paru douteuse, parce que je ne l'ai obtenue qu'une ou deux fois. Ces trois fleurs sont : la giroflée semi-double des jardins, *cheiranthus incanus* : le

trouvée aux fleurs de courge, de bignone et de tubéreuse pourrait être facilement contestée si l'on n'observait pas rigoureusement les précautions indiquées pour l'observer, et si les essais n'étaient pas variés relativement à la saison, au sol, au climat, et à la vigueur de la plante. Nous avons vu que ces conditions devaient être observées, même à l'égard des *arum*.

En comparant les *arum* très-chauds avec les fleurs froides ou légèrement chaudes, dans leur action sur l'air, on a pu présumer que la combinaison du gaz oxigène et du carbone était la seule source de la chaleur végétale ; mais quand on compare l'effet des fleurs froides avec celui des fleurs qui ne sont que faiblement chaudes, on trouve que la combinaison de l'oxigène, ou la formation de l'acide carbonique, peut être seulement une cause secondaire de la chaleur, et qu'une détermination précise à ce sujet serait prématurée.

L'effet calorifique des fleurs est assez modifié par des circonstances indéterminées (telles que l'évaporation, le rayonnement, la faculté conductrice, la distance ou le plus ou moins de contact entre le foyer calorifique et le thermoscope), pour qn'on puisse admettre qu'une fleur qui paraît froide possède une source de chaleur aussi abondante qu'une autre fleur qui est chaude à un faible degré : nous ignorons encore si les quantités de gaz oxigène, détruites à l'air libre par différentes fleurs, suivent toujours une marche à peu près proportionnelle en vase clos ; mais, si l'on négligeait ces considérations pour ne s'attacher qu'aux apparences, l'on trouverait

jasmin d'Arabie semi-double, *nyctantes sambac*, et les premières fleurs frugifères du bananier, *musa paradsiaca* : je n'ai examiné qu'une seule plante de cette dernière espèce.

que la combinaison du gaz oxigène avec le carbone n'est pas la seule source de la chaleur des fleurs, parce qu'il y en a de telles que la bignone et la fleur femelle de courge, qui, bien qu'elles soient chaudes, consument moins d'oxigène que d'autres fleurs qui sont froides, comme le chaton mâle de massette et le *passiflora serratifolia*.

Nous remarquerons que c'est surtout par la comparaison des fleurs froides avec les fleurs dont la chaleur est faible, telles que la bignone, etc., qu'on pourrait reconnaître l'insuffisance de la destruction du gaz oxigène comme cause unique de leur chaleur, parce que celle-ci peut être sensible, et cependant assez modérée pour ne pas changer notablement l'influence que tout végétal exerce ordinairement sur l'air; tandis que, dans les fleurs très-chaudes (comme le sont certains gouets), la destruction d'une quantité considérable de gaz oxigène est un effet nécessaire de leur grande chaleur.

FIN DU TOME SEPTIÈME.

TABLE

DES MATIÈRES CONTENUES DANS CE VOLUME.

OPUSCULES PHYSIQUES ET CHIMIQUES;

PAR LAVOISIER.

DÉCOMPOSITION DE L'AIR ATMOSPHÉRIQUE.

SECTION Ire (1).

Chapitre Ier. — Décomposition de l'air par le plomb.

Chapitre II. — Décomposition de l'air par l'étain.

Chapitre III. — Décomposition de l'air par le mercure.

SECTION II.

Chapitre Ier. — Décomposition de l'air par le phosphore.

(1) Le texte porte : *De la décomposition de l'air par les substances non métalliques*; retranchez *non*.
(2) Le texte porte : *Sur la combustion*; lisez, comme dans la table : *Sur la combinaison*.

FIN DE LA TABLE DES MATIÈRES.

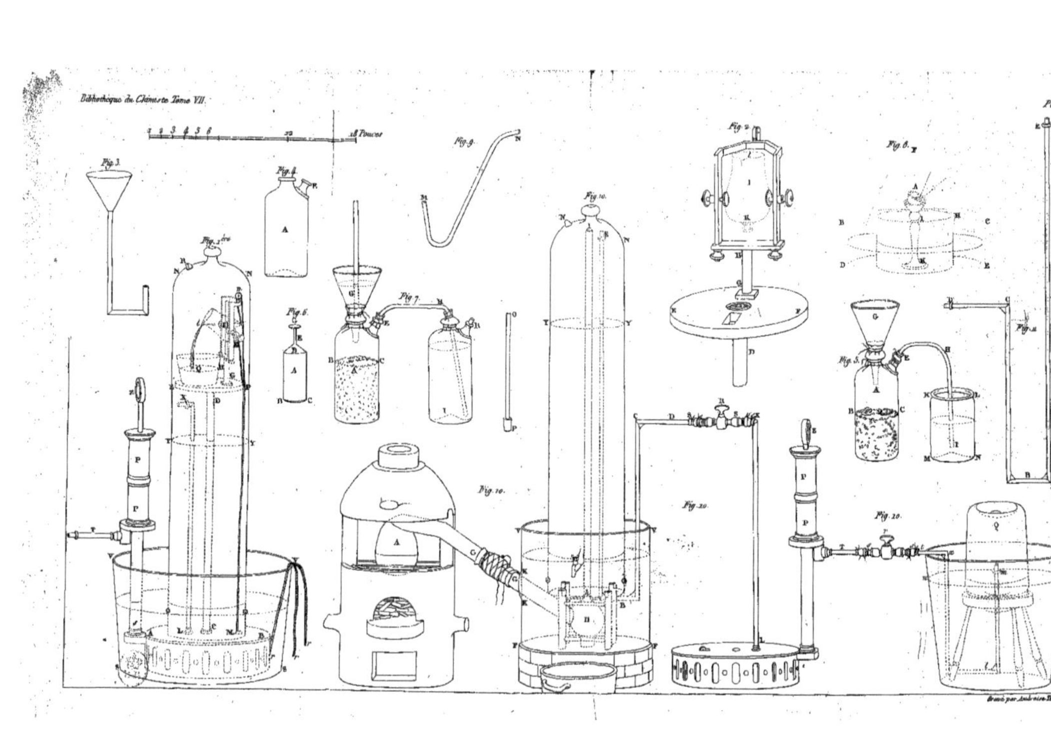

Gravé par Ambroise Ta

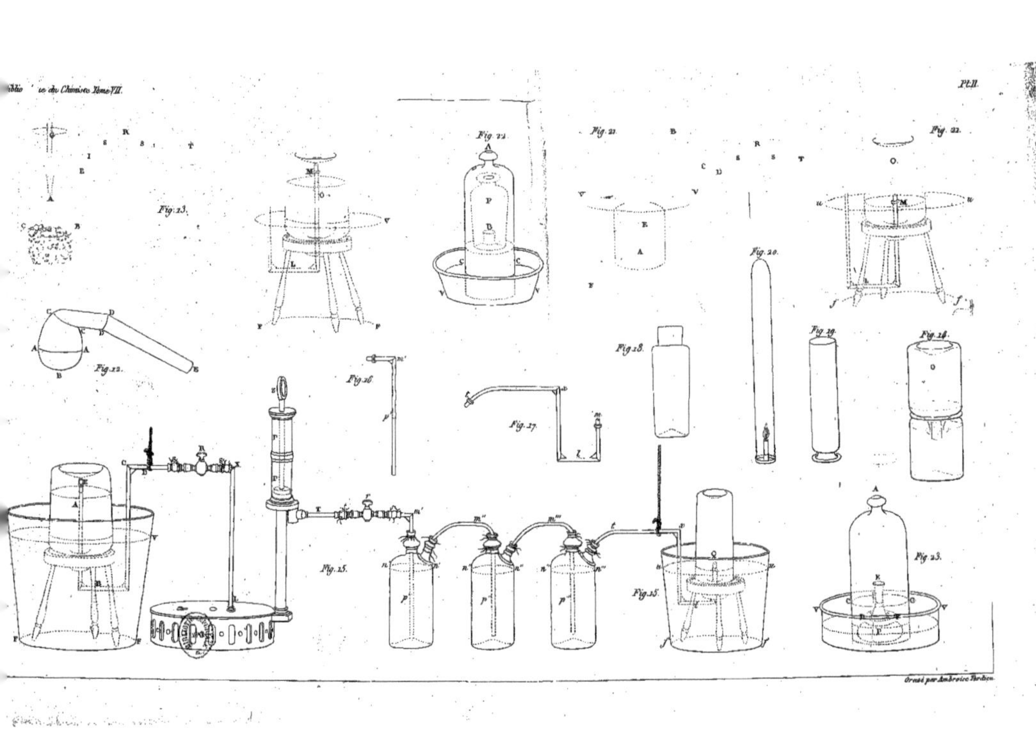

Biblio ue du Chimiste Tome VII.
Pl. II.
Gravé par Ambroise Tardieu.

La *Bibliothèque du Chimiste* sera divisée en trois époques : époque chrysopéique, époque phlogistique, époque pneumatique. Le tome VII que nous publions, formant la première livraison, est le premier de l'époque pneumatique.

La *Bibliothèque du Chimiste* se composera de 15 forts vol. in-8° accompagnés de toutes les planches qui font partie des Mémoires rapportés dans la collection. Le prix du vol. est de 8 fr. pour les souscripteurs ; le recueil entier coûtera 120 fr. On ne paie chaque volume qu'en le recevant du libraire chez lequel on a souscrit ; par conséquent on n'a rien à payer d'avance. Il sera publié quatre vol. par an.

La seconde livraison, composée du tome VIII, paraîtra le 1er février prochain. Après la mise en vente de la troisième livraison, le prix du vol. sera de DIX FRANCS pour les non-souscripteurs.

On souscrit chez tous les libraires de France et de l'étranger.

ANALYSE des eaux minérales et thermales de Vichy, faite par ordre du gouvernement ; par M. Longchamp, in-8. Prix : 3 fr. 50 c.

ANALYSE de l'eau minérale sulfureuse d'Enghien, faite par ordre du gouvernement ; par M. Longchamp, in-8. Prix : 3 fr. 50 c.

ANNUAIRE des eaux minérales de la France ; par M. Longchamp. Le volume de 1832 contient les résultats de l'analyse des eaux de Barèges, Cauterets, et St.-Sauveur, ainsi qu'un tableau de la quantité de sulfure de sodium contenue dans vingt-neuf sources de la chaîne des Pyrénées. Ces résultats n'ont été publiés dans aucun autre recueil.

EXPOSITION D'UNE LOI A LAQUELLE SONT SOUMISES TOUTES LES COMBINAISONS DE LA CHIMIE INORGANIQUE, OU NOUVELLE DOCTRINE CHIMIQUE de M. Longchamp. Paris 1833. in-8. Prix : 1 fr.

SUR LES PRODUITS DE LA COMBUSTION DU SOUFRE, et sur la combinaison du radical du chlore avec l'oxigène ; par M. Longchamp. Paris, 1833. in-8. Prix : 1 f. 25 c.

Publications prochaines.

[illegible] *la nitrification* ; par M. Longchamp, in-8. Prix : 1 fr. 50 c.

[illegible] *nouvelle de la nitrification* donnée par M. Longchamp, [illegible] 1823, a été repoussée à son apparition par tous les chimistes ; elle [illegible] aujourd'hui adoptée par le plus grand nombre. Il est donc important, non-seulement sous le rapport chimique, mais encore plus sous le rapport philosophique, de réunir les différens écrits de M. Longchamp sur la nitrification : il sera toujours curieux de voir avec quelle opposition les idées nouvelles sont reçues dans le monde.

Considérations sur la constitution intérieure du globe, tirées de l'analyse des eaux thermales sulfureuses de la chaîne des Pyrénées ; sur la Barégine ; sur la sublimation du soufre du sein des eaux thermales sulfureuses : par M. Longchamp. Brochure in-8. Prix : 1 fr.

DICTIONNAIRE *de l'industrie manufacturière, commerciale et agricole, ouvrage accompagné d'un grand nombre de figures intercalées dans le texte*, par MM. Baudrimont, Blanqui, Colladon, Coriolis, D'Arcet, P. Désormeaux, Despretz, Hr Gaultier de Claubry, Gourlier, Th. Olivier, Parent-Duchâtelet, Sainte-Preuve, Soulange Bodin, Trébuchet. *Paris*, 1833, 10 volumes in-8, 600 pages chacun, publiés en souscription. Il paraît un volume tous les 4 mois : prix de chaque, 8 fr.

www.ingramcontent.com/pod-product-compliance
Ingram Content Group UK Ltd.
Pitfield, Milton Keynes, MK11 3LW, UK
UKHW012000240726
13965UKWH00001B/54

9 782013 539326